U0230434

森林、树木与人类健康

Forests, Trees and Human Health

〔丹〕K. 尼尔森(K. Nilsson) 〔英〕M. 桑斯特(M. Sangster)

〔希〕C. 加利斯(C. Gallis) 〔瑞典〕T. 哈蒂格(T. Hartig)

〔荷〕S. 弗里斯(S. Vries) 〔瑞士〕K. 西兰德(K. Seeland)   编著

〔丹〕J. 斯奇佩林(J. Schipperijn)

杨晓晖　杨欣宇　高俊虹 等　译

科 学 出 版 社

北 京

图字：01-2023-0351 号

内 容 简 介

　　随着工业化和城市化的迅猛发展，与生活方式有关的健康问题给各国的公共卫生预算带来了沉重负担，森林的作用已不再是简单地为人类提供木材、饲料和食物，更为重要的是为人类提供回归自然的环境，从而缓解和改善现代人的身心压力及疾病状况，决策者们正越来越多地将森林对人类健康的促进作用视为一种成本效益高的医疗替代方案，并将其列为政府的重要议题。作为欧洲科学和技术合作组织（COST）行动 E39 "森林、树木与人类健康和福祉" 项目的主要产出之一，本书汇集了欧洲 24 个国家的科学家在这一领域的相关研究成果，从 "森林产品及其环境服务" "身心健康与自然体验" "推动体育活动" "治疗和教育方面" "森林与健康的政策经济学" 等 5 个方面对森林与人类健康间密不可分的关系进行了系统客观的论述，是一本理论与实践完美结合的综合性研究论著。

　　本书可为林学、生态学、心理学、医学、经济学和社会科学等诸多领域的研究人员提供丰富的理论知识和实践经验，也可为自然教育、自然疗愈和森林康养工作的从业人员提供切实可行的实操案例。

图书在版编目（CIP）数据

森林、树木与人类健康/（丹）K. 尼尔森（K. Nilsson）等编著；杨晓晖等译. —北京：科学出版社，2023.3
书名原文：Forests, Trees and Human Health
ISBN 978-7-03-074879-9

Ⅰ.①森… Ⅱ.①K… ②杨… Ⅲ.①森林–关系–健康②树木–关系–健康
Ⅳ.① S7 ② R161

中国国家版本馆 CIP 数据核字（2023）第 026012 号

责任编辑：张会格　刘新新/责任校对：严　娜
责任印制：赵　博/封面设计：刘新新

科 学 出 版 社 出版
北京东黄城根北街 16 号
邮政编码：100717
http://www.sciencep.com
涿州市殷润文化传播有限公司印刷
科学出版社发行　各地新华书店经销
*
2023 年 3 月第 一 版　开本：720×1000　1/16
2024 年 1 月第二次印刷　印张：24 3/4
字数：499 000
定价：280.00 元
（如有印装质量问题，我社负责调换）

前　　言

欧洲文明史与森林是紧密交织在一起的。在工业化之前，森林中的木材、饲料和食物支持着欧洲的农村经济，从那时起，森林经营管理就开始不断适应社会工业化和城市化的需要。今天，文化、便利设施和环境目标中都包含了森林经营管理方面的内容，反映了当代社会的关切和需求。

在 20 世纪末，与生活方式有关的健康问题在所有发达国家都成了一个新的重要问题，这是否会导致欧洲制定一个新的林业目标？森林及其经营管理能否有助于促进更为健康的生活方式进而改善人们的心理健康？

本书对这些问题的相关研究进行了系统总结。2004～2008 年间，来自 24 个欧洲国家的约 160 名科学家与来自亚洲、澳大利亚、加拿大和美国的研究人员共同参与了欧洲科学和技术合作组织（European Cooperation in Science and Technology，COST）的 E39 行动 "森林、树木与人类健康和福祉"，目的是加深我们对森林如何促进欧洲和其他地区人类健康改善的理解。

COST 是欧盟通过欧洲科学基金会资助建立的一个欧洲科学和技术合作的政府组织，其职能是对欧洲各国资助的研究项目进行协调，以使欧洲在科学和技术研究方面继续保持强有力的地位。

除了这本由许多研究者参与编写的书外，参与 COST 的 E39 行动中的科学家和专业人士还编写了最新的有关森林和健康的国家研究倡议报告，报告中描述了欧洲国家的国家健康政策和优先事项，并分析了林业帮助其实现的可能性。

这项成功的行动推动了持续的合作。目前，该行动的成员在新的研究中继续合作，并在国际科学期刊上发表了个人和联合撰写的同行评议论文。同时通过国际林业研究组织联盟（International Union of Forestry Research Organization，IUFRO，简称国际林联）和亚欧会议（Asia-Europe Meeting，ASEM）的联合安排，与来自美国、澳大利亚和亚洲的研究人员进一步开展国际合作。

设在布鲁塞尔的 COST 秘书处以专业和奉献精神，通过辛勤努力完成了这项由众多参与者承担的重大任务的协调工作。我们要特别感谢阿恩·贝恩（Arne Been）和金特·西格尔（Günter Siegel）一直以来的努力，同时要感谢梅莱·朗拜因（Melae Langbein）最近一段时间所做的贡献。

我们非常感谢塞西尔·科迪恩尼吉克（Cecil Konijnendijk）和克里斯·贝恩斯（Chris Baines）的帮助，他们协助编辑了这本满足未来研究需求的书。贾斯珀·斯奇佩林（Jasper Schipperijn）在协调最终文本和与出版商联络方面发挥了重要作用。

COST 的 E39 行动不仅包括许多不同国家，而且是高度跨学科的。项目中的五个工作组的主持人与本行动的正副主席均参与了本书的编著［第一部分——赫里斯托斯·加利斯（Christos Gallis），第二部分——特里·哈蒂格（Terry Hartig），第三部分——斯杰普·德弗里斯（Sjerp de Vries），第四部分——克劳斯·西兰德（Klaus Seeland）、保罗·米切尔·班克斯（Paul Mitchell-Banks）/法比奥·萨巴塔诺（Fabio Sabitano）］。在行动实施的 4 年多时间里，他们的领导才能和灵感帮助我们克服了一切艰难险阻，确保这一多学科的项目能够顺利完成。

森林约占欧洲陆地面积的 30%，从城镇中心延伸到最偏远的地区。人们花很少的钱甚至免费就可以进入大多数森林。如果通过鼓励人们以一种新的方式看待森林，并将其视为一种促进健康的资源，那么我们就已经开始在改变欧洲人民的生活质量。COST 的 E39 行动的所有参与者都有理由为此感到自豪，并为今后在该领域的工作得到应有的鼓励。

谢尔·尼尔森（Kjell Nilsson）
COST 的 E39 行动主席
马库斯·桑斯特（Marcus Sangster）
COST 的 E39 行动副主席

目　　录

第1章 森林、树木与人类健康和福祉：引言 [①]

谢尔·尼尔森（Kjell Nilsson），马库斯·桑斯特（Marcus Sangster），
塞西尔·C.科迪恩尼吉克（Cecil C. Konijnendijk）

1.1 背景

　　采用传统医学和公共卫生方法治疗疾病和促进健康是现代科学发展的成功案例。然而，当今社会正面临着与现代生活方式有关的各种不健康状况的不断增加，促成因素包括久坐不动人口的增加、城市生活和现代工作方式造成的心理压力的不断升高。此外，残疾人和慢性病患者也需要从机构护理过渡到社会护理。这些问题促使人们开始考虑预防疾病和促进健康的替代方法。缺乏体力活动和压力过大会导致某些疾病的发生率增加，药物治疗只能减轻症状，并不能治疗真正的疾病和改善降低的生活质量。因此，在欧洲促进公共健康和福祉的工作变得越来越复杂。

　　众所周知，户外的自然区域和自然要素，如森林、公园、树木和花园，都可为公众的健康和福祉改善提供条件（照片 1.1）。例如，人们直觉认为在户外自然环境中进行的活动有利于身心健康，但是对自然与健康之间的这种积极关系的许多方面都缺乏足够的了解。例如，这种关系确切的效果和机制是什么？不同的户外环境或与动植物互动最适合的人群有哪些？现有的结构化的、经验性的知识是由环境心理学、风景园林学、林业和流行病学等不同学科的研究团队积累起来的，积累过程缓慢，且缺乏医学领域研究中普遍拥有的丰富资源。

①K. Nilsson（✉）and C.C. Konijnendijk
哥本哈根大学丹麦森林与景观中心，腓特烈斯贝市，丹麦，e-mail: kjni@life.ku.dk; cck@life.ku.dk
M. Sangster
英国林业委员会土地利用与社会研究部，爱丁堡，英国，e-mail: marcus.sangster@forestry.gsi.gov.uk

照片 1.1　众所周知，大树和海边等自然元素有利于人们的身心健康（摄影：谢尔·尼尔森）

1.2　零散的研究

2001 年，英国东安格利亚大学医学、健康政策与实践学院的卡伦·亨伍德（Karen Henwood）博士受英国政府之托对国际性文献进行了综述以评估自然环境与人类健康之间的联系，结果发现有大量的文献支持两者间的联系。然而，已出版的文献绝大多数集中在美国，欧洲健康和相关政策的文献中很少涉及这一主题。

2001 年瑞典、丹麦、挪威、英国和荷兰等欧洲国家在这一领域开展了大量活动。研究活动涵盖了广泛的文化嵌入式实践，如北欧的一些国家要求一定比例的正规教育必须在户外进行；英国也利用森林环境作为行为障碍儿童治疗的一部分；瑞典则率先对相关的倡议进行了科学评估。

这些活动的许多内容都与各国的健康政策有关，且往往是经验性的或侧重于实践的，因此通常会在各国国内推行，而不是在国际期刊中发表，或分散在不同学科的期刊上，很难在以医学理论为重点的主流健康期刊或相关的林业和环境文献中发现。这些正在进行的研究多是分散的且以国家为重点的，21 世纪初欧洲各国有关健康政策的辩论，都表明这是一个新兴的科学领域，很明显将会从更多的跨欧洲的合作与协调中获益。

获取这一领域的科学证据并加深对它们的理解，需要健康、环境和社会科学研究人员间的交叉合作，以及执行机构和从业人员的密切参与。造成这一领域的研究有限或没有对研究结果做充分记录的原因主要包括：①基于部门的资助机构认为没有义务支持交叉研究；②环境科学家在医学领域没有什么知名度。

1.3　COST 的 E39 行动：森林、树木与人类健康和福祉

欧洲科学和技术合作组织（European Cooperation in Science and Technology，COST）是支持全欧洲科学家和研究人员合作的历史最为悠久的欧洲机构之一。为了让欧洲研究人员在自然与健康关系的各个方面开展合作，COST 的 E39 行动"森林、树木与人类健康和福祉"于 2004 年启动，一直持续到 2008 年。

该行动在关注并承认现有国家活动的重要性，鼓励在这一领域进行创新性研究方面发挥了重要作用。许多国家活动都深深根植于本国的文化中，故此从业人员并未意识到其与国际上有任何关联。例如，在瑞典有一个历史悠久的治疗花园网络；在芬兰、挪威和瑞典，将儿童带进森林和自然环境的方案是其常规教育的一部分；在丹麦、爱沙尼亚和德国也有类似的项目；在英国则有由牛津布鲁克斯大学评估的推动户外运动的国家项目。E39 行动为这些国内活动进入国际视野提供了一个重要的机会，也让对自然科学感兴趣的理论研究人员有机会与实践者聚集在一起进行交流。

1.3.1　目标

该行动的主要目标是增加人们对森林、树木和自然场所为欧洲人民的健康和福祉（可能）作出的贡献的认识。次要目标是：

● 从促进森林与健康联系的国家层面的研究和倡议中找出并记录关键经验教训；

- 在欧洲国家内确定的主要健康优先事项，以及林业为实现这些优先事项（可能）作出的贡献；
- 从良好的实践中获得经验；
- 共同努力在这一领域建立创新性的国际研发项目；
- 让健康政策的利益相关者参与确定该领域的信息缺口；
- 建立林业、健康、环境和社会科学方面的研究人员和研究机构网络。

1.3.2　科学的方法

在科学上，该行动包括定量和定性的科学方法和经济分析。为了建立更为广泛的证据基础，该行动借鉴了流行病学、生理学、心理学和社会地理学等多学科知识，还对健康和林业的管理体制方面进行了描述和评价。

该行动从空间上看涵盖了所有森林，并充分认识到偏远或荒野地区的森林与城市附近和城市内的森林在贡献方面可能存在差异。超过 75% 的欧洲人居住在城镇及其周边地区，因此他们经常出入城市附近的森林。但一些全国性的调查显示，偏远地区的森林也受到城市居民的高度重视。

在研究森林产品（如来自森林植物的药物）的直接贡献时，该行动也包括了与过程相关的诸多方面，如浆果和真菌采集的文化和社会方面。

多学科交叉的方法

健康和环境领域有着各自的专业知识和利益相关者，以及独特的研究文化。因此，行动中的一个重要内容是探索跨学科工作的机会和障碍，主要是探索不同学科和研究文化如何解决所面临的研究问题，以及如何确定共同点。

该行动由来自 24 个不同国家的约 160 名研究人员组成了一个研究网络，涵盖了健康、环境、林业和社会科学等多个领域。这一行动不仅鼓励在环境和健康部门间跨部门合作，而且也鼓励在部门内部跨研究领域进行合作。例如，在健康研究中，体育锻炼被认为是促进身体健康和预防疾病的重要因素，但人们也越来越认识到身体健康和疾病预防有其社会心理学途径。在社会科学中，人们对身体的自我认知越来越感兴趣。故而人们逐渐认识到心理健康与身体健康是相互联系的。

该行动还保留了相当大的空间让来自不同部门和国家的经济学家参与进来。任何对健康有积极贡献的活动都可能产生重大的经济影响。例如，英国的苏格兰行政长官在报告中指出，一个被诊断为易患心脏病的人进行典型医学治疗的费用约为 21 000 英镑/5 年。此外，令人感到愉快的低成本体育活动预期可以降低 50% 的心脏病、中风和糖尿病，以及 30% 的结肠癌和乳腺癌患病风险。健康和环境部门的经济学家不得不处理这类复杂的社会效益评估问题，这次行动为他们提供了一次积累相关经验的机会。

1.4　人类健康和福祉的新视角

公共健康和现代医学在治疗疾病和健康状况不佳方面不断取得进展。然而在欧洲，大多数健康状况不佳、生病和早亡的原因不能用接近病原菌或遗传因素等简单的关系来解释。越来越多可能发生的健康风险都与我们的生活方式有关，如更长时间的久坐不动，更大的压力，更多地倾向于室内生活。很大一部分人口体重超标，许多疾病都与此有关。抑郁症和疼痛也更受人们的关注，因为会对人类的生活质量产生重大影响。

人们日益认识到，在个体和种群水平上健康与其各种决定因素间存在着多重联系。在欧洲，人们也日益认识到健康部门与其他部门之间采取联合行动的必要性和价值。人们还认识到，复杂的健康决定因素及其与社会因素的相互作用需要多学科和跨学科的共同努力来应对。政治家和公民似乎越来越被一个更广义的健康概念所吸引，这个概念中包含了福祉和生活质量。

更健康的社会具有长期的潜在的社会和经济效益，因此成为国际和国家决策者想要达到的主要目标。有利于健康的决策战略由世界卫生组织（WHO，简称世卫组织）等主导，这些战略除了侧重于儿童等特殊目标群体外，还更加注重预防，从而采取更加积极主动的态度。人们开始更多地关注决定健康的因素，而不是疾病本身。新的健康战略着眼于健康影响的全面程度及其在人口中的分布，并将这种分布与利益分配进行对比。

由于过去更为关注环境对健康的负面影响，自然与健康间关系的积极（或有益）影响在很大程度上尚未被探索。然而，长期以来人们也一直认为，与动植物和自然绿色环境的接触有利于人类的健康和福祉。随着人类栖息地日趋城市化，这一点也变得越来越重要。到目前为止，在公共健康的辩论中，这些相互作用有些被忽视了，部分原因可能是对其作用的效果和机制缺乏足够的认识或没有确凿的证据。公共健康福祉的范围是多种多样的，我们需要对其所涉及的所有范围有更为全面的了解以便更有效地传播它们。

人们日益认识到与自然环境的接触可以解决一些不健康的城市生活方式，这会影响到对周围环境的规划和管理方式（照片1.2）。作为药物和其他化学品的来源，树木和其他植被已被广泛用于传统、现代和替代医学。同时它们也有助于缓和其他物理环境因素的影响，起到生物缓冲的作用，它们可以过滤潜在的有害空气污染物和太阳辐射，提供天然的避风场所，帮助冷却和湿润空气。与大自然和动植物的接触可以帮助许多人减轻压力，改善精神和身体机能，从而产生强大的治疗或预防作用。此外，天然绿地，特别是离工作地点或家很近的地方，可以为体育锻炼和恢复性放松提供一个有利的环境（照片1.3）。

照片 1.2　在荷兰的海牙，像海姆公园（Heempark）这样的绿色空间可以为一些不健康的城市
　　　　　生活方式提供解决方案（摄影：谢尔·尼尔森）

照片 1.3　几位老妇人在哥本哈根郊外的鹿园（Deer Park）享受生活（摄影：谢尔·尼尔森）

1.5　与健康相关的天然产品

植物，包括树木，通常是传统医学和替代医学中许多不同药物及其他化学产品的来源。然而，在使用更为先进的技术鉴定并提取更多有益于健康的天然产品方面仍有很大的空间。

欧洲可持续管理的森林和绿地为人们提供了种类繁多的产品。除木材外，在树木收获和木材制造过程中还会产生大量的残渣、树叶、树枝和树皮。树木在进化中发育出了基于高级功能分子的独特化学防御系统，因此，树木中富含具有生物活性和保护性的物质。目前，在树木中发现的生物活性化合物包括黄酮类化合物、木脂素、二苯乙烯、萜类化合物、植物甾醇、脂肪酸和维生素，人们已知它们具有许多有益的功能，例如，抗氧化、抗癌和雌激素作用。

一些生物活性化合物可作为营养性药物，即营养品与药物的结合，它们可以以膳食补充剂和"功能性"食品的形式促进公众的健康。事实上，这种源自森林的保健产品的商业开发和销售已经具有了一定的规模。例如，木糖醇产品可以促进牙齿健康，而谷甾醇产品可以降低胆固醇水平，从而预防心血管疾病。法国海岸松树皮的提取物"碧萝芷"已经被注册为商标名，这是一种功能强大的抗氧化剂，对心血管健康、皮肤护理、糖尿病和炎症治疗等方面有一定的效果。2006 年，膳食补充剂市场上出现了一种新的木脂素产品——HMR 木脂素，它是从云杉树的结（树枝生长在树干上的地方）中提取的，可以抑制与激素相关癌症（乳腺癌、前列腺癌和结肠癌）的发育和生长，同时它也是一种具有雌激素性质的强抗氧化剂。这三种产品都是从森林工业的加工废料中提取出来的，因此有助于更有效地利用自然资源。

尽管森林因其具有已知或潜在的药用或营养价值的庞大的树木和植物资源，而成为巨大的天然药店，但我们仍需进行更多的研究以确定和开发出最佳的可供应用的产品。目前研究者对营养补充剂和功能性食品具有很高的兴趣，如果其中某种在日常生活中经常食用并具有一定的效果，就可被国际上公认为是潜在的健康促进剂。树结和树皮中含量特别丰富的多酚类物质不仅具有潜在的健康促进作用，而且从技术上讲也可作为抗氧化剂和杀菌剂。农村地区企业利用传统上已知的天然的树木提取物作为向当地提供的促进健康的产品也具有一定的潜力，例如，将松树皮作为面包的配料，桦树树液作为饮料或糖浆等。

1.6　治疗性相互作用：植物和景观、花园疗法和生态疗法

正如我们看到的那样，大自然、花园和植物在改善健康不良及维持和加强健

康良好方面的作用并非一个新现象。最近对绿色环境有益影响的研究表明，大自然可以降低压力水平、恢复注意力、缓解烦躁情绪，同时也可以增强肌肉力量、预防全身疼痛。

　　园艺疗法可以被定义为个人通过刺激感官的被动参与或通过园艺实践的主动参与，利用花园环境来改善其福祉的过程（照片1.4）。园艺疗法是在治疗花园中进行的，最初用于第二次世界大战归来的英美士兵的康复。该疗法强调在花园提供的宜人环境中进行有意义的活动以达到治疗效果，如除草、耙地和播种，这表明其与职业疗法有着密切的联系。基于园艺的治疗过程的独特价值在于人体对植物的依赖性（与收获农作物作为食物等类似活动相关）、观察美景、培育生命和社会互动。通过参与者的共同努力，这种基于所有与有效保护或生境发展工作相关人员积极参与的生态疗法或保护性疗法的关键要素也日益受到关注。这些有意义的活动对参与者自身的社区整合和公共绿地建设的社会资本投入方面具有一定的社会价值。

　　该疗法面临的一个挑战是需要可靠的证据对健康的影响机制方面提供支持。与临床治疗活动的结果相比，相关研究必须包括与治疗环境（例如，花园或森林）有关的健康结果。但到目前为止，很少有研究可以达到构成循证医学基础的标准。

照片1.4　瑞典阿尔纳普（Alnarp）的疗愈花园。在园艺疗法中，花园环境和园艺实践都能
提高人们的幸福感（摄影：谢尔·尼尔森）

　　尽管如此，与此相关的各种理论仍有一定的发展，其中一个关注点是恢复性体验，例如，注意力恢复理论中所获得的体验。这一理论解释了自然环境如何帮

助人们恢复已耗尽的注意力的能力。良好的恢复性环境应该能给人们带来远离、迷恋及和谐共处等体验。审美-情感理论把自然的减压效果看作是大脑中最古老的、由情感驱动的部分所启动的无意识过程。意义范围/行动范围理论研究的是周围环境如何在多个层面上与来访者沟通。鲜为人知的且至今仍未得到验证的理论包括植物共振理论，它研究植物品质对人类体验的影响和人类对植物的反应，从仅是外在的被动的体验，到积极参与同植物和土壤互作。积极参与被认为有助于培养自尊，以及增强实践、社交和情感方面的技能。

1.7　土地利用、绿地可及性与健康影响

尽管人们普遍认为大自然有益于人们的健康，但管理当局尚未广泛地利用大自然来促进人们的健康。身边的绿地通常被视为一种奢侈品而非必需品，尤其是在土地竞争激烈的城市地区。目前关于城市密集化的观点已经对在城市中保留开阔的空间产生了更大的压力。

最近的研究调查了自然的可及性和利用对（自我报告的）人类的健康和福祉的影响（照片 1.5）。例如，在丹麦、荷兰和瑞典，研究人员将健康指标与绿地的可及性进行了比较，结果发现，经常去附近自然绿地游玩的人，其健康和福祉都更好。距离周边的绿地较近会影响到人们的访问次数，进而与较低的压力水平有关。此外，拥有私家花园的人受到压力的影响较小。

照片 1.5　老年人和残疾人的可及性是绿地设计的重要因素（摄影：谢尔·尼尔森）

　　尽管人们越来越明确地了解了绿色空间与健康间的联系，但对周边自然环境是否对人类健康具有独立的因果关系却知之甚少。现有的证据表明，这种因果关系是合理的，其中可能的机制包括改善空气质量、减轻压力、刺激体力活动（照片1.6～照片1.8）和促进社区内的社会凝聚力，但目前尚不清楚哪种机制（如果有的话）在产生健康益处方面最为重要。然而，显而易见的是，如何优化当地绿色环境的健康效应，在很大程度上取决于运作的机制。例如，利用自然元素捕捉细小的浮尘时将会产生不同的最佳绿色结构，然后利用这些元素创造一个供人放松和恢复的绿洲。

照片1.6　体育锻炼对健康有益，但在户外或健身中心进行锻炼会有什么不同吗？

（摄影：谢尔·尼尔森）

照片 1.7　哥本哈根的公共公园（Common Park）很受慢跑锻炼者的欢迎（摄影：谢尔·尼尔森）

照片 1.8　排球是公园里和海滩上的一项完美的体育活动（摄影：谢尔·尼尔森）

　　以往的研究主要分为两类。第一类是实验研究，特别是在减少压力和恢复注意力方面。这些研究中许多将重点放在短期压力的减少上，而且压力是在实验环境中产生的。此外，通常会采用幻灯片或视频来对自然环境和建筑环境进行粗略的区分。基于这类研究，我们很难说：①与住宅或工作环境附近的自然环境接触的长期健康益处有多大；②哪类自然环境最为有效；③需要多少这类的自然环境；④是否有其他需要满足的要求。关于最后一个方面，人们会想到绿地的社会安全，尤其是在城市环境中。第二类研究实际上是相关性的研究（调查和流行病学研究），它更适合于给人们提供一个现实生活中附近自然所产生的长期影响大小的印象。然而，即便是可以观察到两者间的关系，但其因果效应通常是难以确定的。此外，在这一研究领域，迄今为止几乎没有任何理论上的进展，各地供人利用的绿地的指标往往因研究而异，没有明确的理论依据。目前缺乏一种不仅考虑当地绿地供给方面，而且还考虑健康效果方面的通用定量方法，这使得研究间的比较变得很困难。

如前所述，我们需要更多的证据来证明不同的自然户外环境对健康的促进和增益作用。只有这样，"自然的健康服务"才能得到正确的理解和推广，例如，作为健康促进新战略的一部分。环境与健康间的积极联系也将为环境对人类健康有害影响的大量证据提供有价值的补充。显然，最好的方法应该是利用已有的数据。

1.8　定居点和场所：健康与我们生活中的自然环境

如前一节所述，周围的自然环境在户外环境与人类健康和福祉间的联系中起着十分重要的作用（照片1.9）。周围的自然环境由人们在日常生活中遇到的自然元素和特征组成，包括居住环境、工作场所和学校，人们会在这些环境中度过大量的时间。从经验上我们可以看出，人们最常利用的是周围的特别是那些离家很近的户外空间，这些空间会让人产生安全感和主人翁意识，而且极具吸引力。了解周围自然环境对健康的益处，可以为服务于多种可持续发展目标的干预性措施的设计提供支撑。

如果我们希望通过鼓励人们参与周围自然环境中的活动，并通过与动物和花草树木的接触来实现公共利益，那么我们需要考虑：如何与人们的其他兴趣竞争，并占用他们的时间；如何激励和持续维持某些特定行为；如何设计和推广适宜的场所；如何识别并瞄准不同的群体（即细分），以及如何将我们的活动与更广泛的健康目标结合起来。

大量的研究表明，城市绿地往往是不可及的，原因主要包括物理障碍（通道）、信息障碍（人们不知道绿地在哪儿或不知道能否使用它）、身体残疾、绿地的所有权问题、特定的行为问题（一个群体的活动排斥其他人），以及其他一些障碍（缺乏吸引力或布局、位置、设计和基础设施不当等）。绿地的内部和外部必须建有方便进入的基础设施，同时绿地本身必须对使用者具有吸引力，并设置与主要目标相应的设施。例如，如果我们鼓励在城镇进行社交活动，那么小型的城市公园可

照片 1.9　俄罗斯圣彼得堡的居民在周末离开公寓去国家森林游览（摄影：谢尔·尼尔森）

能是最好的选择。差异化既适用于空间和活动，也适用于所服务的社会群体，故此我们需要研究以了解不同空间结构和基础设施的健康效益，确定效益的规模和范围（可能时应包括经济分析）。有大量的社会研究表明，生活在农村地区的人们和城市居民的主要差别是所处的地理位置，而不是价值观，两者现在有着非常相似的生活方式和态度，至少在欧洲是这样的。

　　在今后的研究中应特别关注儿童、老人和少数族群等群体，他们可能有一些周围的自然环境可以满足的特殊需求，我们需要根据这些群体和其他特定社会群体的需求区分和调整各种办法。以儿童为例，在一种关注安全和低风险的文化影响下，人们会限制儿童进入户外环境，无论是城市中的还是自然空间中的。在整个欧洲，在允许儿童在自由"移动"状态下进入户外活动的方式上存在着相当大的差异，在对儿童参与户外活动时可能存在的危险和安全的看法上也存在着文化差异。同时，需要对欧洲的文化多样性及移民群体在与自然互动中可能存在的不同看法和需求进行研究，以获取更多的数据来分析少数民族族群的需要，这对社会治理和社会包容而言十分重要。

1.9　健康政策和经济

许多部门的公共政策都对健康有着重要影响，这些影响并不总是得到适当的评估和考虑。考虑到改善健康和福祉，以及尽量减少对健康的不利影响的重要性，有必要在制定公共政策时考虑后果。"绿色"与"健康"间的联系正越来越受到国际和国家决策者的关注。在一些欧洲国家，已经或正在对自然和健康方面的（研究）现状进行综合评估，以便为制定政策提供依据。在这些评估中，自然对健康和福祉的直接和间接影响都得到了关注。

农业和林业在连接户外环境和健康方面扮演着重要角色。在过去的几十年里，这些角色在欧洲已经发生了根本性的变化，农业和林业部门的多功能特征已经得到强调。经济合作与发展组织（Organization of Economic and Cooperation Development，OECD，简称经合组织）认为，多功能性是指一项经济活动可能有多种产出，通过这种活动可能有助于同步实现若干社会目标。然而，在目前有关农业和林业多功能性的主流讨论中往往忽视了健康，有时也会忽视与自然相关活动的社会价值。然而，社会需求的增加、对替代性可销售产品认识的提高，以及传统农业所面临的"危机"，为关注与人类健康和福祉有关的服务提供了更多的机会。在农村发展框架下的欧洲政策鼓励和支持农业企业多样化。例如，荷兰和其他国家的护理农场提供的保健与社会服务被视为促进了多样化，即农业企业在不同的经济部门进行经营生产活动，同时摆脱因全球化导致的农场专业化的持续提高对农业市场的影响。

与此同时，我们需要解决的一个问题是如何对绿色护理和其他"绿色健康"活动带来的益处进行价值评估，这就需要开发一个评价系统来量化干预措施的成本和效益。目前，公共资金仍然是直接和间接支付绿色护理服务的主要来源。通常在提供非市场服务的情况下，支付的款项主要与投入有关，而不是与产出有关。

决策者需要根据研究提供的可靠证据，进一步了解大自然对健康的各种积极和消极影响。迄今为止，大多数关于积极联系的实证研究都与从压力和注意力疲劳中恢复的（短期）效应有关。然而，对于自然和（通用）健康指标间联系的方法上合理的实证研究还非常有限。对此开展更多的研究应成为知识基础设施发展的一部分，包括研究数据和实例（良好做法）的汇编、进一步产生知识的方案及协调的结构，应明确所涉及的不同行为者的作用，例如，在责任和筹资方面。

如前所述，为绿色护理和其他自然健康倡议建立更好的评价框架是十分必要的。如果不对这些活动从经济层面进行综合评估，就很难在政策环境中加以推进。更好的经济维度分析应着眼于货币和非货币方面、社会责任问题，以及考虑对地方层面的影响等。这些评估需要是多学科的，并在广泛的背景下即不同类型的资助下研究自然与健康间的关系。

1.10　未来的研究需求

该行动研究发现，基于自然的方法可以通过确保人们在日常生活中与自然接触，以及确保自然成为医疗保健环境和方法的一个组分，大大促进欧洲的健康目标。更为有效地协调和沟通对现有知识的理解，并增大对新研究的投资，是利用基于自然的方法获得益处所必需的。

基于该行动的主要发现，我们确定未来的研究需求如下。

1. 有证据表明，患病率的降低和医疗干预需求的减少会带来巨大的经济效益。由于节省开支的潜在规模很大，需要在整个欧洲范围内进行协调一致的努力以了解成本和收益。相对于潜在的公共利益而言，目前的研究规模小得不成比例。

2. 欧洲森林是一项重要的健康资产，但其在健康或森林政策中的经济价值尚未得到很好的了解。公众走进森林并利用森林开展有益健康的活动时，个人或公共财政的成本很少甚至没有成本。

3. 在欧洲的公共健康政策中应考虑到为人们提供接触自然的机会。一些国家的民族习俗和实践活动的成功案例可以得到更广泛的采用。

4. 社会和环境贫困与健康不良间存在着普遍认可的紧密联系。城市林业和城市绿地是迅速改善贫困环境的一种手段，因此有可能改善贫困地区人们的健康状况。

5. 流动性较低的群体，如儿童、老人、残疾人和穷人等，可能从推动当地绿地和林地作为健康与健身资源的政策中获得特别的、存在个体差异的正向福利。

6. 现行的健康与环境政策过分强调环境危害，忽视了自然环境对健康作出巨大积极贡献的潜力。此外，对危害的过度强调为公众使用绿地并从中受益制造了行为障碍。

7. 进入自然及自然场所可以成为推动当代基于生活方式的公共健康方法的中心议题。

8. 自然户外环境与人类健康和福祉间的联系需要更具说服力的证据基础，今后的研究应该调查其运行机制，并观察其对不同目标群体产生的效果。

9. 与自然接触产生的健康问题应纳入国家层面的健康调查。

10. 健康应成为城市和土地利用规划的中心议题，例如，在有关城市密集化的辩论中。将健康生活方式纳入城市规划和绿地管理的工具与战略方面所做的努力将会获得很好的回报。

11. 新的研究应在对现有研究进行更为全面分类的基础上进行。虽然我们已经开展了大量的研究，但研究内容相对分散。例如，新的研究结果应与现有的其他健康保健和流行病学的研究成果相互参照。

12. 未来的研究需要基于通用的理论框架和更强有力的方法。现在已经开展了一些高质量的研究，但更为严格的方法应用将使研究结果在医学和相关领域得到更为广泛的接受。通用的框架、定义和方法将有助于对研究结果进行不同国家间的比较。

13. 未来的研究需要掌握更多源自大自然的与健康相关的产品和商品方面的知识。多学科的工作应涵盖从有开发前景物质的确定到将其商业化的全过程。

14. 未来需要开展跨部门多学科的研究，包括户外环境对健康的益处，以及食品安全和质量与环境保护等问题。

15. 欧洲对自然与健康间关系的研究正在迅速增加，但多学科的性质降低了其关注度和影响，相关的结果会在几个不同领域的科学文献中报道，我们完全有理由创建一个高质量的期刊，从而把这些研究成果集中起来。

1.11　本书的结构：基于 E39 行动的五个主题

本书有五个主题。第一部分题为"森林产品及其环境服务"，这部分由三章组成，论述了与森林相关的药品、草药、水果、真菌、有机认证产品和其他木材和非木材森林产品对人类的健康和福祉、经济和社会发展、替代医学和工业的直接影响和贡献，并对它们的预防、营养、治疗和治疗价值，以及与森林环境有关的益处进行了讨论，森林环境中的物质对人类健康的消极和危害方面也将是讨论中的一部分。

第二部分题为"身心健康与自然体验"，这部分由三章组成，讨论了"森林和树木如何促进健康和福祉"的问题。这一问题包含三个方面，第一个方面涉及人与树木或森林间相互交换的影响或结果，与此相关的工作包括明确说明了树木和森林对个人与群体身心健康的益处。第二个方面涉及过程，与此相关的工作包括描述了树木和森林对个体与群体的生理和心理健康产生影响的物理、行为、心理及社会过程，以及个体特征和改变这些过程的关联因子。第三个方面涉及确定树木和森林中与健康和福祉相关的不同形式的过程。

第三部分题为"推动体育活动"，这部分包括三章，分析了森林与其他自然环境对人类健康和福祉可能作出的贡献与在这类环境中进行的体育活动间的关系。

体育活动对人类健康的有益影响已得到了充分证明，但提供有吸引力的周围自然环境多大程度上会让人们变得更加活跃（更高的频率、更长的持续时间和/或更高的强度），尤其是在其休闲时间，人们还所知甚少。同样的体育活动，在自然环境中进行是否比在室内环境中进行（如健身中心的跑步机）对人们的健康和福祉的影响更大，这一点也还不清楚。最后，即使所提供的自然环境并未促使人们开展更多的活动，并且在自然环境中开展的活动本身并不会更健康，但仍会让人们在自然环境中消磨更多的时间。

第四部分题为"治疗和教育方面"，这部分包括两章，讨论了森林的治疗和康复能力，与世界上其他发达的经济体一样，欧洲后工业社会中推动人类健康和福祉的森林、树木和相关绿地发展势头强劲。森林和树木作为自然界的代表，常常被证明能抵消高科技和虚拟世界所主宰的生活方式下压力重重的社会产生的负面影响。日常生活主要在室内，而户外活动只在人们闲暇的时间里进行。户外休闲已成为人们健康生活的一个重要因素，并弥补了现代生活中脱离自然的不足。

第五部分题为"森林与健康的政策经济学"，这部分由一章组成，论述了森林和树木的健康效益的经济价值。健康问题是当今欧洲国家公共预算中最大的支出之一。因此，有必要努力寻求更为有效的治疗方法。我们需要确切地知道，利用森林作为恢复基础的成本和效益是否有利于采用制度化的流程。

最后，在后记中，强调了关注第六个主题的必要性，即景观中的文化维度。

第一部分

森林产品及其环境服务

第 2 章　城市森林及其生态系统服务与人类健康间的关系 [①]

乔瓦尼·萨内西（Giovanni Sanesi），赫里斯托斯·加利斯（Christos Gallis），
汉斯·迪特尔·卡斯帕瑞迪斯（Hans Dieter Kasperidus）

摘要： 在本章中，我们简要讨论了森林所提供的不同商品和服务的概念，介绍了欧洲采用的森林分类系统，该系统反映了欧洲人对森林的作用和意义的认识。我们特别强调城市森林的起源、类型和指标，分析了城市森林的重要性，包括森林和绿地在当代（可持续）城市中的作用。同时，考虑到欧洲的文化差异，探讨了不同公众对城市环境的态度。最后我们讨论了城市森林对城市环境（即水文气候、空气质量、生物多样性）和人类健康的影响。本章采用新的办法，探讨了城市森林如社区森林的社会角色及其与社区间的关系。

2.1　简介

　　"森林"的概念在过去几十年里有了很大的发展。在 20 世纪 60 年代之前，森林被看作是一种生产性的土地利用方式，主要是为人们提供木材、燃料和食物，其他功能包括保护土壤和保护山区定居点免受雪崩、降雨与山洪灾害的影响。从那时起，环境和环保主义的重要论述、城市文化日益重要的作用，以及对林地退化和林地面积的巨大损失等关键性假设（例如，亚马孙平原和刚果盆地）都促使人们重新定义当代社会使用的森林概念，目前森林被视为非木材产品，以及环境、

①G. Sanesi（✉）

意大利巴里大学植物生产科学系，巴里，意大利，e-mail: sanesi@agr.uniba.it

C. Gallis

希腊森林研究所，塞萨洛尼基，希腊，e-mail: cgalis@fri.gr

H.D. Kasperidus

德国赫尔姆霍兹环境研究中心保护生物学部，莱比锡，德国，e-mail: hans.kasperidus@ufz.de

生态和社会效益的重要来源。一些作者认为，在西方社会中，森林的作用正在迅速从生产性功能转变为消费性（主要是休闲和景观）和保护性（生物多样性和侵蚀控制）功能（Glück and Weiss，1996；Koch and Rasmussen，1998；Eland and Wiersum，2001）。这些对森林看法的不断改变折射出了欧洲不断变化的农村发展政策中对农村环境更为广泛的看法。更广泛地说，1992 年联合国环境与发展会议（United Nations Conference on Environment and Development，UNCED，简称环发大会）启动的国际森林政策进程确立了以社会经济因素及经济学为重点的可持续森林管理原则（Humphreys，1996），这导致了欧洲国家森林尤其是公有森林管理方式的变化。目前这些森林的管理旨在保护复杂的生态系统，并从景观尺度上提供社会效益。此外，不同层次的森林行政管理机构也出现了整合的趋势（Kennedy et al.，2001）。更为困难的是对私有林业的分析，一个主要限制是森林私有者难以从非木材产品和森林服务中赚取收入，同时可能还需要他们掌握新的知识和技能，这也会在森林经营管理对风景和休闲价值产生影响的区域引发冲突，特别是城区附近的森林（Tahvanainen et al.，2001）。

森林不仅是物质实体，而且具有很强的象征意义和文化价值，这也导致社会内部和社会之间对森林与林地存在着不同的看法。本章有三个主要目标：①阐明在欧洲，"森林"一词的复杂性；②描述现有的森林和树木的环境功能与效益，特别是在城市层面；③将森林和树木纳入促进人类健康的资源中。

2.2　森林分类系统

从技术上讲，森林可以根据特定的参数进行分类，如森林覆盖率、林冠覆盖率或物种组成和森林结构，这种方法主要用于林业清查和统计。但数据的应用方式各不相同，以至于欧洲各国可以用不同的方式对森林进行定义或分类（European Commission，1997）。

最近，由于在《京都议定书》等国际政策进程中需要一个通用的定义，国际林联（IUFRO）和联合国粮食及农业组织（Food and Agriculture Organization of the United Nations，FAO）等试图采用一项国际标准对林地进行分类。FAO 现在将森林定义为"土地面积超过 $0.5hm^2$，树木高度超过 5m，冠层覆盖率超过 10%"（FAO，2004）。然而，欧盟各成员国仍然使用他们自己的定义，以确保数据的一致性和国家层面上的可比性。

另一种分类方法是基于气候、土壤和文化状况及相关的植被条件。Kuusela（1994）在欧洲确定了 9 个不同的生态森林区域，各区域通常具有相似的管理制度和开发技术。近年来，森林分类的重点已从生产功能转向保护和服务功能。

从生态学的角度考虑森林的起源，可将森林区分为原始林、天然林和人工林。

许多术语如原始林、过熟林、天然林、半天然林、次生林等在许多国家都在使用，但含义却往往不同。在通过人为手段建植的人工林中，我们可以考虑更新方法和由形态、组成、物种分布、生态特征所定义的"人类足迹"。根据《京都议定书》，这类森林可归入造林和再造林的范畴。

从历史和过去的经营管理记录中，我们发现诸如未管理和管理的森林等术语。然而，几乎所有的欧洲森林在过去（最近）都经历过某种形式的经营管理。18 世纪与工业化有关的欧洲城市化导致了景观的变化，也改变了人与自然世界的关系（参见 Thomas，1983）。许多作者（例如，Trentmann，2004）将消费主义作为影响自然认知的主导范式进行了论述。

2.3　城市森林和绿地：类型和指标

20 世纪 60 年代，"城市森林"一词从美国传入欧洲，它侧重于城市地区及其周边的林地（Konijnendijk，2003；Konijnendijk et al.，2006）。Bell（1997）总结了以往的研究，表明开放空间离居住区越近越有可能用于休闲；当距离超过 400m 时，访问频率会急剧下降。从健康的角度，这引起了人们对城市林地和城市林业的兴趣，因为大量人口可能会接触到这些森林。Bonnes 等（2004）在罗马进行的一项研究中证实了位置、可及性和距离在当地人利用城市和近郊绿地中的作用。

除了天然、半天然森林和林地外，城市森林中最受认可的元素是有大量树木覆盖的公园、花园和绿地。然而，城市林业从业者在其定义中也包括居住区、学校和医院附近的绿地中的单株树木、树木群和其他木本植被。

城市森林有着不同的起源。从 20 世纪中期开始，人们开发出了新的技术，以相对较低的成本在以前的工业用地上种树，从而导致城镇林地的扩张。在英国，出现了社区林业这一术语。欧洲以前在公有森林中所做的工作，现在已经被调整用于城郊地区新的景观创建，目的是为当地和城市社区提供一定的社会、经济和环境效益（Colangelo et al.，2006）。

社区森林和类似项目的实施都是基于绿色基础设施的概念（Benedict and McMahon，2002），这是一个绿色空间相互连通形成的网络，其主要目的是保护自然生态系统的价值和功能，并为人类提供相关的效益。Benedict 和 McMahon（2006）也将绿色基础设施描述为一个过程，即"通过鼓励有益于自然和人类的土地利用规划和实践，促进土地的系统和战略性保护的过程"。

在任何地区，城市森林都是一个主要特征，其本身被视为文化的表现形式，不同的文化会以不同的方式看待它们，且这些差异是持续存在的。随着文化的变化，人们对森林也有了新的理解。Bonnes 等（2004）明确分析了人们对森林的矛盾和对立的态度。一方面，人们认为自己是自然的一部分，对自然空间有着积极的态度和倾向（Sanesi *et al.*，2006）；另一方面，人们也有一种与自然对立的感觉，包括城市绿地和城市森林，因为在利用它们时可能会产生不安全感。人们在利用自然空间时的体验极大地影响了他们对自然的态度，研究表明，人们周边可利用的城市森林的数量可能会对他们对所处地区的满意度和使用态度产生积极影响。

英国林业委员会（British Forestry Commission）每两年会进行一次访客调查（Slee *et al.*，2005），调查结果表明，人们去森林的目的是享受平和与宁静、迷人的风景和安全的环境，以及观赏野生动植物。英国每年约有 3.55 亿人次到林地和森林旅游，在过去的两年里有三分之二的英国人曾到林地和森林旅游。

因此，森林质量的概念离不开森林的用途。由于森林总是具有多种功能，而非单一的理想化的功能，因此森林管理就是要在复杂的目标间找到平衡。就城市规划而言，公共开放空间的面积及其可及性是通常采用的两个主要指标（Roma *et al.*，2000）。城市绿地的可及性被看作是城市可持续发展和生活质量的一个重要指标。绿地占城市总面积的比例、大小、形状、内部的体育和休闲设施及其与住宅区的关系等方面不同城市间存在很大差异。Roma 等（2000）在《欧洲城市审计年鉴》中分析了不同城市在森林（绿地）方面的差异，通常在欧洲北部城市、城郊和首都城市无障碍绿地的数量较高。在大多数的欧洲城市无障碍绿地面积都有增加的趋势。绿地的可及性（欧盟委员会提出的欧洲通用指标 A4 与居住在超过 5000m² 的公共开放区 300m 范围内人群的百分比有关；EC，2003）是一个不应仅从表面价值来看的重要指标。以米兰和慕尼黑为例，米兰的特点是有大量相对较小但分布在整个城市内的开放公共区域，而慕尼黑的特点是开放公共区域的面积更大更连续，但主要集中在城郊。与慕尼黑相反，斯图加特为我们提供了一个最佳的例子（照片 2.1），该城市具有大面积的连接良好的绿地系统。尽管我们可以从地图上立即看到它们之间的差异，但这两个城市的 A4 指标值却非常接近（Kasanko *et al.*，2002）。

2.4　森林与城市：在城市环境方面的意义

2.4.1　城市森林与可持续城市

20 世纪末，以可持续城市理念为中心的一种新概念出现在城市规划中，这对于更好地理解森林在城市环境生态完整性中的地位是十分重要的（Töpfer，1996）。如今，这一概念在学术和政策文件中已屡见不鲜（例如，Kahn，2006；European Commission，1996），其中城市规划的中心目标是在不对环境和城市居民生活质量产生负面影响的前提下实现可持续发展。Töpfer（1996）认为，与此同时我们也看到考虑城市发展对更广泛的区域乃至全球环境影响的整体方法已经出现。因此，

照片 2.1　斯图加特及其大面积连接良好的绿地系统概览

[摄影：乔瓦尼·萨内西（Giovanni Sanesi）]

城市政策的视角可能已经转向考虑外部性，以及我们对城市与更广泛环境间复杂关系更深层次的理解上。1992 年的环发大会是一个重要的里程碑，不仅产生了当前可持续森林经营管理的全球性政策进程（Humphreys，1996），而且还制定了《21世纪议程》，其准则是"全球思维，本土行动"，并强调了地方决策者、企业和第三方机构与公众间的合作。

　　Hancock（1996）将环发大会提出的可持续发展的三大支柱——经济、社会和环境，应用于城市规划，强调了城市环境中健康、社会福祉、环境质量、生态系统健康和经济活动间的关系。对于可持续的城市发展，他在模型中提出平衡和整合环境生命力、社区社会性和经济繁荣性。环境生命力是指当地生态系统的质量，以及健康的空气、水、土壤和食物。在城市环境中，这类生态系统商品和服务（de Groot，1987）可以由城市森林生态系统提供（例如，Bernatzky，1983；Rowntree，1986，1998）。"社区社会性"一词意味着社会关系网、社会凝聚力、公民社区和社会团结。经济繁荣性是指具有足够的经济活动水平，可以确保社区能够满足自己的基本需求。任何经济活动都必须是社会公平和生态可持续的，后者意味着经济活动不浪费自然资源、不污染环境、不损害生态系统健康。在这方面，一个健康的、生机勃勃的城市森林生态系统的存在可以作为这种理想化的可持续性的一个重要指标。

　　自然空间对城市质量和人们的福祉到底有多重要？Black（1996）认为一个

城市的环境是自然和文化因素的组合。其中自然要素包括气候、空气、水、土壤、植物和动物。在城市环境中，绿地已被证明可以缓解一些与高温相关的气候特征，从而减少高温的影响，为人们提供舒适的室外环境（Lafortezza et al.，2009）。文化环境可以定义为人类活动、公园和绿地等人造环境，以及维护和发展这种环境的方式和风格的综合体。根据世卫组织（WHO-HFA，2002）对健康的理解，除了没有疾病之外，健康还包括身体、社会和精神健康，那么我们可以说，城市森林可以为实现人类健康这一愿景作出重要贡献。

Tzoulas 等（2007）在综合分析大量跨学科文献的基础上指出，城市和城郊绿地（即绿色基础设施）可以为居住在此的人们提供健康的环境和身心健康的益处。

社会福祉方面需要考虑的另一个内容是环境的管理和人们参与与其周围环境有关的决策问题。社会福祉与舒适的住房、绿地、休闲和文化活动，以及公共交通有关。一个健康的族群意味着可以公平地到访当地良好的环境，因此在地方决策过程中应包括高水平的沟通和地方民众的参与。

这为我们勾勒出了必须重新思考城市与城市森林间关系的框架。我们知道，城市树木的类型和布局不仅决定了城市许多物理和生物特征，而且也会对社会经济环境产生影响。

Nowak 和 Dwyer（2007）认为，城镇绿地对人类的益处取决于适当的管理，因此需要更好地了解这些益处，以及提供和维护城市森林的成本。由于许多益处是无形的，需要采用环境经济学的方法将城市森林的服务量化和货币化，以便决策者进行比较。

管理者不仅需要了解这些服务的经济价值，还需要了解不同管理方案可能产生的结果，以便为不同的地方提供适当的益处。城市林业将城市森林视为处于城市系统内部并延伸至城市系统之外的一种生态系统（Rowntree，1986），其目的是分析自然与社会经济系统间的相互作用。

城市森林可以在许多方面对城市环境质量产生影响，进而影响城市地区的生活质量。我们注意到《21世纪议程》的倡议中将很大的篇幅放在城市森林上，明确了其目标、标准及通过城市森林改善城市环境质量的措施（Healey，2004）。

Beatley（2000）根据一项针对欧洲城市能否在欧洲可持续城镇运动中获奖的研究得出，"许多欧洲城市的实践表明人类的居住区可以是绿色和生态的，同时也可以是非常理想的生活和工作场所"。

2.4.2 城市森林对城市自然环境的影响

在本节中，我们分析了城市森林和其他绿地在水文过程、气候、空气质量和生物多样性方面对城市环境质量的影响。

2.4.2.1　水文过程

城市结构会影响水文过程，特别是加快了降雨期间径流的产生，以及道路和其他硬化表面冲刷的物质对水（体）的污染，而城市森林则通过调控地表径流减少了这些影响。Tyrväinen 等（2005）认为树木通过以下方式影响城市水文过程。

- 储存并蒸发树叶截留的降水；
- 降低排水系统中的峰值流量；
- 减少雨滴的影响，防止土壤侵蚀和污染物的冲刷。

多项研究证实，城市化地区的水文状况远非想象的那么简单：城市环境在土地利用、底土特性等方面存在着高度异质性，这些因素都会影响所有的水文过程（Ragab *et al.*，2003；Göbel *et al.*，2004；Berthier *et al.*，2006）。

在城市绿地的案例研究中，研究者开发出了一个基于森林的降雨蒸发估算模型（Gash *et al.*，2008），并据此得出结论，城市屋顶的蒸发过程与森林冠层的蒸发过程非常相似，这意味着森林蒸发模型可以用来估算城市屋顶的径流过程。

从森林土壤中得到的证据表明气候条件会强烈影响水循环（Martínez-Zavala and Jordán-López，2009）。

自然区域允许降水渗入地下，然后成为可利用的地下水。

据估计，在不透水性高的城市环境中，典型的径流量占年均降雨量的60%～70%。在土壤透水的城市植被区，典型的径流量为年均降雨量的10%～20%（Minnesota Pollution Control Agency，2000）。林业资源在保护水体和地下水供应管理方面也可以发挥重要作用。健康的城市森林可防止土壤通过侵蚀进入排水系统和水体。更多的水分可以储存在枯落物形成的有机质含量较高的土层中（Cappiella *et al.*，2005）。

Whitford 等（2001）研究了英国默西赛德郡四个地区城市森林的水文效应。研究发现对城市地区生态价值影响最大的是绿地的比例，特别是树木的比例。从水文学角度，他们建议使用屋顶花园和路面透水铺装作为改善降雨管理的手段。

2.4.2.2　气候：城市热岛效应

城市气候的一个重要特征是城市热岛效应（UHI），即城市环境的温度显著高于农村（绿色）环境（Oke，1995）。城市热岛的强度是通过城市与郊区热中心间的温差来测量的。通常热岛强度与城市的人口规模和密度成正比（Oke，1973；Gyr and Rys，1995；Brazel *et al.*，2000）。热岛效应的产生部分是由于树木和植被为建筑物和密封的表面所取代，这些建筑物和密封表面吸收短波（太阳）辐射，然后将吸收的能量以长波辐射（热量）的形式释放到大气中。车辆和建筑物释放的能量对城市热岛效应也起到了一定的作用。

城市中的极端热浪会给市民带来严重的健康问题，例如，2003 年欧洲各地高温期间死亡率急剧上升（Michelozzi et al.，2005；Nogueira et al.，2005；Poumadere et al.，2005）。城市热岛效应是否是全球变暖的一个因素目前尚不清楚。然而，城市的环境质量很可能会受到温度上升的影响（Alcoforado and Andrade，2008）。

树木可以通过蒸发水分冷却叶片表面，因此，在夏季树冠层覆盖较多的街区要比没有树冠层覆盖或覆盖较少的街区更为凉爽。同时，较低的温度会减少碳氢化合物的排放，从而降低大气中的臭氧浓度（McPherson and Simpson，2002）。

城市树木在缓解热岛效应方面的作用是通过遮阴、蒸腾（通过叶片的水分蒸发）降温，以及减少夏季人们对空调的需求来实现的。在德国和瑞典，已经开展了林业对城市热岛效应和热廊线积极影响的评估（Tyrväinen et al.，2005）。

绿地的降温效应可能与许多变量有关，如公园周围的城市形态和土地利用、风流、路面铺装类型和树木类型，以及景观设计等（Brown and Gillespie，1995）。

2.4.2.3　空气质量

现有证据显示城市森林能改善空气质量，主要是通过树叶对臭氧（O_3）、二氧化氮（NO_2）、二氧化碳（CO_2）和二氧化硫（SO_2）等气体的截留、表面吸附乃至吸入等过程减少了大气中的颗粒物含量（Smith，1990）。Bernatzky（1983）的报告指出，公园和栽植树木的街道分别可过滤掉高达 85% 和 70% 的空气污染物。Donovan 等（2005）对英国的树木在去除空气污染物（如低浓度臭氧、氮氧化物和一氧化碳）方面的作用进行了分析。这方面的研究最著名的是美国的"芝加哥项目"（McPherson et al.，1994），据 McPherson 等（1997）的估计，芝加哥的树木每年可以清除 5500 多吨的空气污染物。

臭氧是上层大气中的一种正常组分，其浓度较低且相对稳定时对人类健康的危害很小，但随着浓度的升高就会对人类健康构成威胁（Powe and Willis，2004）。大气中额外的臭氧主要存在于对流层（大气的最下层）以及地表层（会与车辆等产生的氮氧化物和挥发性有机化合物发生反应），其光化学效应很强且在日照充足的地区尤为强烈。树木可以从大气中清除大量的臭氧（McPherson et al.，1994，1998）。有研究表明，美国洛杉矶的城市化使林木覆盖面积减少了 20%，从而导致大气中的臭氧浓度增加了 14%（Taha，1996；McPherson et al.，1998；Nowak et al.，2000）。

一些研究表明，树木可以从大气中大量清除与呼吸系统疾病有关的二氧化硫气体（McPherson et al.，1994；Nowak et al.，1998）。据 McPherson 等（1994）的估计，芝加哥地区的树木平均每天清除约 3.9t 二氧化硫，使每小时空气质量平均提高了 1.3%。

树木还可以通过正常的生长过程从大气中吸收二氧化碳，并将其封存在生物量中。据估计，美国城市树木的年碳储存总量约为 70 439 700t（Nowak and Crane，2002）。因此，城市森林在降低大气中二氧化碳水平方面发挥着重要作用。

绿地（公园）对城市环境的影响也可能是负面的。Oliver-Solà 等（2007）在一项对西班牙巴塞罗那的 Montjuïc 公园影响的评估中得出，吸收该城市绿地管理（即为市民提供服务）中能源消耗所产生的二氧化碳排放当量所需的森林面积是公园面积的 12.2 倍。

城市森林也可以清除大气中的颗粒物。尽管少量的颗粒物可能被吸收到树木体内，但绝大部分通过树叶的截留附着在叶片表面，它们可能在风力等的作用下重新悬浮到大气中，或被雨水冲刷到地面，抑或随着树叶掉落到地面（Nowak et al.，2006）。同时，城市森林会限制冠层上部的空气与林下的空气交换，因此显著改善了林下的空气质量。据 Tolly（1988）、Bramryd 和 Frabsman（1993）的估计，1hm² 的混交林每年可以从空气中去除掉 15t 颗粒物，而 1hm² 云杉纯林过滤掉的颗粒物量是前者的 2~3 倍。Escobedo 和 Nowak（2009）估计在城市环境中 1m² 树木覆盖平均去除 PM10 的量约为 7.5g。其他研究也证实了城市化森林斑块内颗粒物浓度衰减的现象（Cavanagh et al.，2009）。

大气中的颗粒物会引起呼吸系统症状，加重现有的心血管疾病，损害肺组织并限制身体的防御机能（Du et al.，2007）。因此，城市森林是减少大气颗粒物和改善当地空气质量的重要因素。然而，树木本身也可能是挥发性有机化合物的来源，排放物的种类和数量与植被种类和生长状况有关，尤其是与旱生树木有密切的关系（Loreto et al.，1995；Loreto，2002；Rapparini et al.，2004）。虽然挥发性有机化合物的排放与臭氧的形成间存在着联系，但城市植被的挥发性有机化合物排放量通常不到人为排放量的 10%，城市植被也减少了臭氧的形成和浓度（Taha，1996；Nowak et al.，2006）。

许多人认为产氧是树木和其他陆生植物的重要益处；但是，如果我们考虑大气中本身存在的大量氧气和其他生产来源，那么这种好处就是非常有限的。树木的净产氧量是基于光合作用产生的氧气量减去植物呼吸过程中消耗的氧气量，净产氧量可以根据碳固存量来估算：净产氧量（kg/年）=净碳固存量（kg/年）×32/12（Nowak et al.，2007）（译者注：原文有误，根据参考文献中的内容进行了更正）。

据估计，美国全国城市森林每年的固碳量为 2280 万 t 碳（每公顷城市森林的碳储量为 2510 万 t 碳）（Nowak and Crane，2002），根据上式计算可得，美国城市森林每年产生约 6100 万 t 的氧气，足以弥补约三分之二美国人口的人体耗氧量。

2.4.2.4　生物多样性

城市森林、树木和其他绿地对城市生态系统的生态和环境功能贡献也是很大的，其中城市绿地对保护生物多样性的重要性已得到充分证明（Gilbert，1989；Sukopp and Wittig，1993；Fernández-Juricic，2000），然而这一贡献受到所处地区的内在结构及周围景观的强烈影响。一些研究者将鸟类群落的结构和组成作为衡量城市生物多样性的指标，详细阐述了城市林业与生物多样性间的关系。例如，Ferrara 等（2008）对意大利巴里市的三个城市和近郊绿地的鸟类进行了分析，结果表明从城市边缘到市中心，生物多样性急剧下降，这种下降似乎不仅取决于绿地的碎片化度和连通度，还取决于其他大尺度的因素（Lorusso *et al.*，2007）。

在意大利北部和南部两个不同的城市进行的一项综合性研究中，Sanesi 等（2009）得出结论，具有更为多样化和成熟森林植被的绿地与观察到的物种数量间存在着正相关关系，到城市中心的距离与鸟类的丰富度和多度间也呈正相关。

一些研究者强调，在地方和区域尺度上一个绿地功能网络的存在是维持可持续城市和城郊景观生态维度的重要因素；同时，保护城市绿地中的自然结构（即复杂性，如枯死木）对维持较高的生态多样性也十分重要（Sandström *et al.*，2006）。但这些结构的维持往往会与城市绿地功能（即无障碍的安全性）的管理产生冲突。

在过去十年中，人们也已经注意到了在以前的工业用地上通过自然演替过程来恢复林地具有一定的应用价值（Markussen *et al.*，2005）。

2.5　环境质量与人类健康

目前欧洲人享有人类出现以来最好的健康状况，人们的预期寿命比以往任何时候都长（WHO-HFA，2002）。然而，长寿和生活质量高并非一回事，人们一直在关注如何提高其生活质量。寿命与生活质量间平衡的概念可以通过在公共健康领域中使用"质量调整生命年"（quality-adjusted life-years，QALY）来说明，QALY 综合考虑了医疗干预措施下生命的数量和质量。

健康环境和高质量生活的构成似乎是不言而喻的，所见即所识。但城市规划者和政策制定者要将这些概念编成遵照执行的条文似乎并不简单。Maas 等（2006）在荷兰开展了一项广泛的研究，分析了公共健康与人们生活环境绿色之间的关系。他们的研究表明，生活在城市地区的人通常不如生活在自然地区的人健康。他们认为，对城市居民而言绿地不仅仅是一种奢侈品，而是保持或改善其健康的必需品。Mitchell 和 Popham（2007）也证实，一个地区的绿地比例越高，人们的健康状况越好，但却无法说明这仅仅是因为生活在这个地区的人更富有，还是因为两者间存在着一定的因果关系。

近五分之四的欧洲人居住在违反现行法定环境质量标准的城市地区。大量的交通和噪音、大气污染和高密度的建筑群导致了生活质量的降低及人类健康和福祉的逐渐减弱（例如，European Environmental Agency，2006；Report No 10/2006）。

因此，城市环境状况对大多数欧洲人来说非常重要（例如，European Environmental Agency，2005：Report No 1/2005）。此外，从全球到地方的环境问题，往往根源于日益增加的城市活动及其对自然资源的压力（例如，European Environmental Agency，2006；Report No 10/2006）。城市规划、设计和管理中体现的环保意识水平与欧洲范围内对实现可持续性的更广泛关注直接相关。

城市森林是一种社会资源

森林和城镇绿地之所以重要，一个简单但重要的原因是它们是人们进行正式或非正式休闲和社交活动时最具吸引力的地方。然而，对这类空间的感知和使用具有其文化维度，人们对不同地点的感知和使用会有所不同。有关通过城镇开放空间的管理和推广以鼓励有困难的人、少数民族和移民融入社会的研究越来越多，Germann-Chiari 和 Seeland（2004）对瑞士大型城市群中城市绿地在创造机会将青年人、老年人、外国人、失业者和其他社会群体融入城市生活的潜力进行了调查。

传统和个人经验也会影响人们对绿色空间的期望。Gerhold（2007）在加拿大开展的一项研究，比较分析了不同文化背景的多伦多居民对城市树木的态度。来自英国的居民对可遮阴的树最感兴趣，来自意大利和葡萄牙的居民则更喜欢果树和蔬菜园，而华裔对居住的街区是否有树则漠不关心。绿色空间已成为近年来广泛出现在欧洲政策议程上的一个议题。

由于开放空间通常是公有的，其管理日益受到欧洲不断增多的平等权利立法的影响。一般来说，这些立法不允许采用对当地社区居民产生不同影响的方式管理公共资产（Lafortezza et al.，2008）。例如，在英国，最近的多样性和平等立法促使国家林业管理局对其以往所有的政策和管理做法进行了审查，评估其对按种族、性别、残疾状况、性取向、生命阶段和信仰分类的人群利益的影响。如果发现负面影响，则需要采取相应的行动。这项立法不仅导致通常的用工方式发生变化，而且也推动了反映当地居民需要的开放空间的区域性管理方法的开发。此外，它还产生了一些社会研究的需求，例如，探索建立一种文化交流的场所，让人们能够了解开放空间使用方面的相关信息，同时让管理者了解当地居民的相关需求。

2.6　依赖森林的社区

某些地方的社区直接依赖森林为生，这不仅包括工业化国家，如美国、加拿大和芬兰的某个社区可能完全依赖锯木业或造纸业，也包括一些发展中国家，在那里森林对家庭和社区的日常生活至关重要。在其他地方，森林可能在当地经济中起着间接但却十分重要的作用，例如，作为户外旅游的景观。

　　"社区林业"（community forestry，CF）一词包含了在当地社区或较大的社会群体控制（或拥有）下，达成经济和社会目标的所有森林管理类型。社区林业管理通常与其他土地用途一起处在一个较大的生态景观中，通常包含多种目标，包括生存物质（烹饪、取暖等）、文化功能和市场产品。社区林业包括许多以生存为目的对森林进行管理的群体，他们通常在有限的基础上进入市场，以生产的农产品或从森林收集的产品为主。在发展中国家，社区林业在提高家庭（即农村社区）收入方面发挥着重要作用，为此，当地社区在土地和森林资源的可持续管理（包括火灾风险的管理）中扮演着重要的角色（Pagdee *et al.*，2006；Moore *et al.*，2002）。

　　在欧洲国家，社区林业一词通常与英格兰的一项国家级社区森林计划联系在一起，该计划"是社区参与、包容、环境再生和绿色基础设施创建的成功典范"。该计划是一项试验性的倡议，旨在尝试开发多用途林业，将其作为改革和振兴 12个主要城镇周边的农村绿地的机制。该计划试图解决城乡接合部的一些关键问题，包括将林业与休闲利益相结合、通过废物管理解决因矿物开采对土地掠夺性破坏的问题等。英格兰的社区森林总面积超过 45 万 hm^2，因此该计划是欧洲最大的环境倡议之一。社区森林可以描述为最贴近人类的多用途林业，它不仅可以为当地社区提供综合的环境、社会和经济效益，更让社区居民参与到树木、林地和相关绿地的规划、设计、管理和使用中去（Matthews，1994；Land Use Consultants *et al.*，2005）。

2.7　结论

　　来自不同国家不同文化的人对森林的看法是不同的。尽管如此，人们还是普遍认为树木和森林对当代城市生活作出了积极贡献。有确切的证据表明，绿地有助于减少城市化的负面影响，通过改善空气质量、生物多样性和气候，使城镇成为更适合人类居住的一种环境，然而这只是森林与人类关系的一个侧面。

　　对林业的社会性研究正引导着我们走向新的森林经营管理模式，核心目标是社会包容、文化融合和人类福祉，管理森林促进健康也是新的方向之一。我们相信，现在有足够的证据表明绿色环境对人类身心健康和福祉的重要性，这已经成为欧洲森林经营管理的核心目标。

参 考 文 献

Alcoforado MJ, Andrade H (2008) Global warming and the urban heat island. In: Marzluff JM, Shulenberger E, Endlicher W, Alberti M, Bradley G, Ryan C, Simon U, Zum Brunnen C (eds) Urban ecology – an international perspective on the interaction between humans and nature.

Springer, New York, pp 249–262

Beatley T (2000) Green urbanism: learning from European cities. Island Press, Washington, DC

Bell S (1997) Design for outdoor recreation. Spon, London

Benedict MA, McMahon ET (2002) Green infrastructure: smart conservation for the 21st century. Renew Resour J 20(3):12–17

Benedict MA, McMahon ET (2006) Green infrastructure: linking landscapes and communities. Island Press, Washington, DC

Bernatzky A (1983) The effects of trees on the urban climate. In: Trees in the 21st Century. Academic, Berkhamster, pp 59–76, Based on the first International Arbocultural Conference

Berthier E, Dupont S, Mestayer PG, Andrieu H (2006) Comparison of two evapotranspiration schemes on a sub-urban site. J Hydrol 328:635–646

Black D (1996) The development of the Glasgow city health plan. In: Price C, Tsouros A (eds) Our cities, our future: policies and action plans for health and sustainable development. WHO Healthy Cities Project Office, Copenhagen, pp 89–97

Bonnes M, Carrus G, Bonaiuto M, Fornara F, Passafaro P (2004) Inhabitants' environmental perceptions in the city of Rome within the UNESCO programme on man and biosphere framework for urban biosphere reserves. Ann N Y Acad Sci 1023:1–12

Bramryd T, Frabsman B (1993) Stadens lungor-om luftkvsliteten och växtligheten i våra tätorter (the lungs of the city-on air quality and vegetation in our cities). Movium-SLU Stad och and 116, Alnarp (quoted from Svensson and Eliasson 1997; in Swedish)

Brazel A, Selover N, Vose R, Heisler G (2000) The tale of two cites – Baltimore and Phoenix urban LTER sites. Climate Res 15:123–135

Brown RD, Gillespie TL (1995) Microclimatic landscape design: creating thermal comfort and energy efficiency. Wiley, New York

Cappiella K, Schueler T, Wright T (2005) Urban watershed forestry manual. Part 1: Methods for increasing forest cover in a watershed. United States Department of Agriculture Forest Service Northeastern Area State and Private Forestry, Newtown Square, PA

Cavanagh JE, Zawar-Rezab P, Wilson JG (2009) Spatial attenuation of ambient particulate matter air pollution within an urbanised native forest patch. Urban Forest Urban Green 8:21–30

Colangelo G, Davis C, Lafortezza R, Sanesi G (2006) L'esperienza delle Community Forests in Inghilterra (The experience of Community forests in England). Ri-Vista. Ricerche per La Progettazione Del Paesaggio (on line) 6:82–92

de Groot RS (1987) Environmental functions as a unifying concept for ecology and economics. Environmentalist 7:105–109

Donovan RG, Stewart HE, Owen SM, Mackenzie AR, Hewitt CN (2005) Development and application of an urban tree air quality score for photochemical pollution episodes using the Birmingham, United Kingdom, area as a case study. Environ Sci Technol 39(17):6730–6738

Du D, Kang D, Lei X, Chen L (2007) Numerical study on adjusting and controlling effect of forest cover on PM10 and O3. Atmos Environ 41:797–808

Eland BHM, Wiersum KF (2001) Forestry and rural development in Europe: an exploration of social-political discourse. Forest Policy Econ 3:5–16

Escobedo FJ, Nowak DJ (2009) Spatial heterogeneity and air pollution removal by an urban forest. Landsc Urban Plan 90(3–4):102–110

European Commission (1996) European sustainable cities – Report of the expert group of the urban environment. Luxembourg Office for Official Publications of the European Communities, Lanham, MD

European Commission (1997) Study on European forestry information and communication system. Reports on forestry inventory and survey systems, vol 2. European Communities, Luxembourg

European Commission (2003) European common indicators – towards a local sustainabiltiy profile. Ambiente Italia Research Institute, Milano

European Environmental Agency (2005) State of the environment report No 1. The European Environment. State and outlook 2005

European Environmental Agency (2006) EEA Technical report No 10. The European Community's initial report under Kyoto Protocol

FAO (2004) Global Forest Resources Assessment Update 2005. Terms and Definition

Fernández-Juricic E (2000) Bird community composition patterns in urban parks of Madrid: the role of age, size and isolation. Ecol Res 15(4):373–383

Ferrara G, Tellini Florenzano G, Tarasco E, Triggiani O, Lorusso L, Lafortezza R, Sanesi G (2008) L'avifauna come indicatore di biodiversità in ambito urbano: applicazione in aree verdi della città di Bari (Birds as a biodiversity component of green spaces in Bari). L'Italia Forestale e Montana 63(2):137–159

Gash JHC, Rosier PTW, Ragab R (2008) A note on estimating urban roof runoff with a forest evaporation model. Hydrol Process 22:1230–1233

Gerhold HD (2007) Origins of urban forestry. In: Kuser JE (ed) Urban and community forestry in the Northeast. Springer, New York, pp 1–23

Germann-Chiari C, Seeland K (2004) Are urban green spaces optimally distributed to act as places for social integration? Results of a geographical information system (GIS) approach for urban forestry research. Forest Policy Econ 6(1):3–13

Gilbert OL (1989) The ecology of urban habitats. Chapmann and Hall, London/New York

Glück P, Weiss G (1996). Forestry in the context of rural development: future research needs. EFI Proceeding No 15. European Forest Institute.

Göbel P, Stubbe H, Weinert M, Zimmermann J, Fach S, Dierkes C, Kories H, Messer O, Mertsch V, Geiger WF, Coldewey WG (2004) Near-natural stormwater management and its effects on the water budget and groundwater surface in urban areas taking account of the hydrogeological conditions. J Hydrol 299(3–4):267–283

Gyr A, Rys F (1995) Diffusion and transport of pollutants in atmospheric mesoscale flow fields. Kluwer, The Netherlands

Hancock T (1996) Planning and creating healthy and sustainable cities: a challenge for the 21st century. In: Price C, Tsouros A (eds) Our cities, our future: policies and action plans for health and sustainable development. WHO Healthy Cities Project Office, Copenhagen, pp 65–88

Healey P (2004) The treatment of space and place in the new strategic spatial planning in Europe. Int J Urban Reg Res 28:45–67

Humphreys D (1996) Forest politics: the evolution of international cooperation. Earthscan, London

Kahn ME (2006) Green cities. Urban growth and the environment. Brookings Institution Press, Washington, DC

Kasanko M, Lavalle C, McCormick N, Demicheli L, Barredo JI (2002) Access to green urban areas as an indicator of urban sustainability. Proceedings of the III Biennal Conference METREX – "The social face of sustainability", Thessaloniki, GR, 15–18 May 2002

Kennedy JJ, Thomas JW, Glück P (2001) Evolving forestry and rural development beliefs at midpoint and close of th 20th century. Forest Policy Econ 3:81–95

Koch NE, Rasmussen JN (1998) Forestry in the context of rural development: Final Report COST E 3. Danish Forest and Landscape Research Institute, Horsholm, Denmark

Konijnendijk CC (2003) A decade of urban forestry in Europe. Forest Policy Econ 5:173–186

Konijnendijk CC, Ricard RM, Kenney A, Randrup TB (2006) Defining urban forestry – a comparative perspective of North America and Europe. Urban Forest Urban Green 4:93–103

Kuusela K (1994) The forest resources in Europe: 1950–1990. European Forest Institute, Cambridge, UK

Lafortezza R, Corry RC, Sanesi G, Brown RD (2008) Visual preference and ecological assessments for designed alternative brownfield rehabilitations. J Environ Manage 89:257–269

Lafortezza R, Carrus G, Sanesi G, Davis C (2009) Benefits and well-being perceived by people visiting green spaces in periods of heat stress. Urban Forest Urban Green 8(2):97–108

Loreto F (2002) Distribution of isoprenoid emitters in the Quercus genus around the world: chemo-taxonomical implications and evolutionary considerations based on the ecological function of the trait. Perspect Plant Ecol Evol System 5(3):185–192

Loreto F, Ciccioli P, Cecinato A, Brancaleoni E, Frattoni M, Fabozzi C, Tricoli D (1995) Evidence of the photosynthetic origin of monoterpenes emitted by Quercus ilex leaves by C-13 labelling. Plant Physiol 110(4):1317–1322

Lorusso L, Lafortezza R, Tarasco E, Sanesi G, Triggiani O (2007) Tipologie strutturali e caratteristiche funzionali delle aree verdi periurbane: il caso di studio della città di Bari (Patterns and processes in periurban green areas: a case study in Bari). L'Italia Forestale e Montana 62(4):249–265

Maas J, Verheij RA, Groenewegen PP, de Vries S, Spreeuwenberg P (2006) Green space urbanity, and health: how strong is the relation? J Epidemiol Community Health 60:587–592

Markussen M, Buse R, Garrelts H, Manez Costa MA, Menzel S, Marggraf R (eds) (2005) Valuation and conservation of biodiversity. Springer, Berlin

Martínez-Zavala L, Jordán-López A (2009) Influence of different plant species on water repellency in Mediterranean heathland soils. Catena 76:215–223

Matthews JD (1994) Implementing forestry policy in the lowlands of Britain. Forestry 67(1):1–12

McPherson EG, Simpson JR (2002) A comparison of municipal forest benefits and costs in Modesto and Santa Monica, California, USA. Urban Forest Urban Green 1:61–74

McPherson GE, Nowak DJ, Rowntree RA (1994) Chicago's urban forest ecosystem: results of the Chicago Urban Forest Climate Project. General Technical Report NE-186. U. S. Department of Agriculture, Forest Service, Northeastern Forest Experiment Station, Radnor, PA

McPherson EG, Nowak DJ, Heisler G, Grimmond S, South C, Grant R, Rowntree R (1997) Quantifying urban forest structure, function and value: the Chicago urban forest climate project. Urban Ecosyst 1:49–61

McPherson EG, Scott KI, Simpson JR (1998) Estimating cost effectiveness of residential yard trees for improving air quality in Sacramento, California, using existing models. Atmos Environ 32:75–84

Michelozzi P, de Donato F, Bisanti L, Russo A, Cadum E, DeMaria M (2005) The impact of the summer 2003 heat waves on mortality in four Italian cities. Euro Surveill 10(7):161–165. http://www.eurosurveillance.org/em/v10n07/1007-226.asp

Minnesota Pollution Control Agency (2000) Protecting water quality in urban areas: best management practices for dealing with storm water runoff from urban, suburban and developing areas of Minnesota. Minnesota Pollution Control Agency, St. Paul

Mitchell R, Popham F (2007) Green space, urbanity and health: relationship in England. J Epidemiol Community Health 61:681–683

Moore P, Ganz D, Tan LC, Enters T, Durst PB (2002) Communities in flames: proceedings of an international conference on community involvement in fire management. FAO, Balikpapan, Indonesia

Nogueira P, Falcão J, Contreiras M, Paixão E, Brandão J, Batista I (2005) Mortality in Portugal associated with the heat wave of August 2003: early estimation of effect, using a rapid method. Euro Surveill 10(7):150–153. http://www.eurosurveillance.org/em/v10n07/1007-223.asp

Nowak DJ, Crane D (2002) Carbon storage and sequestration by urban trees in the USA. Environ Pollut 116:381–389

Nowak DJ, Dwyer JF (2007) Understanding the benefits and costs of urban forest ecosystems. In: Kuser JE (ed) Urban and community forestry in the Northeast. Springer, New York, pp 25–46

Nowak DJ, McHale PJ, Ibarra M, Crane D, Stevens JC, Luley CJ (1998) Modelling the effects of urban vegetation on air pollution. In: Grybubgs S, Chaumerliac N (eds) Air pollution modelling and its application XII. Plenum Press, New York, pp 399–407

Nowak DJ, Civerolo KL, Rao ST, Sistla G, Luley CJ, Crane DE (2000) Modeling study of the impact of urban trees on ozone. Atmos Environ 34:1601–1613

Nowak DJ, Crane D, Stevens JC (2006) Air pollution removal by urban trees and shrubs in the United States. Urban Forest Urban Green 4:115–123

Nowak DJ, Hoehn R, Crane DE (2007) Oxygen production by urban trees in the United States. J Arboric Urban Forest 33:220–226

Oke TR (1973) City size and urban heat island. Atmos Environ 7:769–779

Oke TR (1995) The heat island of the urban boundary layer: characteristics, causes and effects. In: Cermak JE (ed) Wind climate in cites. Kluwer, The Netherlands, pp 81–107

Oliver-Solà J, Núñez M, Gabarrell X, Boada M, Rieradevall J (2007) Service sector metabolism: accounting for energy impacts of the Montjuïc urban park in Barcelona. J Ind Ecol 11:83–98

Pagdee A, Kim YS, Daugherty PJ (2006) What makes community forest management successful: a meta-study from community forests throughout the world. Soc Nat Resour 19:33–52

Poumadere M, Mays C, Le Mer S, Blong R (2005) The 2003 heat wave in France: dangerous climate change here and now. Risk Anal 25:1483–1494

Powe NA, Willis KG (2004) Mortality and morbidity of air pollution (SO_2 and PM10) absorption attributable to woodland in Britain. J Environ Manag 70:119–128

Ragab R, Rosier P, Dixon A, Bromley J, Cooper JD (2003) Experimental study of water fluxes in a residential area: 2. Road infiltration, runoff and evaporation. Hydrol Process 17:2423–2437

Rapparini F, Baraldi R, Miglietta F, Loreto F (2004) Isoprenoid emission in trees of Quercus pubescens and Quercus ilex with lifetime exposure to naturally high CO_2 environment. Plant Cell Environ 27:381–391

Roma M, Grubert M, Decand G, Feldmann B (2000) The urban audit, the yearbook – vol I. European Communities, Luxembourg, pp 152–154. http://ec.europa.eu/regional_policy/urban2/urban/audit/ftp/volume1.pdf

Rowntree R (1986) Ecology of the urban forest – introduction to Part II. Urban Ecol 9:229–243

Rowntree R (1998) Urban forest ecology: conceptual points of departure. J Arboric 24:62–71

Sandström UG, Angelstam P, Mikusiński G (2006) Ecological diversity of birds in relation to the structure of urban green space. Landsc Urban Plan 77:39–53

Sanesi G, Lafortezza R, Bonnes M, Carrus G (2006) Comparison of two different approaches for assessing the psychological and social dimensions of green spaces. Urban Forest Urban Green 5:121–129

Sanesi G, Padoa-Schioppa E, Lafortezza R, Lorusso L, Bottoni L (2009) Avian ecological diversity as indicator of urban forest functionality. Results from a two-case studies in Northern and Southern Italy. J Arboric Urban Forest 35(2):53–59

Slee B, Ingram J, Cooper R, Martin S, Wong J (2005) The United Kingdom. In: Jáger L (ed) COST E30 Economic integration of urban consumers' demand and rural forestry production. Forest sector entrepreneurship in Europe: country studies. Acta Silv. Lign. Hung. Special Edition, pp 725–776

Smith WH (1990) Air pollution and forests. Springer, New York

Land Use Consultants with SQW Ltd (2005) Evaluation of the Community Forest Programme Final Report. Countryside Agency

Sukopp H, Wittig R (eds) (1993) Stadtökologie (Urban ecology). Fischer Verlag, Stuttgart

Taha H (1996) Modelling impacts of increased urban vegetation on ozone air quality in the South Coast air basin. Atmos Environ 30(20):3423–3430

Tahvanainen L, Tyrväinen L, Ihalainen M, Vuorela N, Kolehmainen O (2001) Forest management and public perceptions – visual versus verbal information. Landsc Urban Plan 53:53–70

Thomas K (1983) Man and the natural world: changing attitudes in England 1500–1800. Penguin, London

Tolly J (1988) Träd och trafikföroreningar samt Bil. Biologiskt filter för E4 på Hisingen (Trees and transport pollution and the car). Göteborgs Stadsbyggnadskontor, Hisingen, 15 pp (quoted from Svensson and Eliasson. 1997, in Swedish)

Töpfer K (1996) Our cities, our future. In: Price C, Tsouros A (eds) Our cities, our future: policies and action plans for health and sustainable development. WHO Healthy Cities Project Office, Copenhagen, pp 1–9

Trentmann F (2004) The modern evolution of the consumer: meanings, knowledge, and identities before the age of affluence. Cultures of consumption working paper series. Birkbeck College, London

Tyrväinen L, Pauleit S, Seeland K, de Vries S (2005) Benefits and uses of urban forests and trees. In: Konijnendijk CC, Nilsson K, Randrup TB, Schipperijn J (eds) Urban forests and trees – a reference book. Springer, Berlin, pp 81–114

Tzoulas K, Korpela K, Venn S, Yli-Pelkonen V, Kaźmierczak A, Niemela J, James P (2007) Promoting ecosystem and human health in urban areas using green infrastructure: a literature review. Landsc Urban Plan 81(3, 20):167–178

Whitford V, Ennos AR, Handley JF (2001) "City form and natural process" – indicators for the ecological performance of urban areas and their application to Merseyside, UK. Landsc Urban Plan 57:91–103

WHO-HFA (2002) World Health Organisation regional office for Europe. Statistical Data Base Health for all (HFA-DB)

第 3 章　具有健康促进和药用功能的林产品 [①]

赫里斯托斯·加利斯（Christos Gallis），马里耶拉·迪斯特凡诺（Mariella Di Stefano），帕拉斯凯维·穆萨楚（Paraskevi Moutsatsou），蒂蒂·萨尔亚拉（Tytti Sarjala），韦莎·维尔塔宁（Vesa Virtanen），比亚内·霍尔姆贝姆（Bjarne Holmbom），约瑟夫·A.布哈贾尔（Joseph A. Buhagiar），亚历山德罗斯·卡塔拉努斯（Alexandros Katalanos）

摘要： 森林是健康促进产品和医药产品丰富的可再生来源。除树木本身的用途外，森林中的浆果、坚果和蘑菇都含有多种天然的生物活性化合物，可用于生产健康促进产品和药物。除了纤维素、半纤维素和木质素等主要结构成分外，树木体内还发现了数以千计的生物活性化合物。在发展中国家，森林产品在非常重要的传统医药中一直都发挥着关键作用，在工业化国家，制药工业正越来越多地关注植物源性的天然药物。植物源性化合物有助于在发展中国家的传统药物与发达国家

①C. Gallis（✉）

希腊森林研究所，塞萨洛尼基，希腊，e-mail: cgalis@fri.gr

M. Di Stefano

《新技术专家》杂志，米兰，意大利，e-mail: med.nat-omeo@lunet.it

P. Moutsatsou

雅典大学药学院生物化学系，雅典，希腊，e-mail: pmoutsatsou@med.uoa.gr

T. Sarjala

芬兰林业研究所，帕尔卡诺，芬兰，e-mail: tytti.sarjala@metla.fi

V. Virtanen

奥卢大学生物技术实验室，索特卡莫，芬兰，e-mail: vesa.virtanen@oulu.fi

B. Holmbom

奥博学术大学工艺化学中心，奥博，芬兰，e-mail: bjarne.holmbom@abo.fi

J.A. Buhagiar

马耳他大学阿戈蒂植物园生物学系，姆西达，马耳他，e-mail: joseph.buhagiar@um.edu.mt

A. Katalanos

塞浦路斯农业、自然资源与环境部森林司，e-mail: akatalanos@fd.moa.gov.cy

的现代药物间架起一座桥梁，植物源性生物活性化合物作为预防剂有助于维持人类的健康。

3.1　简介

本章从历史和科学的角度来分析林产品对健康的促进作用。使用药用植物和民族医学是地球上所有文明共有的传统，根据世卫组织的统计数据（Gurib-Fakin，2006），世界上 80% 以上的人口依靠植物源性药物来满足其医疗保健需求。与此同时，西方的科学研究也开始展现出许多传统方法的价值，西方的制药公司则重新燃起对植物源性药物和传统保健知识的兴趣。作为地球上最多样化的生境，森林可以说是天然的医药宝库，在过去的 20 年里，对药用植物的研究开始逐渐回归。因此，各种林产品的国家和全球市场正在迅速增长。根据世界银行（World Bank，2004）的数据，药用植物的国际贸易额高达 600 亿美元/年，并以每年 7% 的速度增长。

如今，欧洲正在大批量生产树木源性的生物活性化合物，并将其作为膳食补充剂和保健食品的主要成分在全球销售。在此，我们主要描述了三种此类产品：木糖醇、谷甾醇和谷甾烷醇。同时，我们还考虑从树结和树皮中开发产品，包括 HMR 木脂素。

植物产生的化学物质种类繁多，其中一些具有重要的生物和生态作用，包括保护植物自身的物质。这些化学物质大多可归为植物次生天然产物或次生代谢产物，即植物体内通常不参与光合作用和细胞呼吸等初级代谢过程的天然化学产物。次生植物产物中最大的一类是萜类化合物，其中许多被用于食品和饮料，还有一些用于民间医药和制药，如抗癌药物紫杉醇和抗疟药物青蒿素。在本章中，我们分析了一些柏科（Cupressaceae）植物中的挥发性和非挥发性萜类化合物的健康益处，介绍了它们在治疗人类和动物疾病方面的传统用途，包括消毒剂、杀虫剂、防腐剂、兴奋剂和止痛药等。

3.2　欧洲药用植物的历史及现状

3.2.1　人类历史上的药用植物

古往今来，利用药用植物治疗疾病主要植根于传统、经验主义和象征意义。虽然药用植物的种类只能粗略估计，但 Lange（2004）指出，世界上总共有约 42.2 万种开花植物（Scotland and Worthley，2003），其中至少四分之一被用于民族植物学。

几位研究者也对药用植物的种类进行了估计。世卫组织列出了 21 000 种药用植物（Groombridge，1992）。Farnsworth 和 Soejarto（1991）则估计有 70 000 种植物用于民间医药。根据 Schippmann 等（2002）的研究，世界范围内药用高等植物超过 50 000 种，约占世界维管植物群的 17%，是人类用于特定用途的最大生物多样性谱（Hamilton et al.，2006）。

印度、中国、美国、印度尼西亚、马来西亚和泰国（Schippmann et al.，2002）是将植物药用的主要国家。其中夹竹桃科、五加科、伞形科、萝藦科、白樟科、藤黄科和防己科，其药用植物所占的比例较高。在发展中国家，药用植物和森林产品一直是初级医疗保健的一种资源，它们不仅是生活在偏远地区的人们唯一可用的保健药物，而且也是穷人首要的和基本的保健服务的一部分。

即使是有现代医学的地方，近年来人们对药用植物的兴趣也在迅速增加。在发展中国家，大多数人仍然依赖复方中草药而非制造类药物，世卫组织预计其使用将进一步增加，这不仅是因为人口的增长，还因为公共健康政策越来越重视传统的保健方法。在工业化国家，药用植物的使用在 20 世纪逐渐被放弃，这或许可以归于现代药理学的发展和医药产品在治疗疾病方面的成效，但同时也可以看作是一种后启蒙运动的现象，即在新的医学学说中，传统方法被严重忽视。

然而，自 20 世纪 70 年代以来，西方世界在寻找新药物的过程中开始更多地关注植物源性药物。在某种程度上，这似乎源于发现新药的成本增加，传统药物开发的成功率降低（Mintzberg，2006），以及合成药物并不总是能满足人们的期望。因此，在过去的 20 年里，草药植物中所含的化合物再次受到研究者的关注。Fabricant 和 Farnsworth（2001）研究了从全球 94 种药用植物中获得的 122 种化合物，结果表明其中 80% 的植物具有与目前使用的植物活性成分相同或相关的民族医学用途。他们报告说，在评估植物的生物活性化合物时，基于传统知识的民族医学方法比随机采集植物更为准确，然而随机测试模式正被越来越多地采用。

对植物源性药物的兴趣不仅局限于制药公司，还包括政府、研究机构和广大民众。各国政府正在考虑制定有关适当使用植物源性产品的政策，他们还对传统药物或由其开发出的药物申请专利所涉及的法律和伦理问题表达了关注（Mintzberg，2006）。对新药的寻找也并不仅仅局限于制药公司，许多研究人员正在寻求能够治疗现代疾病或减少药物副作用的活性成分，传统知识的作用正在被重新评估。一些研究人员认为，数百年来积累的经验可以为安全有效地使用药用植物提供坚实的基础。

3.2.2　欧洲植物源性产品的现状

药用植物及其衍生物的国际和国内市场正在迅速增长。据估计，国际药用植物贸易额为 600 亿美元/年（World Bank，2004），并以每年 7% 的速度增长（Koul and Wahab，2004）。药用植物和芳香植物（medicinal and aromatic plants，MAP）的国际贸易可能涉及全球 2500～3000 种植物（Schippmann *et al.*，2006）。1991～2000 年，药用植物贸易中最活跃的 12 个国家总共进口了 326 300t，价值 9780 万美元，出口了 344 400t，价值 874 万美元（联合国贸发会议商品贸易数据库）。在此期间，欧洲年均进口约 127 000t，出口 75 900t 药用植物，主要的欧洲出口国为保加利亚、阿尔巴尼亚、波兰和匈牙利（Lange，1998，2001，2002）。在欧盟内部，药用植物和芳香植物的种植面积约为 70 000hm^2（Verlet and Leclercq，1997），尽管 90% 的欧洲本土药用植物是从野外采集的（Lange，1998）。已知的约 3000 种国际贸易药用植物中，只有约 900 种是商业种植的（Mulliken and Inskipp，2006），可见世界上最重要的药用植物市场上交易的 70%～80% 的药用植物都是从野外采集的（WWF/TRAFFIC Germany，2002）。在欧洲，从药用植物中提取的产品既用于治疗，也用于饮食，目前它们被分为三类：①食品添加剂（根据 2002/46/EC 指令）；②传统的草药产品（根据 2004/24/EC 指令）；③由医生开具处方并在药房销售的药品（根据 2001/83/EC 指令、2003/94/EC 指令和 2004/27/EC 指令）。

图 3.1 显示了主要欧洲国家非处方草药的销售状况，销售总额略低于 50 亿美元（按制造商卖给批发商的价格计算）。

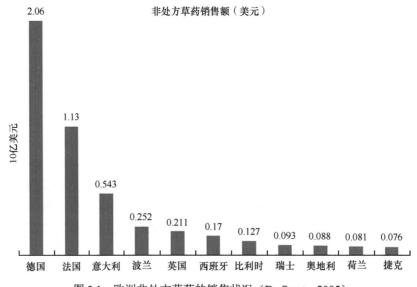

图 3.1　欧洲非处方草药的销售状况（De Smet，2005）

另外，葡萄牙、匈牙利、爱尔兰、斯洛伐克、芬兰和挪威的销售总额为 1.32 亿美元。从人均支出来看，德国为 25.00 美元，法国 18.80 美元，意大利 9.50 美元，波兰 6.50 美元，英国 3.60 美元，西班牙 4.10 美元，比利时 12.30 美元，瑞士 13.00 美元，奥地利 10.90 美元，荷兰 5.00 美元，捷克 7.40 美元（De Smet，2005）。

3.2.3 药用植物对人类健康的潜在作用及若干关键问题

药用植物和林产品已经成为制药的重要来源。多达 50% 的处方药是基于植物中天然存在的分子，约 25% 的处方药是直接提取开花植物中的分子或以这些分子为模型生产的（Foster and Johnson，2006）。植物和树木中含有大量的生物活性化合物，如多酚、类黄酮、植物雌激素、萜类化合物、植物甾醇、脂肪酸和维生素，这些化合物都对人类健康有益。从传统和流行的药物到遵循主流医学方法的植物提取物，都可用于预防和治疗疾病。其中治疗性的包括避孕药、麻醉和腹部手术用的类固醇和肌肉松弛剂、抗疟疾的奎宁和青蒿素、治疗心力衰竭的洋地黄衍生物，以及抗癌药物长春花碱/长春新碱、足叶乙甙和紫杉醇。迄今为止，相关的科学研究已经记录了与医药产品一起使用的一些药用植物的重要药理活性，并为安全使用这些产品奠定了基础。

然而，从自然生境中收集原材料通常具有破坏性，不仅会导致稀有物种的灭绝，还会对当地社区赖以生存的经济产生影响。全球濒危植物的种类目前尚不清楚。1997 年，世界自然保护联盟（International Union for Conservation of Nature，IUCN）的植物红色名录评估的 60 000 种中包括了约 3.4 万受威胁物种。此后，该名录的评估标准发生了变化，约 11 000 个物种采用新的系统进行了评估，其中约 8000 种受到威胁。这两项评估都表明，被评估的植物一半以上处于危险之中（Walter and Gillet，1998），这意味着不应被收集用于医疗目的。世卫组织（WHO，2003）已经编制完成了《药用植物种植和采集的生产质量管理规范指南》（GACP）。

受国家和国际法律保护的药用植物只有在获得许可的情况下才能采集。《濒危野生动植物种国际贸易公约》（CITES）的相关规定也限制了特别濒危物种的贸易。

植物源性化合物的知识产权和与之相关的传统知识是一个有争议的话题。争论的焦点是国际和国家专利法中所提供的保护是否能让人们公平地分享传统资源利用所产生的利益？森林生物勘探是否剥夺了传统知识的权利？如果土著人要从其资源的使用中受益，必须做些什么？土著人在涉及使用其资源的决策过程中有何发言权？作为代表性的人物，Mintzberg（2006）进一步提出了有关使用专利和其他知识产权限制获得救命药物时可能存在的伦理学问题。

3.3 林产品评价

3.3.1 简介

　　由于一些野生植物材料供应有限，且自然资源在逐渐枯竭，因此需要培育类似植物，这样既可保护现有的药用植物，又能确保充足的供应。植物和树木中含有大量有助于健康的生物活性化合物（Kris-Etherton *et al.*，2002；Holmbom *et al.*，2007；Moutsatsou，2007）。许多变量包括气候、土壤、成熟度、植物遗传和栽培条件等会对植物的特性及其化学提取物的组成产生巨大的影响（Ross and Kasum，2002）。许多情况下，在分布范围外的其他地理区域培育亚种的努力都是失败的。即使是同一物种，由于起源不同，化合物的含量和相对浓度也可能有所不同（Oddo *et al.*，2004；Terrab *et al.*，2004；Ruoff *et al.*，2006）。

3.3.2 提取和化学分析

　　本节的主要目的是描述通常用于分离和分析植物源性生物活性化合物的过程。利用高通量筛选方法对选定的或随机样本进行筛选，然后通过计算和分子模拟，以及民族植物学研究，可以对基于植物的药物制剂进行初步探查。无论采用哪种方法选择植物，随后的分析过程都是测试其生物活性和潜在的健康影响，这一过程包括三个基本步骤：从样品中提取、分离和纯化，以及化学分析（表3.1）。提取是首要的关键步骤，因为具有不同化学特性的化合物需用不同的溶剂提取，以获得不含任何杂质的高浓度样品提取物。

表 3.1　森林和其他植物产品提取、分析和生物测试的典型过程

过程	目的-结果
①取样	明确的样品
②提取	不同极性提取物
③分离和纯化	化合物群组或单个化合物
④化学分析	化合物的特性和浓度
⑤生物试验（临床试验、体外、体内）	提取物、化合物群组和单个化合物的生物活性

　　化学分析的目的是区分植物提取物中已知的化合物（去除重复）和新分子，通常采用液相色谱-质谱（LC-MS）、液相色谱-质谱-质谱（LC-MS-MS）和液相色谱-核磁共振（LC-NMR）等技术鉴定植物提取物中新的生物活性化合物或量化已知的成分。中红外光谱（FT-MIR）和近红外光谱（FT-NIR）也是确认植物源性产品的植物和地理起源的重要工具（Ruoff *et al.*，2006）。用于进一步分析植物中生

物活性化合物的方法是色谱法,包括薄层色谱法(TLC)、气相色谱法(GC)、高压液相色谱法(HPLC)和毛细管电泳法(CE)(Wolfender *et al.*,2003)。气相色谱-质谱法同时也是一种定性和定量单个化合物的非常有效的工具。

3.3.3　生物医学评价

在树木和植物提取物中发现的生物活性化合物包括多酚(类黄酮、酚酸、单宁、木脂素和二苯乙烯)、类胡萝卜素(番茄红素)、甾醇(谷甾醇)、多糖、β-葡聚糖和各种萜类(Kris-Etherton *et al.*,2002;Holmbom *et al.*,2007)。大量研究表明,这些植物中的化学物质具有生物活性,可以起到抗癌、抗动脉粥样硬化和抗氧化、神经保护和有利于骨骼的作用(Kris-Etherton *et al.*,2002;Moutsatsou,2007)。

为了评估植物提取物中化合物的生物活性,可使用一系列的体外测试系统。高通量的筛选测试可为进一步的评估确定优先次序。为了预测在体内的效果,需要对几种体外测试系统进行组合。然而,由于体外测试不包括化合物的代谢和吸收等方面,因此可能给出的是假阴性或假阳性的结果。只有体内研究才能准确预测一种化合物在生物体内的作用,因为在体内条件下该化合物会同时暴露于吸收过程和多种代谢转化过程下。

3.3.4　体外测试系统

为了评估植物源性化合物的雌激素或抗雌激素潜能(通常由某些多酚显示的活性),通常采用的体外测试系统包括:①放射竞争性的受体结合试验;②报告基因试验;③内源性雌激素受体(ER)靶基因表达的测定分析(端点分析法);④利用已建立的对雌激素有反应的细胞系进行的增殖分析(Diel *et al.*,1999;Gutendorf and Westendorf,2001;Mueller,2002)。

评估植物源性化合物抗癌潜力的方法通常包括:①增殖试验或细胞活力分析(MTT 分析);②使用流式细胞技术研究细胞凋亡,测量凋亡或抗凋亡的蛋白和 DNA 片段化产物(Kassi *et al.*,2007)。由于癌症是一种多因素疾病,需要对多种途径和多个靶点进行调节,因此人们还可以评估植物源性化合物在各种过程中的作用,包括抑制生长因子表达或信号传导、炎症分子与信号传导(NF-κB、JNK 和 AP-1 信号传导途径)、细胞周期分子(细胞周期素 D1),以及血管生成的下调。

动脉粥样硬化也是一种复杂的疾病,其特征是许多细胞过程的改变,其中氧化性应激和炎症起着关键作用。因此,可通过测定黏附分子、细胞因子、金属蛋白酶和相关信号传导(NF-κB、AP-1 信号传导;Papoutsi *et al.*,2007a)等炎症蛋白分子来评估植物源性化合物在心血管系统细胞(内皮细胞、平滑肌细胞)中的抗炎和抗动脉粥样硬化的潜能。

通过对成骨细胞矿化、破骨细胞和成骨细胞增殖或凋亡、细胞因子、骨保护素（OPG）、骨钙素和其他骨参数的测定，可以评估植物源性化合物对骨骼健康的影响（Kassi *et al.*，2004；Papoutsi *et al.*，2007b）。

3.3.5　体内测试系统

各种体内分析（动物模型）被用于表征植物源性化合物的生物效力及其作用机制，使用的动物通常是大鼠、小鼠或兔子，在试验中植物源性化合物通常是口服或皮下注射的。常见的用于评价植物化学物质潜在的化学预防作用的动物肿瘤模型主要有：自发性癌变模型、化学致癌物诱发肿瘤模型和癌细胞异种移植肿瘤模型等。自发性癌变模型可用于前列腺癌和子宫内膜癌的研究；化学致癌物诱发肿瘤模型则是让大鼠暴露于二甲基苯蒽（DMBA）或亚硝基甲脲（NMU），模拟其对乳腺癌发生的影响；最后，癌细胞异种移植肿瘤模型是将一些肿瘤细胞系异种移植到免疫缺陷的裸鼠体内，结果会在异位点生长肿瘤，最终通过血液或淋巴途径转移，该模型主要用于乳腺、前列腺和子宫内膜癌的研究（Diel *et al.*，2002）。此外，还有一些更具体的动物模型用来评估植物化学物质的雌激素效应，模型中通常使用的是未成熟的、切除垂体或卵巢的大鼠、小鼠或兔子。在这种情况下，子宫营养分析与子宫和其他雌激素敏感靶组织（如阴道、乳腺、肝脏、骨骼、心血管系统和大脑）中的雌激素敏感端点（如形态学、组织学、生化和分子端点）分析相结合（Diel *et al.*，2002）。子宫营养分析评估了植物雌激素刺激子宫生长的能力，然而，这种分析方法可能不太适合用来评估雌激素活性，因为有一些化合物，如具有组织特异性的类雌激素活性的雷洛昔芬（raloxifene），对子宫没有影响（Jefferson *et al.*，2002）。研究人员采用去势的骨质疏松成年大鼠模型、高胆固醇致动脉粥样硬化的兔子模型和几种脑损伤动物模型，分别研究了植物雌激素在骨质疏松症、动脉粥样硬化和神经退行性变治疗中可能的作用（Kalu，1991；Jee and Yao，2001；Picazo *et al.*，2003）。总之，使用适宜的不同体外测试系统组合并结合动物模型的最终评估，可以预测植物化学物质真正的生物潜力。

3.4　蜂蜜和核桃的健康促进作用

3.4.1　简介

蜂蜜在整个欧洲的膳食营养中扮演着重要的角色，养蜂已深深根植于欧洲的每一种文化。欧洲许多国家都生产蜂蜜，其中希腊、意大利、西班牙、法国和葡萄牙是蜂蜜的主要生产国。核桃树因其果实和装饰性的珍贵木材而成为欧洲一种十分重要的树种。

3.4.2　蜂蜜

蜂蜜作为一种天然产品在希腊已经使用了几千年。根据哲学家柏拉图（Plato）关于健康饮食的概念，适度的健康饮食包括谷类、豆类、水果、牛奶、蜂蜜和鱼。据《餐桌上的健谈者》（*The Deipnosophists*）一书的作者希腊哲学家阿森纳乌斯（Athenaeus）记载，早在公元前 500 年希腊哲学家德谟克利特（Democritus）就在日常饮食中使用蜂蜜来延长寿命和提高生育能力。德谟克利特，连同希腊医学之父希波克拉底（Hippocrates）和狄奥斯科里季斯（Dioscorides）都认为蜂蜜是一种强身健体的重要物质（Skiadas and Lascaratos，2001）

在欧洲有 100 多种植物可以用来生产单花蜂蜜（Oddo *et al.*，2004）。根据植物区系和地理起源，欧洲蜂蜜要么来自植物的花如丹麦蜂蜜，要么来自松树和冷杉等针叶树，针叶树源性的蜂蜜在中欧市场上被称为"森林"蜂蜜。蜂蜜的质量是由其植物或花卉源和化学成分来判断的。传统上，人们通过分析蜂蜜中的蜂花粉来确定蜂蜜的花源，而现代方法则通过类黄酮和其他酚类化合物进行精确的化学分析（Ruoff *et al.*，2006；Gómez-Caravaca *et al.*，2006）。

蜂蜜中含有数百种物质，被认为是一种传统的药物。其重要成分有类黄酮、酚酸、多种酶、抗坏血酸、类胡萝卜素、氨基酸和蛋白质。蜂蜜的酚含量和抗氧化活性因花源和外部因素（如季节和环境）的不同而有很大差异（Gheldof *et al.*，2002；Gómez-Caravaca *et al.*，2006）。不同植物源的蜂蜜总酚含量为 46～400mg/kg（Gheldof *et al.*，2002）。较高的黄酮含量赋予了蜂蜜抗氧化特性和一系列其他生物特性，包括抗菌、抗肿瘤、抗炎、抗过敏、抗血栓和血管舒张作用（Ceyhan and Ugur，2001；Schramm *et al.*，2003；Swellam *et al.*，2003）。已有的证据显示蜂蜜具有促进伤口愈合及调节糖尿病代谢的作用（Katsilambros *et al.*，1988；Molan，2006）。

3.4.3　核桃

核桃（*Juglans regia*）树因其果实和具有装饰性价值的木材而成为欧洲一种重要的树种。它通常生长在温带气候区土壤层深厚、肥沃、排水良好的地方，在欧洲主要分布在德国、法国、意大利和奥地利东部的平坦地区。核桃（*Juglans* ssp.）因其生产高价值产品（如优质木材和坚果）而在农林业中具有很高的应用价值。欧洲驯化的核桃树传统上用于坚果生产，但同时木材生产也受到了高度的重视（Fady *et al.*，2003）。核桃富含鞣花酸、一种已知的多酚、α-生育酚（维生素

E）、纤维、人体必需的脂肪酸、类黄酮和酚酸等物质（Jurd，1956；Fukuda *et al.*，2003；Maguire *et al.*，2004；Colaric *et al.*，2005；Li *et al.*，2006）。

核桃中含量较高的多元不饱和脂肪酸（亚油酸和亚麻酸）可以降低总胆固醇和低密度脂蛋白（low-density lipoprotein，LDL）胆固醇，以及提高高密度脂蛋白（high-density lipoprotein，HDL）胆固醇，从而降低了罹患心脏病的风险。核桃中的这种优良脂类此前曾被看作是在人体内发挥明显的抗动脉粥样硬化作用的物质（Zambon *et al.*，2000；Almario *et al.*，2001）。核桃对心血管的保护作用也与其抗氧化作用，以及对内皮功能的调节有关（Anderson *et al.*，2001；Ros *et al.*，2004；Tsuda and Nishio，2004）。炎症过程通过内皮细胞与免疫细胞的相互作用在动脉粥样硬化的发展过程中起着重要作用。血管细胞黏附分子（VCAM-1）和细胞间黏附分子（ICAM-1）被炎症细胞因子如肿瘤坏死因子-α（TNF-α）激活，参与发起了这种相互作用。最近的数据证实核桃的甲醇提取物可抑制内皮细胞的炎症过程，并对骨骼细胞有益（Papoutsi *et al.*，2007a，b）。总之，蜂蜜和核桃是重要的促进健康的林产品，富含蜂蜜和核桃的饮食可帮助预防许多退化性疾病。

3.5　松脂和希俄斯乳香胶的药用特性

3.5.1　松脂

在北半球的针叶树中，松科（Pinaceae）约有 9 属 225 种，松属是该科最大的一个属，有两个亚属约 120 种。其分布范围仅次于柏科，成员从沙漠延伸到雨林，从海平面延伸到山区树线（Scagel *et al.*，1965），包括了重要经济树种雪松、冷杉、铁杉、落叶松、松树和云杉。

松树的广泛分布在很大程度上取决于其防御系统，这种防御系统使它们能够抵御种间竞争，并阻止病原体特别是腐生真菌和其他微生物进入体内，以及防范来自食草动物、昆虫和其他动物的攻击。其主要防御机制是产生树脂（也称为油树脂或松脂），这是一种出现在伤口和感染部位的黏性、有气味的分泌物（Philips and Croteau，1999）。松脂是一种复杂的多种萜类化合物的混合物，由大致等量的挥发性松节油（单萜 C_{10} 和倍半萜 C_{15}，包括含氧型）和松香［二萜（C_{20}）树脂酸］组成（Croteau and Johnson，1985；Jonnessen and Stern，1978）。

松脂自古以来就被用于传统医药。今天，它仍然是各种药物制剂的基本成分，通常用于含有松脂和蜂蜡的软膏中。然而，松脂的药理和药用性能尚未得到业界的广泛关注。

Simbirtsev 等（2002a）的报告记载，对动物的医学试验表明，在伤口和烧伤的早期处理时松脂（PR）和松脂软膏（PRO）对伤口表面的细胞再生和早期肉芽组织形成非常有效。他们进行了 PR 和 PRO 对标准试验菌株［革兰氏阳性的金黄色葡萄球菌（*Staphylococcus aureus*）和革兰氏阴性的大肠杆菌（*Escherichia coli*）和绿脓杆菌（*Pseudomonas aeruginosa*）］体外抗菌活性，以及 PRO 对动物体内修复过程的影响研究（Simbirtsev *et al.*，2002a），结果表明，PR 具有明显的杀菌作用，而 PRO 对微生物的生长没有影响，这可能是由于蜂蜡酯大分子抑制了其扩散所致。在炎症过程的早期阶段，PRO 调节非特异性和抑制特异性的免疫反应，使炎症病灶的血流正常化，激活了组织的再生过程，并且有效对抗了厌氧菌和杆菌。他们还同时研究了 PRO 在治疗烧伤、早期创伤和皮肤及皮下脂肪化脓性炎症过程中的免疫毒性，以及 PRO 可能引起的刺激和过敏作用（Simbirtsev *et al.*，2002b），结果表明，临床剂量的 PRO 长期治疗对非特异性的免疫无影响，但对特异性的免疫具有调节作用，PRO 制剂抑制了体液分泌，但刺激了细胞免疫。长期皮肤外敷后，未观察到局部刺激和过敏反应。特别是在烧伤治疗中，PRO 刺激了非特异性免疫反应，使受损区域的血液流动正常化，并刺激了上皮细胞增殖（Khmel'nitskii *et al.*，2002）。

在烧伤或伤口感染后的最初几个小时内炎症细胞被调动。体外实验表明，含有 PR 的制剂能激活吞噬细胞，可用于烧伤、创伤、化脓性和炎症性疾病的治疗（Simbirtsev *et al.*，2002c）。PR 和 PRO 含有多种生物活性物质，对吞噬作用产生相反的和剂量依赖的影响（Simbirtsev *et al.*，2002d）。

松香（rosin），以前称为**树脂（colophony）**或**希腊柏油（Greek pitch）**，是从松脂中获取的主要产品，这种易碎、透明的玻璃状固体可以通过加热新鲜液体树脂使挥发性液态萜烯组分蒸发而产生。松香和松香衍生物已被药剂学确定为微胶囊材料和片剂中的无水黏合剂（Fulzele *et al.*，2002，2007；Pathak and Dorle，1990；Sahu *et al.*，1999；Satturwar *et al.*，2004；Lee *et al.*，2005）。松香生物材料具有良好的生物相容性、降解特性及成膜能力（Fulzele *et al.*，2003），并且具有作为基于薄膜的药物递送系统和剂量技术组件的潜力（Satturwar *et al.*，2005；Fulzele *et al.*，2007）。

3.5.2　希俄斯乳香胶

漆树科（Anacardiaceae）的乳香黄连木（*Pistacia lentiscus* var. *chia*）只生长在爱琴海上的希腊希俄斯岛（Chios Island）的南部，从乳香黄连木树干上提取的分泌物——希俄斯乳香胶（Chios mastic gum，CMG）是一种白色半透明的天然树脂，同时也是一种天然抗菌剂，自古以来就在地中海和中东国家广泛使用，既可作为膳食补充剂，也可作为草药。据 Kolliaros（1997）的查证，早在希腊时期，希波克拉底、狄奥斯科里季斯和伽列诺斯（Galenos）等医生都曾在医学中使用过它，他们提到了其特性并建议将其用于治疗各种胃肠道疾病，如胃痛、消化不良和消化性溃疡。如今，乳香胶被用于生产外科手术中可被人体吸收的特殊缝线。由于其具有口腔杀菌和收紧牙龈的作用（Topitsoglou-Themeli et al.，1984），因此，它被用于牙膏和口香糖中（Stauffer，2002）。乳香在地中海的饼干和冰淇淋等食物中被用作调味品，或作为饮料中的甜味添加剂，提取的精油则用于生产香水和化妆品（Doukas，2003）。

乳香胶的生物活性源于多种化合物，主要由齐墩果烷型、大戟烷型和羽扇豆烷型的三萜组成（Andrikopoulos et al.，2003；Assimopoulou and Papageorgiou，2005）。据 Koutsoudaki 等（2005）的报道，乳香油和乳香胶的主要成分为 α-蒎烯、β-月桂烯、β-蒎烯、柠檬烯和 β-石竹烯。

医学试验表明，乳香胶对胃肠系统有细胞保护或抗酸作用，如缓解溃疡（每天服用 1g CMG 可减轻疼痛，并在 2 周内治愈大多数患者的胃和十二指肠溃疡；Al-Habbal et al.，1984），以及减轻抗溃疡药物和阿司匹林引起的胃黏膜损伤强度，副作用很小或没有副作用。据报道，乳香胶具有相当强的体外抗细菌和抗真菌活性（Magiatis et al.，1999；Tassou and Nychas，1995），其中马鞭草酮、α-松油醇和芳樟醇起到了主要作用（Koutsoudaki et al.，2005）。此外，它在体外消杀幽门螺杆菌（Helicobacter pylori）和治疗消化性溃疡的功效也有专门的报道（Huwez et al.，1998；Bona et al.，2001；Marone et al.，2001）。然而，在最近一项针对幽门螺杆菌感染的体内研究中，将 CMG 的活性与抗生素根除方案进行了比较，在 7 天的治疗后，接受乳香的小鼠胃中的细菌未被根除（Loughlin et al.，2003），在人类身上进行同样的实验，用乳香胶囊治疗 7 天，所有幽门螺杆菌阳性患者仍保持阳性（Bebb et al.，2003）。我们必须考虑到，前面介绍的所有研究中使用的粗树脂均含有高比例（30%）的不溶性和黏性聚合物（聚-β-月桂烯）（Van den Berg et al.，1998），这会明显阻碍口服给药，并降低了所含活性化合物的生物利用度。为了在随后的研究中绕过这个问题，研究人员使用了不含聚合物的纯乳香提取物。

乳香黄连木也被认为是传统的抗癌剂，特别是对乳腺、肝、胃、脾和子宫肿瘤，这种观点与最近的研究结果一致，研究表明 CMG 在体外会诱导人类结肠癌细胞（HCT116）凋亡（Balan et al.，2005）并具有抗增殖活性（Balan et al.，2006）。此外，CMG 也与心血管保护有一定的关系，它在体外会抑制人类低密度脂蛋白氧化（Andrikopoulos et al.，2003），作为中性和酸性组分的主要成分的三萜会作用于外周血单核细胞，从而产生抗氧化和抗动脉粥样硬化作用（Dedoussis et al.，2004）。尽管 CMG 的抗氧化作用已广为人知，但能否直接抑制动脉粥样硬化的发生尚不清楚。

3.6　可食用的森林野生蘑菇作为健康促进化合物的来源

3.6.1　简介

对新药产品而言，蘑菇具有巨大的开发潜力。虽然蘑菇的药用在亚洲国家有着悠久的传统，但在西半球的使用只是在过去几十年才略有增加（Lakhanpal and Rana，2005；Lindequist *et al.*，2005）。

最近的几篇关于蘑菇药用特性的综述文章中概述了许多真菌的药理潜力。对蘑菇的药用价值研究最多的是栽培品种，如灵芝（*Ganoderma lucidum*，Reishi）、香菇（*Lentinus edodes*，Shiitake）、灰树花菌（*Grifola frondosa*，Maitake）、姬松茸（*Agaricus blazei*，Hime-matsutake）、蛹虫草（*Cordyceps militaris*，Caterpillar fungus）、平菇（*Pleurotus ostreatus*，Oyster mushroom）和猴头菌（*Hericium erinaceous*，Lion's mane）（如 Lakhanpal and Rana，2005）。关于真菌人工栽培的全面论述，读者可参考 Wasser 和 Weis（1999）、Borchers 等（1999）、Wasser（2002）、Lakhanpal 和 Rana（2005）、Lindequist 等（2005）和 Zaidman 等（2005）的著作。

虽然对野生食用菌的研究还没有像对栽培真菌那样广泛，但是近年来人们对野生菌的兴趣有所提高，其部分原因是野生菌的丰收。由于蘑菇高蛋白和低脂肪的特性，人们很早以前就已认识到了其营养价值。蘑菇中含有大量的维生素，如硫胺素、核黄素、抗坏血酸和维生素 D2，以及多种矿物质（Mattila *et al.*，2000）。蘑菇中多达 10%～50% 的干物质属于 β-葡聚糖、甲壳质和杂多糖等膳食纤维（Wasser and Weis，1999）。蘑菇富含多种微量元素，如铜、锌、硒、铁和钼，特别是在动物实验和临床试验中测试的许多微量营养元素中，硒的抗癌作用最强（Zaidman *et al.*，2005）。

在本节中，我们将重点介绍欧洲特别是北欧国家常见的森林野生食用蘑菇的抗菌和抗肿瘤特性。

3.6.2　抗菌活性

蘑菇需要抗细菌和抗真菌的化合物确保其在自然环境中生存（Zak，1964；Kope and Fortin，1989）。外生菌根真菌产生的细胞外抗生素被认为是保护根系免受植物病原真菌侵染的一种方式（Zak，1964），目前已经从多个物种中分离出了对人类有益的抗菌化合物（Lindequist *et al.*，2005）。现已发现大型真菌具有广泛的抗菌特性，可以抑制细菌、真菌、原生动物，以及哺乳动物癌细胞的生长。

据 Dulger 等（2002）的研究，乳菇属（*Lactarius*）植物 [（粗质乳菇（*L. deterrimus*）、血红乳菇（*L. sanguifluus*）、半血红乳菇（*L. semisanguifluus*）、白乳

菇（*L. piperatus*）、松乳菇（*L. deliciosus*）、鲑色乳菇（*L. salmonicolor*）]的提取物对革兰氏阳性菌和革兰氏阴性菌有抗菌活性，但对酵母菌无拮抗作用。乳菇属的一个普遍特征是子实体内含有一种乳胶，切割或破碎后可以观察到。在受损的子实体中通过酶促过程会产生倍半萜，在有刺激性的乳菇属物种中，倍半萜显然有助于真菌的防御功能（Bergendorff and Sterner，1988；Clericuzio *et al.*，2002）。松乳菇和粗质乳菇并非刺激性物种，但也含有单一倍半萜的脂肪酸酯，这些酯在受伤时会转化为倍半萜醛类和醇类（Bergendorff and Sterner，1988），两者的倍半萜有一个奎安骨架，其形成方式与刺激性物种不同。除了乳菇属外，其他高等真菌中也广泛存在着原伊鲁烷倍半萜类（Clericuzio *et al.*，2002）。

Dulger 等（2004）用圆盘扩散法测试了鸡油菌科（Cantharellaceae）鸡油菌（*Cantharellus cibarius*）的乙酸乙酯、氯仿和乙醇提取物的抗菌活性（照片 3.1），结果显示鸡油菌对一些革兰氏阳性菌和阴性菌、酵母菌、丝状真菌和放线菌具有抗菌活性，所有提取物的抗真菌活性均高于抗细菌活性。

照片 3.1   鸡油菌的提取物对一些细菌、酵母菌、丝状真菌和放线菌具有抗菌活性
[摄影：蒂蒂·萨尔亚拉（Tytti Sarjala）]

哌珀霉素是一个肽类家族，其特征是短链（≤20 个残基）、C 端醇残基和高水平的非标准氨基酸（主要是 α-氨基异丁酸、异戊酸和亚氨基酸羟脯氨酸）（Whitmore and Wallace，2004）。哌珀霉素源于真菌有机体，其中一些对植物病原真菌和革兰氏阳性细菌具有抗菌活性（Lee *et al.*，1999）。哌珀霉素的抗菌功能源自其膜插入和成孔能力（Whitmore and Wallace，2004）。Lee 等（1999）从牛肝菌属新鲜子实体的提取物中分离并测序出了一种新的哌珀霉素，即牛肝菌素，牛肝菌素由 19 个残基氨基酸组成，对几种革兰氏阳性细菌具有抗菌活性（Lee *et al.*，1999）。

3.6.3　抗肿瘤活性

在过去的 20～30 年，日本、中国、韩国和美国的许多研究证明了蘑菇中提取的化合物在预防和治疗癌症方面的有效性和独特性（Zaidman et al.，2005）。现已发现约有 650 种高等担子菌具有抗肿瘤活性（Wasser，2002）。

蘑菇中高分子量的多糖或多糖-蛋白质复合物可以增强先天的细胞介导的免疫反应，并在动物和人类体内表现出抗肿瘤活性（Zaidman et al.，2005）。虽然从多种蘑菇中分离出的免疫调节剂（激活或抑制机体免疫系统的药物）在动物试验中已显示出了抗肿瘤作用（Wasser and Weis，1999），但只对少数几种进行过人体内抗肿瘤潜力的客观临床评估。Wasser（2002）根据已有的研究总结得出，具有抗肿瘤作用的多糖在其化学组成和构型，以及物理性质方面差异很大，其中结构特征如葡聚糖主链中的 β-(1→3) 连接和附加的 β-(1→6) 分支点是抗肿瘤功能所必需的（Wasser，2002）。对所有主要的蘑菇类群的调查结果表明，大多数蘑菇类群都含有生物活性的多糖物质。据 Wasser（2002）描述，欧洲最常用的真菌物种，如牛肝菌属（*Boletus*，11）、疣柄牛肝菌属（*Leccinum*，2）、乳牛肝菌属（*Suillus*，5）、鸡油菌属（*Cantharellus*，5）、口蘑属（*Tricholoma*，1）、罗鳞伞属（*Rozites*，1）、乳菇属（*Lactarius*，18）和红菇属（*Russula*，23）的物种都具有抗肿瘤或免疫刺激活性（括号中的数字为物种数量）。

在北欧和亚洲，松茸（*Tricholoma matsutake*）是一种十分常见的菌类，在日本被公认是一种优质昂贵的食用菌。Hoshi 等（2005）从松茸菌丝体中分离并鉴定出了一种具有免疫调节活性的新型 α-葡聚糖-蛋白质复合物。Ishihara 等（2002）通过从松茸菌丝体内提取的生物反应调节剂对应激诱导的小鼠自然杀伤细胞活性下降的抑制作用，证明了其具有免疫调节活性。此外，从其他口蘑属物种中也已分离出了抗肿瘤多糖（Mizuno et al.，1996）。

白松露（*Tuber borchii*）是欧洲一种很有价值的烹饪品种，Lanzotti 和 Iorizzi（2000）在白松露中发现了对肝癌细胞具有毒杀活性的多羟基类固醇。

有趣的是，Takaku 等（2001）报道了真菌膜中的一种常见成分——麦角甾醇具有抗肿瘤活性，这可能是由于其直接抑制了血管生成（涉及从已有血管生长出新血管）的生理过程。

大多数针对公众可获得的药用蘑菇功效的研究都是基于动物（通常是小鼠）或人工培养细胞的。在这些情况下，蘑菇提取物的生物活性并不总是与人体摄入时的活性相关，无论是口服还是注射。在今后的临床研究中需要利用真菌的药用特性对其免疫调节功能做进一步的评价。

3.7　森林浆果的营养和药用特性

　　浆果，无论是栽培的还是野生的，都是许多欧洲国家传统饮食的一部分。在斯堪的纳维亚半岛，浆果之所以重要部分原因是它们通常生长缓慢且较容易获得。不同野生浆果的地理分布不同，例如，黑醋栗（*Ribes nigrum*）在中欧、斯堪的纳维亚和不列颠群岛都有发现；红醋栗和白醋栗（*Ribes rubrum*）分布在西欧、中欧的高山地区和北欧；北悬钩子（*Rubus arcticus*）一般分布在北纬 60°～70° 之间；云莓（cloudberry，*Rubus chamaemorus*）广泛分布于挪威、瑞典和芬兰；红豆越橘（Lingonberry，*Vaccinium vitis-idaea*）通常被称为山蔓越莓，广泛分布于欧洲；而蓝莓/欧洲越橘（blueberry/bilberry，*Vaccinium myrtillus*）则常见于北欧及南欧的山区，仅在意大利南部和伊比利亚半岛没有分布。

　　采集浆果是一项社会活动，也是乡村传统文化生活的一部分，尤其是在北欧国家，自 13 世纪以来，人们就将进入森林采摘浆果和蘑菇称为"普通人的权利"。浆果是抗氧化维生素（C 和 E）、纤维（大量不溶性纤维和少量可溶性纤维；果胶）、含有大量不饱和脂肪酸的有益脂肪酸（如Ω-3 和Ω-6）的天然来源，且不含胆固醇，钠含量低，钾含量高，这些物质以不同的方式影响着人类的健康。不溶性纤维会影响肠道健康，可预防便秘；可溶性纤维可降低血液胆固醇和血糖水平；低钠高钾含量对血压有影响。浆果的成分存在季节性变化，且受生长期天气条件和环境胁迫的影响。同一浆果品种的不同基因型间健康促进的化合物含量也存在着差异。

　　除了是人类必需营养的良好来源外，浆果中还含有类黄酮、酚酸、原花青素、木脂素、二苯乙烯和聚合单宁等酚类化合物。食物中的黄酮醇（化学结构见图 3.2）是一个有趣的话题，因为它具有多种对人类健康有益的生物学功能，包括抗氧化作用、自由基结合、抑制脂肪饱和、抑制炎症和过敏、抑制血压升高和抗菌活性等（Puupponen-Pimiä *et al.*，2001）。红豆越橘、蓝莓/欧洲越橘同为杜鹃花科（Ericaceae）越橘属（*Vaccinium*）植物，以黄酮（黄酮醇、花青素和原花青素）含量高而闻名（化学结构见图 3.3），这些物质具有明显的抗癌特性和抗致癌物活性，对人类健康的影响仍在调查中（Bomser *et al.*，1996）。黄酮醇含量最高的是

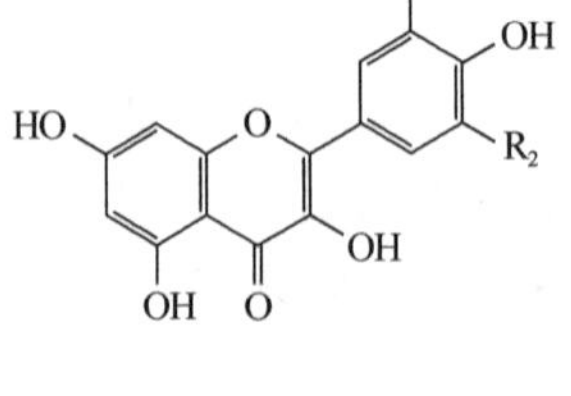

山柰酚 $R_1 = R_2 = H$
槲皮素 $R_1 = OH$，$R_2 = H$
杨梅黄酮 $R_1 = R_2 = OH$
异鼠李素 $R_1 = OCH_3$，$R_2 = H$

图 3.2　黄酮醇的化学结构

蔓越莓、红豆越橘、黑醋栗和沼泽越橘（bog whortleberry）（1kg 新鲜浆果中含 50～200mg），浆果中的主要黄酮是花青素，颜色较深，在蓝莓/欧洲越橘和黑醋栗中含量很高（1kg 新鲜浆果中含 2000～5000mg）。

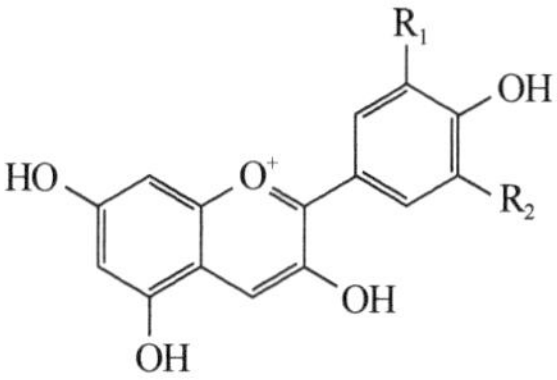

天竺葵素 $R_1 = R_2 = H$
花青素 $R_1 = OH$，$R_2 = H$
花翠素 $R_1 = R_2 = OH$
芍药素 $R_1 = OCH_3$，$R_2 = H$
矮牵牛素 $R_1 = OCH_3$，$R_2 = OH$
锦葵素 $R_1 = R_2 = OCH_3$

图 3.3　花青素的化学结构

浆果中的黄酮类化合物以山奈酚、槲皮素和杨梅黄酮最为丰富，酚酸类化合物则以对香豆酸、咖啡酸、阿魏酸、对羟基苯甲酸、没食子酸和鞣花酸最为常见。在越橘属植物（红豆越橘、蔓越莓和欧洲越橘/蓝莓）和茶藨属植物（红醋栗、黑醋栗）中，槲皮素含量最高。蔓越莓和红豆越橘中含量最多的酚类化合物是羟基肉桂酸和黄酮醇（在红醋栗和黑醋栗中含量也非常丰富），鞣花酸是云莓和红莓中含量最丰富的酚类化合物（Häkkinen *et al.*，1999）。在红色浆果中，主要的黄酮醇是花青素。最近的一项临床研究表明，食用适量的浆果会对血小板功能、高密度脂蛋白胆固醇和血压有益（Erlund *et al.*，2008）。

针对革兰氏阴性和革兰氏阳性益生菌及其他肠道细菌，包括一些致病菌，如沙门氏菌和大肠杆菌，研究者测试了欧洲越橘/蓝莓、树莓、红豆越橘、黑醋栗、云莓、蔓越莓和沙棘的的抗菌活性，结果表明，一般来说浆果提取物抑制了革兰氏阴性菌的生长，但不抑制革兰氏阳性菌的生长。云莓和树莓提取物似乎对抑制沙门氏菌特别有效（Puupponen-Pimiä *et al.*，2005a）。

存在于浆果中的酚类化合物对病原菌的生长有不同的抑制作用，其中云莓和树莓的抑菌效果最好，鞣花单宁类化合物能有效抑制葡萄球菌的生长（Puupponen-Pimiä *et al.*，2005b）。

浆果中酚类物质的含量相对较高（12.4～50.8mg/g GAE，没食子酸当量），含有酚类化合物的植物提取物具有很强的抗氧化性能（Kähkönen *et al.*，1999）。

在常温下贮藏浆果会导致酚类物质产生流失，但低温贮藏时只会略微减少，似乎并不影响其抗菌活性。对某些浆果来说，贮藏在冰箱中会提高其抗菌效果（Puupponen-Pimiä *et al.*，2005a）。

用酶对压碎的蓝莓/欧洲越橘和云莓样品进行处理，可提高果汁中的总酚含量，并提高对沙门氏菌和葡萄球菌的抗菌活性（Puupponen-Pimiä *et al.*，2005b）。

酶处理让束缚在细胞壁上的酚类化合物得以释放，同时也可能会改变它们的结构。临床研究表明，饮用酸果蔓越莓汁可以减少尿路感染（Kontiokari *et al.*，2001，2003）。一项临床研究得出结论，蔓越莓汁具有抗结石的特性，可以考虑将其作为草酸钙肾结石形成的治疗方案中的一部分（McHarg *et al.*，2003）。

现已证实蔓越莓会影响人体内胆固醇的平衡和水平。Wilson 等（1998）发现蔓越莓提取物可抑制低密度脂蛋白（LDL）氧化。蔓越莓汁的多酚含量为 1.55mg/l GAE，pH 为 2.5，可以抑制 LDL 胆固醇的电泳运动，因此会以类似红酒的方式抑制 LDL 颗粒的氧化。体外研究表明，蔓越莓汁对 LDL 的氧化过程具有抑制作用，蔓越莓含量越高，效果越强，100g 蔓越莓样品的抗氧化效果与 1mg 维生素 C 或 3.7mg 维生素 E 相当。随着果汁量的增加，肝细胞中 LDL 受体的表达相应增加，进而肝细胞摄取胆固醇的能力也会增高（Chu and Liu，2005）。这表明蔓越莓汁对清除血浆中多余的胆固醇有着积极作用，可以作为心脏病和冠心病的抑制剂。

浆果还具有其他的健康效应，从黑醋栗种子中提取的长链碳水化合物可以抑制溃疡菌（幽门螺杆菌）附着在胃壁上。许多流行病学的研究结果表明，从水果和蔬菜等日常食物中摄入酚类化合物与降低心血管疾病和肺癌的风险间存在着一定的联系（Arts and Hollman，2005）。这种健康效应与保护身体组织免受氧化应激的酚类化合物的抗氧化活性有关（Prior，2003）。癌症预防特性则可归因于细胞周期阻滞、细胞凋亡、细胞信号转导的改变和解毒酶诱导等机制（Chen and Kong，2004）。一项临床研究表明，大量摄入某些类黄酮（黄酮醇和黄烷酮）可以预防冠心病、中风、肺癌、前列腺癌、哮喘和 2 型糖尿病（Knekt *et al.*，2002）。

3.8　森林工业中健康促进的林副产品

16 世纪到 19 世纪中叶在如今的芬兰境内生产的各种化学产品，包括促进健康的化合物中，木焦油是最重要的商业产品。焦油主要用于给木船上漆，同时也用作保健品。其他具有古老传统的树木健康促进产品包括桦树皮焦油、桦树汁和松树内皮。

今天，欧洲大量生产来自树木的生物活性化合物，其中包括在全球市场上作为膳食补充剂和功能性食品成分销售的化合物。本节重点介绍木糖醇、谷甾醇和羟基马泰尔醇（hydroxymatairesinol，HMR）木脂素三种产品，同时也讨论了从树结和树皮中开发出的其他产品。

3.8.1　木糖醇：一种防治龋齿的糖

木糖醇（图 3.4）是由落叶树中的半纤维素木聚糖进行酸水解，然后由木糖还原产生。20 世纪 70 年代，图尔库大学的研究发现木糖醇可以抑制蛀牙，芬兰将木糖醇开发成一种保健产品（Scheinin and Mäkinen，1976）。芬兰糖业公司在芬兰科特卡开始了木糖醇的商业化生产，并将含木糖醇的口香糖作为促进牙齿健康的产品开发和销售。此后，木糖醇被发现可以抑制儿童的耳朵感染（Uhari *et al.*，1996）。1986 年经美国食品药品监督管理局（FDA）批准，木糖醇在世界范围内开始广泛应用，目前已作为一种特殊的甜味剂应用于各种食品中。

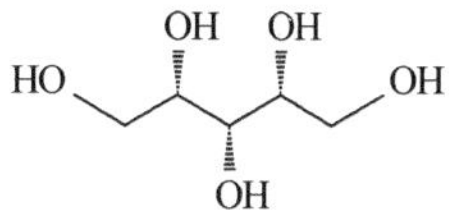

图 3.4　木糖醇的化学结构

3.8.2　谷甾醇/谷甾烷醇降低血清胆固醇

谷甾醇（图 3.5）作为植物（包括树木）体内占主导地位的甾醇，早在 20 世纪 50 年代就已被发现能抑制胆固醇吸收到血液中（Miettinen *et al.*，1995）。20 世纪 70 年代初，法国从纸浆业的副产品塔尔油中生产出了谷甾醇，当时主要用于化妆品工业。20 世纪 70 年代，芬兰开发了利用化学制浆的副产品硫酸皂生产谷甾醇的方法，并在拉彭兰塔的一家纸浆厂建立了生产车间。1995 年芬兰的 Raisio 公司宣布生产一种新的人造黄油产品，命名为贝尼科尔®（Benecol），其中的活性成分是谷甾醇脂肪酸酯。谷甾烷醇是谷甾醇的饱和类似物，由谷甾醇的催化氢化作用而产生。贝尼科尔®人造黄油作为一种降低胆固醇的功能性食品，引起了世界各国的广泛关注。

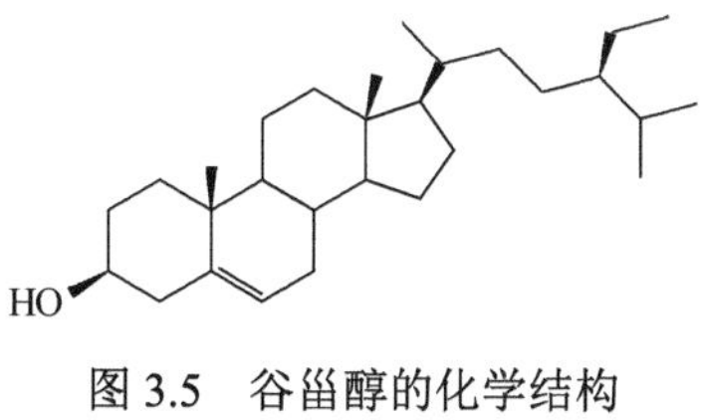

图 3.5　谷甾醇的化学结构

如今，贝尼科尔®的产品种类繁多，如奶油奶酪、意大利面食、酸奶、肉制品等。目前已经出现了几个基于谷甾醇脂肪酸酯或仅是谷甾醇进行食品开发生产的竞争对手，其在市场营销中同样使用了降低胆固醇的说法。用于功能性食品生产的谷甾醇的年产量现已超过 10 000t。

3.8.3　HMR 木脂素——云杉树结中提取的一种新的抗癌剂和抗氧化剂

7-羟基马泰尔醇（HMR）木脂素（图 3.6）是云杉木材中主要的木脂素。1957年，研究人员首次鉴定并描述了它的化学性质（Freudenberg and Knof，1957）。早在 20 世纪 70～80 年代，奥博学院（Åbo Akademi）就已开始对 HMR 和其他云杉木脂素进行研究。在 20 世纪 90 年代早期，图尔库大学的研究人员测定了 HMR 的生物医学特性，最初认为它可能会对鱼类产生雌激素效应（Mellanen *et al.*，1996）。然而，研究后并未发现这种作用，但将这种化合物用于乳腺癌试验研究时，却得到了一些令人振奋的积极结果，这使得图尔库的一家生物技术公司（Hormos Medical Ltd.）将 HMR 开发成了一种保健产品。对大鼠进行的进一步试验记录到了其对乳腺癌生长具有显著的抑制作用（Saarinen *et al.*，2000）。

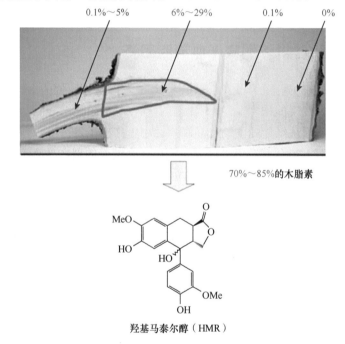

图 3.6　木脂素在云杉（*Picea abies*）木材中的典型分布

1998 年，奥博学院在对云杉树结（图 3.6）进行分析时，发现这是一种新的异常丰富的 HMR 源，树结中木脂素含量高达 10%，HMR 含量超过 7%。进一步的研究表明，欧洲云杉（*Picea abies*）树结中平均含有 10% 的木脂素，其中 HMR 占 70%～85%（Willför *et al.*，2003），不同树结木脂素的变化较大，范围为 6%～29%（图 3.6）。木脂素在树结中的含量是树干的 100～500 倍。芬兰北部云杉的木脂素含量要比芬兰南部云杉高（Piispanen *et al.*，2008）。

图尔库大学和奥博学院进行的 HMR 研究，以及代表 Hormos 医疗有限公司进行的进一步毒理学和临床研究，为向美国食品药品监督管理局（FDA）提出申请提供了必要的数据支撑。2004 年，FDA 批准 HMR 作为膳食补充剂上市，随后 Hormos 医疗有限公司向总部位于瑞士洛迦诺的植物药物制造公司（Linnea S.A.）出售了全球生产和销售许可证。

2006 年 HMRlignan™ 作为膳食补充剂投放市场。HMR 是一种木脂素肠内酯的直接有效前体。植物木脂素对扩散过程中特别依赖雌激素的乳腺癌、前列腺癌和结肠癌有很好的治疗作用，这一说法已经得到了充分的科学支持。木脂素还可以帮助维持良好的心血管健康，并可以缓和其他依赖雌激素的健康问题，如更年期症状和骨质疏松症（见 www.hmrlignan.com）。

HMR 的生产始于 2005 年，云杉原料取自芬兰北部的一家造纸厂，在芬兰南部采用专利工艺分离出干净的结料，然后运送到瑞士，在那里对结中的物质进行提取并通过沉淀法纯化得出 HMR。

HMR 产品开发的下一个阶段是获得将 HMR 用作保健食品成分的许可。奥博学院的研究最近发现，HMR 天然存在于谷物中，是谷物中主要的木脂素，同时也存在于油籽和坚果中（Smeds *et al.*，2007）。HMR 是食物中常见的木脂素，这一新发现进一步证实了将其用于保健食品是一种很好的选择。

3.8.4　树结和树皮中的其他生物活性化合物

树结中多酚的研究始于 1998 年奥博学院，从那时起对除云杉外的约 60 种树的树结进行了更为广泛的研究（Holmbom *et al.*，2007）。结果表明，几乎所有树节的多酚含量都比干材要高，许多树结的多酚含量是普通干材的 20～100 倍。针叶树种的树结通常含有 5%～15%（*w/w*）的多酚，其中以木脂素为主，此外一些树种还含有大量的类黄酮和二苯乙烯。这些研究已经证明，树结是各种各样多酚的一个非常丰富的来源，也许是自然界中最为丰富的来源。

作为树木的保护性"皮肤"，树皮也是生物活性化合物的丰富来源，具生物活性的树皮产品也已面市。碧萝芷（pycnogenol）是生长在法国波尔多附近地区的海岸松（*Pinus pinaster*）的树皮提取物的商品名，它含有多种酚类化合物的复杂混合物，主要是原花青素和生物类黄酮。作为一种强大的抗氧化剂，碧萝芷对心血管病、皮肤病、糖尿病和炎症等都有一定的治疗效果。

云杉（*Picea* spp.）树皮中含有大量的二苯乙烯，如白皮杉醇（也称为收敛素）、甲基白皮杉醇和白藜芦醇（图 3.7）。白藜芦醇也存在于红酒和其他植物提取物中，目前引起了极大的研究兴趣。现已发现白藜芦醇可以延长细胞甚至哺乳动物的寿命，并可能开发成一种抗衰老药物（Bauer *et al.*，2006）。

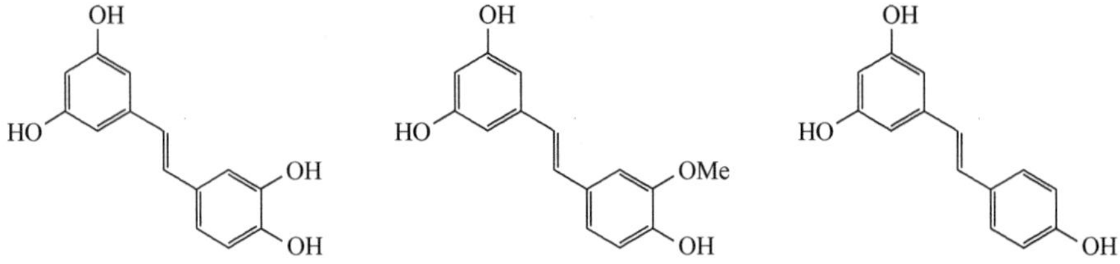

白皮杉醇
（收敛素）　　　　　　　甲基白皮杉醇
（异丹叶大黄素）　　　　　　白藜芦醇

图 3.7　从云杉树皮中提取的二苯乙烯

3.8.5　结束语

树木的寿命比几乎所有的其他生物都要长得多，它们要在一个固定的地方存在几个世纪。无法逃离或远离各种威胁，因此树木体内存在比一年生植物更高含量的保护和防御性化合物也就不足为奇了。这些化合物是在数百万年的自然进化过程中形成的，目的是保护树木免受微生物、食草动物、昆虫和其他危险的威胁。从树木中发现更多促进健康的化合物的可能性似乎更高。

3.9　柏科植物中挥发性和非挥发性萜类化合物的健康益处

植物会产生各种各样我们称为次级产品的化学物质，它们不直接参与代谢途径，但具有重要的生物和生态功能，包括通过各种方式保护植物的物质（Harborne and Tomas-Barberan，1991）。萜类是迄今为止最大的一类化合物，它们是高度亲脂性的开链到环状化合物，由 5 倍碳（C_5）单元构成。目前已知的萜类化合物约有 35 000 种，种间的巨大差异主要是由异戊二烯单元和立体异构体的不同组合形成的（Connolly and Hill，1991）。萜类化合物广泛存在于藻类和低等植物，尤其是在针叶树和一些芳香被子植物中，以精油（主要是 C_{10} 和 C_{15} 化合物）、半固体油树脂（主要是 C_{10}、C_{15} 和 C_{20} 化合物）和固体树脂（主要是针叶树中的 C_{20} 化合物和被子植物中的 C_{30} 化合物）等高挥发性气味宜人的化合物形式存在（Steele *et al.*，1995）。其主要用途包括纯粹的食品和饮料添加剂，如含有大量精油的草药和香料，以及民间医药或制剂，例如，商业上重要的抗癌药物紫杉醇和抗疟疾药物青蒿素（McGarvey and Croteau，1995）。林地空气中弥漫的挥发性精油对心理健康的影响已有记录，挥发性精油和树脂中萜类化合物的抗菌活性和免疫调节作用也已在许多科学出版物中得到证实（Yatagai *et al.*，1995；Barrero *et al.*，2003）。纵观历史，人类已经发现了从一般植物和森林中的树木，特别是针叶树中提取的挥发性和非挥发性萜类化合物在健康和福祉方面的不同用途。芳香树脂在制造香水、软膏和消毒剂方面也已有数千年的历史，几乎所有能够获得这些资源的先进文化都在使用这些树脂。在宗教仪式和传统医学中，以熏香形式燃烧的树脂在文献中也常有记载（Claisse，1985；Buhagiar et al.，2000）。

作为裸子植物七科之一，柏科是一个分布广泛的科，包括 7 亚科 30 属 130 多种，包括了最新分类的杉科（Taxodiaceae）植物，如北美红杉属（Sequoia）、巨杉属（Sequoiadendron）和台湾杉属（Taiwania）等。该科中较大的属是刺柏属（Juniperus，60 种）、柏木属（Cupressus，15～22 种）、澳柏属（Callitris，16 种）、崖柏属（Thuja，5 种）和扁柏属（Chamaecyparis，7 种）。柏科成员间的系统发育关系是寻找生物活性物质的有用工具，因为这些物质通常发生在相关属中（Farjon et al.，2002）。

自古以来，柏科的树木一直是经久耐用木材，以及树脂和精油的重要来源，因为其木材可以抵抗真菌和昆虫的攻击。据记载，古罗马政治家西塞罗（Cicero）就曾花巨资购买了一种特殊木材制成的桌面。柏科的树脂在燃烧时非常芳香，一些会在仪式性聚会上当作熏香燃烧，一些则可能被用于集体治疗活动中。很明显，在人类历史早期，人们认为这种治疗效果是由于木材或树脂中存在着某种“神奇”的东西，燃烧它就会产生一些非凡的效果。柏科的树木在许多文献古籍中也被提到，如埃及医药经典（Egyptian herbals）、《圣经》（the Bible）、古希腊植物学家提奥夫拉斯图斯（Theophrastus）的《植物史》（Historia Plantarum）（一本关于植物调查的书）、阿育吠陀医学著作（Ayurvedic literature）和中国医药经典。许多柏科中用于生产精油和树脂的属，如崖柏属、柏木属和四鳞柏属（Tetraclinis），还被命名为生命之树（拉丁语中的 Arbor Vitae 或阿拉伯语中的 Shagjaret al. Hajat），表明这些物种在过去都曾具有改善人体健康的功能。下面我们对其具有的一些有益特性进行综述。

文献中记载的健康益处

目前我们已经知道挥发性单萜成分（包括针叶树树脂中的单萜成分）可诱导各种生理、情绪和行为反应。Yatagai 等（1985，1995）认为森林空气中萜类化合物浓度即使处在 10～1000 ppb 的极低范围内仍会对人类产生有益的影响。具体来说，低浓度的 α-蒎烯可以缓解紧张和精神压力，改善身心健康，帮助人们快速从疲劳中得到恢复。相反，高浓度 α-蒎烯会导致疲劳增加和压力累积。考虑到挥发性萜类化合物具有缓解压力和抑郁的作用，伊特鲁里亚人和罗马人将死者埋葬在柏树下也许并非巧合，这一传统在地中海的墓地一直沿用至今。

使用萜类添加剂作为食品增味剂和防止储存食品变质的长期保存剂也可追溯到古代。公元前 5000 年新石器时代盛酒的陶器已经证明，为防止醋杆菌将葡萄酒变成醋，人们在酒中添加了非针叶树树脂生产出了树脂酒（McGovern et al., 1996）。时至今日，人们生产树脂酒的原因仍然与过去完全相同，但通常使用的是松树和其他针叶树的树脂，包括山达树（*Tetraclinis articulata*，中文名香漆柏）的树脂。用欧洲刺柏（*Juniperus communis*）的浆果生产食品调味剂和杜松子酒也因此被提及，现在已知存在于杜松子和树叶油中的 α-蒎烯、β-蒎烯和龙脑等单萜具有杀菌功能。针叶树树脂中含有的多种二萜树脂酸，如欧洲刺柏酸，也已被证明具有抗菌特性（Merzouki et al., 1997；Muhammad et al., 1995）。

　　一些文化中的民族植物学技能包括对富含萜类化合物的提取物的多种多样有时甚至是十分巧妙的应用，为人类和动物提供了各种营养物质，治疗了多种疾病。这些提取物被用作消毒剂、杀虫剂、防腐剂和兴奋剂，也被用于治疗肠道寄生虫、腹泻、胃肠胀气和呼吸系统疾病。几千年来，有些一直被用来制作香水、熏香和防腐液，在医学上则被用作减轻痉挛和发烧及治愈伤口的止痛药、治疗溃疡的软膏、发汗刺激剂，以及口腔黏膜和中和口臭的局部刺激剂等（Prendergast et al., 1998）。从不同的柏科植物中提取的油和树脂其药用作用和性质同样是多方面的，地中海柏木（*Cupressus sempervirens*）精油的功能被描述为收敛、防腐、除臭、利尿、发汗、滋补、祛痰和消炎。源自柏科四鳞柏属和澳柏属的山达树树脂则可用于治疗急性腹泻、蛔虫和绦虫感染、痔疮、呼吸系统疾病、糖尿病、高血压和心脏病、皮肤病和治疗包括抑郁症在内的神经疾病，还可用于补牙和防止出血（Ait Igri et al., 1990；Merzouki et al., 1997；Ziyyat et al., 1997；Eddouks et al., 2002）。

　　针叶树油树脂中的挥发性和非挥发性的单萜类、倍半萜类和二萜类的细胞、亚细胞和生化的效应同样是多种多样的。非针叶树和针叶树提取物中单萜类化合物对致病性和非致病性细菌和真菌的作用已经得到了广泛的研究和证实（Chanegriha et al., 1994）。在许多针叶树中存在的二萜类化合物已被多次证明能够控制病原真菌，许多研究者将其作为抗真菌剂应用。Muhammad 等（1995）报告了从非洲刺柏树皮和叶片中分离出了强效抗菌二萜，即（+）-E-欧刺酸、（+）-Z-欧刺酸（半日花烷二萜）和桃柘酚（桃柘烷二萜）。桃柘酚是一种高度疏水性的抑菌二萜，最初是从新西兰罗汉松（*Podocarpus totara*）中分离出来的，其对结核病原体分枝杆菌有很强的活性。Evans 等（2000）也报告了桃柘酚及其化学类似物和衍生物对耐药革兰氏阳性细菌 [内酰胺酶阳性和庆大霉素耐药的粪肠球菌（*Enterococcus faecalis*）、耐青霉素的肺炎链球菌（*Streptococcus pneumoniae*）和耐甲氧西林的金黄色葡萄球菌（MRSA）] 的抗菌活性。从北美香柏（*Thuja occidentalis*）中分离出的海松烷二萜也被证明具有一系列的生物活性，包括抗结核作用和对真菌菌丝生长的抑制作用（Chang et al., 2000）。

　　除了抗菌活性外，从柏科树木中分离的二萜类化合物也具有其他的生物活性。Shimizu 等（1988）报告了含有几种海松烷二萜的日本柳杉（*Cryptomeria japonica*）粗提取物局部应用时具有抗炎作用。从山达树的叶子和木材中分离出的许多海松烷二萜也具有类似的免疫调节作用（Barrero *et al.*，2003）。Minami 等（2002）报告了从琉球松（*Pinus luchuensis*）中分离出的半日花烷型二萜具有抗肿瘤和抗病毒潜力，目前已知这种二萜类化合物也存在于柏科的其他一些树种中。在柏科植物和被子植物中发现的其他二萜类化合物会引发 G_0/G_1 或 G_2/M 细胞周期阻滞、DNA 断裂成核小体部分、亚 G1 期 DNA 含量的细胞积累和核凝结的出现，所有这些细胞凋亡的典型特征会诱导癌细胞大量死亡（Dimas *et al.*，2001）。

药物的生物探勘正引起制药公司越来越多的兴趣。考虑到植物产生的大量萜类化学物质、其影响的细胞靶点范围，以及某些萜类成分反复出现在具有药用价值的提取物中的事实，这类次级产品对人类健康和福祉的重要性必然会不断增加。

3.10　结论

森林是促进健康和医药产品的丰富可再生资源。树木除了所含的主要结构成分——纤维素、半纤维素和木脂素外，还含有数以千计的生物活性化合物。不仅树木，森林中的浆果、坚果和蘑菇也都含有多种天然生物活性化合物，可用于生产保健产品和药物。

林产品在传统医药中一直发挥着关键作用，时至今日传统医药仍然非常重要，特别是在发展中国家。在工业化国家，制药工业再次将目光更多地投向植物源性的天然药物。植物源性化合物有助于在发展中国家的传统医药和发达国家的现代医药间架起一座桥梁，植物源性生物活性化合物作为预防剂有助于保持人类的健康。

今天，在欧洲已经开发出了大量来自森林的生物活性化合物，并大量生产投放到全球市场上，尤其是从树结和树皮中获取的新的健康促进产品也将会投入量产。在过去 30～50 年中，探索这些产品所需的研究手段也有了显著的发展，并在不断完善。我们有理由相信从温带森林中寻找并开发更多的化学品和产品具有良好的前景。

参 考 文 献

Ait Igri M, Holeman M, Ilidrissi A, Berrada M (1990) Contributions a l'étude des huiles essentielles des rameaux et du bois de Tetraclinis articulata (Vahl) Masters. Plantes Médicinal et Phytothérapie 24(1):36–43

Al-Habbal MJ, Al-Habbal Z, Huwez FU (1984) A double-blind controlled clinical trial of mastic and placebo in the treatment of duodenal ulcer. Clin Exp Pharmacol Physiol 11(5):541–544

Almario RU, Vonghavaravat V, Wong R, Kasim-Karakas SE (2001) Effects of walnut consumption on plasma fatty acids and lipoproteins in combined hyperlipidemia. Am J Clin Nutr 74:72–79

Anderson KJ, Teuber SS, Gobeille A, Cremin P, Waterhouse AL, Steinberg FM (2001) Walnut polyphenolics inhibit *in vitro* human plasma and LDL oxidation. J Nutr 131:2837–2842

Andrikopoulos NK, Kaliora AC, Assimopoulou AN, Papapeorgiou VP (2003) Biological activity of some naturally occurring resins, gums and pigments against *in vitro* LDL oxidation. Phytother Res 17(5):501–507

Arts IC, Hollman P (2005) Polyphenols and disease risk in epidemiological studies. J Agric Food Chem 81:317S–325S

Assimopoulou AN, Papageorgiou VP (2005) GC-MS analysis of penta- and tetra-cyclic triterpenes from resins of Pistacia species. Part I. Pistacia lentiscus var. Chia. Biomed Chromatogr 19(4):285–311

Balan KV, Demetzos C, Prince J, Dimas K, Cladaras M, Han Z, Wyche JH, Pantazis P (2005) Induction of apoptosis in human colon cancer HCT116 cells treated with an extract of the plant product Chios mastic gum. In Vivo 19(1):93–102

Balan KV, Prince J, Han Z, Dimas K, Cladaras M, Wyche JH, Sitaras NM, Pantazis P (2006) Antiproliferative activity and induction of apoptosis in human colon cancer cells treated *in vitro* with constituents of a product derived from Pistacia lentiscus L. var. chia. Phytomedicine 14:263–272

Barrero AF, Quilez del Moral JF, Lucas R, Paya M, Akssira M, Akaad S, Mellouki F (2003) Diterpenoids from Tetraclinis articulata that inhibit human leukocyte functions. J Nat Prod 66:844–850

Bauer JA et al (2006) Resveratrol improves health and survival of mice on a high-calorie diet. Nature 444:337–342

Bebb JR, Bailey-Flitter N, Ala'Aldeen D, Atherton JC (2003) Mastic gum has no effect on Helicobacter pylori load *in vivo*. J Antimicrob Chemother 52(3):522–523

Bergendorff O, Sterner O (1988) The sesquiterpenes of Lactarius deliciosus and Lactarius deterrimus. Phytochemistry 27:97–100

Bomser J, Madhavi DL, Singletary K, Smith MA (1996) *In vitro* anticancer activity of fruit extracts from Vaccinium species. Planta Med 62:212–216

Bona S, Bono L, Daghetta L, Marone P (2001) Bactericidal activity of Pistacia lentiscus gum mastic against Helicobacter pylori. Am J Gastroenterol 96:S49

Borchers AT, Stern JS, Hackman RM, Keen CL, Gershwin ME (1999) Mushrooms, tumors, and immunity. Proc Soc Exp Biol Med 221:281–293

Buhagiar JA, Camilleri Podesta MT, Flamini G, Cioni PL, Morelli I (2000) Contributions to the chemical investigation of the essential oils extracted from leafy and woody branches, cones and seeds of Tetraclinis articulata (Vahl) Masters. J Essent Oil Res 12:29–32

Ceyhan N, Ugur A (2001) Investigation of *in vitro* antimicrobial activity of honey. Riv boil 94: 363–371

Chanegriha N, Sabaou N, Baoliouamer A, Meklati BY (1994) Activite antimicrobienne et antifongique de l'huile essentielle du Cupres d'Algerie. Rivista Italiana Eppos 12:5–12

Chang LC, Song LL, Park EJ, Luyengi L, Lee KJ, Fransworth NR, Pezzuto JM, Kinghorn AD (2000) Bioactive constituents of Thuja occidentalis. J Nat Prod 63:1235–1238

Chen C, Kong AN (2004) Dietary chemopreventive compounds and ARE/EpRE signalling. Free Radic Biol Med 36:1505–1516

Chu Y-F, Liu RH (2005) Cranberries inhibit LDL oxidation and induce LDL receptor expression in hepatocytes. Life Sci 77:1892–1901

Claisse R (1985) Drogues de la pharmacopee traditionnelle dans la region de Rabat-Sale 1-bryophytes, coniferes et monocotyledones. Plantes Medicinal et Phytotherapie 19(3):216–224

Clericuzio M, Mella M, Toma L, Finzi PV, Vidari G (2002) Atlanticones, new protoilludane sesquiterpenes from the mushroom Lactarius atlanticus (Basidiomycetes). Eur J Org Chem 2002:988–994

Colaric M, Veberic R, Solar A, Hudina M, Stampar F (2005) Phenolic acids, syringaldehyde, and juglone in fruits of different cultivars of Juglans regia L. J Agric Food Chem 53:6390–6396

Connolly JD, Hill RA (1991) Dictionary of terpenoids, vol 2. Chapman and Hall, London

Croteau R, Johnson MA (1985) Biosynthesis of terpenoid wood extractives. In: Higuichi T (ed) Biosynthesis and biodegradation of wood components. Academic, Orlando, pp 379–439

De Smet PAGM (2005) Herbal Medicine in Europe. Relaxing regulatory standard. New Engl J Med 352(12):1176–1178

Dedoussis GV, Kaliora AC, Psarras S, Chiou A, Mylona A, Papadopoulos NG, Andrikopoulos NK (2004) Antiatherogenic effect of Pistacia lentiscus via GSH restoration and downregulation of CD36 mRNA expression. Atherosclerosis 174(2):293–303

Diel P, Smolnikar K, Michna H (1999) *In vitro* test systems for the evaluation of the estrogenic activity of natural products. Planta Med 65:197–203

Diel P, Schmidt S, Vollmer G (2002) *In vivo* test systems for the quantitative and qualitative analysis of the biological activity of phytoestrogens. J Chromatogr B 777:191–202

Dimas K, Demetzos C, Vaos V, Ioannidis P, Trangas T (2001) Labdane type diterpenes downregulate the expression of c-Myc protein, but not of Bcl-2, in human leukaemia T-Cells undergoing apoptosis. Leukemia Res 25:449–454

Doukas C (2003) Cosmetics that contain mastic gum and mastic oil. Chem Chron 12:36–39

Dulger B, Yilmaz F, Gucin F (2002) Antimicrobial activity of some Lactarius species. Pharm Biol 40:304–306

Dulger B, Gonuz A, Gucin F (2004) Antimicrobial activity of the macrofungus Cantharellus cibarius. Pak J Biol Sci 7:1535–1538

Eddouks M, Maghrani M, Lemhardi ML, Ouahidi L, Jouad H (2002) Ethnopharmacological survey of medicinal plants used for the treatment of diabetes mellitus, hypertension and cardiac diseases in the south-east region of Morocco (Tafilalet). J Ethno-Pharmacol 82:97–103

Erlund I, Koli R, Alfthan G, Marniemi J, Puukka P, Mustonen P, Mattila P, Jula A (2008) Favorable effects of berry consumption on platelet function, blood pressure, and HDL cholesterol. Am J Clin Nutr 87:323–331

Evans GB, Furneau RH, Gravestock MB, Lynch GP, Scott GK (2000) The synthesis and antibacterial activity of totarol derivatives, part 1: modifications of ring-c and pro-drugs, (Internet Document). Industrial Research Limited, New Zealand

Fabricant DS, Farnsworth NR (2001) The value of plants used in traditional medicine for drug discovery. Environ Health Perspect 109(suppl 1):69–75

Fady B, Ducci F, Aleta N, Becquey J, Diaz Vazquez R, Fernandez Lopez F, Jay-Allemand C, Lefèvre F, Ninot A, Panetsos K, Paris P, Pisanelli A, Rumpf H (2003) Walnut demonstrates strong genetic variability for adaptive and wood quality traits in a network of juvenile field tests across Europe. New Forest 25:211–225

Farjon A, Hiep NP, Harder DK, Loc PK, Averyanov L (2002) A new genus and species in Cupressaceae (Coniferales) from Northern Vietnam Xanthocyparis vietnamensis. Novon 12:179–189

Farnsworth NR, Soejarto DD (1991) Global importance of medicinal plants. In: Akerele O, Heywood V, Synge H (eds) Conservation of medicinal plants. University Press, Cambridge, UK, pp 25–51

Foster S, Johnson R (2006) Desk reference to nature's medicine. National Geographic Society, Washington, DC

Freudenberg K, Knof L (1957) Die Lignane des Fichtenholzes (Lignans in spruce wood). Chem Ber 90:2857–2869

Fukuda T, Ito H, Yoshida T (2003) Antioxidative polyphenols from walnuts (Juglans regia L.). Phytochemistry 63:795–801

Fulzele SV, Satturwar PM, Dorle AK (2002) Polymerized rosin: novel film forming polymer for drug delivery. Int J Pharm 259(1–2):175–184

Fulzele SV, Satturwar PM, Dorle AK (2003) Study of the biodegradtion and vivo biocompatibility of novel biomaterials. Eur J Pharm Sci 1:56–61

Fulzele SV, Satturwar PM, Dorle AK (2007) Novel biopolymers as implant matrix for the delivery of ciprofloxacin: biocompatibility, degradation, and in vitro antibiotic release. J Pharm Sci 96(1):132–144

Gheldof N, Wang XH, Engeseth NJ (2002) Identification and quantification of antioxidant components of honeys from various floral sources. J Agric Food Chem 50(21):5870–5877

Gómez-Caravaca AM, Gómez-Romero M, Arráez-Román D, Segura-Carretero A, Fernández-Gutiérrez A (2006) Advances in the analysis of phenolic compounds in products derived from bees. J Pharm Biomed Anal 41(4):1220–1234

Groombridge B (1992) Global biodiversity. Status of the earth's living resources. Chapman and Hall, London/Glasgow/New York

Gurib-Fakin A (2006) Medicinal plants, traditions of yesterday and drugs of tomorrow. Mol Aspects Med 27:1–93

Gutendorf B, Westendorf J (2001) Comparison of an array of *in vitro* assays for the assessment of the estrogenic potential of natural and synthetic estrogens, phytoestrogens and xenoestrogens. Toxicology 166:79–89

Häkkinen S, Heinonen M, Kärenlampi S, Mykkänen H, Ruuskanen J, Törrönen R (1999) Screening of selected flavonoids and phenolic acids in 19 berries. Food Res Int 32:345–353

Hamilton A, Dürbeck K, Lawrence A (2006) Towards a sustainable herbal harvest. Plant Talk 43:32–35

Harborne JB, Tomas-Barberan FA (eds) (1991) Ecological chemistry and biochemistry of plant terpenoids. Clarendon, Oxford, UK

Holmbom BS, Willfoer J, Hemming S, Pietarinen L, Nisula, Eklund P, Sjoeholm R (2007) Knots in trees – a rich source of bioactive polyphenols. In: Argyropoulos DS (ed) Materials, chemicals and energy from forest biomass. ACS Symposium Series 954, ACS, Washington, DC, pp 350–362

Hoshi H, Yagi Y, Iijama H, Matsunaga K, Ishihara Y, Yasahara T (2005) Isolation and characterization of a novel immunomodulatory a-glucan-protein complex from the mycelium of Tricholoma matsutake in Basidiomycetes. J Agric Food Chem 53:8948–8956

Huwez FU, Thirlwell D, Cockayne A, Ala'Aldeen DA (1998) Mastic gum kills Helicobacter pylori. New Engl J Med 339(26):1946

Ishihara Y, Iikima H, Yagi Y, Hoshi H, Matsunaga K (2002) Inhibition of decrease in natural killer cell activity in repeatedly restraint-stressed mice by a biological response modifier derived from cultured mycelia of the Basidiomycete Tricholoma matsutake. Neuroimmunomodulation 11:41–48

Jee WS, Yao W (2001) Overview: animal models of osteopenia and osteoporosis. J Musculoskel Neuron Interact 1:193–207

Jefferson WN, Padilla-Banks E, Clark G, Newbold RR (2002) Assessing estrogenic activity of phytochemicals using transcriptional activation and immature mouse uterotrophic responses. J Chromatogr B 777:179–189

Jonnessen VL, Stern ES (1978) US Patent 4128543. Chem Abstr 90:76409

Jurd L (1956) Plant polyphenols. I. The polyphenolic constituents of the pellicle of the walnut (Juglans regia). J Am Chem Soc 78:3445–3448

Kähkönen MP, Hopia AI, Vuorela HJ, Rauha JP, Pihlaja K, Kujala TS, Heinonen M (1999) Antioxidant activity of plant extracts containing phenolic compounds. J Agric Food Chem 47:3945–3962

Kalu DN (1991) The ovariectomized rat model of postmenopausal bone loss. Bone Miner 15:175–191

Kassi E, Papoutsi Z, Fokialakis N, Messari I, Mitakou S, Moutsatsou P (2004) Greek plant extracts exhibit selective estrogen receptor modulator (SERM)-like properties. J Agric Food Chem 52(23):6956–6961

Kassi E, Papoutsi Z, Pratsinis H, Aligiannis N, Manoussakis M, Moutsatsou P (2007) Ursolic acid, a naturally occurring triterpenoid, demonstrates anticancer activity on human prostate cancer cells. J Cancer Res Clin Oncol 33(7):493–500

Katsilambros NL, Philippides P, Touliatou A (1988) Metabolic effects of honey (alone or combined with other foods) in type II diabetics. Acta Diabetol Lat 25(3):197–203

Khmel'nitskii OK, Simbirtsev AS, Konusova VG, Mchedlidze GSh, Fidarov EZ, Paramonov BA, Chebotarev VYu (2002) Pine resin and biotin oitment: effects on cell composition and histochemical changes in wounds. Bull Exp Biol Med 133(6):583–585

Knekt P, Kumpulainen J, Järvinen R, Rissanen H, Heliövaara M, Reunanen A, Hakulinen T, Aromaa A (2002) Flavonoid intake and risk of chronic diseases. Am J Clin Nutr 76:560–568

Kolliaros G (1997) Chios mastic from antiquity to today. In: Chios mastic. Tradition and current practice (Acta of the International Symposium held in Chios, 3–5 October 1997), Athens 1997, pp 242–243 [in Greek]

Kontiokari T, Sundqvist K, Nuutinen T, Pokka M, Koskela M, Uhari M (2001) Randomised trial of cranberry-lingonberry juice and Lactobacillus GG drink for the prevention of urinary tract infections in women. BMJ 322:1571

Kontiokari T, Laitinen J, Järvi L, Pokka T, Sundqvist K, Uhari M (2003) Dietary factors protecting women from urinary tract infection. Am J Clin Nutr 77:600–604

Kope HH, Fortin JA (1989) Inhibition of phytopathogenic fungi in vitro by cell free culture media of ectomycorrhizal fungi. New Phytol 113:57–63

Koul O, Wahab S (2004) Neem: today and in the new millennium. Kluwer, Boston, MA/London

Koutsoudaki C, Krsek M, Rodger A (2005) Chemical composition and antibacterial activity of the essential oil and the gum of Pistacia lentiscus var. chia. J Agric Food Chem 53(20):7681–7685

Kris-Etherton PM, Hecker KD, Bonanome A, Coval SM, Binkoski AE, Hilpert KF, Griel AE, Etherton TD (2002) Bioactive compounds in foods: their role in the prevention of cardiovascular disease and cancer. Am J Med 113(Suppl 9B):71S–88S

Lakhanpal TN, Rana M (2005) Medicinal and nutraceutical genetic resources of mushrooms. Plant Genet Res 3:288–303

Lange D (1998) Europe's medicinal and aromatic plants: their use, trade and conservation. TRAFFIC International, Cambridge

Lange D (2001) Trade in medicinal and aromatic plants: a financial instrument for nature conservation in Eastern and Southeast Europe? In: Heinze B, Bäurle G, Stolpe G (eds) Financial instruments for nature conservation in Central and Eastern Europe. BfN-Skripten 50. Federal Agency for Nature

Conservation, Bonn

Lange D (2002) The role of East and Southeast Europe in the medicinal and aromatic plants trade. Med Plant Conserv 8:14–18

Lange D (2004) Medicinal and aromatic plants: trade, production, and management of botanical resources. Acta Hortic 629:177–197

Lanzotti V, Iorizzi M (2000) Chemical constituents of tubers. The case of tuber borchii Vitt. In: Lanzotti V, Taglialatela-Scafati O (eds) Flavour and fragrance chemistry. Proc Phytochem Soc Eur 46:37–43

Lee SJ, Yeo WH, Yun BS, Yoo ID (1999) Isolation and sequence analysis of new peptaibol, boletusin, from Boletus spp. J Peptide Sci 5:374–378

Lee CM, Lim S, Kim GY, Kim DW, Rhee JH, Lee KY (2005) Rosin nanoparticles as a drug delivery carrier for the controlled release of hydrocortisone. Biotechnol Lett 27(19):1487–1490

Li L, Tsao R, Yang R, Liu C, Zhu H, Young JC (2006) Polyphenolic profiles and antioxidant activities of heartnut (Juglans ailanthifolia Var. cordiformis) and Persian walnut (Juglans regia L.). J Agric Food Chem 54:8033–8040

Lindequist U, Niedermeyer THJ, Jülich W-D (2005) The pharmaceutical potential of mushrooms. Evid-based Compl Altern Med 2:285–299

Loughlin MF, Ala'Aldeen DA, Jenks PJ (2003) Monotherapy with mastic does not eradicate Helicobacter pylori infection from mice. J Antimicrob Chemother 51(2):367–371

Magiatis P, Melliou E, Skaltsounis AL, Chinou IB, Mitaku S (1999) Chemical composition and antimicrobial activity of the essential oils of Pistacia lentiscus var. chia. Planta Med 65(8):749–752

Maguire LS, O'Sullivan SM, Galvin K, O'Connor TP, O'Brien NM (2004) Fatty acid profile, tocopherol, squalene and phytosterol content of walnuts, almonds, peanuts, hazelnuts and the macadamia nut. Int J Food Sci Nutr 55:171–178

Marone P, Bono L, Leone E, Bona S, Carretto E, Perversi L (2001) Bactericidal activity of Pistacia lentiscus mastic gum against Helicobacter pylori. J Chemother 13(6):611–614

Mattila P, Suonpää K, Piironen V (2000) Functional properties of edible mushrooms. Nutrition 16:694–696

McGarvey DJ, Croteau R (1995) Terpenoid metabolism. Plant Cell 7:1015–1026

McGovern PE, Glusker DL, Exner LJ, Voigt MM (1996) Neolithic resinated wines. Nature 381:480–481

McHarg T, Rodgers A, Charlton K (2003) Influence of cranberry juice on the urinary risk factors for calcium oxalate kidney stone formation. BJU Int 92:765

Mellanen P, Petänen T, Lehtimäki J, Mäkelä S, Bylund G, Holmbom B, Mannila E, Oikari A, Santti R (1996) Wood-derived xenoestrogens. Studies in vitro with breast cancer cell lines and in vivo in trout. Toxicol Appl Pharmacol 136:381–388

Merzouki A, Ed-Derfoufi F, El Aallali A, Moleru-Mesa J (1997) Wild medicinal plants used by local Bouhmed population (Morocco). Fitotherapia 68(5):444–460

Miettinen TA, Puska P, Gylling H, Vanhanen H, Vartiainen MD (1995) Reduction of serum cholesterol with sitostanol-ester margarine in a mildly hypercholesterolemic population. New Engl J Med 333:1308–1312

Minami T, Wada S, Tokuda H, Tanabe G, Muraoka O, Tanaka R (2002) Potential antitumor-promoting diterpenes from the cones of Pinus luchuensis. J Nat Prod 65(12):1921–1923

Mintzberg H (2006) Patent nonsense: evidence tells of an industry out of social control. CMAJ 175(4):374–376

Mizuno T, Yeohlui P, Zhuang C, Ito H, Mayuzumi Y (1996) Antitumor activity and chemical modification of polysaccharides from Niohshimeji mushroom, Tricholoma giganteum. Biosci Biotechnol Biochem 60:30–33

Molan PC (2006) The evidence supporting the use of honey as a wound dressing. Int J Low Extrem Wounds 5(2):122

Moutsatsou P (2007) The spectrum of phytoestrogens in nature: our knowledge is expanding. Hormones 6(3):173–193

Mueller SO (2002) Overview of *in vitro* tools to assess the estrogenic and antiestrogenic activity of phytoestrogens. J Chromatogr B 777:155–165

Muhammad I, Mossa JS, Al-Yahya AM, Ramadan AF, El-Feraly FS (1995) Further antibacterial diterpenes from the bark and leaves of Juniperus procera Hochst.Ex Endl. Phytother Res 9:584–588

Mulliken T, Inskipp C (2006) Medicinal plant conservation: scope, scale and diversity. Proceedings of the 1st international conference on organic wild production. IFOAM, Bonn, Germany

Oddo LP, Pianna L, Bogdanov S, Bentabol A, Gotsiou P, Kerkvliet J, Martin P, Morlot M, Valbuena AO, Ruoff K, Ohe KVD (2004) Botanical species giving unifloral honey in Europe. Apidologie 35:S82–S93

Papoutsi Z, Kassi E, Chinou I, Halabalaki M, Skaltsounis LA, Moutsatsou P (2007a) Walnut extract (Juglans regia L.) and its component ellagic acid exhibit anti-inflammatory activity in human aorta endothelial cells and osteoblastic activity in the cell line KS483. Br J Nutr 99:715–722

Papoutsi Z, Kassi E, Fokialakis N, Mitakou S, Lambrinidis G, Mikros E, Moutsatsou P (2007b) Deoxybenzoins are novel potent selective estrogen receptor modulators. Steroids 72(9–10): 693–704

Pathak UV, Dorle AK (1990) Release kinetic study of RHPC coated aspirin microcapsules. J Microencapsul 7(2):185–190

Philips MA, Croteau R (1999) Resin based defences in conifers. Trends Plant Sci 4:184–190

Picazo O, Azcoitia I, Garcia-Segura LM (2003) Neuroprotective and neurotoxic effects of estrogens. Brain Res 990:20–27

Piispanen R, Willför S, Saranpää P, Holmbom B (2008) Variations of lignans in Norway spruce (Picea abies [L.] Karst.) knotwood: within-stem variation and the effect of fertilisation at two experimental sites in Finland. Trees 22:317–328

Prendergast HDV, Etkin NL, Harris DR, Houghton PJ (eds) (1998) Plants for food and medicine (Proceedings). Royal Botanic Gardens, Kew

Prior RL (2003) Fruits and vegetables in the prevention of cellular oxidative damage. Am J Clin Nutr 78:570S–578S

Puupponen-Pimiä R, Nohynek L, Meier C, Kähkönen M, Heinonen M, Hopia A, Oksman-Caldentey KM (2001) Antimicrobial properties of phenolic compounds from berries. J Appl Microbiol 90:494–507

Puupponen-Pimiä R, Nohynek L, Alakomi HL, Oksman-Caldentey KM (2005a) The action of berry phenolics against human intestinal pathogens. Biofactors 23:243–251

Puupponen-Pimiä R, Nohynek L, Hartmann-Schmidlin S, Kähkönen M, Heinonen M, Määttä-Riihinen K, Oksman-Caldentey KM (2005b) Berry phenolics selectivity inhibit the growth of intestinal pathogens. J Appl Microbiol 98:991–1000

Ros E, Nunez I, Perez-Heras A, Serra M, Gilabert R, Casals E, Deulofeu R (2004) A walnut diet improves endothelial function in hypercholesterolemic subjects: a randomized crossover trial. Circulation 109:1609–1614

Ross JA, Kasum CM (2002) Dietary flavonoids: bioavailability, metabolic effects and safety. Annu Rev Nutr 22:19–34

Ruoff K, Luginbühl W, Bogdanov S, Bosset JO, Estermann B, Ziolko T, Amado R (2006) Authentication of the botanical origin of honey by near-infrared spectroscopy. J Agric Food Chem 54(18):6867–6872

Saarinen NM, Wärri A, Mäkelä SI, Eckerman C, Reunanen M, Ahotupa M, Salmi SM, Franke AA, Kangas L, Santti R (2000) Hydroxymatairesinol, a novel enterolactone precursor with antitumor properties from coniferous tree (Picea abies). Nutr Cancer 36:207–216

Sahu NH, Mandaogade PM, Deshmukh AM, Meghre VS, Dorle AK (1999) Biodegradation studies of rosin-glycerol ester derivative. J Bioact Comp Polym 14:344–360

Satturwar PM, Fulzele SV, Panyamb J, Mandaogadea PM, Mundhadaa DR, Gogtec BB, Labhasetwarb V, Dorle AK (2004) Evaluation of new rosin derivatives for pharmaceutical coating. Int J Pharm 270(1–2):27–36

Satturwar PM, Fulzeled SV, Dorle AK (2005) Evaluation of polymerized rosin for the formulation and development of transdermal drug delivery system: a technical note. AAPS Pharm Sci Tech 6(4):E649–E654

Scagel RF, Bandoni RJ, Rouse GE, Schofield WB, Stein JR, Taylor TMC (1965) An evolution survey of the plant kingdom. Wadsworth, California

Scheinin A, Mäkinen KK (1976) Turku sugar studies. An overview. Acta Odontol Scand 34(6): 405–408

Schippmann U, Leaman DJ, Cunningham AB (2002) Impact of cultivation and gathering of medicinal plants on biodiversity: global trends and issues. FAO, Rome, Italy

Schippmann U, Leaman D, Cunningham A (2006) Cultivation and wild collection of medicinal and aromatic plants under sustainability aspects. In: Bogers R, Craker L, Lange D (eds) Medicinal and aromatic plants. Springer, Dordrecht, the Netherlands

Schramm DD, Karim M, Schrader HR, Holt RR, Cardetti M, Keen CL (2003) Honey with high levels of antioxidants can provide protection to healthy human subjects. J Agric Food Chem 51:1732–1735

Scotland R, Worthley A (2003) How many species of seed plants are there? Taxon 52(1):101–104

Shimizu M, Tsuji H, Shogaw H, Fukumura H, Taanami S, Hayashi T, Arisawa M, Morita N (1988) Anti-inflammatory constituents of topically applied crude drugs II: constituents and antiinflammatory effect of Cryptomeria japonica D. Don Chem Pharm Bull 36(10):3967–3973

Simbirtsev AS, Konusova VG, Mchelidze GSh, Fidarov EZ, Paramonov BA, Chebotarev VYu (2002a) Pine and biopin ointments: effects on repair processes in tissues. Bull Exp Biol Med 133(5):457–460

Simbirtsev AS, Konusova VG, Mchelidze GSh, Fidarov EZ, Paramonov BA, Chebotarev VYu (2002b) Pine and biopin ointments: immunotoxic and allergic activity. Bull Exp Biol Med 133(4):384–385

Simbirtsev AS, Konusova VG, Mchelidze GSh, Fidarov EZ, Paramonov BA, Chebotarev VYu (2002c) Pine and biopin ointments: effects on nonspecific resistance of organisms. Bull Exp Biol Med 133(2):141–143

Simbirtsev AS, Konusova VG, Mchelidze GSh, Fidarov EZ, Paramonov BA, Chebotarev VYu (2002d) Pine and biopin ointments: effects of water-soluble fractions on functional activity of peripheral blood neutrophils. Bull Exp Biol Med 134(7):50–53

Skiadas PK, Lascaratos JG (2001) Dietetics in ancient Greek philosophy: Plato's concepts of healthy diet. Eur J Clin Nutr 55(7):532–537

Smeds AI, Eklund PC, Sjöholm RE, Willför SM, Nishibe S, Deyama T, Holmbom B (2007) Quantification of a broad spectrum of lignans in cereals, oilseeds and nuts. J Agric Food Chem 55:117–1346

Stauffer D (2002) Chewing gum: an ancient and modern forest product. Forest Chem Rev July–August 2002:9

Steele CL, Lewinsohn E, Croteau R (1995) Induced oleoresin biosynthesis in the grand fir as a defence against bark beetles. Proc Natl Acad Sci USA 92:4164–4168

Swellam T, Miyanaga N, Onozawa M, Hattori K, Kawai K, Shimazui T, Akaza H (2003) Antineoplastic activity of honey in an experimental bladder cancer implantation model; in vivo and in vitro studies. Int J Urol 10:213–219

Takaku T, Kimura Y, Okuda H (2001) Isolation of an antitumor compound from Agaricus blazei Murill and its mechanism of action. J Nutr 131:1409–1413

Tassou CC, Nychas GJE (1995) Antimicrobial activity of the essential oil of mastic gum (Pistacia lentiscus var. chia) on gram positive and gram negative bacteria in broth and model food system. Int Biodeter Biodegr 36:411–420

Terrab A, Hernanz D, Heredia FJ (2004) Inductively coupled plasma optical emission spectrometric determination of minerals in thyme honeys and their contribution to geographical discrimination. J Agric Food Chem 52(11):3441–3445

Topitsoglou-Themeli V, Dagalis P, Lambrou DA (1984) Chios mastiche chewing gum and oral hygiene. I. The possibility of reducing or preventing microbial plaque formation. Hell Stomatol Chron 28(3):166–170

Tsuda K, Nishio I (2004) Modulation of endothelial function by walnuts and sex hormones. Circulation 110:e73, author reply e73

Uhari M, Kontiokari T, Koskela M, Niemelä M (1996) Xylitol chewing gum in prevention of acute oititis media: double blind randomised trial. BMJ 313:1180–1184

UNCTAD COMTRADE database, United Nations Statistics Division, New York. Commodity group pharmaceutical plants (SITC.3: 292.4 = HS 1211)

Van den Berg KJ, Van der Horst J, Boon JJ, Sudmeijer OO (1998) Cis-1, 4-poly-β-myrcene; the structure of the polymeric fraction of mastic resin (Pistacia lentiscus L.) elucidated. Tetrahedron Lett 39:2645–2648

Verlet N, Leclercq G (1997) Towards a model of technical and economic optimisation of specialist minor crops. Concerted action AIR3-CT-94-2076. 1995–1996. Commission Européenne, Direction Générale de l'Agriculture D.G. VI F.II.3

Walter KS, Gillet HJ (1998) 1997 IUCN Red List of threatened plants. IUCN, Gland, Switzerland

Wasser SP (2002) Medicinal mushrooms as a source of antitumor and immunomodulating polysaccharides. Appl Microbiol Biotechnol 60:258–274

Wasser SP, Weis AL (1999) Medicinal properties of substances occurring in higher Basidiomycetes mushrooms: current perspectives (Review). Int J Med Mushrooms 1:31–62

Whitmore L, Wallace BA (2004) The peptaibol database: a database for sequences and structures of naturally occurring peptaibols. Nucleic Acid Res 32:D593–D594

WHO (2003) Guidelines on good agricultural and collection practices (GACP) for medicinal plants. WHO, Geneva

Willför S, Hemming J, Reunanen M, Eckerman C, Holmbom B (2003) Lignans and lipophilic extractives in Norway spruce knots and stemwood. Holzforschung 57(1):27–36

Wilson T, Porcari JP, Harbin D (1998) Cranberry extract inhibits low density lipoprotein oxidation.

Life Sci 24:381–386

Wolfender JL, Ndjoko K, Hostettmann K (2003) Liquid chromatography with ultraviolet absorbance-mass spectrometric detection and with nuclear magnetic resonance spectroscopy: a powerful combination for the on-line structural investigation of plant metabolites. J Chromatogr A 1000:437–455

World Bank (2004) Sustaining forests: a development perspective. World Bank, Washington, DC

WWF/TRAFFIC Germany (2002) Healing power from nature. http://www.wwf.org.uk/filelibrary/pdf/healing_power_from_nature.pdf. Accessed 5 Jan 2008

Yatagai M, Sato T, Takahashi T (1985) Terpenes of leaf oils from cupressaceae. Biochem Syst Ecol 13(4):377–385

Yatagai M, Ohira M, Ohira T, Nagai S (1995) Seasonal variations of terpene emission from trees and the influence of temperature, light and contact stimulation on terpenes. Chemosphere 30(6):1137–1149

Zaidman BZ, Yassin M, Mahajna J, Wasser SP (2005) Medicinal mushroom modulators of molecular targets as cancer therapeutics. Appl Microbiol Biotechnol 67:453–468

Zak B (1964) Role of mycorrhizae in root disease. Annu Rev Phytopathol 2:377–392

Zambon D, Sabate J, Munoz S, Campero B, Casals E, Merlos M, Laguna JC, Ros E (2000) Substituting walnuts for monounsaturated fat improves the serum lipid profile of hypercholesterolemic men and women. A randomized crossover trial. Ann Intern Med 132:538–546

Ziyyat A, Legeeyer A, Mekhfi H, Dassouli A, Serhrouchni M, Benjelloun W (1997) Phytotherapy of hypertension and diabetes in oriental Morocco. J Ethnopharmacol 58(1):45–54

第 4 章　森林环境对人类健康的负面影响和危害 [①]

马雷克·托马拉克（Marek Tomalak），埃利奥·罗西（Elio Rossi），
弗朗切斯科·费里尼（Francesco Ferrini），保拉·A. 莫罗（Paola A. Moro）

摘要： 与大自然的直接接触可以帮助人们提高身体素质。然而，森林和其他开放的绿色空间也可能会对身处其中的人们的健康产生负面影响，有时甚至会威及生命。衰老和潜在不稳定的树木、散落在人行道和街道上的落叶和果实、野生动物、害虫和病原体等都可能成为森林环境中令人不快、恐惧和危险或其他缺少吸引力的负面因素，甚至旨在解决这些问题的植保活动也饱受批评，尽管客观地说，大多数情况并非如此。此外，一些过敏因素，如植物花粉和霉菌孢子、有毒的蘑菇和植物、蜱传病原体、吸血和叮咬昆虫，以及毒蛇和捕食性哺乳动物，偶尔也会对人类健康形成真正的危害。在许多情况下这些危害甚至没有被身处其中的人们意识到。本章的目的并非吓唬那些森林和城市公园的游客，而是让他们意识到这些地方潜在的危险。在此，我们给出了潜在危险及相应的避险建议，以确保游客的安全并从中获得有益的健康和福祉。

4.1　简介

　　本书中用到的数据已清楚地表明，单株树木、公园和森林可以为人类的生活环境，特别是人类的身心健康提供多方面的益处。与大自然直接接触有助于提高

①M. Tomalak（⊠）

植物保护研究所-国立研究所，波兹南，波兰，e-mail: M.Tomalak@ior.poznan.pl

E. Rossi

战场医院顺势疗法诊所，卢卡，意大利，e-mail: coop.med-nat@lunet.it

F. Ferrini

佛罗伦萨大学植物生产、土壤和农业环境科学系，佛罗伦萨，意大利，e-mail: francesco.ferrini@unifi.it

P.A. Moro

尼瓜达卡格兰达医院毒害控制中心，米兰，意大利，e-mail: Paola.Moro@OspedaleNiguarda.it

人们的整体素质，加速从心理压力中恢复，调节心脏循环系统的功能。然而，森林和其他开放的绿色空间有时也可能会对身处其中的人们的健康产生负面影响，甚至会威及生命。尽管这些通常是人类与自然接触的间接影响，也并不总是局限于森林，但还是应该认真对待，因为在某些情况下，这些负面影响和危害在森林环境中发生的概率比任何其他地方都大。

在本章中，我们将负面影响限定为一片森林或林地被认为是令人不快、厌恶、恐惧、危险或不具吸引力的情况。由于这些情况往往有其神话或历史根源，而且是主观判断的，因此并不一定真正出现在森林环境中。危害是指客观存在于特定环境中影响人类健康甚至危及其生命的因素。在许多情况下，公园和森林的游客甚至没有意识到危害的存在。

本章的主要目的不是吓唬森林和城市公园的游客，而是让他们意识到潜在的危险。在此，我们给出了潜在危险及相应的避险建议，以确保游客安全并从中获得有益的健康和福祉。我们将把重点放在对欧洲森林和树木相关危害的分析上，偶尔会提及其他地区的例子。

4.2　负面影响

4.2.1　与树木、公园和森林管理相关的影响

4.2.1.1　适宜树种的栽植、有害树木的识别和管理

有问题的树木

树木有助于改善空气和水质，减少能源使用，并间接地为人们创造更友好的生活环境，促进整个生态系统的健康，从而为环境带来许多益处。然而，在某些情况下，特别是在城市地区，树木的存在会使共享空间和共存变得困难，并大大增加管理和维护时的经济支出。通常构成城市遗产的树木个体分属不同的物种，因此在形状、大小和对当地条件的适应上都有着很大的差异，这导致了各种各样的问题。最常见的问题是那些与正常生长周期和植物季节物候有关的问题。例如，花的形成和花粉的产生会产生负面影响，除了释放过敏原外，还包括吸引昆虫、产生肉质果实和改变树木结构稳定性等。

与花粉季节性脱落有关的反复出现的人类健康问题是城市树种选择不当的常见结果（照片4.1）。正如 Sogni（2000）所强调的，引起主要过敏反应的花粉主要来自风媒植物，一般来说风媒植物会产生大量花粉，并且依赖于选择性较差的扩散力，如风。通常这种花粉粒很轻很小，且表面光滑干燥，其直径通常为20～30μm，一些针叶树种的直径可达150μm。相反，昆虫传粉的物种产生的花粉

通常更大更重，由于其在空气中的扩散性很差，大气中的含量较低，很少会引发过敏反应。然而也有一些例外，如椴树属（*Tilia*）是一种虫媒植物属，但也会引起过敏反应。当花粉在空气中传播受限时，强烈的过敏反应主要是与产生花粉的植物直接接触后引起的。

照片 4.1　早花的欧洲榛子（*Corylus avellana*）会产生潜在致敏的花粉
（摄影：马雷克·托马拉克）

花粉粒在环境中的传播还取决于开花期间的气候事件（如风、降雨、大气湿度）及扩散的障碍物（如植被、建筑物等），这些因素的变化可以极大地改变空气中花粉的含量和过敏病例的发生率。

花粉引起过敏反应的可能性与其数量和扩散性并不直接相关。例如，针叶树的花粉量排在首位，但是除地中海柏木外，其余针叶树在引起过敏反应的物种排名中处于倒数第一位。相反，禾本科（Gramiceae）植物在过敏性方面位居榜首，但它们只是适度的花粉生产者，主要原因是它们在自然界中分布广泛，通常高度集中在大型生物植物群落中。值得注意的是，有些物种只有大量个体集中生长在某一区域内才会引发过敏反应，如海枣（*Phoenix dactylifera*）和棕榈（*Trachycarpus fortunei*），这种过敏主要发生在北非国家，很少发生在高纬度国家。与此类似的是，城市景观中以前没有欧洲水青冈（*Fagus sylvatica*）、欧洲七叶树（*Aesculus hippocastanum*）和桦木属（*Betula*）等物种，在被引入城市景观后，随着栽植面积的增加，现已成为重要的过敏原产生者。

气候变化会引起物种分布的一些变化，可能会促进花粉的产生，进而可能会增加过敏病的风险。气象因素强烈影响授粉季节的开始和持续时间及花粉总数。因此，花粉相关疾病（如花粉热）的季节性会受到气候的影响。

城市树木的凋落物是另一个普遍存在的问题，尽管其数量因树种而异。落下的果实会污染环境，产生难闻的气味，例如，银杏（*Ginkgo biloba*）；或者大的或特别坚硬的果实，例如，意大利松（*Pinus pinea*）的球果会对接触的地表面造成损害，即便是正常的落叶也是有危险的，至少在路面变得湿滑时会引起麻烦。Barker（1986）对城市树木的凋落物进行了详尽的综述分析，并列举出了城市环境中产生凋落物最多的树木。例如，美国枫香（*Liquidambar styraciflua*）有时会广泛种植在城市街道上，但其果实却会引发令人烦恼的凋落物问题（Barker，1986）。山楂（*Crataegus × lavallei*）因其抗逆性常被推荐用于街道种植（特别是在狭窄街道），但其果实会增加人们滑倒的风险。成熟的紫叶李（*Prunus cerasifera*）是最受欢迎的观赏树种之一，但其散落在道路和人行道上的果实也是一种令人难以忍受的滋扰。一般来说，肉质果实通常是令人烦恼的，但其他类型的果实同样也会令人厌烦，例如，长角豆（*Ceratonia siliqua*）、美国皂荚（*Gleditsia triacanthos*）、刺槐（*Robinia pseudoacacia*）、槐（*Styphnolobium japonicum*）的荚或二球悬铃木（*Platanus × acerifolia*）的类球果。

如果不能采取措施防止或减少现有树木的果实凋落问题，那么未来最佳的解决办法则是在新开发的地区用不结果的树种和品种来代替现有树木（Barker，1986）。在雌雄异株的物种中，如银杏、美国肥皂荚（*Gymnocladus dioicus*），雄性个体繁殖是获得不结果树木的最简单方法。

然而，在某些情况下树木带来的问题不仅与季节周期有关，还与其在不利于其空间需求的环境中生长有关。树木会损坏人行道等基础设施，或对地上地下的公用线路形成干扰。

树根会对下水道或化粪管、排水管道、供水管线、建筑地基、人行道、街道、停车场、路缘、墙壁和游泳池造成严重损害（Randrup *et al.*，2003）。一些树种的根系，如意大利松、欧亚槭（*Acer pseudoplatanus*）、白榆（*Ulmus pumila*）、水杉（*Metasequoia glyptostroboides*）和一些杨树（*Populus* spp.）的根系会对石板路和人行道形成损坏，每年修复这些损坏是城市的主要投入之一。然而必须强调的是，尽管树根是造成混凝土开裂和侵入污水管道的罪魁祸首，但同样可以指出的是，这些结构之所以失败，是因为没有经过科学的设计，无法在生长树木的景观中发挥应有的作用。不幸的是，在大多数城市里解决的唯一方法是移除树木，而不是去寻找与树木相适应的调整设计结构的方法。

有时会对人类健康和环境造成负面影响的并非植物本身，而是生活在其上的动物，如昆虫和蜱虫。偶尔大规模暴发的长尾蛾或褐尾蛾的毛虫浑身长满有毒的毛发，袭击行道树的蚜虫会产生蜜露从而在汽车上、人行道上形成黏性污物，或偶然从植物上滴落的蜱虫可能会携带人类病原体，这些都是会产生负面影响的重要因素。在下面的章节中，我们将更为详细地讨论这些问题。

毫无疑问，在可能的状况下仔细选择树种并将其栽植在适当的地方可以帮助避免或减少上述问题，"正确的植物栽植在正确的地点并进行正确的管理"的原则始终是有效的。然而，我们必须管理的树木遗产也是种植的结果，这种种植往往发生在树木的维护与景观空间布局并未发生冲突的时候。就资源而言，不同背景的树木遗产也可能带来较少的问题。

树木稳定性评价

城市环境中的树木常常要面临十分恶劣的生存条件。很容易产生机械性缺陷，在存在人身财产的区域可能会造成危险。根据现有的定义，危险是指"一件事物、条件或情况会造成某种伤害的倾向"（Health and Safety Executive，1995）。更具体地说，如果一棵树结构不稳，并且存在可能的影响目标如车辆或人，那么它就被认为是危险的，而在没有影响目标的地区，一棵不稳的树并不存在危险（Dujesiefken *et al.*，2005）。尽管所有的树木在特定的条件下都有可能变得危险，但衰老的树木更容易发生，因为这些衰老树木的所有机能，包括光合作用、根的产生、茎的生长和分枝、对病原体的抵抗力，以及其他各项机能都逐渐减弱或紊乱，树枝逐渐折断，树木开始死亡。无论是枯枝不受控制地折断，还是衰弱或枯死树木的倒下，其影响都可能是巨大的。因此，在公共道路、公园和森林中，必须对存在危险的树木进行科学可靠的评估并采取适当的行动。

无论是对树木的管理还是对树木在城市环境中存在的潜在问题进行评估都会涉及一系列行动，这些行动不仅与树木栽植的知识有关，而且还与树木的健康和稳定性分析有关，这将有助于采取必要的干预措施来管理树木，并防范其意外倒伏的风险（Lonsdale，1999；Ellison 2005；Sterken and Coder，2005）。在大多数情况下，我们采用目视树木评估（visual tree assessment，VTA）方法对其健康和稳定性进行诊断（Mattheck and Breloer，1998），这种方法采用复杂的规则和程序来确定树木真实的稳定性，主要是通过视觉分析，如果需要也可以与仪器分析相结合。

VTA 基于一种生物力学方法，该方法对大量表征树木形状、空间位置、与周围环境的关系，以及营养和健康状况进行定性和/或定量描述，并对所获得的描述数据进行处理和评估，从而确定潜在的不稳定因素及单一"缺陷"的程度和风险。这些评估结果构成了决策的基础，如果有必要将基于这些结果制定可能的干预计划。

VTA 方法基于这样一种假设，即树的外观和形状源于树木吸收和合理分配机械来源的外部应力，以及其宏观组分（即树冠、树枝、树干和树根）对光、水和矿物元素等的竞争能力。从严格的力学观点来看，树木的结构测量是基于恒定张力公理的：根据所受的机械外源应力（即大气因素）和内源应力（即树冠重量），树木会优化自己的结构，确保没有一个点因过重而有损坏的风险或因过轻而造成支撑材料或能源的浪费。在这种平衡状态下，树木在整个树体上所受的应力倾向于均匀分布。

当一株植物处于一种广义应力状态或它的一个组分被损坏时，应力的分布首先发生在那些结构薄弱的点上。在这些点上由于外部应力的影响加上植物对外部应力的平衡性较差，会引发损伤性事件如断裂或倒伏。针对这些结构薄弱点，树木会通过增加支撑组织来寻求其原始的平衡，因此结构缺陷甚至内部缺陷可据此加以诊断，每个内部缺陷通常都与特定的、外部可见的症状相关（Mattheck and Breloer，1994）。

无论树木何时出现明显的结构缺陷症状，我们都必须确认其真实存在，如果可能，可以借助检查木材内部特性的仪器来量化其程度和风险。人们普遍认为，仪器分析可以很好地解决有关木材、根系，尤其是树干和大树枝的机械抵抗力状况的所有问题。但有一点很重要，那就是这种分析只能在严重怀疑存在风险且不能通过其他方式解决的情况下进行，不分青红皂白地持续对可疑的树木进行"侵入性"分析调查同样是不合适的。事实上，侵入性技术可以打破树木的隔离屏障，允许病原体通过伤口传播。在某些情况，如内部腐烂的情况下，当树木已经成功地将染病区隔离封闭在一个特定的区域时，这种创伤性地打破隔离可能是有害的。即使非侵入性诊断仪器（如声波或超声波断层扫描）已被证明是一种更迅速和更容易解释的树木生物力学评估的卓越分析方法，可以为树木密度测量提供有价值的信息，但树木密度仪仍然是一种不可替代的分析工具。

事实上，许多用于检测和评估树木腐烂的产品和技术已经市场化。皮克斯声波层析成像仪（Argus Electronics GmbH，Rostock，Germany）等有用的设备已被开发出来，以一种非侵入性的方法量化和定位木材腐烂。声波层析成像是一种通过记录声波传播速度的差异来生成固体内部结构图像的技术。

最近其他评估树木静力学的方法也得到了广泛的应用，例如，斯图加特大学提出的静态综合评估（static integrated assessment，SIA）和静态综合方法（static integrated method，SIM）已正式出版（Sinn and Wessolly，1989），树木静力学评估方法已在不同的理解水平下被选择性地探索和应用。

众所周知，没有一种完美的方法可以涵盖所有可能的情况。因此，在考虑树木的稳定性和结构完整性的同时，有必要探索和研究现有的所有方法，以便找到一种适当的方法帮助人们作出专业化的决策。上述方法和工具可为技术人员测量和评估木材和立木的内部腐烂和其他缺陷提供支持。然而，必须强调的是，在知识渊博和经验丰富的人手中，它们可以提供有关采取必要行动的重要信息。相反，在缺乏经验的人手中就存在滥用或对数据解释不当的风险，可能会导致错误的评估。

最后，必须强调的是，有些树种比其他树种危险度更高，这些树种包括：美洲椴（*Tilia americana*）、刺槐、柳树（*Salix* spp.）、复叶槭（*Acer negundo*）、银槭（*Acer saccharinum*）和欧亚槭、棉白杨、颤杨和其他杨树，以及臭椿（*Ailanthus altissima*）。在制定新的栽植计划时应避免选择这些树种，或者应该构建一个科学的管理方案来防治可能的危险。此外，应该强调的是，当根系可利用的土壤体积不足和/或根系受到人类活动或病原体和害虫的损害时，即使是最稳定的物种也可能会倒下，特别是在恶劣的天气条件下。

4.2.1.2　病虫害导致的树木质量恶化——植保活动

美学和健康支持价值是城市环境中公共公园和森林的首要任务。因此，树木和其他植物的质量和健康状况受到了游客和管理者的密切关注。乔木和灌木是许多生物的栖息地，其中的植食性昆虫和螨虫、植物病原性真菌和细菌，甚至更大的脊椎动物，有时会大量繁殖，从而对寄主植物造成严重损害（照片 4.2～照片 4.5），这可能会威胁到树木的视觉质量和/或其在环境中的持久性。因此，意识到身边树木健康状况恶化的市民会向绿地和森林管理者投诉。在这种情况下，为了保持森林和绿地的质量，需要对损害树叶或木材的病虫害进行人为干预。然而，植保活动也是引起许多游客争议的话题。任何人为干预措施，特别是城市环境中的干预措施，都可能会引发对人类健康潜在危害的负面评论和投诉。因此，重要的是不仅要持续有效和安全地管理公共树木和绿地，而且要找到一种可接受的令人信服的方式，告知游客所进行的植物管理活动对树木的健康是必要的，所有措施都是为了提高树木对人和环境的安全性。

照片 4.2　舞毒蛾（*Lymantria dispar*）的成熟幼虫。大量暴发会导致一些树种完全落叶
（摄影：马雷克·托马拉克）

照片 4.3　樱花燕蛾（*Yponomeuta evonymella*）幼虫在樱花树嫩枝上搭建了毛茸茸的帐篷，使受侵扰的树木对公园游客不具吸引力（摄影：马雷克·托马拉克）

照片 4.4　七叶树潜蝇（*Cameraria ohridella*）导致树木的叶片过早死亡
（摄影：马雷克·托马拉克）

照片 4.5　成群摄食的大斑蛾（*Phalera bucephala*）幼虫，大量毛茸茸的毛虫令公园和城市森林的游客感到害怕（摄影：马雷克·托马拉克）

公众在进入城市绿色空间时，如小巷、公园和森林，大多不受任何限制，因此对植物保护活动提出了特殊的安全要求。由于人的安全不能受到损害，那么唯一的解决办法是在树木和公众可以容忍的损害程度与通过特定措施达到植保效力间找到一个平衡。尽管在大多数市民看来，植保活动通常与喷洒有毒的化学农药有关，但实际上植保活动提供了大量可在各种环境中（包括休闲和城市绿地）安全使用的方法和病虫害控制剂。有效和安全控制城市树木病虫害的方法包括：①养护措施；②生物防治；③化学防治；④种植抗逆性或无性系树种；⑤植物检疫。最后一种方法是借助于适当的立法，防止从其他地理区域无意间引入病虫害（Tello *et al.*，2005）。所有这些方法都允许在选择适当的药剂和工具时有一定的灵活性，尤其要适合特殊的情况。通过将所有这些方法的兼容元素整合起来，往往能获得最理想的效果。针对大规模暴发的长期预测和精准监测系统，包括与当前气象状况有关的有害生物或病原体种群动态的持续分析，可能有助于就必要的预防或干预措施作出正确决定。

在公共绿地内进行的病虫害管理计划中，养护措施可能是树木护理中最容易执行的一项措施，包括通过卫生修剪去除枯枝和受侵染的树枝或整株树、使用信息素和彩色黏性诱捕器防治害虫、灌溉和排水管理等。修剪和去除死枝或整株树有助于防止害虫或病原体的传播，可以完全阻止其传播，或者至少会减缓其进程，移除具有潜在危险的枯枝可以提高绿地游客的安全，否则这些枯枝随时可能脱落掉在地上。卫生修剪通常是在受细菌或真菌病原体影响或是在大量蛀干害虫侵扰的树木上进行，由专业人员在完全告知游客的情况下进行，并临时关闭相关区域的公共通道，将对游客的潜在危害降到最低。信息素的使用也是如此，它与黏性诱捕器结合使用，可以有效地捕捉特定的害虫，以便进行监测和控制。在森林实践中，这种方法被用来吸引特定的小蠹虫和卷叶蛾，由于这些化学物质的高度特异性，因此不会对人类和非目标物种造成危害。其他诱捕器，如彩色（白色、蓝色或黄色）黏性板或条带，以及带有紫外线发射器的光诱捕器，也偶尔用于吸引和捕捉飞虫（如蛾类、叶蜂、蚊子或小蠹虫）。在公园和小巷中，人们偶尔会抱怨这些方法对树木或整个绿地的美观产生了负面影响。虽然不能很好地解决所有问题，但作为一种易于应用和安全的预防措施，养护方法是目前开放绿地管理中应用最广泛的方法之一。

栽植适当的乔灌树种或其无性系是另一种减少虫害或疾病损害潜在危险的方法。在严酷的城市条件下尤为如此，因为树木对严重的空气和土壤污染、干旱、极端光照条件等的适应能力差，可能与自然森林条件相比更容易持续受到虫害和病原体的攻击。解决这一问题最先进的办法就是选择对该地区特定的害虫或病原体具有抗性或耐受性的树种或其无性系，一个经典例子是榆树的遗传改良，一系列对造成荷兰榆树病的真菌 *Ophiostoma ulmi* 和 *O. novoulmi* 具有抗性的克隆种被培育出来，并已成功地引种到了欧洲和北美洲（Smalley and Guries，1993；Stipes，2000）。目前，欧洲开始采用类似的方法来控制七叶树潜叶蛾（*Cameraria ohridella*），七叶树的红花和黄花品种［如黄花七叶树（*Aesculus flava*）、北美红花七叶树（*A. pavia*）和红花七叶树（*A. × carnea*）］比最常见的白花品种对这种蛾类的攻击更具有抵抗力或不易受到攻击。因此，种植前者或其种间杂交种将有助于减少潜叶蛾的危害（Straw and Tilbury，2006）。

城市绿地最重要的特征之一是在相对较小的区域内栽植的乔灌树种具有很高的多样性。这种多样性也是一种防止许多病虫害大规模暴发的非常有效的措施，这些病虫害对商品林已经造成了人所共知的破坏。对松树、云杉或落叶松等大面积纯林具有破坏性的单食性叶蜂［松叶蜂属（*Diprion* spp.）、阿扁叶蜂属（*Acantholyda* spp.）、锉叶蜂属（*Pristiphora* spp.）等］或蛾类［松夜蛾（*Pannolis flammea*）、模毒蛾（*Lymantria monacha*）、欧洲松毛虫（*Dendrolimus pini*）等］在城市的混交林分中通常危害不大。然而，以几种寄主物种为食的昆虫如尺蛾类［秋尺蛾（*Operophtera brumata*）、栎秋尺蛾（*O. fagata*）］、舞毒蛾（*Lymantria dispar*）或黄毒蛾（*Euproctis chrysorrhoea*）在城市公园、小巷和森林中可能仍然会制造麻烦。它们每年都会导致树木落叶，严重威胁了树木的健康和审美价值。

如果预测或实际观察到的树木损害需要立即进行干预，那么在公共绿地中生物防治方法会优于化学防治。几种市售的生物防治剂可以在实践中使用，包括可以有效地对付几种叶蜂和蛾类的昆虫病原病毒制剂。细菌［主要是苏云金芽孢杆菌（*Bacillus thuringiensis*）］对多种食叶甲虫和蛾类毛虫有效，昆虫病原真菌对蚜虫和蚧壳很有用，昆虫病原线虫对许多在土壤中化蛹的叶蜂、蛾类和甲虫都有很好的防治作用。此外，也有成功引进寄生和捕食性昆虫和螨虫来控制各种树木害虫的记录。所有这些生物防治剂对人和大多数非目标生物都是绝对安全的，因此其现场应用不会产生任何危害。

对城市公园和森林来说，乔灌木美学质量最高和地表没有枯枝落叶是广泛接受的标准，但人们还应该了解树木的其他功能。许多鸟类和哺乳动物利用树洞筑巢穴、休息、喂食和冬眠，枯枝也可以作为有益昆虫、蜥蜴、蟾蜍和小型哺乳动物的栖息地。所有这些生物组分对生态系统都很重要，应该受到保护，因为它们有助于保持自然环境的平衡，防止个别有害物种的种群不受控制地暴发。因此，如果枯枝或有空洞的树木不会成为病虫害的发源地或对路过的游客造成危害，则应将其留在现场，即使从美学角度看并不完美。对于公园和城市森林中存在的许多生物物种包括昆虫也应采取类似的方法，部分昆虫以植物为食，而另一部分则是捕食性或寄生性的，以前者为食，从而有效地减少了它们的数量。如果较高的生物多样性得到保护，那么在大多数情况下，我们不必担心会对乔木和灌木造成损害。森林或公园环境中普遍存在着大量的昆虫病原、寄生和捕食性生物，如细菌、真菌、原生动物、线虫、螨虫和昆虫，自然界会保护自己，即使是少量出现的最有害物种也只能造成微不足道的短暂危害。真正的问题始于动植物多样性的过度减少，以及天敌无法有效控制的单个害虫或病原体物种的大规模暴发，只有在这种情况下，采用适当的控制措施进行干预才是合理的。在大多数其他情况下，我们应该只是去享受、尝试理解和欣赏自然界的生物多样性及其多种形式和功能给我们带来的好处。这可能是自然界中最有效的病虫害控制的生物方法。

在城市绿地和近郊游憩林中，化学防治方法通常不会受到重视，因为大多数欧洲国家并不推荐使用化学杀虫剂。然而，如果情况紧迫并且没有其他的有效防治方法时偶尔也会有例外。在这种情况下，只有少数对人体毒性最低的化学杀虫剂在特殊条件下是可以接受的，如只选择性地影响植食性昆虫的甲壳素合成抑制剂（如除虫脲、氟苯脲），一些环境寿命很短的拟除虫菊酯（如溴氰菊酯、氯氰菊酯），或者只在植物体内保持活性的选定的系统性化合物（如吡虫啉、阿维菌素）。在允许公众进入的环境中，还必须采用尽量减少或完全消除对受影响区域内的游客产生任何潜在危险的使用方法，这些方法包括将化学品直接注入或输入树干，用大水滴浸湿或喷洒以防止药液随风飘移到附近，或在施药和预防期间关闭化学处理区的公共区域等。在公共绿地中，使用化学杀虫剂进行病虫害防治只能由经验丰富、持有执照、配备有认证设备的人员进行，这将最大限度地减少对游客的潜在危害。尽管如此，仍需进一步改善市民获取资讯的系统，并在公众绿地内张贴相关通告，以避免出现任何潜在的问题。

在城市公园和游乐场中，另一个可能应用杀虫剂的领域是控制吸血昆虫如蚊子、黑蝇和虻，这些昆虫在春末和夏季可能会大量出现。干预措施的实施不仅基于人们因昆虫叮咬而感到不适，还基于病毒、原生动物或线虫等危险病原体的传播会对人类健康造成的潜在或实际威胁。尽管杀虫剂处理对害虫种群的影响十分有限，但我们有时很难反对这种做法，特别是在存在病毒性脑炎、昏睡病或盘尾丝虫病（丝状线虫引起的河盲症）的地区。这些现象的相关细节将在本章后面的部分加以讨论。

　　总结这一部分我们可以得出，尽管病虫害会对树木造成损害，而在公共绿地进行的植保措施增加了人们对树木质量恶化或/和对人类健康的潜在危害的担忧，但在大多数情况下这些担忧并非完全合乎情理的。利用现有的方法，这两个问题都可以在保证人类安全的情况下得到处理，且可以很好地对树木进行保护。然而，开放绿地、森林管理服务机构和绿地的游客必须谨慎对待植保活动中所有的预防措施。

4.2.2　与野生动物相关的影响

　　由于害怕可能会遇到野生动物，许多人不想走进森林和林区。不仅是大型食肉动物或毒蛇，甚至小型昆虫、蜘蛛和蚰蜒都会引起不同人群的恐惧。在大多数情况下，这种先验式的恐惧是有悖情理的，其根源可以追溯到这些人的生活经验或教育水平上。

　　人们通常对野生的有毒和捕食性动物，如蟾蜍、蛇、狼或熊在情感上持负面态度，这种态度导致了许多物种在当地灭绝。在19世纪和20世纪，包括狼、猞猁和浣熊在内的大型食肉动物的数量在许多欧洲森林中已经大大减少或完全消失。幸运的是，这些物种对森林生态系统的正向价值最终得以体现出来。通过选择性捕食，它们可以控制啮齿动物种群的快速繁殖，消灭虚弱和不健康的反刍动物个体，并抑制这些动物在特别有利的环境条件下周期性过度繁殖的倾向。捕食者可以降低啮齿动物和反刍动物间病原体和疾病的传播，也可保护幼林免受这些动物过度采食造成的损害，因此在森林生态系统中发挥着重要作用。在大多数欧洲国家，所有这些动物都受到了法律保护，许多科学项目也已经启动，在其原始生境中部分或完全恢复灭绝的种群。

　　然而，大型食肉动物在欧洲森林中仍然很少见。在野外看到它们的概率很低，因为它们通常会避免与人类接触，除非它们自己、后代或领地受到直接威胁，当野熊、狼、獾、狐狸或浣熊得知农场、人类住所或营地可以成为容易获得的食物来源时，可能会出现例外情况。熊或狼造访垃圾场偶尔会成为全球性的新闻。尽管我们很少观察到这些动物，但其潜在的攻击性还是可以预见到的，因此应采取一切预防措施包括用围栏适当保护垃圾场，人员在接近受影响的区域时要多加小心。大型捕食性动物种群的局部增加和/或其对人类居住地的习惯化可以周期性地改变社区对动物在环境中存在及其带来的潜在威胁的看法。最近在芬兰一些地区，狼群接近人类居住区的报道吓坏了那些认为会对在外玩耍的孩子产生潜在危险的父母，他们对欧洲严格的野狼保护政策提出了严重质疑，认为这可能会妨碍一些地区的人畜安全。在这些情况下，需要对这种状况的根本原因进行详细调查研究，避免在过于情绪化讨论的基础上作出任何有偏见的决定。近期，科学家对狼袭击人类的真实记录进行的一项研究表明，尽管目前狼的数量在不断增加，但欧洲人受到狼袭击的风险似乎非常低。与其他野生动物的攻击相比，致死的数量也是很低的。有记录表明，在过去 50 年中，因狼的袭击而死亡的人数欧洲为 9 人，俄罗斯为 8 人，北美为 0（Linnell *et al.*，2002）。大多数袭击与狼感染狂犬病、它们对人类的习惯化和对人类恐惧的丧失、被激怒或环境高度改变导致的猎物减少等有关。根据 Linnell 等（2002）的研究，记录在案的低袭击率很可能是由于与狼袭击最相关的因素不再常见这一事实。对狼群进行管理，通过有管制地捕猎清除那些似乎对人类失去自然恐惧或行为具有侵略性的个体，以及减少家犬和野生动物的狂犬病以降低感染狂犬病的狼攻击的风险，都可以进一步改善上述状况。在欧洲，还有其他一些捕食性的和有毒的动物，一旦与其直接接触，就可能对人类造成危害，但这些动物往往很罕见，而且它们会尽量避免与人接触。因此，在欧洲对野生动物的过度恐惧是毫无道理的，不应成为限制人类进入森林或其他林区的理由。

4.3　危害

4.3.1　过敏因素

4.3.1.1　过敏

"过敏（allergy）"一词的字面意思是"另一种（重新）行动"，因为 allos 的意思是其他的或不同的，而 ergos 的意思是行动。过敏是人体对一种或多种特定物质（称为过敏原）的异常的、过度的超敏反应，过敏原是环境中常见的无毒物质。我们之所以说超敏反应，是因为与相对少量的过敏原接触就会引起过敏反应。过敏症通常是在家族遗传倾向和易感基础上发展起来的，哮喘、结膜炎、鼻炎、皮炎、荨麻疹等病理状况会单独或以不同的组合出现。然而，在没有特应性的过敏家族遗传倾向的情况下，人们也会发生与一类抗体免疫球蛋白 E（IgE）相关的超敏反应，肥大细胞是过敏反应中免疫机制的主要细胞效应器。

4.3.1.2　环境原因和流行病学

人类中记录到的过敏症数量正在持续不断地增长。过敏性疾病和哮喘是全世界最常见的慢性疾病之一（Bousquet *et al.*，2003b），通常在婴儿期或儿童期就开始了，往往会贯穿人的一生（Crane *et al.*，2002）。这两种疾病在发达国家极为普遍，据估计 2%～15% 的欧洲人口患有哮喘，在一些欧洲国家过敏症可能影响超过50% 的儿童，哮喘患病率和过敏症状最高的欧洲国家包括芬兰、德国、爱尔兰和英国，最近又新增了罗马尼亚。阿尔巴尼亚、比利时、爱沙尼亚、格鲁吉亚、意大利、立陶宛、西班牙和瑞典的哮喘患病率较低。在一些国家的多个研究中心得到的患病率数据存在一定的差异，尤其是在意大利。波兰的过敏性鼻结膜炎发生率较高，但哮喘发生率较低。

在大多数西方国家，这类病对 20% 的人产生了影响（World Health Organization，2003）。在过去的 20 年里，法国和意大利的哮喘患者数量翻了一番，这是由于环境污染、温度升高、气候变化，以及可能的卫生干预等复杂因素造成的。过敏性疾病和哮喘的发病率在过去的 30～40 年中有所上升。最近在发展中国家也出现了类似的增长，现已成为这些国家面临的一个严重问题（Bousquet *et al.*，2003a）。在欧盟，包括哮喘在内的过敏性疾病的发病率和严重程度对卫生保健系统和整个社会都构成了严重挑战。哮喘无疑是过敏性疾病中最严重的一种，因为它是一种致残性疾病（例如，每年在英格兰和威尔士有 100 000 多人因哮喘入院），有时甚至会致命（Jarvis and Burney，1998）。

对过敏症发生的一种可能解释是"卫生假说"。该假说认为，在生命的初期，卫生条件的提高及由此导致的与各种微生物接触的缺少会影响人类的免疫系统，从而削弱其抵御某些疾病的能力，更易罹患自身免疫性疾病（Nicolau *et al.*，2005）。20 世纪 80 年代，大卫·斯特罗恩（David Strachan）首次提出了"卫生假说"，虽然没有就过敏症发病率增加的原因达成共识，但却得到了强有力的支持。换句话说，整洁的现代生活可能是一个促成因素，而且可能确实对儿童有害。另一个促成因素则是环境污染。

根据最近出版的《柳叶刀》（2008）的社论，过敏症是一个很难解决的巨大社会问题，不管出于什么原因，毫无疑问，过敏症状正在增加，并会使人虚弱，往往会造成许多痛苦和苦难。由于其对教育程度和工作效率的负面影响，也加大了社会成本。此外，医学界对如何管理易过敏人群还知之甚少。具体问题还包括食物过敏的发病率持续上升，这是一个特别引人关注的问题，因为它对人们的生活质量产生重大影响，甚至可能会危及生命（Munoz-Furlong，2003），主要受影响人群是儿童（Sicherer，2002；Crespo and Rodriguez，2003）。另一个重要的致敏因素是与开阔绿地和树木有关的植物花期大量释放的花粉，由花粉引起的过敏每年都会给相当大一部分人带来烦恼的、反复出现的健康问题。

4.3.1.3　过敏反应的免疫学机制

当生物体接触到被认为是外来侵入者的食物蛋白或花粉（过敏原）时，血浆细胞就会产生免疫球蛋白 E（IgE），随后 IgE 与肥大细胞和嗜碱性粒细胞相结合，为激活抗原特异性做准备，这个过程被称为致敏作用。肥大细胞存在于皮肤和黏膜表面及深层组织中，可以调节异物进入机体的通道，过敏抗体（IgE）就附着在肥大细胞这种免疫系统细胞上。当下一次相同的过敏原进入人体时，它的蛋白质会附着在肥大细胞上等待的 IgE 上，IgE 会使肥大细胞释放化学物质（组胺、白三烯），引发打喷嚏、眼睛发痒和鼻后滴流等反应。

4.3.1.4　临床症状

过敏反应可以通过几种不同的方式引发，吸入（如花粉）、注射（如药物和接种）或摄入（如食物和饮料）过敏原，也可以通过皮肤直接进入人体（如各种化学物质）。过敏反应有各种类型，以呼吸和皮肤为主。过敏反应还会影响消化系统、眼睛和头部，引发各种湿疹、鼻炎或哮喘症状，甚至引发过敏性休克。

过敏性鼻炎的特点是打喷嚏、流鼻涕、鼻塞、结膜炎和黏膜瘙痒，其发生与过敏原的存在时间有关。

哮喘是一种慢性呼吸道炎症，其特征是呼吸道黏膜对多种刺激的反应增强。哮喘不仅仅是一种疾病，还是一种具有不同危险因素、不同预后和不同治疗反应的综合病征。

湿疹性皮炎可以是特应性的，这意味着有家族遗传倾向，或是与自然或化学过敏原接触所致。

食物过敏通常表现出令人不舒适的症状，如消化不良，有时也会导致危及生命的过敏反应。

4.3.1.5　最常见的过敏原

自然界中最常见的致敏因子是开花植物的花粉（D'Amato et al.，1992；Negrini and Arobba，1992），其中禾本科植物的花粉是最重要的过敏原。许多树木的花粉，如橄榄、柏树、桦树、桤木等也会引起过敏。其他致敏因子包括各种真菌和霉菌的孢子，以及单独或存在于粉尘中的尘螨 [如欧洲室尘螨（*Dermatophagoides pteronyssinus*）或粉尘螨（*Dermatophagoides farinae*）]，此外动物的毛发、唾液或头屑也会引起过敏反应。由于存在如此广泛的潜在过敏原，在此我们只讨论森林环境中几个最常见和最具代表性的例子。

禾本科草本

梯牧草属（*Phleum* spp.）、鸭茅属（*Dactylis* spp.）、燕麦草属（*Arrhenatherum* spp.）、黑麦草属（*Lolium* spp.）和其他禾本科植物的花粉都具有高致敏性，其花期在欧洲南部从 3 月或 4 月开始，在中欧从 5 月开始，在欧洲大陆的北部地区从 6 月和 7 月开始。一般来说，授粉期大约持续 2 个月甚至更长时间。几乎所有的草种都存在非常密切的亲缘关系，并且经常会发生交叉反应。次要的禾本科植物包括芦苇属（*Phragmites* spp.）、燕麦属（*Avena* spp.）和狗牙根属（*Cynodon* spp.），虽然可能会与菜豆、大豆、花生和其他豆科植物发生交叉反应，但这种反应并不常见。

蒿属植物（*Artemisia* spp.）

蒿属植物具有高度的致敏性。在中欧，花期通常开始于 7 月下旬，高峰期在 8 月中旬，可能会持续到 9 月。蒿属的花粉与几乎所有其他复合物（特别是豚草花粉）都会发生交叉反应，已知的发生交叉反应的复合物包括蒲公英、一枝黄花、向日葵、洋甘菊和所有雏菊状花的花粉。重要的交叉反应是与食物中芹菜作用导致过敏。

酸模属植物（*Rumex* spp.）

开花的季节从 4 月一直持续到 9 月，在地中海可能会持续一整年。到目前为止还没有已知的交叉反应。

豚草属植物（*Ambrosia* spp.）

主花期从 8 月中旬开始，高峰期多在 9 月初，在 9 月底到 10 月底间结束。来自匈牙利（东南方向）的风使得维也纳空气中的花粉含量很高。对花粉症患者来说，一天中最糟糕的时间是傍晚和晚上。豚草的花粉与几乎所有其他复合物（尤其是蒿属花粉）发生交叉反应，已知的发生交叉反应的复合物是蒲公英、一枝黄花、向日葵、洋甘菊和所有雏菊状花的花粉。

桤木属［欧洲桤木（*Alnus glutinosa*）、灰桤木（*A. incana*）、绿桤木（*A. viridis*）］和榛属［欧洲榛（*Corylus avellana*）、土耳其榛（*C. colurna*）］

广泛分布在欧洲的几个树木属，具有众所周知的中度到高度的致敏性。在不同地区，它们的特定物种每年都会导致人类过敏反应的周期性增加。上述两个属最易致敏，且是开花最早的树之一。在欧洲，只要气温上升到 5℃以上，花期就开始了，而在一些地区，可能最早在 12 月底就已开始，桤木属开花需要的温度比榛属略高。桤木属和榛属的花粉会与桦木属的花粉发生交叉反应，桦木属花粉过敏的人也会对大气中的榛属和桤木属的花粉非常敏感。

梣属 [欧洲白蜡（*Fraxinus excelsior*）、窄叶梣（*F. angustifolia*）、花梣（*F. ornus*）]

梣属的花期相对较短，约为 2 周，峰值在整个花期中通常只有一次，与桦树的第一个峰值同期。花期开始于 3 月（在亚地中海）到 4 月，取决于纬度。梣树与油橄榄树间会发生强烈的交叉反应，且两者都会与连翘属（*Forsythia* spp.）、女贞属（*Ligustrum* spp.）、茉莉属（*Jasminum* spp.）和丁香属（*Syringa* spp.）的植物发生交叉反应，但其与食物的交叉反应尚未得到证实。

桦木属 [垂枝桦（*Betula verrucosa*）、白桦（*B. alba*）]

根据天气的不同，桦木属花期最早可能从 3 月中旬开始，大部分开始于 4 月初。然而在欧洲北部和山区，由于气温较低，大量开花的时间要晚得多。桦木属的花粉具有高度的致敏性。交叉反应在壳斗目的所有属中都很常见，例如，栒木、榛子、鹅耳枥、铁木属、山毛榉、栎树和甜栗树。最常见的是与青（生）苹果的交叉反应。

柏科的树种

柏科，包括柏木属、扁柏属、刺柏属和崖柏属，已知具有中度至高度的致敏性，具体取决于暴露程度。据报道，这些树种与属于杉科的日本柳杉有交叉反应，最近发现与松科的雪松属 [黎巴嫩雪松（*Cedrus libani*），大西洋雪松（*C. atlantica*）]也存在交叉反应。

油橄榄树（Olea europaea）

油橄榄树 4～6 月开花。其花粉具有很高的致敏性。油橄榄树与梣树间存在强烈的交叉反应，且两者都会与丁香属、连翘属、女贞属和茉莉属的植物发生交叉反应，其与食物的交叉反应尚未得到证实。

悬铃木属 [二球悬铃木（*Platanus*×*acerifolia*）、三球悬铃木（*P. orientalis*）、一球悬铃木（*P. occidentalis*）]

根据地理纬度的不同，悬铃木属的花期 3～5 月，其花粉具有中度到高度的致敏性。已知交叉反应主要与桦树有关，但也与栒木、榛树、鹅耳枥、栎树、山毛榉和甜栗树有关，在某种程度上还与禾草的花粉有关。

栎树（*Quercus* spp.）

通常，栎树只表现出中度的致敏性。花季主要在 4 月和 5 月开始（有时在 3 月），这取决于物种和地理纬度。（原文中此处关于交叉反应的描述明显为油橄榄树的重复，应为作者笔误，故译者加以删除）。

在其他常见的欧洲树木属和树种中，欧洲山毛榉（*Fagus sylvatica*）、接骨木属（*Sambucus* spp.）、欧洲鹅耳枥（*Carpinus betulus*）、七叶树属（*Aesculus* spp.）、槭属（*Acer* spp.）和柳属仅呈现低或中度的致敏性。

4.3.1.6　过敏的诊断和治疗

常见的过敏测试包括：体外抗体测试、迟发性超敏反应测试、经皮测试和皮内测试。所有这些方法都是基于对过敏原与患者皮肤或血液样本间直接反应的评估。本章的范围不允许我们对这些测试进行详细的描述，但应该指出的是，所有单独的测试在结果精度方面都存在一些缺陷。因此，为了作出正确的诊断，有必要进行一系列的过敏测试。在治疗过敏方面，传统医学主要依靠三种治疗方法，即避开过敏原、药物治疗和免疫治疗。

避开过敏原

这一策略的基础是减少患者对过敏原的接触。通过避免接触过敏性物质使症状最小化。尽管这种方法的效果有限，因为它不能消除过敏，但仍有助于减少某些环境因素的负面影响。在开花期，避开产生高浓度过敏性花粉植物的地方是有效的。然而，在普遍存在这种植物的地区，这种方法则是不切实际的。灰尘更是如此，在任何普通环境中都无法避开灰尘。

药物治疗

抗过敏药是最常见的一类药物，目前是由医生掌握的处方药。主要的抗过敏药物包括：口服抗组胺药、鼻用抗组胺药、口服和鼻用减充血剂、类固醇和非类固醇鼻腔喷雾剂、抗胆碱药和白三烯调节剂。然而，要意识到这些药物都有一定的副作用，在开始长期药物治疗前，最明智的做法就是先咨询医生。

免疫治疗

免疫治疗通常被称为过敏注射。病人被注射少量引起过敏症状的物质，随着时间的推移，注射的剂量会增加，以建立人体对过敏原的耐受性。理论上讲，人体会产生抗体，阻断引起症状的过敏性抗体。然而，这种方法的确有一定的局限性。例如，可能需要进行长达数年的注射才能使免疫力达到有效水平。此外，这种方法对食物过敏原的有效性尚不清楚。

植物疗法和顺势疗法

在许多情况下，同样的植物既可引发过敏，也可用于预防和治疗过敏症状。例如，像黑醋栗或狗牙蔷薇（*Rosa canina*）这样的植物通常是治疗过敏性鼻炎或哮喘的天然抗组胺药物。从顺势疗法的观点来看，过敏被认为是机体的一种防御反应，机体不能对过敏刺激产生特异性的免疫反应。由于缺乏对过敏原的适当反应，机体被迫产生补偿性反应，目的是将过敏原留在体外。顺势疗法和植物疗法治疗过敏都是基于植物源性产品，如白头翁属（*Pulsatilla* spp.）、沙巴草属（*Sabadilla* spp.）和洋葱（*Allium cepa*）等。这些物种中的许多如芦竹属（*Arundo* spp.）和豚草属，在高剂量下也会引发过敏。

对草药产品的不良反应

"天然"并不意味着一定安全和没有任何风险，特别是当人们谈及天然药物产品时。众所周知，越来越多的欧洲人将草药产品用于预防和治疗目的，到目前为止，与草药相关的副作用和药物间的相互作用基本上是未知的。一种银杏提取物被宣传为可以改善人的认知功能，但据报道也会导致自发性出血，并可能与抗凝剂和抗血小板药物产生相互作用。作为一种治疗抑郁症的药物而促销的圣约翰草，可能有单胺氧化酶抑制作用，或可能导致血清素、多巴胺和去甲肾上腺素水平升高。含麻黄碱的草药制品则与不良的心血管事件、癫痫发作甚至死亡有关。人参，因其据称对身体和精神的有益影响而广泛使用，一般情况下耐受性良好，但也已被认为是人体对华法林抗凝反应减弱的一个原因。市民和健康工作者必须警惕与草药治疗相关的不良反应和药物间的相互作用，医师应询问所有患者关于这些产品的使用情况。

4.3.2　有毒的蘑菇和植物

欧洲植物区系的特点是特有物种的多样性和丰富性，其中一些自古以来就被用于食物和医疗目的。如今，粮食主要来源于农业，人与自然的关系已经发生了变化。人们普遍认为，对自然抱持积极态度可以改善他们的健康和福祉，这促使人们去公园和森林中休闲娱乐，而没有意识到其中的隐患。许多种类的蘑菇和植物都有毒（照片 4.6～照片 4.8），采摘有毒物种的风险非常高，因为可食用的物种鉴定往往很困难，既不能基于流行书籍中的图片，也不能仅仅基于自我学习到的知识。中毒的临床表现因所涉及的"天然"毒素类型而异。特定毒素的作用可能会损伤某个器官或引起全身中毒，并导致患者死亡。

照片 4.6　毒蝇鹅膏菌（*Amanita muscaria*），一种含有鹅膏蕈氨酸和蝇蕈素神经性毒素的蘑菇

[摄影：斯特凡诺·维亚内洛（Stefano Vianello）]

照片 4.7　魔牛肝菌（*Boletus satanas*），一种含有胃肠刺激物的蘑菇

［摄影：里卡尔多·马扎（Riccardo Mazza）］

照片 4.8　毒鹅膏菌（*Amanita phalloides*），一种含有肝毒性环肽的蘑菇

（摄影：斯特凡诺·维亚内洛）

4.3.2.1　蘑菇

大多数野生蘑菇都是有毒的，只有少数品种可以食用。常用的鉴定食用菌及消除其潜在毒性的方法（即颜色评估、给小动物喂食、煮沸、冷冻、干燥、酸洗等）都是不可靠的，通常会产生误导。与食用有毒蘑菇有关的潜在症状范围很广，通常与蘑菇的种类有关，主要包括呕吐、腹泻、肝肾损伤、幻觉、癫痫和心律失常，这些症状可在摄入后数小时内发生，或延迟数小时甚至数天，特别是那些致命物种（Brent，1998；Diaz，2005a；Ellenhorn，1997；Goldfrank，1998；Olson，2004a）。

肝毒性蘑菇

这类蘑菇含有鹅膏毒素和其他的环肽，如毒鹅膏菌（*Amanita phalloides*，死亡帽）、白毒鹅膏菌（*A. verna*）、鳞柄白毒鹅膏菌（*A. virosa*，毁灭天使）、秋盔孢伞（*Galerina autumnalis*，致命的盔孢伞）、纹缘盔孢伞（*G. marginata*）、毒盔孢伞（*G. venenata*）、酒红环柄菇（*Lepiota josserandii*）和近肉红环柄菇（*L. subincarnata*）等。

症状：经过较长时间的潜伏期（摄入后 6～12 小时），突然出现恶心、呕吐和腹泻症状，持续约 24 小时。表面上恢复后，在摄入后 2～4 天出现急性肝炎的症状。即使进行强化医疗，但死亡率仍然很高（Giannini *et al.*，2007；Olesen，1990）。干蘑菇每克含有 5～15mg 鹅膏毒素，对成人的致死剂量为 0.1mg/kg。因此，1 株毒鹅膏菌、15～20 株秋盔孢伞或大约 30 株环柄菇对成人来说就是致死量（Haines *et al.*，1985）。

肾毒性蘑菇

这类蘑菇含有奥来毒素，最著名的物种是毒丝膜菌（*Cortinarius orellanus*）、细鳞丝膜菌（*C. speciosissimus*）和尖顶丝膜菌（*C. gentilis*）。

症状：最初的症状出现在摄入后 36 小时到 11 天内，在少尿和急性肾功能衰竭出现之前，看起来像流感（恶心、腰痛、肌肉酸痛），肾损伤几乎是不可逆的，患者需要永久性透析或肾移植（Bouget *et al.*，1990；Calvino *et al.*，1998）。

神经毒性蘑菇

含裸头草碱-裸头草辛的蘑菇

这类蘑菇包括暗蓝锥盖伞（*Conocybe cyanopus*）、蓝茎花褶伞（*C. smithii*）、绿褐裸伞（*Gymnopilus aeruginosus*）、钟形花褶伞（*Panaeolus campanulatus*）和裸盖菇属（*Psilocybe* spp.）等。

症状：在摄入后 30～60 分钟内，可以观察到神经功能受损的迹象，表现为烦躁不安、执行能力差、无意识动作、瞳孔散大、眩晕、感觉异常、肌无力和嗜睡，强直阵挛发作和高热也可能会发生（Benjamin，1979）。

含有蝇蕈素和鹅膏蕈氨酸的蘑菇

最有名的是橙黄鹅膏菌（*Amanita citrina*）、靴鹅膏菌（*A. cothurnata*）、霜鹅膏菌（*A. frostiana*）、黄盖鹅膏菌（*A. gemmata*）、毒蝇鹅膏菌（*A. muscaria*）和豹斑鹅膏菌（*A. pantherina*）。

症状：通常在摄入后 30 分钟到 3 小时内发病。病人变得烦躁和昏昏欲睡。胡言乱语、幻觉、亢进多动、肌肉痉挛发作后出现嗜睡昏厥和昏迷（Satora *et al.*，2005）。

含有毒蕈碱-组胺的蘑菇

这类包括白霜杯伞（*Clitocybe dealbata*）、黄丝盖伞（*Inocybe fastigiata*）、暗毛丝盖伞（*I. lacera*）和发光类脐菇（*Omphalotus olearius*）等。

症状：中毒症状在摄入早期（30～120 分钟内）出现，表现为一种称为 PSL 的特征性组合，即过度出汗（P）、化脓（S）和发炎（L），并伴有心动过缓、细胞减数分裂、腹痛、腹泻、低血压和呼吸困难（Pauli and Foot，2005）。

胃肠刺激类蘑菇

该类包括来自不同属的许多种，即：野蘑菇（*Agaricus arvensis*）、林地蘑菇（*A. silvaticus*）、蜜环菌（*Armillariella mellea*）、红柄牛肝菌（*Boletus erythropus*）、褐黄牛肝菌（*B. luridus*）、红孔牛肝菌（*B. pulcherrimus*）、魔牛肝菌（*B. satanas*）、敏感牛肝菌（*B. sensibilis*）、水粉杯伞（*Clitocybe nebularis*）、栎金钱菌（*Collybia dryophila*）、毛钉菇（*Gomphus floccosus*）、大毒滑锈伞（*Hebeloma crustuliniforme*）、芥味滑锈伞（*H. sinapizans*）、多洼马鞍菌（*Helvella lacunosa*）、黄汁乳菇（*Lactarius chrysorrheus*）、假乳菇（*L. deceptivus*）、白乳菇（*L. piperatus*）、红乳菇（*L. rufus*）、黄乳菇（*L. scrobiculatus*）、疝疼乳菇（*L. torminosus*）、绿孢环柄菇（*Lepiota molybdites*）、粉褶环柄菇（*L. naucina*）和许多其他种类。

症状：在摄入早期（30 分钟到 2 小时内）出现消化道症状，包括恶心、呕吐、腹部绞痛和腹泻。如果失水量得到补充，则通常在 24～48 小时内完成恢复。

其他有毒的蘑菇

含有鬼伞毒素的蘑菇，如墨汁鬼伞（*Coprinus atramentarius*）和棒柄杯伞（*Clitocybe clavipes*）等。

症状：如果在食用后 48～72 小时内摄入酒精，会迅速出现潮红、感觉异常、心悸、胸痛、虚弱、眩晕、神志不清、恶心和呕吐，严重时可能发生呼吸衰竭和昏迷。鬼伞毒素代谢物会抑制乙醛脱氢酶，产生双硫仑样反应（Reynolds and Lowe，1965）。

含有单甲基肼（MMH）的蘑菇，如鹿花菌（*Gyromitra esculenta*）、赭鹿花菌

（*G. infula*）、大鹿花菌（*G. gigas*）和褐鹿花菌（*G. fastigiata*）。

症状：摄入后经过 6～12 小时的长潜伏期，会出现恶心、呕吐、腹痛和腹泻等症状，症状约持续 2 天。头痛、肝和胃部剧烈疼痛，严重时会出现黄疸、癫痫发作和昏迷。吸入烹调鹿花菌属物种产生的蒸汽后，可能出现急性中毒的早期症状（Karlson-Stiber and Persson，2003；Michelot and Toth，1991）。

4.3.2.2　植物

有成千上万种具潜在危险的植物可以引起严重的疾病，人类采摘野生浆果或草本植物的习惯可能会使一些有毒物种被误食或误用，从而导致急性中毒（Moro，2007；Nelson *et al.*，2006；Norton，1996），含有心脏和/或神经活性毒素的物种最有可能导致死亡，含有胃肠道或刺激性毒素的物种也可能导致因体液流失、电解质失衡或舌头和喉咙肿胀引起的呼吸困难，如果没有进行支持性治疗就会导致严重的临床问题。

由于篇幅有限，本章无法提供欧洲有毒和其他危险植物种类的完整清单。下面只列出一些最常见的危险物种来说明与植物有关的潜在危险（Ellenhorn，1997；Frohne，2004；Kunkel，1998；Olson，2004b；Shih，1998）。

乌头属植物：舟形乌头（*Aconitum napellus*）和棕色乌头（*A. vulparia*）（毛茛科，Ranunculaceae）

这个属的植物在欧洲许多地方都有广泛分布。

有毒部分：所有部分都有毒，含有二萜和去甲二萜生物碱。1g 新鲜的舟形乌头可能含有 2～20mg 乌头碱，这可能是致命剂量。

症状：吞食后 30 分钟内，开始出现舌头和嘴巴刺痛，并延伸到手臂，皮肤感觉异常、麻木、焦虑、恶心、头晕和胸痛，经常会出现心律失常和瘫痪，常常会导致死亡。幼苗常被误认为高山岩参（*Cicerbita alpina*）。

欧洲七叶树（*Aesculus hippocastanum*）（七叶树科，Hippocastanaceae）

一种大型落叶乔木，在通常多刺、瓣裂的蒴果中产生棕色闪亮的种子。

有毒部分：所有部分都有毒，嫩叶、花朵和树皮中含有七叶皂苷，而种子中的七叶皂苷和皂甙混合物含量多变。

症状：呕吐和腹泻通常是唯一的症状。中枢神经系统紊乱导致的抑郁、昏迷、肌肉失调、瘫痪和头痛也有报道，其种子常被误认是可食用的栗子。

高山银莲花（*Anemone alpina*）和球根毛茛（*Ranunculus bulbosus*）（毛茛科）

这两种植物在欧洲海拔 1000m 以上的山区很容易被发现。

有毒部分：所有部分都含有原白头翁素，具有刺激和发疱的作用。这种化合物不稳定，干燥或加热后很容易转化为不活泼的二聚体白头翁素，因此含有原白头翁素的植物干燥后毒性较小。

症状：常见报道的是接触性皮炎、局部疼痛、皮肤和黏膜肿胀和起疱。

颠茄（*Atropa belladonna*）（茄科，Solanaceae）

一种生长在西欧和南欧的多年生草本植物。果实成熟时呈紫色至黑色。

欧白英（*Solanum dulcamara*）（茄科）

一种多年生木质草本藤本植物，开紫色花，结红色小浆果。

有毒部分：所有部分都有毒，含有不同浓度的莨菪烷类生物碱（阿托品、天仙子胺、东莨菪碱）。

症状：瞳孔扩大、皮肤红热、心动过速、幻觉、昏迷和抽搐（抗胆碱能综合征）是常见症状。浆果常被误认是欧洲越橘（*Vaccinium myrtillus*）的果实。

秋水仙（*Colchicum autumnale*）（百合科，Liliaceae）

这种植物在欧洲的许多地方都能见到。

有毒部分：所有部分都含有秋水仙碱，秋水仙碱具有抗有丝分裂的作用，会导致细胞分裂停滞在中期。

症状：早期症状为严重呕吐，食用几个小时内开始腹痛和腹泻，持续 12～24 小时。表面上恢复后，会开始出现血液学改变和多器官衰竭，经常导致死亡。这种植物很容易被误认是可食用的熊葱（*Allium ursinum*）

嚏根草（*Helleborus niger*）和绿花嚏根草（*H. viridis*）（毛茛科）

这类多年生草本植物广泛生长在欧洲南部和中部，嚏根草的花是白色的，绿花嚏根草的花是黄绿色的。

有毒部分：所有部分都有毒，含有原白头翁素、皂苷和洋地黄苷的混合物。

症状：皂甙和原白头翁素会引起口腔、胃肠道和皮肤刺激。洋地黄苷会产生心脏毒性。

欧洲冬青（*Ilex aquifolium*）（冬青科，Aquifoliaceae）

一种原产于欧洲的常绿树，叶子有多刺的齿，果实为鲜红色浆果。

有毒部分：叶子是低毒或无毒的，但刺可以产生机械损伤，浆果含有皂苷。

症状：摄入浆果会引起呕吐和腹泻，症状的严重程度与摄入量有关。

铃兰（*Convallaria majalis*）（百合科）

多年生草本植物，有白色香味，5 月开小花，果实为红橙色浆果。

有毒部分：整株植物含有铃兰苷和欧铃兰皂苷，是类似夹竹桃和洋地黄中的强心苷。

症状：出现恶心、呕吐、脉搏减慢、低血压和心跳停止等症状。

欧亚瑞香（*Daphne mezereum*）（瑞香科，Thymelaeaceae）

一种原产于欧洲的木本灌木，花略带紫色，果实为小红色核果。

有毒部分：植物的所有部分都有毒。

症状：吞食会导致喉咙、口腔和胃的灼烧、肿胀和溃疡，严重的胃肠道症状，伴有血性腹泻、虚弱、昏迷和死亡。

金链树（*Laburnum anagyroides*，*Cytisus laburnum*）（豆科，Leguminosae）

一种原产于欧洲南部的小树，花黄色下垂，果实为长而扁平的豆荚，包含 3 粒种子。

有毒部分：所有部分都含有野靛碱和其他喹诺里西啶类生物碱。

症状：吞食 15～60 分钟内出现大量持续呕吐、腹痛、低血压和心动过速。神经系统症状（混乱、激动、嗜睡）和肌肉无力等症状也可能出现。

欧洲红豆杉（*Taxus baccata*）（红豆杉科，Taxaceae）

一种原产于欧洲的高枝乔木，果实由有点坚硬的石质浆果组成，周围有红色、球状和肉质假种皮。

有毒部分：除红色假种皮外，所有部分都含有紫杉碱。

症状：误食 1～4 小时内出现呕吐、腹痛、瞳孔扩大、嗜睡、昏迷、惊厥和心律失常。大多数人食用浆果都不会造成任何影响，因为吞下时并未压碎对消化酶有抵抗力的种子。

白藜芦（*Veratrum album*）（百合科）

一种生长在欧洲的多年生草本植物。

有毒部分：所有部分都有毒，尤其是根，这种植物含有心脏活性生物碱。

症状：以恶心、呕吐为主，其次为心动过缓、晕厥、感觉异常、乏力、低血压及心电图改变。这种植物常被误认是黄龙胆（*Gentiana lutea*）。

4.3.3　与节肢动物相关的危害

人类与公园和森林中常见的一些节肢动物接触会导致直接的身体伤害和/或过敏反应，这是由动物本身的咬伤或刺痛行为、接触它们的刺毛和/或感染在其消化道中传播的病原微生物所致。虽然，在欧洲，威胁健康的节肢动物的种类不是很多，但其潜在的危害还是相当大的，游客们应该充分意识到这一点。最危险的节肢动物包括蜱、蜇人的蜜蜂和黄蜂、叮咬的蚊子和蝇类，以及长满刺毛的蛾子。尽管这些节肢动物的存在不仅仅局限于公园和森林，但由于其自然宿主的可获取性更大，这些节肢动物在公园和森林中比在其他环境中出现得更为频繁。

4.3.3.1　蜱和蜱传病原体

蜱是属于蛛形纲一大类的节肢动物，蛛形纲是一个分类类群，还包括螨、蜘蛛和蝎子。除了令人不快的皮肤叮咬和吸血外，许多蜱类还能将各种细菌、原生动物和病毒病原体传染给人类，其中一些会引起过敏反应。现已证明有两个科参与了人类疾病的传播，俗称为硬蜱和软蜱。硬蜱或硬蜱科（Ixodidae）动物有硬化的背盾，通常会经历 2 年的生命周期，包括卵期、幼虫期、若虫期和成虫期，其附着在宿主身上每个发育阶段吸一次血，进食时间长达几个小时或几天。软蜱或软蜱科（Argasidae）动物没有明显的硬化背盾，在发育周期中有几个若虫阶段，在每一个阶段可以吸几次血，与硬蜱相比，其进食时间通常不到半小时，令人惊讶的是，它们也能在没有任何食物的情况下存活数月甚至数年。在多种动物宿主身上取食的过程中，蜱会获得各种微生物或病毒病原体，在随后的叮咬过程中将其不知不觉地转移到人类身上。在俄罗斯圣彼得堡进行的实地研究表明，1606 只雀形目鸟类中，有 110 只（6.8%）被附着在身体上的篦子硬蜱（*Ixodes ricinus*）的幼虫和/或若虫感染，在这 110 只被感染的鸟中，有 51.8% 含有一种或多种人类病原体，如蜱传脑炎病毒、*Borellia* spp.、*Ehrlichia* spp.、*Anaplasma* sp. 或 *Babesia* sp.，在从植物体上采集的全沟硬蜱（*Ixodes persulcatus*）成虫中，有 32.5% 携带这些病原体（Alekseev and Dubinina 2003）。保加利亚报道了有 40% 的成年篦子硬蜱感染 *Borellia* sp.，35% 的成年篦子硬蜱感染 *Ehrlichia* sp. 和 *Anaplasma* sp.（Christova *et al.*，2003）。

在全球最主要的蜱传疾病中，至少有六种来自欧洲，包括地中海斑疹热、人类粒细胞埃立克体病、莱姆病、土拉菌病、巴贝斯虫病和蜱传脑炎。

地中海斑疹热

地中海斑疹热是由康氏立克次氏体（*Rickettsia conorii*）引起的，这种疾病在整个南欧、非洲，以及西亚到中亚都有出现。通常在被感染的蜱虫叮咬后 6～10 天发病。这种病原体的确定载体是血红扇头蜱（*Rhipicephalus sanguineus*），这表明人类潜在的接触区域不仅仅局限于森林或林地。该病的主要症状是发热，并伴有头痛、肌痛和/或关节痛。通常 3 天后会出现黄斑丘疹，最突出的部位是躯干、手掌和脚底。有时患者可能会感到意识不清并发展为肺炎。

人类粒细胞埃立克体病

本病由嗜吞噬细胞无形体（*Anaplasma phagocytophila*）引起。在欧洲，这种病原体在许多野生和驯养的鸟类和哺乳动物中广泛传播，包括啮齿动物、食肉动物、马匹和反刍动物，是由篦子硬蜱传播的，通常在被感染的蜱虫叮咬后 5～10

天出现症状。患者表现为发热、头痛、肌痛、厌食或恶心，5 天后其中一部分患者的上半身和/或手掌和脚底出现斑疹、斑丘疹或瘀点疹，偶尔也会出现腹泻、淋巴结肿大和精神状态改变等其他症状，疾病的严重程度从轻微到危及生命不等。

莱姆病

至少有三个物种，即伯氏疏螺旋体（*Borrellia burgdorferi sensu stricto*）、阿氏疏螺旋体（*B. afzelii*）和嘎氏疏螺旋体（*B. garinii*）已被鉴定为莱姆病的病原体。据报道，北美、欧洲和亚洲的蜱虫病媒各不相同，在欧洲主要是篦子硬蜱。在大多数地区，小型鼠类是细菌的主要天然储存库，尽管其他脊椎动物，如鸟类和蜥蜴也会扮演一定的角色。在啮齿动物-蜱循环中，人类只是偶然的宿主。然而，报告的感染人数可能很多，例如，在克罗地亚，1987～2003 年间共报告了 3317 例（Mulić *et al.*，2006）。但根据报告中的说法，这可能只是受影响人群的一部分，其他欧洲国家也有类似的疾病记录。在世界各地报告的大多数病例中，病原体是由蜱的若虫传播的，这些若虫很小，常常不被注意到。最初的症状是在蜱虫叮咬后 3～30 天出现的，表现为游走性红斑，即叮咬部位的红斑性斑疹或丘疹逐渐扩大为环状红斑斑块，可能还伴有其他疾病，如发热和局部淋巴结病，这些症状会在 3～4 周内逐渐消失。在第二阶段，疾病的早期症状包括多发性继发环状皮肤病变、结膜炎、肌痛、严重头痛和神经（特别是面部神经）麻痹。该病的第三阶段是反复发作的影响膝盖和其他大关节的关节炎，以及其他神经系统疾病，如脑病、周围神经病变或痴呆症。即使在接受药物治疗的患者中，也可以观察到持续或复发的非特异性症状。

蜱虫病媒篦子硬蜱的生长需要较高的湿度。因此，森林环境中记录的人类感染病例数总是最多的，主要是发生在 5～9 月间。一系列血清学研究表明，在森林工人中观察到感染标志物的概率总是比在一般人群中更高（Burek *et al.*，1992）。

土拉菌病

这种疾病是由一种革兰氏阴性细菌土拉热弗郎西丝菌（*Francisella tularensis*）引起的。在世界上记录的三个主要生物群中，*F. tularensis* biogrup *holartica* 主要分布在欧洲和亚洲，*F. tularensis* biogrup *novicida* 和最致命的 *F. tularensis* biogrup *tularensis* 则分布在北美。欧洲的蜱虫病媒是篦子硬蜱，在欧洲报告的土拉菌病病例数量因国家、地区、年份和季节而异。一项关于瑞典地方性土拉菌病的详细研究表明，在中部县土拉菌病被认为是地方性疾病，报告病例的数量比北部和南部县多，某些年份（1967 年 2729 例）的感染率远远高于其他年份（1990 年代早期不到 20 例），8 月和 9 月的感染率远远高于 12 月至 6 月的感染率（Payne *et al.*，2005）。土拉菌病潜伏期平均为 3～5 天，严重程度从轻微到致命不等。发病突然，伴有发热、寒战、肌痛、呕吐、疲劳和头痛的症状。土拉菌病有几种形式，如溃疡性、腺性、眼腺性、口咽性、肠伤寒性和肺炎性等。这种疾病对人类来说是危险的，甚至威胁生命。大多数死亡与后两种形式的综合征有关。

巴贝斯虫病

巴贝斯虫病是由原生动物巴贝斯虫（*Babesia divergens*）引起的，病原体是由篦子硬蜱传播的，在流行地区很容易被感染。该病的潜伏期从一周到数周不等，发病是渐进的，常见症状包括发烧、发冷、出汗、不适、头痛、厌食和疲劳，可能也会出现脾大和/或肝大。这种疾病可能持续数周到数月，康复期的病人可能会经历长期的不适。儿童患这种病的症状比成人轻，约 5% 的患者会引发致命的严重疾病。50 岁以上的患者出现严重症状的风险最大（Buckingham，2005）。

蜱传脑炎

蜱传脑炎病毒（TBEV）是一种单链 RNA 病毒，每年会导致几千例人感染。根据地理区域的不同，蜱传脑炎可由三种病毒亚型中的一种引起，即远东（以前称为俄罗斯春夏季）病毒、西伯利亚（以前称为西西伯利亚脑炎）病毒和西欧（以前称为中欧脑炎）病毒。远东亚型会引发最危险的疾病，死亡率在 20%～60% 之间（Buckingham，2005）。蜱传的介体取决于地理区域，在欧洲是篦子硬蜱。

蜱虫接触的预防和清除

病原体和相关疾病在整个欧洲的分布并不均匀，这在很大程度上取决于气候条件，以及适当的传播媒介及其自然宿主的可获取性。然而，应避免任何与蜱虫的潜在接触。最有效的预防措施包括避免去蜱虫猖獗的潮湿森林地区，穿合适的衣服和鞋子，以及使用驱虫剂等。在被叮咬的情况下，第一时间清除附着在皮肤上的蜱虫会大大减少蜱传病原体成功传播的机会。最简单的方法是用尖细的镊子尽量贴近皮肤夹住蜱，然后轻轻但平稳地拉动。重要的是要避免挤压蜱虫的身体，挤压可能会导致它将胃内容物注入皮肤，增加感染的可能性。去除蜱虫后，应使用消毒剂对咬伤部位、手和镊子进行处理。其他方法，如使用细针、凡士林或指甲油去除蜱虫都是无效的，会刺激蜱虫的肠道内容物回流到伤口中。

4.3.3.2　昆虫

对人类健康有潜在危害的昆虫可以分为四类：①刺穿脊椎动物皮肤以血液为食的叮咬昆虫（主要是双翅类昆虫，如蚊子、黑蝇、虱蝇和蚋）；②作为防御反应使用螫针将毒液注入入侵者身体的刺蜇昆虫（主要是膜翅目昆虫，如蜜蜂和黄蜂）；③浑身长满保护性毒毛的昆虫，这些毒毛很容易折断，插入皮肤，或被入侵者甚至是冷漠的受害者吸入和吞食（主要是鳞翅目昆虫，如毛蛾和毛毛虫）；④在体内产生令人烦恼的有毒液体的昆虫，这些物体会刺激或毒害敌人（主要是芫菁和一些隐翅虫）。由于行动类型和潜在后果存在很大差异，下面将对几种类型分别进行讨论。

叮咬吸血类昆虫

在开阔的绿地中，蚊子、黑蝇和虻是最主要的吸血昆虫之一，它们不仅以叮咬的方式来烦扰人，偶尔还会传播人类病原体，从而引起严重的健康问题。幸运的是，与非洲、亚洲和美洲相比，欧洲是蚊子和黑蝇传播病原体相对较少的地区。这类昆虫的大量繁殖通常发生在潮湿的环境中，如水池、湖泊、小溪、河流等。然而，成虫可以从其繁殖地飞行数公里去寻找必要的血液。在城市地区，它们会被人体皮肤释放的化学物质所吸引。

在大多数地理区域，蚊子是最常见的吸血昆虫，雄性以花蜜和水为食，而雌性则需要吸食血液来生产成熟健康的卵子。它们用复杂的口针完成"叮咬"过程，包括刺穿皮肤、吸吮血液、向伤口释放唾液以防止血液凝结。大多数人会对这种唾液过敏。第一次被某种蚊子叮咬的人最初是没有反应的，但在被反复叮咬后，人们会变得很敏感。目前有充分的证据表明，哮喘是由抗唾液 IgE 抗体介导的。局部皮肤对蚊虫叮咬的典型反应是立即出现风疹块，并在 20 分钟内达到高峰，迟发性瘙痒丘疹会在 24～36 小时内达到高峰，并会在几天或几周内逐渐减少。较少见的大面积局部反应包括蚊虫叮咬后几分钟内出现瘙痒、红肿，叮咬后 2～6 小时会出现瘙痒丘疹、瘀斑和起大疱反应，可以持续数天或数周。"蚊子过敏"一词仅适用于较大面积的局部反应或全身反应，如过敏反应、血管性水肿、全身性荨麻疹或气喘。较大面积的局部炎症反应偶尔伴有低热，称为"蚊咬综合征（Skeeter syndrome）"。蚊虫叮咬引起严重反应的风险增加通常与以下因素有关：①大量接触；②婴幼儿等自然免疫力低下或缺乏；③以前没有接触过本地蚊虫；④各种类型的免疫缺陷，如艾滋病和恶性肿瘤。

数量排第二的吸血昆虫是黑蝇。在春季和夏季，它们不仅在森林和其他自然区域出现，而且在远离昆虫繁殖地的城市内部也会大量出现。在形态上，黑蝇与蚊子明显不同，它们比蚊子更小，更结实，触角和腿更短。然而，它们爬行和飞行速度更快且数量很多。它们的幼虫生活在相对清洁的小溪和河流中，成虫聚集在小溪或河流附近，迁飞到其他潜在寄主高度集中的地区，如养鸡场、牧场、露营地和城市化地区。与蚊子类似，受精的雌性个体需要血液中的蛋白质来完成卵的发育，因此它们会从各种鸟类和哺乳动物（包括人）身上叮咬和吸血，其叮咬通常会令宿主更痛苦，所有其他症状和后果与蚊子相似。幸运的是，在欧洲黑蝇对人类健康的危害不如在非洲。在非洲，有几个物种可以传播人类病原体，包括引发盘尾丝虫病（即河盲症）的丝状线虫。

上述两类昆虫都能飞离它们的繁殖地数公里去寻找必需的血液。因此，控制其种群数量需要在大范围内采取系统的行动，这在技术上是困难的或不可能的。由于用化学杀虫剂局部喷雾只能在很短的时间（通常几个小时）内有效，因此在蚊子或黑蝇侵入的区域进行长距离步行时，应考虑穿戴适宜的服装，并将驱虫剂直接涂抹在皮肤上进行个人防护。

　　另一类吸血昆虫是虱蝇（虱蝇科，Hippoboscidae），通常与原始林中的反刍动物，如鹿、麋鹿和其他牛类动物或鸟类有关。在世界各地的森林环境中可以发现许多虱蝇种类，它们与人类的接触通常是不多见的。然而在一些地区，比如最近在斯堪的纳维亚半岛，其存在会让森林游客感到恼火。最常见的物种是鹿虱蝇（*Lipoptena cervi*），是欧洲、西伯利亚和中国常见的马鹿、狍子、麋鹿和锡特卡鹿身上的虱蝇（Dehio *et al.*，2004），这个物种也被无意中引入了北美。虱蝇成虫体长 5～7mm，浅褐色。它们扁平的身体和特殊的爪子帮助它们在宿主的毛发上附着并移动。这种昆虫只能飞很短的距离，在入侵目标宿主后，它们会折断翅膀，在宿主皮毛上挖洞。雄蝇和雌蝇都以宿主的血液为食，幼虫的大部分发育发生在雌性体内，成熟幼虫在土壤或寄主巢穴的残骸中化蛹。成年蝇会偶然侵扰人类并吮吸他们的血液（Ivanov，1975）。它们不会在选定的反刍动物以外的任何其他宿主上繁殖。人们偶尔被咬一口，最初几乎不会留下什么痕迹。然而在 3 天内，叮咬处会发展成一个硬的红肿区，伴随瘙痒和偶尔出现的瘙痒丘疹可能持续 2～3 周甚至更长，虽然这种皮炎的直接致病因素尚不清楚，但有文献指出，某些细菌如巴尔通氏体（*Bartonella schoenbuchensis*）可能是引起这种反应的原因（Dehio *et al.*，2004）。

刺蜇类昆虫

　　这一类群中最重要的昆虫，蜜蜂和黄蜂，属于膜翅目。在形态上，它们与更为人所知的苍蝇（双翅目）相似，但很容易通过有两对膜翅将其与只有一对膜翅的苍蝇区别开来。具有刺蜇功能的主要是蜜蜂科的群居蜜蜂和大黄蜂，以及群居黄蜂，如胡蜂科的马蜂和黄蜂。存在于昆虫腹部末端的毒刺与分泌毒液的腺体相连，一旦接触到受害者的皮肤，昆虫就会插入毒刺并向伤口释放毒液。膜翅目昆虫毒液中的化学物质成分，如活性胺、诱发疼痛的激肽、组胺释放肽等，能产生广泛的反应，从轻微肿胀到不满一小时内受害者会偶发性死亡。

　　当蜜蜂或黄蜂在寻找食物的过程中受到干扰时，通常会发生刺蜇事件，这可能发生在整个温暖的季节，但最常见的是发生在夏末或秋季，数以百计的黄蜂会被长满成熟果实的花园和在外面食用果实的人们所吸引。这种单一的刺痛通常不会造成任何严重的健康问题，受影响皮肤的疼痛和肿胀感会在一两天内消失，不会发生进一步的后果。然而，头部或颈部刺蜇后引起的过敏反应有时会非常危险，人们会由于低血压、喉水肿或支气管收缩在短时间内丧命。

　　然而，并不常见但对人类健康构成更大威胁的是成百上千只昆虫因入侵者扰动了它们的巢穴而作出的积极反应所引发的群体性攻击事件，这可能是由于蜜蜂或黄蜂的巢穴所处的树木被砍伐或折断等意外损坏，或是人们无意间触碰了挂在树上的巢穴所造成的。根据蜂群的大小，大规模攻击中的蜇伤可达数百次，这种攻击可能会导致全身毒性反应和肾功能衰竭，有时甚至会导致受害者死亡。一般来说，黄蜂攻击时个体数量较少，但却比蜜蜂攻击更危险。据报道，在受到黄蜂蜇刺 20～200 次或蜜蜂蜇刺 150～1000 次的患者中，有肾衰竭或死亡的个例。

　　在这两类昆虫中，群体攻击的效果是相似的，初期症状包括水肿、疲劳、头晕、恶心、呕吐、发烧和无意识，系统性损伤可能在 24 小时内发生，有时甚至长达几天。全身效应包括体内各种酶水平的变化、血液和肌肉细胞的分解、肾功能衰竭和神经系统异常，表现出的症状有肌肉疼痛、痉挛、高钾血症、高血糖和高血压等。如果患者在被袭击后不久就接受医学治疗（如透析），这些影响还是可逆的。

　　进入森林地区的游客应该记住，群居昆虫的刺蜇通常是对入侵者的防御反应，因为入侵者不小心对它们造成了身体上的干扰或侵入了它们的领地。这种反应对昆虫的发育或繁殖并非必需的，因此如果遵循必要的预防措施，就可以避免或减少群体性攻击发生的次数。人们必须避免任何接触、破坏甚至靠近蜜蜂或黄蜂巢穴的行为。由于群体性攻击只能发生在刺蜇昆虫的族群附近，最好的防御措施是尽快逃离这一区域，这些昆虫通常不会继续在其领地外追逐。在大量刺蜇的情况下，应立即与医务人员取得联系进行必要的药物治疗，被蜇伤者应该留在医院持续观察，因为在大面积刺蜇后，严重的症状可能会延迟几天出现。

长满毒毛的昆虫

　　在世界范围内，12 科 150 多种蛾和蝴蝶的毛虫，有时也包括成虫，其有毒的毛发会直接或通过空气与皮肤或黏膜接触，引发严重的人类健康问题，损伤范围从荨麻疹皮炎和特应性哮喘到骨软骨炎、消耗性凝血病、肾功能衰竭和脑出血。虽然这些昆虫没有刺，但却有专门的外部荨麻状或刺状的毛发来抵御捕食者和其他天敌的攻击。

　　与蛾或蝴蝶有关的疾病可分为几类，如毛虫皮炎、皮肤刺痒病、松毛虫病、结节性眼病和消耗性凝血病。毛虫皮炎是一种由毛虫引起的皮炎，其特征是局部的瘙痒性黄斑到大疱性接触性皮炎和荨麻疹，这些皮炎是由直接接触或空气中接触了毛虫蜇刺的毛发、刺毛或毒性血淋巴引起的（Goddard，2003）。皮肤刺痒病是一种全身性疾病，由直接或气溶胶接触毛虫的卵袋或蛾子的刺毛或体液导致的一系列不良反应引起的，其症状是全身性荨麻疹、头痛、结膜炎、咽炎、恶心、呕吐、支气管痉挛和气喘，偶尔会呼吸困难（Lamy and Werno，1989）。松毛虫病是一种慢性皮肤刺痒症，由直接接触活的或死的欧洲松毛虫或其卵袋上的瘙痒毛、刺毛或血淋巴引起的（Dezhou，1991），其特征是荨麻疹性斑丘疹皮炎、移行性多发性关节炎、移行性多发性软骨炎、慢性骨关节炎和罕见的巩膜炎。结节性眼炎是一种慢性眼部疾病，初期为结膜炎，随后为角膜穿透引起的葡萄膜炎，后期茸毒蛾的毛虫、飞蛾和狼蛛身上的刺痒毛发开始在眼内迁移（Cadera *et al.*，1984）。

　　许多毛虫以森林和城市树木为食，单独出现时通常不会造成任何重大危害。然而，大多数有刺毛的物种都是群居植食动物，它们周期性地大量繁殖会导致大暴发，可扩散到数千公顷的林分中，对当地居民和游客的健康构成了真正的威胁。在欧洲，只有少数毛虫物种长有具潜在危险的毒毛，这些蛾子属于带蛾科（Thaumetopoeidae）［如异舟蛾属（*Thaumetopoea* spp.）］、毒蛾科（Lymantriidae）［如毒蛾属（*Lymantria* spp.）、黄毒蛾属（*Euproctis* spp.）、古毒蛾属（*Orgyia* spp.）］和枯叶蛾科（Lasiocampidae）（如欧洲松毛虫）。

　　异舟蛾属

　　在欧洲的地理范围内，人们至少可以在树上发现三种异舟蛾属的物种。异舟蛾属的蛾类在英语中称为"列队蛾（processionary moths）"，这一名字源于毛虫会以一种特殊的类似列队行进的方式从其白天藏身的巢穴迁徙到树冠上觅食的地方。这类蛾喜欢生活在孤立木或森林及公园边缘的树木上，因此很可能与公园或森林游客接触。在这三种蛾类中，两种是松树上的松异舟蛾（*Thaumetopoea pityocampa*）和松异带蛾（*T. pinivora*），第三种是与栎树有关的栎列队蛾（*T. processionea*）。松异舟蛾的地理分布仅限于欧洲南部，在地中海地区最为丰富。另外两个物种也出现在中欧和北欧，但出现的频率要比前者低。不同种类的成年蛾类会在春末或夏季迁飞，其个体相对较大，棕黄色或灰黄色，翼展 30～40mm，前翅上有细条纹，毛虫为灰绿色或棕绿色，身上有较深的斑点。成批取食的异舟蛾属毛虫会对受侵扰的树木造成经济和/或美学损害。然而，在人口密集的城市和娱乐区，令人震惊的是其对人类健康的潜在威胁。

　　这些蛾类的毛虫身上长满毒毛（刺毛），直接与皮肤接触或进入呼吸道会引起人类的严重过敏反应——接触性荨麻疹和过敏性体质的过敏症。毒毛会刺痛皮肤和眼结膜，当其脱离毛虫表皮时，会释放出一种含有 Thaumetopein 的液体，Thaumetopein 作为一种组胺释放毒素在引发皮肤刺痒病的临床症状中起主导作用。尽管受影响最大的人群是林业工人、采摘者和其他与森林环境有关的专业人员，但任何人都可能出现过敏的症状。例如，在西班牙一个分布有松林的农村地区，653 名接受检查的儿童中有 9.2%在接触松异舟蛾毛虫后出现了皮肤反应（Vega *et al.*，2003）。

　　黄毒蛾

　　这种昆虫通常出现在黑刺李树和山楂树上，但偶尔也会大量出现在栎树和许多其他乔灌木上。长有棕色或橙棕色尾巴的白色蛾在夏天迁飞，雌性会在寄主树的树皮上产卵，并用腹部橙棕色的毛覆盖这些卵，幼虫从 8 月中旬孵化后，开始成群结队地取食，在冬天恶劣的天气时它们会躲在建造好的丝状帐篷里面。第二年春天，当寄主植物长出新叶时，再次恢复采食，年长的毛虫是独居的，黄毒蛾毛虫群聚性采食会导致受侵扰的树木大量落叶。这一物种经常出现在人类住所附近的树木上，对人类健康造成了直接威胁，其成虫和毛虫的毒毛都会引起严重过敏，临床症状与列队蛾相似。约 70% 的受试者与黄毒蛾幼虫的毒毛直接接触会产生皮炎。有人认为刺毛的毒性和机械作用是造成人类皮肤病的主因（de Jong et al.，1975）。

舞毒蛾

这种蛾（照片 4.2）被认为是一种重要的对森林破坏性很大的害虫，大量取食的毛虫经常会破坏城市环境中各类树种的树叶。这种昆虫遍布欧洲，并已被引入北美。雌性将卵成簇密集地产在树皮、木篱笆、车库门等处，并覆盖体毛进行越冬。幼虫在 4 月下旬和 5 月孵化，以新萌出的芽和叶为食，发育 2～3 个月，成虫从 7 月下旬开始迁飞。这种昆虫的毛虫身上长满了易折断的长毛，可以黏在人或动物的皮肤上或在空中飞行。目前尚未观察到舞毒蛾对人体健康产生直接的负面影响。然而，这种昆虫在美国不同地区的大规模暴发期间，很大一部分人会出现皮炎（瘙痒皮疹）症状，其中学龄儿童中占 42%（Tuthill et al.，1984）。体型微小的一龄幼虫表现出特别的致敏性（Anderson and Furniss，1983）。虽然皮疹是过敏反应的主要症状，但其他过敏性症状，如鼻炎、眼睛刺激和呼吸急促也可能出现。

欧洲松毛虫

本种广泛分布于欧洲、非洲及亚洲北部地区，常被看作是一种危险的松树害虫，具有大规模暴发的潜力。其蛾子在 6～8 月迁飞，幼虫在 9～11 月以针叶为食，然后第二年早春至 6 月再次以针叶为食。成熟的毛虫体长 8cm，灰色至深棕色，在节段上有明显的斑纹，浑身长满可以折断的棕色和银色长毛。这种昆虫偶尔会引发一种慢性鳞翅目疾病——松毛虫病，症状包括荨麻疹和斑丘疹性皮疹并伴有关节肿胀和疼痛、发热和寒战、迁移性多发性关节炎和多发软骨炎（Huang，1991）。一般来说，与死毛虫接触比与活毛虫接触更危险。令人惊讶的是，迄今为止仅在中国中部和南部的几个地方报告了松毛虫病的暴发。由于这种昆虫的地理分布范围很广，这种暴发极有可能发生在其他地方，包括欧洲。

毛虫毒害管理的一般建议

简单的个人防护和家庭措施就可预防与大多数的毛虫接触。一般来说，人们在花园、公园或森林中应该避免直接接触任何毛虫，尤其是提醒孩子们不要这样做。在幼虫高峰期，一龄幼虫和较老毛虫的毛或蜕皮会被风吹得到处都是，应尽量避免或减少去受侵扰的地点。如果人类住所靠近受侵扰的树木，则应保持窗户关闭，并避免在室外晾晒衣物。如有必要，在修剪乔木和灌木时，应穿着长袖防护服，戴手套和帽子。在不小心接触后，对大多数毛虫的蜇刺处理方法包括：①立即用肥皂和水清洗蜇刺部位，以去除有毒的血淋巴和任何松散的有刺痛感的毛；②用吹风机而不是毛巾，对刺痛部位进行"不接触"地干燥；③用玻璃纸或黏尘胶带轻轻对接触部位的物质进行剥离；④用异丙醇或氨水初步擦拭后用冰袋冷却；⑤局部涂抹和口服抗组胺药；⑥局部涂抹和口服皮质类固醇药；⑦如有长期过敏反应，口服或肌肉注射抗组胺药和皮质类固醇药（Diaz，2005b）。

水疱甲虫

水疱甲虫是另一类能引起人类皮炎的节肢动物，包括芫菁科（Meloidae）、拟牛天科（Oedemeridae）和隐翅甲科（Staphilinidae）的一些物种。其成虫长1～3cm，颜色多样，通常为金属蓝色、绿色或紫铜色。当受到干扰、掸掉、挤压或压碎时，它们会排出一种刺激皮肤的液体，症状包括广泛的皮肤损害、红斑、轻微水肿和松弛性大疱与脓疱的聚集，通常出现在接触后数小时内，会持续3～6天。这些反应是由芫菁科和拟牛天科的水疱甲虫产生的一种有毒物质斑蝥素引起的，斑蝥素可以通过皮肤和黏膜吸入，但吞食后也会中毒，称为斑蝥中毒。毒素通过肠道吸收，症状包括轻度抑郁或不适、出汗、厌食、剧烈疼痛、胃肠炎、肾炎、休克和死亡，大剂量的斑蝥素会在6小时内导致休克和死亡（Helman and Edwards，1997）。

欧洲最常见的水疱甲虫是以梣树和橄榄树的树叶为食的西班牙绿芫菁（*Lytta vesicatoria*）和常见于森林凋落物中的曲角短翅芫菁（*Meloe proscarabaeus*）。在该大陆的南部地区，如土耳其和意大利北部，周期性人类皮炎是由梭毒隐翅虫（*Paederus fuscipes*）引起的（Brazzelli *et al.*，2002），这是一种捕食性和腐食性物种，以水体附近沙土中其他昆虫的残骸和死亡幼虫为食。梭毒隐翅虫会产生一种特殊的有毒化学物质隐翅虫素，由其引发的皮炎是一种更为剧烈的皮肤反应，在起疱之前有明显的瘙痒和烧灼感。

4.3.4　与蛇相关的危害

在欧洲分布的近40种蛇中，只有少数蝰蛇（蝰科，Viperidae）是有毒的，在开阔的绿地上行走的人或宠物与其接触会造成危害。这些动物大多生活在欧洲大陆的南部和中部，只有一个物种，即极北蝰（*Vipera berus*），其地理范围扩大到北部地区。欧洲毒蛇的咬伤事件通常不像其他大陆上那么多，但一些欧洲国家还是报告了许多病例。被咬伤的人或动物如果没有得到迅速和适当的治疗，可能会危及生命甚至会死亡。因此，咬伤总是被认为是很严重的，因为毒蛇与无毒蛇的误认概率总是很大的。此外，受伤的人可能并不知道咬伤或刺痛的原因。特别是小孩子，他们很少能认出毒蛇。

蝰蛇和其他无毒蛇的主要区别在于，其头部呈三角形，瞳孔垂直，咬伤处有一到两个牙痕。有时毒蛇会无毒液咬人（干咬），所以并非所有的咬伤都会导致中毒。使用止血带、吸吮或切开咬伤部位的习惯性做法通常是无用和危险的，因此不建议这样做。毒蛇咬伤是一种紧急情况，需要快速检查和适当的医学治疗。治疗方案通常基于实际出现的症状或体征，只有在更严重的情况下才会使用抗蛇毒血清。

蝰蛇喜欢树木繁茂的地形、草地或岩石斜坡，它们经常会躲在石头和枯树下，或是在阳光明媚的天气里在温暖的石头表面休息。咬伤事件通常是由于接触或意外踩到而引发的。所有毒蛇都以小动物为食，如昆虫、青蛙、蜥蜴、鸟类和小型哺乳动物（主要是啮齿类动物）。毒蛇的一对特殊的口腔腺体会产生剧毒毒液，通过毒牙注入伤口，其主要功能是固定猎物，在某些情况下通过分解猎物的组织来启动消化过程。此外，毒液也用于防御，事实上，攻击人通常只是一种防御反应。值得一提的是，欧洲的大多数蛇类并不具有攻击性，它们更喜欢撤退到附近的植被中，而不是主动攻击。

除了即刻的疼痛外，蛇咬伤也可能会对被咬者的身体产生毒害，或蛇口中的病原微生物会感染被咬者的伤口。每种毒蛇都有一种独特的毒液成分，其中含有一系列酶，包括蛋白水解酶、磷脂酶和透明质酸酶，以及多肽毒素、糖蛋白和其他有毒化合物，这些物质会扰乱中毒生物体的正常机能并破坏其组织。一般来说，毒液分为影响神经系统的神经性毒液和影响循环系统的血液毒性毒液，然而，在许多蛇的毒液中都含有这两类化合物。毒蛇咬伤会在受害者身上引发一系列症状，如疼痛、肿胀和咬伤部位周围皮肤变色等，也有头晕和刺痛的报告。尽管在欧洲的物种中，咬伤后通过适当的治疗很少出现死亡案例，但毒害可能会导致大量其他临床表现，包括局部组织破坏、心血管衰竭和凝血障碍等。

在有毒的蛇中，极北蝰、沙蝰（*Vipera ammodytes*）和草原蝰（*V. ursinii*）可能是欧洲人众所周知的物种，其中最危险的是沙蝰，它们主要生活在欧洲大陆的东南部地区，其鼻子上有一个独特的"角"。这种致命的蛇在人口众多的地区，如巴尔干会引起重大的医疗风险（Jackson，1980；Street，1979）。

极北蝰虽然不像沙蝰那样危险，但因其地理分布范围广，而且经常出现在人口稠密的地区，在欧洲中部和北部造成了相对较高的咬伤数量。例如，瑞典估计每年约有 1300 例咬伤，其中约 12% 需要住院治疗（Mallow *et al.*，2003）。中毒症状包括即刻剧烈疼痛，随后有肿胀和刺痛感，肿胀可能扩散到肢体躯干，尤其是儿童，会扩散到全身。过敏性反应引起的其他全身症状，如恶心、呕吐、腹绞痛和腹泻、出汗，发热和意识丧失也时有发生，但死亡人数很少。

不同种类蝰蛇的毒液活性有所不同，草原蝰对人类就不是特别危险。但是，对所有的蛇都应该小心对待，尽量避免与它们发生直接接触。为了避免被蛇咬，建议不要去触摸或玩弄它们，最好与其保持至少两个蛇身长度的安全距离。去荒野林地中旅行时，应该穿靴子和粗织长裤。由于大多数咬伤部位是手和腿，建议不要把手和腿放到没有进行过目视检查的隐蔽地方。

4.3.5　与捕食性哺乳动物相关的危害

历史上，大型食肉动物，如狼和熊可能是欧洲最可怕的动物。然而，目前它们的数量已经大大减少，仅存在于非常有限的地区，通常是自然保护区和国家公园。因此，与这些动物在野外遭遇是极为罕见的。然而，在人类活动的区域与捕食者领地重叠的情况下，偶尔也会发生冲突。

欧洲最大的捕食类动物是棕熊（*Ursus arctos*），本种原产于亚洲、欧洲、北非和北美。在欧洲，有大约 14 000 只棕熊生存于几个不同的种群中，从西部的西班牙到东部的俄罗斯，从北部的斯堪的纳维亚到南部的罗马尼亚和保加利亚（Zedrosser *et al.*，2001）。熊在不列颠群岛已经灭绝，而在法国、西班牙和中欧大部分地区也面临着灭绝的威胁。在俄罗斯以外的欧洲，最大的棕熊种群分布于喀尔巴阡山，估计有 4500～5000 只。棕熊是以各种食物为食的杂食动物，其食物主要以植物成分（浆果、坚果、根、真菌）为基础，约占所摄取食物的 90%。Frackowiak 和 Gula（1992）发现春季山毛榉的坚果可能占熊食物的 78%。其余的是昆虫、鱼类和小动物。尽管人们普遍认为熊不是食肉动物，但棕熊偶尔也会捕食红鹿、狍子和驼鹿。在这种情况下，它们通常攻击更容易被捕获的幼小体弱的个体。

应该牢记熊是非常强大的，大型个体可能会折断鹿或麋鹿等成年动物的脊椎。此外，尽管棕熊体型很大，但其奔跑的速度可以超过每小时 50km。因此，试图逃离熊的攻击可能没有多大的效果。虽然一般情况下熊不具有攻击性，但被激怒时确实会对人造成危害。然而，世界范围内由熊引起的人类死亡记录并不多见。在北美每年平均有两起熊袭击人的致死记录，在欧洲人类死亡的频率更低。例如，在斯堪的纳维亚半岛，过去 100 年中只有四起熊袭击人的事件。根据斯堪的纳维亚有关熊的研究项目得出的结果，以下情况具有一定的潜在危险：①遇到受伤的熊；②突然出现在熊的面前；③在洞穴里遇到熊；④遇到被激怒的熊。在一些特殊的情况下，人类可能会与熊遭遇，例如，熊被吸引到人类定居地寻找潜在的食物，他们会翻垃圾堆和垃圾桶，或冒险进入农民的住所或谷仓。如果它们成功地在人类定居的范围内找到食物，它们可能就会把食物和定居场所联系起来，再次返回这里。偶尔它们也会杀死并食用农场的动物，主要是绵羊。

仅次于棕熊的第二大捕食性动物是灰狼（*Canis lupus*），它生活在明确界定领地的家族聚集区内。狼很聪明，通常会选择避免与人对抗。然而，在过去，狼的猎物经常包括农场动物，因此，在19世纪狼在中欧和北欧国家受到大量扑杀，这导致其种群数量急剧减少。在对其实行部分或全部保护之后，一些国家的狼种群正在自然恢复。据估计，欧洲有1万～2万只狼，其中东欧国家的种群数量最多。

狼群在其领地内猎食各种大型食草动物，虽然在这样的狩猎中狼群组织得很好，但攻击的成功率通常很低，因此它们必须不断地狩猎以维持其种群数量。根据地区的不同，狼的食物包括鹿、麋鹿和其他大型有蹄类动物（Smietana and Klimek，1993；Okarma，1995）。独居的个体则更依赖较小的动物，主要是啮齿动物。

虽然狼很少攻击人类，但狼攻击的原因可能有很大的不同。例如，栖息地的丧失可能会导致天然猎物减少，当地种群会转向攻击牲畜，或在某些罕见的情况下攻击人。与人类的近距离接触也可能会导致其习惯化，在这种情况下狼失去了对人类的恐惧，因此会靠得很近。当人们通过给狼提供食物而鼓励狼靠近他们时，也会使它们习惯化。上述的习惯化可能会偶然发生。不受限制的狩猎、森林清理和密集的牲畜放牧减少了天然猎物的供应，这迫使狼以家畜和垃圾为食，从而把它们带到离人类很近的地方。然而，野狼通常还是害怕成年人类，会尽量避免与人类接触。大多数关于被健康的狼攻击的历史和现代数据表明，受害者主要是18岁以下的儿童（90%），尤其是10岁以下的儿童（Linnell *et al.*，2002）。在少数几个成年人被狼杀死的案例中，几乎都是女性。相反，患狂犬病的狼攻击的则主要是成年男性。

幸运的是，由于环境和狼群管理的诸多变化，目前灰狼袭击人类的情况极为罕见。在最近50年间，欧洲和俄罗斯仅记录了17例致死案例（Linnell *et al.*，2002）。因为与狼袭击人类有关的主要因素是狂犬病、习惯化、激怒，以及环境高度改变导致的可获取猎物的减少。因此，在狼的管理计划中避免这些状况发生成为负责人身安全机构的最佳解决方案。对于那些生活在或到访狼群活动范围的人来说，避免与任何感觉"性情温和"实则狂暴的动物直接接触、喂养它们、激怒或进入其幼崽所在的巢穴可能是最重要的人身安全法则。

4.3.6　由病原体引起并由森林哺乳动物传播的人类疾病

尽管野生哺乳动物和鸟类可以携带大量来自不同类群的人类病原体，包括病毒、细菌、原生动物、扁形虫和线虫，但在大多数情况下，简单接触是不可能将这些传染给人类的。病原体的传播通常需要额外的介体，如前面提到的蜱（如土拉菌病、莱姆病）和昆虫（如病毒性脑炎、丝虫病），或是直接食用了受感染的肉类［如由旋毛虫（*Trichinella spiralis*）引起的旋毛虫病］。然而，由于忽视卫生［如肝片吸虫（*Fasciola hepatica*）和棘球绦虫（*Echinococcus* spp.）］、昆虫叮咬或其他直接接触（如狂犬病病毒），一些由哺乳动物和鸟类传播的病原体也可能传播到人类身上，这种情况在到访森林或其他开放的绿地时偶尔会发生，在此，我们通过对狂犬病和泡型棘球蚴病的讨论来说明这个问题。

4.3.6.1　狂犬病

狂犬病发生在除南极洲和一些岛屿以外的所有大陆（Rupprecht *et al.*，2002），近年来已从许多西欧国家根除。然而，世卫组织的报告表明，欧洲特别是东部和北部地区，野生动物狂犬病病例的数量最近有所增加，数量已从 1999 年报告的 4269 例增加到 2003 年的 7095 例（World Health Organization，2004），这部分归因于狂犬病病毒介体种群的动态增长。在欧洲，最主要的介体是红狐（*Vulpes vulpes*）和貉（*Nyctereutes procyonoides*）（Holmala and Kauhala，2006），后者一度只存在于俄罗斯，但最近已扩展到东欧和中欧国家。

狂犬病可以感染所有种类的哺乳动物，尽管易感性差异很大。家养犬类是受感染哺乳动物中最大的群体。在欧洲的野生动物中，除了红狐和貉外，狂犬病还发生在灰狼、蓝狐（*Alopex lagopus*）、獾（*Meles meles*）、松貂（*Martes martes*）和艾鼬（*Mustela putorius*）中，其他哺乳动物只是偶尔被感染，鸟类、爬行动物、两栖动物和鱼类则不会感染这种疾病。狂犬病是由攻击大脑的病毒引起的，病毒通常通过咬伤从已感染动物的唾液中进入受害者体内，如果受感染的唾液接触到开放性伤口或溅入眼睛、鼻子或口腔中的黏膜，也可以传播。病毒进入体内后，会沿着神经细胞传播到大脑，在那里复制并移动到唾液腺。当被感染的动物咬伤了人类或其他动物时，传染就会循环往复。患狂犬病的动物可能具有攻击性和凶残性，或者嗜睡和虚弱。人类感染狂犬病的早期症状是发烧、头痛和疲劳，随后是混乱、躁动、幻觉和麻痹，一旦这些症状出现，感染者可能最终会死亡。

大多数健康的野生动物会尽量避免与人类接触，即使是在视觉接触时也会主动逃跑，但如果它们感染了狂犬病，就会变得更加迟钝和"友好"。然而，当它们与其他动物或人离得足够近或接触时，可能随时会咬伤他们，这种情况可能发生在森林、城市公园，甚至在驯养动物和野生动物都可以进入的后院里。因此，在开放空间应避免与哺乳动物，特别是犬类动物的直接接触。如果发生了咬伤，必须立即进行体检并进行适当的治疗。

4.3.6.2　泡型棘球蚴病

多房棘球绦虫（*Echinococcus multilocularis*）引发的泡型棘球蚴病是欧洲最主要的人畜共患病之一，未治疗的患者病死率大于 90%。在过去的几十年里，多房棘球绦虫的分布范围已从欧洲的东部和中部地区（捷克、斯洛伐克、白俄罗斯、匈牙利、波兰、罗马尼亚和爱沙尼亚）扩展到西部（德国、丹麦、比利时、荷兰和卢森堡）。在绦虫的生命周期中，作为最终宿主的犬科动物，其肠道内存在成虫，但相对而言不会感染。然而，对中间宿主小型哺乳动物而言，幼虫会在其肝脏中发育，进而导致其死亡。绦虫幼虫传播到人类是偶然的，因为人类宿主并非绦虫生命周期的主要组成部分（McCarthy and Moore，2000）。在欧洲，最终宿主和中间宿主包括红狐、蓝狐、狼、貉、野猫、田鼠、水田鼠、土田鼠、家鼠和麝鼠，其中红狐似乎是最常见的最终宿主。对爱沙尼亚东部和西部地区被射杀的红狐检查后发现，29% 被射杀的个体肠迹存在成年阶段的多房棘球绦虫（Moks *et al.*，2005）。在最终宿主体内成熟后，充满卵的终末节片会随粪便排到环境中，以受污染的植被为食的小型食草哺乳动物所摄入的卵会孵化成幼虫并进入其血液。在随后感染的器官（如肝脏）中，幼虫会发育成囊肿。当受感染的小哺乳动物被最终宿主犬科吃掉后，幼虫在其肠道内发育成成年绦虫，此时生命周期就结束了。人类可通过接触未清洗的森林浆果上的寄生虫卵，或接触食用小型啮齿动物获得寄生虫幼虫的宠物狗而意外感染。因此，在参观森林期间及食用在那里采集的任何野生水果之前，必须采取严格的卫生预防措施。

4.4　结论

尽管树木、公园和森林为人类的健康和福祉提供了许多好处，但也有一些因素偶尔会起到负面作用，使人们在访问这些环境时感到不快，有时会影响人们的健康，甚至危及生命。

这些因素可能与树木的存在直接或间接相关，因此，绿地管理部门和游客需要采用具体的方法对树木进行管理。

在特定环境（如城市）中栽植的树种选择不当，使得所选树种不适合这些环境的生物和物理特性，可导致过敏因子扩散，增加其对病虫害的敏感性，降低其对空气污染、风和过量雪压的抵抗力，增加个别树枝或整棵树意外折断或过早死亡和倒伏的可能性。

如果绿地管理部门没有或采取较差的植保策略，会导致受影响树木的活力降低和过早衰退。如果有害生物和/或病原体控制方法选择不当，也可能直接威胁到游客的健康。

绿地是许多动植物生存的环境。其中一些会直接（如有毒植物和真菌、蚊子、蜜蜂和黄蜂、毒蛇）或间接（如传播人类病原体的蜱、昆虫、鸟类和哺乳动物、长满毒毛的毛虫）影响人类健康。通过树木和森林管理技术完全消除这些因素实际上是不可能的，也是不合理的，因此，有必要为绿地游客建立一个有效的预警系统，告知他们必要的预防措施，并提出针对个人的解决方案，确保他们的访问是愉快的和有益身心健康的。

参 考 文 献

Alekseev AN, Dubinina HV (2003) Multiple infections of tick-borne pathogens in *Ixodes* spp. (*Acarina: Ixodidae*). Acta Zoologica Lituanica 13:311–321

Anderson JF, Furniss WE (1983) Epidemic of urticaria associated with the first-instar larvae of the gipsy moth (*Lepidoptera: Lymantriidae*). J Med Entomol 20:146–150

Barker PA (1986) Fruit litter from urban trees. J Arbor 12(12):293–298

Benjamin C (1979) Persistent psychiatric symptoms after eating psilocybin mushrooms. Br Med J 1:1319–1320

Bouget J, Bousser J, Pats B (1990) Acute renal failure following collective intoxication by *Cortinarius orellanus*. Intensive Care Med 16:506–510

Bousquet J, Ndiaye M, Ait-Khaled N, Annesi-Maesano I, Vignola AM (2003a) Management of chronic respiratory and allergic diseases in developing countries. Focus on sub-Saharan Africa. Allergy 58:265–283

Bousquet J, VanCauwenberge P, Khaltaev N (2003b) Allergic rhinitis and its impact on asthma (ARIA) – executive summary. Allergy 57:841–855

Brazzelli S, Martinoli F, Prestinari F, Rosso R, Borroni G (2002) Staphylinid blister beetle dermatitis. Contact Dermat 46:183–184

Brent J (1998) Mushrooms. In: Haddad LD, Winchester JF (eds) Clinical management of poisoning and drug overdose, 3rd edn. W.B. Saunders Company, Philadelphia, PA, pp 365–374

Buckingham SC (2005) Tick-borne infections in children. Pediatr Drugs 7:163–176

Burek V, Misić-Majerus L, Maretić T (1992) Antibodies to *Borrelia burgdorferi* in various population groups in Croatia. Scand J Infect Dis 24:683–684

Cadera W, Pachtman MA, Fountain JA (1984) Ocular lesions caused by caterpillar hairs (*Ophthalmia nodosa*). Can J Ophthalmol 19:40–44

Calvino J, Romero F, Pintos E (1998) Voluntary ingestion of cortinarius mushrooms leading to chronic interstitial nephritis. Am J Nephrol 18:565–569

Christova I, Van de Pol J, Yazar S, Velo E, Schouls L (2003) Identification of *Borrelia burgdorferi* sensu lato, *Anaplasma* and *Ehrlichia* apecies, and spotted fever group rickettsiae in ticks from southeastern Europe. Eur J Clin Microbiol Infect Dis 22:535–542

Crane J, Wickens K, Beasley R, Fitzharris P (2002) Asthma and allergy: a worldwide problem of meanings and management? Allergy 57:663–672

Crespo JF, Rodriguez J (2003) Food allergy in adulthood. Allergy 58:98–113

D'Amato G, Dalbo S, Bonini S (1992) Pollen related allergy in Italy. Ann Allergy 68:433–437

de Jong MCJM, Bleumink E, Nater JP (1975) Investigative studies of the dermatitis caused by the larva of the brown-tail moth (*Euproctis chrysorrhoea L.*). Arch Dermatol Res 253:287–300

Dehio C, Sauder U, Hiestandi R (2004) Isolation of *Bartonella schoenbuchensis* from *Lipoptena cervi*, a blood-sucking arthropod causing deer ked dermatitis. J Clin Microbiol 42(11):5320–5323

Diaz JH (2005a) Syndromic diagnosis and management of confirmed mushroom poisonings. Crit Care Med 33:427–436

Diaz JH (2005b) The evolving global epidemiology, syndromic classification, management, and prevention of caterpillar envenoming. Am J Trop Med Hyg 72:347–357

Dujesiefken D, Drenou C, Oven P, Stobbe H (2005) Arboricultural practices. In: Konijnendijk CC, Nilsson K, Randrup TB, Schipperijn J (eds) Urban forests and trees. Springer, Heidelberg, pp 419–441

Editorial (2008) Allergic rhinitis: common, costly, and neglected. Lancet 371:2057

Ellenhorn MJ (1997) Plants, mycotoxins, mushrooms. In: Ellenhorn MJ, Schonwald S, Ordog G, Wasserberger J (eds) Ellenhorn's medical toxicology: diagnosis and treatment of human poisoning, 2nd edn. William and Wilkins, Baltimore, MD, pp 1832–1896

Ellison M (2005) Quantified tree risk assessment used in the management of amenity tree. J Arboric 31(2):57–65

Frackowiak W, Gula R (1992) The autumn and spring diet of brown bear *Ursus arctos* in the Bieszczady Mountains of Poland. Acta Theriol 37:339–344

Frohne D (2004) Poisonous plants: a handbook for doctors, pharmacists, toxicologists, biologists and veterinarians, 2nd edn. Manson Publishing Ltd, London, 450 pp

Giannini L, Vannacci A, Missanelli A (2007) Amatoxin poisoning: a 15-year retrospective analysis and follow-up evaluation of 105 patients. Clin Toxicol (Phila) 45(5):539–542

Goddard J (2003) Physicians' guide to arthropods of medical importance, 4th edn. CRC Press, Boca Raton,FL, pp 137–138

Goldfrank LR (1998) Mushrooms: toxic and hallucinogenic. In: Goldfrank D (ed) Toxicologic emergencies, 6th edn. Appleton and Lange, New York, pp 1207–1219

Haines JH, Lichstein E, Glickerman D (1985) A fatal poisoning from an amatoxin containing Lepiota. Mycopathologia 93:15–17

Helman RG, Edwards WC (1997) Clinical features of blister beetle poisoning in equids. J Am Vet Med Assoc 211:1018–1021

Holmala K, Kauhala K (2006) Ecology of wildlife rabies in Europe. Mamm Rev 36:17–36

Huang DZ (1991) Dendrolimiasis: an analysis of 58 cases. J Trop Med Hyg 94:79–87

Ivanov VI (1975) Antropophilia of the deer blood sucker *Lipoptena cervi L.* (*Diptera, Hippoboscidae*). Med Parazitol 44:491–495

Jackson OF (1980) Effects of a bite by a sand viper (*Vipera ammodytes*). Lancet 27:686–687

Jarvis D, Burney P (1998) ABC of allergies: The epidemiology of allergic diseases. Br Med J 316:607–610

Karlson-Stiber C, Persson H (2003) Cytotoxic fungi – an overview. Toxicon 42(4):339–349

Kunkel DB (1998) Poisonous plants. In: Winchester LD, Haddad JF (eds) Clinical management of poisoning and drug overdose, 3rd edn. W.B. Saunders Company, Philadelphia, PA, pp 375–385

Lamy M, Werno J (1989) The brown-tail moth of bombyx *Euproctis chrysorrhoea L.* (*Lepidoptera*) responsible for lepidopterism in France: biological interpretation. C R Acad Sci III 309:605–610

Linnell JDC, Andersen R, Andersone Z, Balciauskas L, Blanco JC, Boitani L, Brainerd S, Beitenmoser U, Kojola I, Liberg O, Løe J, Okarma H, Pedersen HC, Promberger C, Sand H, Solberg EJ, Valdmann H, Wabakken P (2002) The fear of wolves: a review of wolf attacks on humans. NINA Oppdragsmelding 731:1–65

Lonsdale D (1999) Principles of tree hazard assessment. HMSO, London, 388 pp

Mallow D, Ludwig D, Nilson G (2003) True vipers: natural history and toxicology of old world vipers. Krieger, Malabar, FL, 359 pp

Mattheck C, Breloer H (1994) The body language of trees. HMSO, London, 241 pp

Mattheck C, Breloer H (1998) La stabilita degli alberi. Fenomeni meccanici e implicazioni legali dei cedimenti degli alberi. Il Verde Editoriale, Milano, 281 pp

McCarthy J, Moore TA (2000) Emerging helminth zoonoses. Int J Parasitol 30:1351–1359

Michelot D, Toth B (1991) Poisoning by *Gyromitra esculenta* – a review. Appl Toxicol 11: 235–243

Moks E, Saarma U, Valdmann H (2005) Echinococcus multilocularis in Estonia. Emerg Infect Dis 11:1973–1974

Moro PA (2007) Poisonings from herbs and medicinal plants used for self-medication in Italy: epidemiology and clinical cases from Poison Control Centre of Milan. Abstract, eCAM 4(1):60

Mulić R, Antonijević S, Klišmanić Z, Ropac D, Lučev O (2006) Epidemiological characteristics and clinical manifestations of Lyme borreliosis in Croatia. Mil Med 171:1105–1109

Munoz-Furlong A (2003) Daily coping strategies for patients and their families. Pediatrics 111:1654–1661

Negrini AC, Arobba D (1992) Allergenic pollens and pollinosis in Italy: recent advances. Allergy 47:371–379

Nelson LS, Shih RD, Balick MJ (2006) Handbook of poisonous and injurious plants. Springer, New York, 340 pp

Nicolau N, Siddique N, Custovic A (2005) Allergic disease in urban and rural populations: increasing prevalence with increasing urbanization. Allergy 60:1357–1360

Norton S (1996) Toxic effects of plants. In: Casarett and Doull's (eds) Toxicology: the basic science of poisons, 5th edn. McGraw Hill, International Edition, New York, pp 841–853

Okarma H (1995) The trophic ecology of wolves and their predatory role in ungulate communities of forest ecosystems in Europe. Acta Theriol 40:335–386

Olesen LL (1990) Amatoxin intoxication. Scand J Urol Nephrol 24:231–234

Olson KR (ed) (2004a) Mushroom poisonings. In: Poisoning and drug overdose, 4th edn. McGraw Hill, International Edition, New York, pp 271–275

Olson KR (ed) (2004b) Poisonous plants. In: Poisoning and drug overdose, 4th edn. McGraw Hill, International Edition, New York, pp 309–319

Pauli JL, Foot CL (2005) Fatal muscarinic syndrome after eating wild mushrooms. Med J 182:294–295

Payne L, Arneborn M, Tegnell A, Giesecke J (2005) Endemic tularemia, Sweden, 2003. Emerg Infect Dis 11(9):1440–1442

Randrup TB, McPherson EG, Costello LR (2003) A review of tree root conflicts with sidewalks, curbs, and roads. Urban Ecosyst 5:209–225

Reynolds WA, Lowe FH (1965) Mushrooms and a toxic reaction to alcohol: a report of 4 cases. N Engl J Med 272:630–631

Rupprecht CE, Hanlon CA, Hemachudha T (2002) Rabies re-examined. Lancet Infect Dis 2:327–343

Health and Safety Executive (1995) Generic terms and concepts in the assessment and regulation of industrial risks. Discussion Document. HSE Books, Sudbury, Suffolk, UK, 43 pp

Satora L, Pach D, Butryn B (2005) Fly agaric (*Amanita muscaria*) poisoning. Case report and review. Toxicon 45:941–943

Shih RD (1998) Plants. In: Goldfrank LR (ed) Goldfrank toxicologic emergencies, 6th edn. Appleton and Lange, New York, pp 1243–1259

Sicherer SH (2002) Food allergy. Lancet 360:701–710

Sinn G, Wessolly L (1989) A contribution to the proper assessment of the strength and stability of trees. Arboric J 13(1):45–65

Smalley EB, Guries RP (1993) Breeding elms for resistance to Dutch elm disease. Annu Rev Phytopathol 31:325–352

Smietana W, Klimek A (1993) Diet of wolves in the Bieszczady Mountains, Poland. Acta Theriol 38:245–251

Sogni S (2000) Arredo urbano ed allergie: le barriere fisiologiche al fruimento del verde pubblico. Acer 2:42–47

Sterken P, Coder KD (2005) Protocol for assessing tree stability. Part one: wind load and tree hold. Arborist News 14(2):20–22

Stipes RJ (2000) The management of Dutch elm disease. In: Dunn CP (ed) The elms. Breeding, conservation and disease management. Kluwer, Boston/Dordrecht, pp 157–172

Straw NA, Tilbury C (2006) Host plants of the horse-chestnut leaf-miner (*Cameraria ohridella*), and the rapid spread of the moth in the UK 2002–2005. Arboric J 29:83–99

Street D (1979) The reptiles of Northern and Central Europe. B.T. Batsford Ltd, London, 268 pp

Tello M-L, Tomalak M, Siwecki R, Gaper J, Motta E, Mateo-Sagasta E (2005) Biotic urban growing conditions – threats, pests and diseases. In: Konijnendijk CC, Nilsson K, Randrup TB, Schipperijn J (eds) Urban forests and trees. Springer, Heidelberg, pp 325–365

Tuthill RW, Canada AT, Wilcock K, Etkind PH, O'Dell TM, Shama SK (1984) An epidemiologic study of gipsy moth rash. Am J Public Health 74:799–803

Vega ML, Vega J, Vega JM, Moneo I, Sanchez E, Miranda A (2003) Cutaneous reactions to pine processionary caterpillar (*Thaumetopoea pityocampa*) in pediatric population. Pediatr Allergy Immunol 14:482–486

World Health Organization (2003) Prevention of allergy and allergic asthma. WHO, Geneva. http://www.worldallergy.org/professional/who_paa2003.pdf

World Health Organization (2004) Country summaries of rabies cases, 1st quarter. Rabies Bull Eur 28:4–21

Zedrosser A, Dahle B, Swenson JE, Gerstl N (2001) Status and management of the brown bear in Europe. Ursus 12:9–20

第二部分

身心健康与自然体验

第 5 章 自然体验的健康益处：心理、社会和文化过程[①]

特里·哈蒂格（Terry Hartig），阿格尼丝·E. 范登贝尔赫（Agnes E. van den Berg），卡罗琳·M. 哈格哈勒（Caroline M. Hagerhall），马雷克·托马拉克（Marek Tomalak），妮克尔·鲍尔（Nicole Bauer），拉尔夫·汉斯曼（Ralf Hansmann），安·奥亚拉（Ann Ojala），埃菲·辛戈

[①]T. Hartig（✉）
乌普萨拉大学住房和城市研究所，瑞典，e-mail: terry.hartig@ibf.uu.se

A. E. van den Berg
瓦赫宁恩大学与研究中心，荷兰，e-mail: agnes.vandenberg@wur.nl

C.M. Hagerhall
挪威生命科学大学风景园林与空间规划系，挪威，e-mail: caroline.hagerhall@umb.no

M. Tomalak
植物保护研究所-国立研究所，波兹南，波兰，e-mail: M.Tomalak@ior.poznan.pl

N. Bauer
瑞士联邦森林、雪和景观研究所经济和社会科学部，比尔门斯多夫，瑞士，e-mail: nicole.bauer@wsl.ch

R. Hansmann
苏黎世联邦理工学院环境科学系，瑞士，e-mail: ralph.hansmann@env.ethz.ch

A. Ojala
赫尔辛基大学社会研究系，芬兰，e-mail: ann.ojala@helsinki.fi

E. Syngollitou
塞萨洛尼基亚里士多德大学心理学系，希腊，e-mail: syngo@psy.auth.gr

G. Carrus
罗马第三大学文化和教育研究系，意大利，e-mail: carrus@uniroma3.it

A. van Herzele
自然与森林研究所生态系统服务研究团队，布鲁塞尔，比利时，e-mail: ann.vanherzele@inbo.be

S. Bell
爱丁堡艺术学院休闲用地研究中心，英国；爱沙尼亚生命科学大学景观设计系，塔尔图，爱沙尼亚，e-mail: s.bell@eca.ac.uk; s.bell@emu.ee

M.T.C. Podesta
马耳他大学解剖学系，Tal-Qroqq，马耳他，e-mail: mcam3@um.edu.mt

G. Waaseth
斯坦杰市公共规划与自然资源管理部，斯泰恩谢尔，挪威，e-mail: grwa@steinkjer.kommune.no

利图（Efi Syngollitou），朱塞佩·卡鲁斯（Giuseppe Carrus），安·范赫策勒（Ann van Herzele），西蒙·贝尔（Simon Bell），玛丽·特雷泽·卡米莱里·波德斯塔（Marie Therese Camilleri Podesta），格雷特·瓦泽斯（Grete Waaseth）

摘要： 在本章中，我们分析自然体验如何影响人类的健康和福祉。首先总结了"过去发生了什么"，我们概述了从古至今有关自然环境对健康益处的理论和研究进展，这表明当前的研究是一个长期相互交织的社会和文化过程的近期表达；随后描绘了"现在处于哪个阶段"，我们概述了通过环境偏好、心理恢复、学习和个人发展等过程，自然体验现在可能为人类提供健康益处的相关理论和研究；最后探讨"未来将去向何方"，我们确定了进一步研究的方向及在可预见的未来研究需要解决的主要问题。

5.1　简介

　　树木和森林以多种方式影响着人类的健康，一方面，它们通过维持空气质量、提供营养丰富的食物和药物，以及保护房屋、农作物和重要基础设施免受强光、大风和洪水的影响，来帮助人们保护他们的健康。另一方面，它们通过释放花粉、隐藏携带疾病的昆虫，以及火灾和物体坠落等危害人类的健康。除了本书前三章（第2～第4章）中讨论的那些物理和生物化学影响之外，树木和森林对人类健康的影响主要与人类的行为和体验有关。例如，在多个国家的调查发现，许多人喜欢去森林等自然区域，他们这样做是为了放松和缓解紧张情绪。行为和社会科学家对这些常见的活动和积累的宝贵经验产生了兴趣，并为其对人类健康的影响提供了各种解释。这些解释形成了诸如环境偏好、注意力恢复、压力恢复和个人发展等理论。本章的目的是对这些应用最为广泛的理论及其相关实证研究进行概述。

　　本章所讨论的思想和理论在多个方面与本书其他章节中对树木和森林益处的解释有所不同。一方面，它们不仅关注树木和森林，也考虑与自然环境相关的健康益处；另一方面，除了身体健康外，它们还考虑了健康的其他方面，涉及健康的各种心理和社会层面，如情感健康和情感维系等。此外，在解释自然环境如何有益于健康时，它们援用了一些具有抽象特征的变量。尽管"智力"不能直接观察，但可以通过测试来证明人们的智力水平，这里讨论的一些现象，如"压力"和"恢复"，是通过测量心血管活动、对标准化测试的表现、对当前感觉的陈述，以及其他心理和生理状态指标间接反映的。

下面我们提供一些基本的定义，并据此讨论"过去发生了什么"，换言之，我们概述了从古至今有关自然环境对健康益处的理论研究进展。随后讨论"现在处于哪个阶段"，也就是说，我们概述了当前有关自然环境提供健康益处的心理学过程相关理论研究。这样做的目的不是要对文献进行详尽地综述，而是要让读者了解当下的相关研究领域，并提供一些现有文献的切入点。最后，我们探讨"未来将去向何方"，也就是明确进一步的研究方向及可预见的未来需要解决的问题，其中一些问题在政策、规划和保健方面是十分重要的，据此有关自然环境对健康益处的思想可以被付诸实践。我们这些分析将有助于本书的第 6 章和第 7 章中对理论与实践间关系的讨论。

5.2 基本定义

5.2.1 从树木、森林到自然体验

这里所涵盖的大多数理论（如果不是全部的话）实际上都重视客观的自然环境，但主要关注的却是环境体验的主观方面。人们不断地对周围世界的各种事件和条件进行感知、评估并赋予其一定的意义。人们的感知和评价、人们赋予的意义，以及人们的行动都可以看作是将环境与健康联系起来的过程中的贡献者。因此，在不否认客观环境特征重要性的前提下，我们将重点放在人们所体验的环境上，在这里我们特别关注的是对"自然"的体验。

自然的概念有着广泛的含义，从事物的内在特性到整个物质世界（Gurthrie，1965；Naddaf，2006）。本着与将要讨论的思想、理论和研究一致的原则，在此，我们的重点放在赋予自然相对狭窄的意义上。我们特别关注自然，认为它具有通常不用专门仪器或感官辅助就能感知的表面上的特征和过程，例如，树木和森林、各种植被、动物及其创造物、风、阳光、云和雨、景观随季节的变化、河流和小溪中的流水、海岸线的潮汐和波浪作用，等等。

"自然"与"自然环境"的含义基本重叠，但又不完全相同，后者通常用于指很少或没有明显证据表明人类存在或干预的较大户外区域（Pitt and Zube，1987），自然环境通常与建筑环境（包括房屋、街道、广场和其他人工制品）相对应。在我们将要讨论的文献中，尽管看上去似乎很矛盾，但"自然"和"自然环境"两个术语有时还是会交互使用。在此，我们感兴趣的特性不仅能从自然环境中发现，而且也能从其他建筑环境中发现。除了对一个人沿着一条小路穿过一片未受影响的森林的体验感兴趣外，我们还会对一个人在室内观赏盆栽植物或者透过窗户欣赏外面街道上树木的体验感兴趣。这似乎并不矛盾，有时人们认为一些自然环境实际上完全与任何城市中心一样是经过精心设计、塑造和组织的；然而，由于它

们是由树木、其他植物和其他自然景观组成，与建筑物、道路和其他建筑特征组成的环境不同，因此可能也被视为自然景观。人们虽然知道城市公园、植物园和高尔夫球场是人工构建的，但仍将其作为自然环境的代表去欣赏和利用。

尽管我们感兴趣的环境及其特征有着广泛的变化，但我们将讨论的大多数研究涉及的都是大多数人通常能体验到的地方，有些自然环境则很少有人参观。尽管与人们冒险进入极地地区、沙漠、高山、公海、丛林和其他人烟稀少的荒野的体验有一定的关联，但是我们将讨论的许多文献中所涉及自然环境和特征大都是友好的、熟悉的、离家近的，并且可与其他人共享的。同时大多数文献（如果不是所有文献的话）都涉及城市化社会中人们的体验，他们对自然与人工间细微差异的敏感度可能低于那些一直生活在"自然"环境中的土著人。

最后，"自然环境"和"自然景观"或简称"景观"，在我们将要介绍的一些文献中也会互换使用。"景观"一词通常是指一片土地内的景象，或一种景象所涵盖的区域和地貌（Daniel，2001）。与自然环境定义不同，自然环境的定义通常不包括明显的人造物体，而景观的定义涵盖了人类的参与，这反映在经常与景观一词同时使用的诸如"文化"和"田园"等词语上。然而，研究和实际工作往往侧重于自然环境（即自然景观）的视觉方面，这样做时会将人们视为可能欣赏自然风光的观众。基于对视觉体验的重视，我们也对在各种视觉媒体中表现的自然环境和特征感兴趣，包括风景画、照片、电影、视频和虚拟的自然。通过这些表现方式，一个人可能会有置身于自然环境中的感觉，或者回忆起在自然环境中的体验，而从某种客观意义上看，他却置身于一个完全人造的环境中。

在此，我们很难对自然、自然环境和景观的定义所涉及的复杂性进行详尽论述。想进一步了解这些内容的读者可以参考 Wohlwill（1983）、Evernden（1992）、Mausner（1996）和 Eder and Ritter（1996）等的文献。就目前而言，应该很清楚的是，我们关注的是环境实体，因为它们被身处社会文化背景中的个人感知和评估，并赋予了一定的意义。

5.2.2　健康与福祉

世卫组织将健康定义为"身体、精神和社会层面完全幸福的状态，而不仅仅是没有疾病或身体虚弱"。这一定义自 1948 年在世卫组织的章程中发表以来，得到了世卫组织的支持，目前已广为接受，但也被一些人批评为空想和不切实际。就目前而言，这一定义有几个启发性的优势。首先它肯定了健康是多维度的观点，唤起了人们对个人身体、心理和社会状况的关注，这意味着人们可以同时以不同的方式享有相对较好的健康或是遭受相对较差的健康（参见 Antonovsky，1979）。例如，一个身心健康的人可能仍然处于相对较差的健康状态，因为他（她）可能在社会上被孤立或成为人们歧视的目标。将健康视为多维度的观点需要考虑它是如何在生理、心理、社会和环境因素的相互作用中产生的。

其次，世卫组织的定义要求关注健康的主观方面，因为福祉包含了一个至关重要的主观方面，主观福祉水平可以看作是一个人对自己生活的心理感受和评价的总和（Kahneman *et al.*，1999）。因此，它具有与情感特征和个人环境评估有关的情绪和认知成分（Diener，2000；Diener and Lucas，2000）。这些成分的一部分可能类似于特征，在时间和情境变化中保持稳定，而主观福祉的其他成分可能会随着眼前情境的变化而变化（Becker，1994）。关注健康的主观方面有助于理解心理、社会和文化因素如何在慢性疾病治疗中发挥作用，以及如何在艰难的环境下维持良好的健康。

最后，世卫组织将健康定义为福祉而不是没有症状，充分肯定了预防和治疗措施的重要性。这一点加上它承认健康的多维度和主观方面的特征，意味着健康事业需要各行各业更多的参与，而不是把健康限定在需要治疗的症状范围内。医疗专业人员将继续在照顾患者方面发挥关键作用，但更多的参与者可以分担预防疾病和促进个人和民众福祉的责任。预防工作可以针对人与环境间关系的积极方面，也可以针对其消极方面。例如，环境健康专业人员不仅可以通过识别和清除有毒物质来促进健康，还可以通过识别环境的有益特征包括自然体验的可能性来促进健康（Frumkin，2001）。也就是说，疾病预防和健康促进不应仅授权给专业人员。承认健康主观方面的定义含蓄地把责任放在个人身上（见 World Health Organization，1986），期望个人做的不仅仅是在情况恶化时出现在医生的诊室寻求治疗。除了获得诸如个人遗传属性等健康的内在决定因素方面的知识外，个人还应就诸如生活方式（如饮食、吸烟、锻炼）、社会环境（如朋友和家庭的关系）和物理环境（如居住、接近自然区域）等健康的外在决定因素承担一定的责任（de Hollander and Staatsen，2003）。当然，并非所有这些事情都在个人的控制之下，从事疾病预防和健康促进工作的不同专业人员需要继续努力，建立并维护获得精神、社会和身体福祉的社会和环境的先决条件。这些问题将在本书的第 6 章和第 7 章中加以详细讨论。

5.2.3　将自然与健康联系起来的过程及相关理论

人们通常不满足于事物间存在关系这一简单的事实，他们想知道这种关系是如何建立起来的，每一种理论对此都会提供一种解释。这里我们感兴趣的大多数理论（如果不是全部的话）都描述了某些过程，我们把这些过程理解为一个系统的属性发生了一系列变化。同时，每一种理论都为因果关系的预测提供了基础，如果将来人们改变了系统的某些属性，然后就可据此期待另一种变化会以规定的方式发生。因为人们对因果的了解可能具有一定的实用价值，如果基于该理论的预测是准确的，那么该理论也就可能具有一定的实用价值。

本章重点关注的理论是心理过程。我们将概述的理论关注的是满足一个人日常生活所需资源的恢复过程，例如，引导注意力的能力。相对于对树木和森林影响人类健康的物理或生物化学解释，这些理论可能没有那么坚实的基础，因为调节或传递环境影响的变量必须从人们的行为观察中推断出来。尽管如此，这些理论的进一步发展和使用仍具有其潜在的实用价值，更不用说满足人们了解这些现象的愿望了。

这里感兴趣的过程会产生预防性的或治疗性的益处，这取决于意识到这些益处的人是否已经具有相对良好的健康状况或正从某种疾病中康复。预防性的益处通常是中到后期的结果；也就是说，随着时间的推移当一个人反复意识到这些益处时，这些益处就可能会累积起来，从而减少遭受某种形式的健康不良的可能性。例如，如果心理压力不间断地持续下去并成为慢性的，那么从长远来看可能会导致各种健康问题，如抑郁症或心血管疾病。在森林里散步的人可能会经历心理上的恢复，从而在短时间内可以减轻压力。从长远来看，在森林里的一次散步可能对健康没有什么好处，但是经常在森林里散步，有规律的心理恢复逐渐累积，可能会减少患上临床抑郁症或心血管疾病的概率。自然体验的治疗效果也具有从中等程度到"更为坚实的"健康产出，尽管通常持续时间较短；其累积效果可以帮助一个人更快或更彻底地从疾病中康复。

这里所有感兴趣的过程都发生在某些活动中。有些活动，特别是体育活动，本身就是可以促进健康的，我们可能很难将其影响与环境的影响区分开来。例如，人们通过散步或跑步来减轻压力时通常会选择在相对自然的、具有高质量恢复力的环境中进行，最终的压力减轻可归因于环境体验与体育活动的结合。如果人们在一条车流拥挤的街道上跑步或散步，那么他们的体验可能是恼怒和不快，而不是减轻压力，此时除了暴露在污染的空气中，体育活动的益处也是值得怀疑的（见Bodin and Hartig，2003；Hartig *et al.*，2003；Pretty *et al.*，2005）。关于这一点，我们不再赘述，因为在本书的第 8～第 10 章我们会就在自然区域进行体育活动对健康的益处做重点论述。在本章中，我们不会将重点放在活动的具体类型上，而是放在人们进行不同的自然体验活动时的心理过程上。因此，我们将有益的过程从特定形式的活动中分离出来。

5.3　历史背景

明确关注自然体验与健康间关系的研究历史相对较短，但自然体验有益于健康的思想在不同的知识和专业领域却有着深厚的传统。在本节中，基于这些传统，我们通过观察其思想发展，特别是在欧洲和北美的发展，来解决"过去发生了什么"的问题。这种发展自古以来一直在进行，且存在许多复杂性，我们在此能做的只是简单地勾勒出其发展过程中的一些重要内容和里程碑事件。尽管如此，这种草图仍可以作为当前研究的背景，其中社会发展趋势已经与不同学科和专业领域的发展相融合，激发并促进了对自然体验与健康间关系更为系统的研究。

5.3.1　健康科学的历史演变

首先，我们可以把自然与健康间关系研究的发展部分地放在健康科学更普遍的演变中。《空气、水和场所》（*Airs，waters，places*）一文是一个早期的里程碑，传统上认为是希波克拉底医生（公元前 460～前 370 年）所著。这项具有开创性意义的流行病学研究提出，影响城市人口的疾病可以参考城市的环境状况来分析，例如，临近静水和暴露在强风中。文中呼吁人们在规划一个新城市时应重点关注其所处的具体位置，以便未来居民的生活条件是有益健康的而不是有害健康的。作者在这里并没有谈到特别令人感兴趣的过程，但强调了特定的自然条件有利于人们的健康，并承认饮食、工作和娱乐等生活方式与人类健康存在相关性（进一步的讨论可参见 Buck *et al.*，1989）。

健康科学的发展经历了几个时代，每个时代都有其独特的疾病概念和预防方法（见 Catalano，1979；Rosen，1993；Susser and Susser，1996）。生理和心理障碍是四种体液（血、黑胆汁、黏液和黄胆汁）失衡的表现，这一概念的提出可能早于希波克拉底，但直到 19 世纪才开始使用，也许是因为这一概念不仅包含了对有节制生活方式的建议，而且还对导致体液失衡的环境因素加以关注。随后的瘴气理论，将霍乱等传染病归因于污水等污染源产生的不良空气，这推动了诸如污水处理系统和保护性供水等卫生改革措施，这些措施都取得了成功，尽管原因并非是驱散不良空气。科学家们［1854年的菲利波·帕西尼（Filippo Pacini）和 1884 年的罗伯特·科赫（Robert Koch）］最终提出的细菌理论被证明是一种成功理解霍乱等传染病的方法。然而，细菌理论并没有为心血管疾病等慢性疾病提供充分的解释，现在在许多国家，慢性疾病已经取代传染病成为主要的死亡原因。不再寻找单一的必要的接触因子，健康学家们力求弄清生命过程中生活方式、遗传和环境因素间复杂的相互作用。健康和疾病的心理和社会方面，如压力和社会支持，受到越来越多的关注，更多的新概念和新方法开始逐渐用于研究自然体验与健康间的关系。

5.3.2　知识、经济和人口趋势

有关自然体验与健康关系的思想发展也与一些长期相互交织的社会趋势相一

致。在体液学说成为人格、健康和疾病主导因素的时期，在欧洲深刻影响人类与自然间关系的观念也正在发生着变化。启蒙运动不仅在理性和科学方法的应用方面取得了进步，而且还转向了对大自然的欣赏，并相信上帝的思想和意图可以从自然现象中辨别出来（Garraty and Gay，1972）。科学的进步促进了工业化，工业化促进了城市化，越来越多的农村人口进入城市中的工厂，那些在户外工作并按照昼夜和季节变化安排时间的人离开了他们的村庄、田地和森林，去了城镇和工厂，那里的工作与自然"计时器（zeitgebers）"间的联系变得不那么紧密。在这一过程中，农村与城市间的生活反差加剧了，这种日益鲜明的对比推动了哲学、音乐、视觉艺术和文学方面的浪漫主义运动。野性受到了那些有文化的游客的推崇，他们有能力离开城市的家到英国西北部的大湖区或瑞士阿尔卑斯山的哈斯利山谷漫步，此后又受到了广大普通民众的欢迎。浪漫主义运动在激发人们对自然欣赏的同时，也提出了对城市和城市生活的批判，不仅关注其对身体的负面影响，而且还关注其对精神、社会和道德的伤害。城市生活与郊区或乡村生活的优缺点仍是当今科学和通俗文学的主要内容，自然与城市间的区别构成了当前讨论自然与健康间关系的主题。有关对自然本身态度的历史转变，以及对城市和自然环境态度的对比讨论，可参见 Ekman（2007）、Nash（1982）、Schama（1995）、Stremlow 和 Sidler（2002），以及 Thomas（1983）的研究。

5.3.3　与自然环境相关的保健方法的发展

城市与农村的条件对比体现在各类精神和身体疾病的护理方法的发展上。其共同的思想点在于，远离城市环境身处自然中将促进治疗过程。例如，在许多欧洲国家，从 17 世纪起，有钱人就会去温泉中心进行水疗，以安抚其神经，缓解其歇斯底里的状况，或者治疗一些身体上的疾病（例如，Fuchs，2003；Mansén，1998）。自然体验是为了发挥水疗效果而准备的。例如，在瑞典的 Ronneby Brunns 公园，整体设计将自然体验作为水疗项目中其他组分的辅助内容，即饮用矿泉水和体育活动（Jakobsson，2004）。另一个例子是道德治疗，在当时已被证明是一种比较成功地照顾精神病患者的人道的（因此是道德的）方法，这些患者在到达那里之前已经接受了严酷的治疗。正如 Edginton（1997）所描述的那样，1796 年在英格兰约克开设的静修所中，道德治疗包括"将精神病患者从影响其状况的家庭或社区的所有联系中移出来"，以及"利用自然作为一种让精神错乱的病人镇定下来的手段"（第 95 页）。最近的一个例子是以疗养院为基础的结核病患者的治疗，这种疾病折磨着建筑密集的城市里的许多人，疗养院旨在将患者与其他人群隔离开来，为他们提供良好的空气、阳光和宜人的自然景观，以此作为一种可能的治疗方法（例如，Bonney，1901；Gardiner，1901；Anderson，2009；von Engelhardt，

1997）。第一所疗养院于 1859 年在波兰 Görbersdorf（现在的 Sokolowsko）开设，此后则出现在芬兰、瑞士、美国加利福尼亚和其他风景秀丽的乡村地区，在发现治疗这种疾病的抗生素之前一直被使用。

尽管结核病疗养院在医学进步面前已经让位了，但自然环境在卫生保健设施和项目中的其他利用方法则一直沿用到今天，例如，为情绪障碍儿童提供治疗性的野外露营（如 Levitt，1988）。近几十年来，人们对自然体验的治疗价值产生了极大的兴趣，这与已经意识到传统医学方法中存在缺陷有关，虽然从某些标准上看传统医学方法是有效的，但似乎并未顾及人的整体需求。随着替代疗法和补充疗法的日趋开放，人们越来越重视以自然为基础的干预措施，如治疗性园艺（例如，Irvine and Warber，2002；Sempik *et al.*，2003；Townsend，2006；Gonzalez *et al.*，2010）。对无菌的、令人生畏的高科技环境的不满促使许多医院和诊所建立了"疗愈花园"（如 Cooper Marcus and Barnes，1999；Hartig and Cooper Marcus，2006），倡导者们已经开始承认需要掌握有关自然体验的治疗价值方面可靠的科学证据，以说服对此持怀疑态度的专业医学人士相信他们所提建议的价值（见本书第 11 章）。

5.3.4　与亲近自然相关的环境设计专业的发展

城市化促进了环境专业的发展，这些专业承担起了为城市居民提供亲近自然机会的责任。一些早期倡导者的工作是基于这样一种信念：自然体验将有益于城市公众的健康。一个著名的早期倡导者是景观设计师弗雷德里克·劳·奥尔姆斯特德（Frederick Law Olmsted），他在北美主要城市的公园规划中反映了他那个时代对身体和精神医学理论的认识（Hewitt，2006）。公共公园的开阔空间和树木是为了提供干净的空气和阳光，遵循瘴气理论（另见 Szczygiel and Hewitt，2000）的其他设计，如对公园外的建筑物进行遮挡和屏蔽，则是为了帮助游客与日常医疗护理保持更大的心理距离，符合道德治疗理论。

城市规划师们还假设了与自然建立联系在促进特定规划策略方面具有有益的效果，这方面的一个显著例子是埃比尼泽·霍华德（Ebenezer Howard）在《明天的花园城市》（*Garden Cities of To-morrow*）（1902/1946）一书的中心思想，即城市和乡村的优势应该在花园城市中得到完美结合："人类社会和自然之美是要一起享受的，两者必须合二为一"（第 48 页）。霍华德的花园城市理念赋予了英格兰莱奇沃思和韦林花园城市的建立，以及世界各地城市的街区设计以灵感（Meacham，1999）。与风景园林一样，对城市环境中自然的关注仍然是当今城市规划的主要内容，尽管关注的范围已远远超出了城市自然体验所提供的健康价值（见 Whiston Spirn，1985）。

5.3.5　环境运动的发展

除了努力将自然带入城市外，19 世纪一些国家还发起了一场运动，即在城市之外建立大型国家公园、国有森林和野生动物保护区，作为应对大规模开发自然资源的一种措施。这场环境运动的动机不仅是对自然福祉的关注，而且也是对人类福祉的关注（例如，Grundsten，2009；Runte，1979）。例如，上面提到的景观设计师奥尔姆斯特德（Olmsted）在 1865 年的一篇文章中阐述了自然的健康促进功能，这篇文章已被看作是创建国家公园的哲学基础（见 Olmsted，1865/1952）。该文章来自一份报告，目的是为加利福尼亚州州长管理美国联邦政府的重大土地流转提供指导，旨在保护风景资源、造福公众。这次土地流转包括现在的约塞米蒂国家公园。奥尔姆斯特德提出的有关保护公园土地景观价值的指导原则类似于当前关于压力、精神疲劳及其恢复的表述。

科学事实表明，在一个令人印象深刻的自然场景中偶尔沉思，特别是当这种沉思与日常忧虑的缓解、空气的变化和习惯的改变相互联系时，它对人的健康和活力是有利的，特别是有利于人类智力的健康和活力，其效果超过了可以提供给他们的任何其他条件。它不仅给予了人们当下的快乐，而且还增加了随后获得快乐的能力和手段。人们习惯性地被工作或家庭事务压得喘不过气来而缺乏这种偶尔的休闲活动，常常会导致以精神残疾为特征的一类疾病，有时会表现为脑软化、瘫痪、麻痹、偏执或精神错乱，但更常表现为精神和神经亢奋、忧郁、沮丧或易怒，使其无法正常地运用智力和道德的力量（第 17 页）。

长期以来，自然保护都有着功利主义的动机。例如，18 世纪末德国出现了科学性林业，这是对浪费性使用林木的一种反应，这反映了一种信念，即社会在管理自然资源方面应该像管理其他形式的公共资源一样理性（Ciancio and Nocentini，2000）。然而，在美国（1872 年）和欧洲（如 1909 年的瑞典）建立的国家公园在其范围、制度化程度、中央与地方控制，以及明显的动机多样性等方面似乎都已超出了早期自然保护的形式，国家公园保护了物种及其栖息地，为人类研究它们提供了机会，同时也保护了流域。更重要的是，它们保护了对野生自然和具有文化意义的景观进行有益体验的可能性。例如，自然体验的健康价值观的重要倡导者波兰人沃季茨科（Wodziczko，1930）认为，即使是城市里布置得最漂亮的公园、公共花园和绿地，也不足以让人体维持完全的健康。他声称，在大城市群中，由于生活而感到疲劳的人们"至少需要定期到大自然中，到绿色的森林、河流和湖泊去进行一次完全彻底的休闲活动"；他认为，他们应该"……只要有可能，哪怕是片刻，……从城墙中逃出来，到保存着原始美的大自然中去"（第 40 页）。庆幸的是，沃季茨科已经看到自己的想法在波兹南附近的大波兰国家公园，以及城市内部的公共绿地中得到了实施（Wodziczko，1928）。

如今，对环境运动的关注已经远远超出了保护自然美的范畴；环境污染、人口快速增长、核能、核武器、不可持续的运输和农业实践、环境公正，以及许多其他问题都已提上了议事日程。值得注意的是，在广泛的环境运动中，许多杰出的人物在他们的生态和具有激进主义色彩的作品中都表达了对自然和户外生活的欣赏（例如，Brower，1990；Carson，1962；Leopold，1949），从事环保活动的动机可能植根于对自然的积极体验。

5.3.6　土地多用途管理的发展

长期以来，不同的行动者所追求的环保动机是不同的，并在其中一些动机上一直存在分歧，解决不同动机引起的冲突为自然与健康研究领域的科学探索提供了动力。一个突出的例子是 20 世纪初美国的环保主义者与自然保护主义者间的冲突。环保主义者吉福德·平肖（Gifford Pinchot）在法国和德国学习了科学林业，此后成为美国林务局的第一任局长。他认为，为了资源的可持续生产，应该建立并管理国有森林，但将美学和休闲价值置于林业之外［参见他的自传（1947/1987）第 71 页的例子］。

尽管平肖的功利主义观点比不受限制的开发要好，但并不受自然保护主义者约翰·缪尔（John Muir）的欢迎。这位苏格兰出生的博物学家和塞拉俱乐部的联合创始人承认美国荒野的功能性价值，但他更强调其美学、休闲和精神性价值。

我们欣喜地看到现今的人们在荒野中漫步的态势。成千上万身心疲惫、过度文明的人们开始发现，上山就是回家；野性是必要的；山地公园和自然保护地不仅是木材和灌溉性河流的源泉，而且也是生命的源泉。人们从过度劳累的恶习所带来的令人震惊的影响，以及对奢侈生活的极度冷漠中清醒过来，正尽最大努力将自己的日常琐事与大自然融合在一起，丰富自己的生活，消除懒惰和疾病（Muir，1901/1981，第 1～2 页）。

环保与自然保护动机的冲突，即自然资源的可持续开发与自然的生态和体验价值之间的冲突最终导致了美国公共荒野土地多用途管理战略的发展（见 Pitt and Zube，1987）。公众舆论鼓励民选官员通过立法，要求土地管理者管理文化、休闲和美学价值，以及自然资源的消耗。这反过来又要求了解公众对不同管理方案的偏好。社会和行为学家被招募来满足这一需求。例如，在环境组织的敦促下（见 Brower，1990），1958 年成立户外休闲资源评估委员会，以收集人们在荒野地区从事休闲活动的价值观等方面的信息（1962 年）。该委员会的工作是政府委托研究的一个早期例子，旨在指导自然体验价值的保护。自 20 世纪 60 年代初以来，由联邦土地管理机构资助的美国社会和行为学家继续研究与自然体验的健康价值有关的课题，如风景偏好和户外休闲的益处（有关早期工作的回顾，参见 Driver et al.，

1987；Ewert and McAvoy，2000；Knopf，1987；Roggenbuck and Lucas，1987；
Stankey and Schreyer，1987；Zube *et al.*，1982）。

　　自然环境不同用途间的冲突也激发了许多欧洲国家对自然体验研究的需求。
各国的研究需求在细节上各不相同，这与所关注的环境、希望使用这些环境的人
口状况（如城市化程度），以及在这些环境中从事的消费和休闲活动的不同有关。
考虑到环境立法与委托和开展这类研究的责任授权各不相同，对研究需求作出反
应的条件也各不相同，概述这些已超出了本章的范围。简单地说，正如在美国一样，
几十年来，许多欧洲国家一直在研究诸如景观偏好和户外休闲的益处等主题，其
目的是将研究成果纳入政策、规划和土地管理过程（最近的例子包括 Bell，2001；
Bauer *et al.*，2009；Hunziker，1995；Jensen and Koch，2004；Konijnendijk，2003；
Lindhagen and Hörnsten，2000；Scott，2003；van den Berg *et al.*，1998；Van Herzele
and Wiedemann，2003）。这项工作为最近更为明确地加强自然体验与健康之间关
系的研究铺平了道路。

5.3.7　概述

　　至此，我们把自然体验与健康间关系的思想发展置于智能和社会发展的背景
下。这些发展包括健康科学和健康观念，人与自然关系的思想来源和相关研究方
法，影响自然体验需求和机会的生产和居住模式，注重自然体验的保健方法，环
境设计的专业化，环境运动，以及政府和研究成果在解决自然环境竞争使用冲突
方面的作用。我们还指出了这些不同事态发展间的关系。

　　在结束本节时，我们想强调的是，我们在这里只概述了研究领域的一些起源。
我们并未论及有关进化思想的发展，基于人类早期进化对环境条件的适应，进化
思想已经为自然体验的健康价值开辟了一条道路。我们也没有讨论诸如环境心理
学等学科的出现，尽管这些学科对自然体验与健康间关系的研究作出了重大贡献。
这些发展将在下一节予以描述，其中我们将讨论的一些理论是对这些发展的直接
表达。尽管会有疏漏，但我们相信，我们的概述已足以表明，对自然体验与健康
间关系的科学研究，就像其他正在研究的现象一样，处于长期的社会和文化过程
中。今天的研究与其说是描述新的现象，不如说是用现有的科学概念和方法去分
析我们早已熟悉的现象。

5.4　当前的理论观点

　　在讨论了"过去发生了什么"之后，我们转而讨论"现在处于哪个阶段"。在
本节中，我们概述了有关自然环境提供健康益处的心理学过程的理论研究现状。

在此所做的介绍旨在让人们了解现今的研究领域，并提供一个文献的切入点。我们涵盖了三个领域的工作：环境偏好、心理恢复、学习和个人发展。

所涵盖的理论分别将重点放在对行为的三种不同的影响上，即先天的、文化的和个人的。简单地说，进化论中诸多假设的共同点是，今天的人们保留了对人类进化过程中所处环境的适应能力。因此，当他们遇到其先天适应的环境时是可以从中获益的（参见 Parsons，1991）。另一种推理方式强调的是文化的力量，其塑造出了人们可以体验的自然，以及自然体验如何影响健康的共同理念。根据这一观点，一个人在特定时间对特定环境的反应随着其在特定社会文化背景下通过学习形成的态度、信仰和价值观的变化而变化（例如，Tuan，1974）。在这种社会文化背景下，独特的个人经历进一步塑造了关于自然是否有益健康和如何有益的理念，以及人们对亲近自然的活动选择。要进一步努力理解健康与自然的关系，大体上可以参考布拉萨（Bourassa）的研究实例（Bourassa，1988，1990），他致力于把对自然景观作出审美反应的个人、文化和内在决定因素进行理论合成，我们将在下一部分探讨这个问题。同时，我们要强调的是，虽然这里所涉及的每一种理论似乎只是强调了一种影响，但并未否定其他影响。

5.4.1　环境偏好

人们对大自然的喜爱似乎并非是一件小事。喜欢或偏爱一种而不是另一种环境往往会影响人们对行动方案的选择——走哪条路，去哪儿休闲，周末住哪间酒店，在哪里安家，等等。环境偏好可以说反映了一种功能性审美，蕴含着与福祉相关的条件。从这个角度来看，人们对自然环境的偏好远超对其他环境，这表明自然环境可以用来为人们提供福祉服务。下面，我们将概述几个与环境偏好有关的理论构想，所有构想都假设人类在进化过程中具有适应环境的偏好作为基础。它们强调了不同的文化、不同的个人和不同的时期在偏好上的一致性和共识（参见 Purcell and Lamb，1984）。

5.4.1.1　亲生物性

"亲生物性（biophilia）"一词最早是由 Erich Fromm（1964）提出的，用来描述各种生命圈、各种生命历程，以及所有有生命和活力的事物对人类的吸引力。此后，Edward O. Wilson（1984）让这一术语广为人知，他用"人类潜意识地寻求与其他生命的联系"来定义亲生物性（第 350 页）。从那时起，所有人都有某种与其他生命形式建立联系的内在冲动的想法或假设引起了研究人员的极大关注（例如，Kahn，1997；Kellert，1993a，1993b，1996）。

亲生物性假说的主导性概念是，人类对生命和类生命过程具有亲近力，这促使人们与植物、动物和自然景观接触。这种与其他生命形式联系的倾向有其遗传决定因素。生物进化是生物体或物种对环境不断进行遗传适应的过程，它整合了有利于适应环境的遗传变化结果，更好地适应特定环境条件的有机体具有更高的存活率和更大的繁殖成功率。因此，它们会有更多的机会将其遗传适应物质贡献给种群的遗传库，从长远来看，这将提高整个种群的环境适应能力。

根据这一观点，物种通过自然选择进化的过程是缓慢的，个体的适应性变化可能需要几十万年的时间。因此，亲生物性假说依赖于这样一种观察：在物种进化的数百万年中，人类与自然环境密切共存，人类体中的大多数遗传适应，包括大脑和相关行为的适应，都是对所处环境需求的进化反应。相比之下，人类文明的历史相对较短，人们在农业区聚居了大约 10 000 年，在城市聚居的时间则更是短得多。通常认为，在人类占据这种相对人工的环境期间，进化过程不太可能改变已有的适应能力。因此，根据亲生物性假说，人类仍然倾向于表达具遗传性的早期适应力，所以喜欢或偏爱可以很好地发挥自身功能的自然环境。根据 Wilson（1984）的说法，亲生物性的本能会在不知不觉中显现出来，并"在大多数或所有社会中形成重复的文化模式"（第 85 页）。

亲生物性假说强调人们对自然的积极反应。然而，大自然也会引发消极的、令人恐惧的反应，即生物恐惧反应（Öhman and Mineka，2001；van den Berg and ter Heijne，2005）。一些研究者广泛分析了有关生物恐惧反应的研究结果，以支持亲生物性假说（如 Ulrich，1993）。对积极的环境线索（如潜在的食物和水源、庇护场所）和消极的环境线索（如来自捕食者、毒蛇或有毒植物的危险）作出反应的能力在人类进化过程中可能具有适应意义。亲生物性和生物恐惧反应都可被视为预备学习的例子（Seligman，1970），它们反映了一种倾向，即"在遇到某些物体或情况时，容易且快速地学习并持续地保留那些可以促进生存的联系或反应"（Ulrich，1993，第 76 页）。叮咬性昆虫、蛇、蝙蝠和其他动物会让许多人感到强烈的厌恶或恐惧，甚至以前没有接触过它们的人也会有同样的感觉，这可能是通过观察其他人的反应进行替代学习的结果（Lichtenstein and Annas，2000）。

自最初提出以来，亲生物性假说一直是众多批评性评论的主题。Kahn（1997）对此做了一个全面性的总结，主要集中在以下三个方面：①亲生物性由基因决定的程度；②与自然的负面联系是否与亲生物假说相矛盾；③如果我们承认经验和文化影响生物学倾向的内容、方向及强度，那么亲生物性在多大程度上经得起推敲。尽管已经有了许多间接的证据，但亲生物性假说似乎仍然缺乏令人信服的证据支持，这与生物恐惧反应形成了鲜明对比，许多设计周密的控制实验为后者提供了大量的证据支持（见 Ulrich，1993；Öhman and Mineka，2001；更具批判性的观点，请参见 Coelho and Purkis，2009）。尽管存在大量批评和证据上的缺陷，但亲生物性的概念对最近有关人与自然关系的研究和讨论是一个有价值的促进因素。

5.4.1.2　稀树草原理论

另一种进化理论是由戈登·奥利恩斯（Gordon Orians）在 1980 年提出的，该理论试图通过参考动物在寻找适宜栖息地时所采用的潜在行为选择机制来解释环境偏好。在他看来，这些机制是在进化过程中通过栖息地适宜性的时空变异形成的。他分析了动物在寻找适宜栖息地时可能经历的选择过程中的各种因素，包括关于栖息地选择的现有知识、花费的时间，以及相关环境特征的可变性。假设栖息地选择是在一无所知的情况下进行的，他讨论了动物对栖息地适宜性的强烈的、自发的情绪反应，即"良好的栖息地会引发动物强烈的积极反应，而较差的栖息地则会引发动物较弱的消极反应"（第 55 页）。同时，他指出这些反应会随着当前需求的变化而变化，他举例说，"饥饿的动物可能会比吃饱的动物更容易接受普通的地点，因为饥饿是没有遇到好的栖息地的信号"（第 55 页）。

奥利恩斯将影响早期人类栖息地适宜性的因素分为资源可用性和保护免受捕食者侵害两类。他分析后得出结论："热带稀树草原，特别是那些分布着悬崖和洞穴的不规则地形，应该是早期人类的最佳生存环境"（第 57 页）。因此，在人类栖息地选择机制的进化过程中，对稀树草原环境强烈的积极响应已被选择出来。他通过引用几个证据来支持他的假设：早期探险家对美国大平原景观满怀情感的描述，当时那里几乎没有任何迹象表明适合人类居住；在具有适宜栖息地特征的地方，如靠近水源的地方，人们用于家庭和休闲活动的支出；人们在美化植被的选择和布置上的常见做法会使公园和其他空间看上去类似于稀树草原环境。在随后的一篇文章中，Orians（1986）引用了 Balling 和 Falk（1982）的研究成果，为他的理论提供了进一步的支持。这些研究人员在对美国东北部的抽样调查时发现，孩子们更喜欢热带稀树草原的场景，而不是他们所处环境中各种熟悉的自然场景；对年龄较大的被调查者来说，熟悉的场景和稀树草原场景受欢迎程度是一样的。奥利恩斯此后与朱迪思·黑尔瓦根（Judith Heerwagen）合作（Orians and Heerwagen，1992；Heerwagen and Orians，1993）对此做了进一步分析并完善了相关证据基础，包括发现了人们对适宜生境中树形特征的偏好。

稀树草原理论是一种独特的理论，它将人们对景观的情感反应与选择适宜栖息地的问题联系起来。几项独立的研究已经解决了一些理论上的问题，如采用特定的树木形态作为确定适宜栖息地的线索（例如，Summit and Sommer，1999；Lohr and Pearson-Mims，2006）。Falk 和 Balling（2009）最近在尼日利亚热带雨林区对学生和学童进行的一项研究进一步支持了人们对热带稀树草原类似环境具有先天偏好的观点。尽管 80% 的参与者从未走出过自己所在的区域，但与其他生物群落（包括熟悉的雨林群落）相比，这两组人都表示更喜欢稀树草原场景。然而，一些学者对热带稀树草原应被视为与人类早期进化有关的稳定环境这一观点表示怀疑，他们的论点和发现对这一理论提出了挑战（例如，Potts，1998；Han，2007）。

5.4.1.3　前景-避难所理论

第三种进化方法也考虑了原始人类经常面对的栖息地适宜性的问题。在他提出的前景-避难所理论中，Appleton（1975）对这个问题的定义比 Orians（1980）更为狭隘。他假设向远离捕食者视线目标的移动能力对生存至关重要，并断言环境支持这种能力的潜力会在其他生存潜力指标之前就已引发了人们的情感反应。因此，这一理论在处理人类-景观交换的象征性方面，以及描述影响偏好的景观特征方面更为具体。

视而未见的想法激发了 Appleton（1975）对景观中的眺望、避难所和危险等进行分析的想法。眺望或向远处张望通常包括两种类型。直接前景是指从目前所处位置或观察事物的第一有利位置可以看得到的景色，包括全景和远景，其中全景不像远景那样受景观中物体的限制。间接前景，如偏斜的远景，意味着如果一个人到达景观中更远的地方可能看到的景观，这个地方被称为第二有利观测位置。避难所可以用作庇护所或藏身所，但可能不是同时具有两种功能，避难所有时可以提供躲避风暴的庇护所，但不能使居住者躲开捕食者的视线。因此，庇护所和藏身所间的区别与危险的类型有关。除了功能外，避难所还可以通过其可及性、功效、起源（自然与人工）和构成物质（洞穴等地貌避难所、树木或草等植被避难所和雾等形成的模糊避难所）来表征。危险对于分析来说是很重要的，因为它是需要避难和视而未见的理由。危险可以是有生命的（如捕食者）或无生命的（如天气），也可以在自由移动障碍（障碍危险）或生存需求缺乏（如缺水危险）的情况下发现。

尽管现在许多危险可能已不再突出，但 Appleton（1975）坚持认为，人类对景观的反应在某种程度上仍然取决于前景和避难所的价值。景观的美学体验受景物和避难所象征物的变化和空间排列、前景与避难所象征物间的平衡等因素的影响。此外，前景-避难所的象征意义被认为具有不止一个层次，它来源于观察者的想象和体验，以及景观物体的自然特性。

前景-避难所理论在某些方面可以被描述为吉布森主义（Gibsonian），因为它包含了对前景和避难所供给性方面的景观描述。供给性是环境物理特性中固有的功能价值。在对生态感知的描述中，Gibson（1979）认为人们会立即理解他们所看到的表面性功能，就像一个表面被认为可以行走或坐着一样。Appleton（1996）在最初提出该理论的回顾性专著中也承认了这一特征。

阿普尔顿（Appleton）还借此机会对早期的工作提出了两点批评。首先，他强调"这本书中对文化案例的引用相对较少，没有什么意义"，因为人们不应该"期望控方的案例也包括辩方的案例"（第 236 页）；其次，他强调，"……虽然文化、社会和历史的影响非常重要，但它们并不是在凭空运作的"；在某种程度上，这些影响塑造了风景的审美空间，"……他们塑造风景，不是凭空而来，而是凭借已经存在的东西"（第 236 页），即一种固有的成分。

前景-避难所理论显然引发了大量的讨论，但有针对性的实证研究相对较少。Stamps（2006）对 214 个参考了该理论的研究进行了调查分析，结果只将其中 11% 归为以实证为基础的研究。Stamps（2008a，b）最近的实证研究为其中的一些主张（即，偏好山上的景色）提供了支持，但并不支持其他主张，他建议谨慎地假设这一理论的实用性。

5.4.1.4　环境偏好的信息学视角

第四种理解环境偏好的方法不同于前三种方法，因为它基于认知心理学。然而，它也是建立在进化假设基础上，对史前人类的需求感兴趣。斯蒂芬（Stephen）和雷切尔·卡普兰（Rachel Kaplan）提出了将人类进化作为对从环境中获取并快速处理信息的持续需求作出反应的观点（Kaplan and Kaplan，1978，1982，1989）。当从树上下来进入充满食肉动物的热带草原时，先人们面临选择的压力，这要求他们在发展快速预测和应对环境事件的能力的过程中建立起自己的感知能力。为了在更大程度上靠狩猎维持生存，选择将有利于对扩展的空间区域了解并作出规划的能力发展。

根据这一说法，环境偏好反映了对生存信息需求的先天敏感性。史前人类被认为是有动机地去扩展他们赖以生存的认知地图，其成功在某种程度上取决于对影响其导向的环境条件的反应。除了对正在探索环境的已有理解外，进一步探索的可能性也会形成偏好。因此，支撑理解和探索需求的视觉信息质量将对建立偏好产生影响。人们认为保持认知清晰的愿望仍然是审美反应的基础。审美反应虽然是无意识的，但具有认知性，并会对情感加以引导（Kaplan，1987）。

在 Kaplan 和 Kaplan（1982，1989）的环境偏好矩阵中，信息质量是按两个维度排列的。一个维度是时间上的，从此刻处在人们面前的东西到人们进一步深入环境时可能出现在他们面前的东西。另一个维度是指此刻人们在信息方面正在做的事情，人们努力去理解现有的信息并着手获取新的信息。因此，①对理解的迫切需要得到了所感知的环境要素的一致支持；②未来理解的潜力在于前方事物的可读性，一个清晰可读的视图表明一个人可以继续移动而不会迷路；③给定的元素集合的复杂性鼓励我们去探索前方的事物；④有利位置或神秘性的改变带来的更多信息的迹象刺激了人们做进一步的探索。

在这种布置下，秩序与不确定性间的张力隐含在审美反应中。人们需要足够的连贯性和可读性来理解环境，但他们的行动又必须通过足够的复杂性和神秘性来平衡，以吸引他们去收集更多的信息。除了信息质量外，该理论还注意到了表明生存价值的特定内容（Kaplan and Kaplan，1982）。在模拟偏好时，树木和水等自然元素被指定为主要的景观因子，因为它们的存在似乎具有积极的影响。这里的偏好框架与生境理论有着共同的理论基础。

大量实证研究探讨了内容和信息因素对摄影场景偏好的影响［例如，Herzog，1985，1989，在 Kaplan and Kaplan（1989）的文中进行了评论］。然而，Stamps（2004）在综合分析（meta-analysis）的基础上得出结论，有四种信息因素与偏好间的关系并不一致。一种可能的解释是，这种关系的强度可能取决于场景的类型（例如，建成环境与自然环境；参见 Herzog and Leverich，2003）。Stamps（2004）为进一步研究这一理论提出了一些具体的建议。

5.4.1.5　分形几何和分形维数

分形一词用来描述破碎的形状，当用越来越精细的放大倍数观察时，这些形状具有重复的格局。这种尺度不变性可以用一个称为分形维数 D 来识别和量化。分形维数可以定义为对一种结构超过了其基本的维度进入下一个维度的程度进行度量。因此，一条分形线的 D 值大于 1，最大值为 2，类似地，一个分形面的 D 值在 2~3 之间。

分形几何学的发展从一开始就与自然界中物体的形态和形状的数学描述密切相关，如山脉和海岸线（Mandelbrot，1983）。分形在自然环境中的普遍性（Barnsley，1993；Barnsley et al.，1988；Gouyet，1996）激发了许多关于格局分形特征与相应视觉感知质量间关系的理论。观察者根据 D 值辨别分形图像的能力在面对自然场景时表现最强（Knill et al.，1990；Geake and Landini，1997），这引发了有关视觉系统的灵敏度是否能适应自然环境的分形统计的讨论（Knill et al.，1990；Gilden et al.，1993）。在辨别不同 D 值的物体方面表现出卓越能力的观察者在包含"同步合成"（将当前知觉信息与长期记忆信息结合起来的能力）的认知任务中也表现出色，据推测自然分形图像会存在于长期记忆中（Geake and Landini，1997）。此外，Aks 和 Sprott（1996）指出，其研究中发现的美学偏好 D 值为 1.3时对应的是自然环境中常见的分形。他们推测，这"可能指向大自然和人类偏好所共有的一种抽象形式"（第 12 页）。这种推测遵循的思路类似于将对特定景观要素的环境偏好和审美评价归因于进化因素的思路。

一个更为普遍的理论根据观察到的环境分形结构与认知和感知的分形结构相匹配时所经历的条件来讨论分形美学（例如，Briggs，1992）。例如，场景中的空间信息被认为是在"多分辨率"的框架内处理的，其中视觉皮层细胞根据检测到的空间频率被分组到所谓的"通道"中，这些"通道"在空间频率上的分布方式与观测景物的分形格局的尺度关系平行（Field，1989；Knill et al.，1990），因此，

如果一件艺术作品或从窗户看到的风景与通道的尺度关系相匹配的话，那么可能
会产生一种审美体验。

关于审美体验与分形关系的实证研究尚不多见，不同研究采用的视觉刺激方
法也存在很大不同。研究表明，人们更喜欢分形格局而不是非分形格局（Taylor，
1998，2003），但一个特别有趣的问题是，某一特定的分形维数是否比其他分
形维数更受欢迎。相关研究最初得出了完全不同的结果，分别显示出对高 D 值
（Pickover，1995）和低 D 值（Aks and Sprott，1996）的偏好，这种不一致性表明
并不存在普遍偏好的分形维数。有人认为，审美品质可能取决于格局的生成方式
（Taylor，2001），使用自然、人工和计算机生成的分形对这一假设进行了检验，令
人惊讶的是，无论格局的生成方式如何，1.3～1.5 范围内的分形维数都是最受欢迎
的（Taylor *et al.*，2001；Spehar *et al.*，2003）。采用照片中提取的景观轮廓进行的
研究也支持了对中等 D 值偏好的结论（Hagerhall *et al.*，2004；Hagerhall，2005），
中等分形维数似乎是最受欢迎的，而且在感知自然度方面得分最高。

5.4.1.6　关于环境偏好的小结

我们在这里对环境偏好给予了相当大的关注，因为偏好可视为与福祉相关的
条件的一种指征。对一种环境的偏好可能会让一个人进入相对有利的环境，然而，
这并不意味着偏好本身的表达就可构成福祉的改善。下面，我们将对更直接地解
决自然体验如何服务于健康问题的理论进行回顾。然而，我们并未将偏好抛在脑
后，因为下面的一些研究也考虑了偏好与自然体验对健康的益处间的对应关系。

5.4.2　心理恢复理论

上述理论都假设环境偏好有其先天的基础。为了证明这些假设的合理性，理
论中都提到了先人在他们所处时代的环境中面临的各种挑战。尽管今天的人们可
能不会再面临这些挑战，但有人认为，他们保留了对有利于先人生存的环境特征
作出积极反应的倾向，这些古老的倾向可能会为今天的人们服务，引导他们获取
恢复的机会。

"恢复"一词涵盖了人们在努力满足日常生活需要时所消耗资源的重新获得过
程。这些资源的种类各不相同，生理资源包括针对某些需求调动能量采取行动的
能力，无论是急迫的（比如，跑去赶火车的时候），还是持续的（比如，为了赶在
最后期限前完成任务而努力工作了很多天的时候）。心理资源包括将注意力集中在
一项任务上的能力，即使是在噪音或其他干扰使人难以集中注意力的时候。社会
资源包括家人和朋友提供帮助的意愿。因为一个人在满足日常需求的过程中耗尽
了各种资源，所以可能或一定需要定期进行恢复。新的需求会不断出现，所以人

们必须尽快恢复已耗尽的资源，否则就有可能无法满足新的需求。随着时间的推移，不充分的恢复可能会转化为身心健康问题（Hartig，2007）。

今天，由于人们大多集中生活在城市环境中，恢复的需求通常会随着在人工或建筑环境中的各种活动而产生。自然体验通常包括离开那些出现恢复需求的地方，可能会允许人们恢复已枯竭的资源。自然体验可以促进恢复，因为它们具有一些引人入胜和令人愉快的特征，就像环境偏好理论中描述的那样。因此，自然体验的恢复效果可能具有一定的进化学基础，但人们通常感兴趣的动态——通过建筑环境中的活动诱发恢复需求，然后转移到自然的环境中，通过其他活动来满足这些需求——具有基本的文化特征。

关于恢复性环境的理论必须明确需要恢复的资源出现枯竭的这一前提条件，描述各种资源的恢复过程，除了允许这一过程发生外，更要描述促进这一过程的环境（Hartig，2004）。有两种理论指导了最近有关自然体验的恢复效应方面的许多研究，虽然两者都强调自然的恢复特性，但在前提条件和恢复过程的规定上各不相同。

5.4.2.1　心理进化理论

罗杰·乌尔里希（Roger Ulrich）的心理进化理论（Ulrich *et al.*，1991；另见 Ulrich，1983）关注的是从心理生理应力中的恢复。应力被定义为对福祉有需求或产生威胁的情况作出反应的过程。乌尔里希假设一个进化的系统会在与持续生存相关且可能体验到应力的情况下引导人们的行为。这种适应性的系统包括在选择行为策略（接近或回避）时的"与生俱来"情感反应，以及同步调动执行该策略所需的生理资源。和在其他工作中一样，在这项工作中应力在增加负面情绪和增强自主觉醒等变化中表现得十分明显。

该理论认为，当一个场景引发了人们轻到中度的兴趣、愉悦和平静的感觉时，恢复就开始出现。对于那些经历了压力，需要更新资源以开展进一步活动的人来说，可以用不设防的方式继续观赏这一场景。这首先取决于该场景的视觉特征，这些视觉特征能够迅速唤起人们的情感反应，包括兴趣。这种反应被认为是"与生俱来的"；它不需要对现场做有意识的判断，事实上，完全可以在人们作出这样的判断之前发生。引发反应的场景特征包括总体结构、总体深度特性和一些一般性的环境内容。在这方面，Ulrich（1999）坚持认为，"……现代人类作为进化过程中的部分遗传物质的保留者，具有获得和保留对某些自然环境及其内容（植被、花卉、水）作出恢复性反应的生物学准备能力，但对大多数建筑环境及其材料则没有这样的能力"（第52页）。因此，该理论赋予自然环境及其特征比人工环境更具恢复性的优势。

恢复的过程通常是这样的：一个具有中等且有序的复杂度、中等深度、焦点和自然内容（如植被和水）的场景会迅速唤起人们的兴趣并产生积极影响，吸引人们的注意，从而取代或限制消极的想法，并允许由压力增强的自主觉醒下降到一个更温和的水平。恢复过程将明显表现出来，例如，更积极的情绪调节和更低水平的生理参数，如血压、心率和肌肉张力。

在这一理论指导下的实验记录了在观察真实的或模拟的自然和城市环境期间及之后立即测量获取到的情绪和生理结果的不同变化。例如，Ulrich 等（1991）让大学生观看了一个充满压力的工业灾难电影，然后观看一段 10 分钟的有关自然环境、城市交通或户外步行街的视频。紧张刺激后身处模拟自然环境下的额肌张力、皮肤电导、心动周期和脉搏传导时间的下降轨迹最陡。自我报告的情感变化与生理结果相一致，观看自然视频可以更大程度地帮助恢复（另见 Chang and Chen，2005；Parsons *et al.*，1998；Park *et al.*，2007）。

5.4.2.2　注意力恢复理论

斯蒂芬（Stephen）和雷切尔·卡普兰的注意力恢复理论（attention restoration theory，ART）（Kaplan and Kaplan，1989；Kaplan，1995）关注的是注意力疲劳后的恢复。他们认为人们引导注意力的能力取决于中枢抑制能力或机制。为了专注于一件本身并不有趣的事情，一个人必须抑制其他更有趣的竞争性刺激。要做到这一点需要付出努力，而人抑制竞争性刺激的能力将随着长时间或密集使用而变得疲劳。抑制能力的丧失会产生多种负面后果，包括易怒、无法识别人际暗示、自我控制能力下降，以及在执行需要定向注意力的任务时出现更多的错误。

当一个人处于迷恋（fascination）状态时，可以恢复一种已耗竭的主动引导注意力的能力，卡普兰认为迷恋作为一种注意力模式，具有无意识性，不需要努力，也没有能力限制。当一个人在持续的活动中依赖迷恋时，对中枢抑制能力的需求就会放松，引导注意力的能力就会得以更新。正如卡普兰所描述的，迷恋是通过物体或事件，或通过探索和理解环境的过程来实现的。然而，迷恋还不足以使注意力恢复，该理论还提到了从任务中获得心理距离、追求目标等的重要性，在这些任务中，一个人通常必须引导注意力（远离）。此外，如果一个人所体验的环境是连贯有序且范围很大时，那么这种迷恋是可以持续的。最后，该理论承认了人在当时的倾向、环境的要求与预期活动的环境支持间相匹配（兼容）的重要性。

根据注意力恢复理论，恢复有四个递进阶段（Kaplan and Kaplan，1989）。第一个阶段称为"清脑"，即允许随意的想法在头脑中游荡并逐渐消失；第二阶段是重新恢复定向注意的能力；第三阶段由于内部噪音的降低和认知安静的增强，人们可以清楚地了解到自己心中不由自主的想法或事情，这是由软迷恋促成的。最后也是最深层的阶段包括"对自己的生活、自己的优先事项和可能性，以及自己的行动和目标的反思"（Kaplan and Kaplan，1989，第 197 页）。尽管我们可以假设，随着参与度的增强和身处自然时间的增加，恢复过程也会不断进展，但尚不清楚在最佳的条件下，这一过程所需的与自然接触的程度或时间长短。

尽管许多环境都可以为人们提供远离和迷恋方面的体验，以及体验所需的环境范围和兼容性，但 Kaplan 和 Kaplan（1989）认为自然环境应该比其他环境更容易做到这些。例如，自然环境可能更容易提供远离的机会，因为在这里很少有关于工作需求的提醒，而且人员相对较少，与他人的互动时可能需要关注自己和他人的行为。卡普兰还断言，自然环境中有丰富的令人愉悦的美学特征，如风景和日落，这唤起了允许更多反射模式的中度或"软"迷恋。在这一点上，他们已经从掌握的信息角度对环境偏好进行了研究，他们认为寻找吸引人的特殊的自然特征可能具有一个进化学基础。

准实验和真实实验验证了这样一个命题：自然环境中的体验比其他环境中的体验更能促进定向注意力的恢复。在这些研究中，研究人员将定向注意力运用到需要集中注意力的任务中。例如，Hartig 等（1991）开展了一项实验，将大学生随机分成三组，分别在自然保护区、市中心或被动放松的条件待 40 分钟，然后测定他们的文字校对能力。平均而言，自然环境组的大学生比其他两组表现出更好的校对能力。

5.4.2.3　与恢复性环境有关的扩展研究

近年来，恢复性环境问题引发了广泛的讨论和相关的研究，一些研究探讨了心理进化理论和注意力恢复理论中所描述的过程是否可以同时运行（Hartig *et al.*,2003）。最近的研究已经做了适当尝试，力求解决早期实验中抽样设计存在的缺点，这些实验所涉及的对象大多是少数几种环境中的大学生，一些研究试图评估更多环境类型的恢复作用（例如，Berto，2005），而另一些研究则对学生以外的特殊人群感兴趣（例如，Ottosson and Grahn，2005）。除了抽样之外，最近有关注意力恢复理论的研究试图采用更精确的性能度量来捕捉定向注意力所依赖的抑制机制的运作（例如，Berman *et al.*，2008；Laumann *et al.*，2003）。还有一些研究试图开发注意力恢复理论中所描述的恢复性体验组分的测量方法，以用于理论测试和实际工作（例如，Hartig *et al.*，1997；Laumann *et al.*，2001；Herzog *et al.*，2003；Pals *et al.*，2009）。这些不同类型的研究以不同的方式肯定了早期有关自然具有恢复性优势的发现，同时也提出了其他一些方法论的问题。采用更多的环境类型、研究群体、测量方法和试验设计不但扩展了研究领域，也丰富了研究结果，同时也给试图量化有价值发现的综合分析研究带来了挑战。

研究领域扩展的另一种方式同环境偏好与恢复性体验间的联系有关。例如，研究人员测量了人类的皮肤电导（Taylor *et al.*，2005；Taylor，2006）和脑波活动（Hagerhall *et al.*，2008）对分形图像的响应，结果表明人们偏好的中等分形维数可能有助于降低压力。Hagerhall（2005）提出，自然景观的分形几何特征将复杂性与尺度间自相似性带来的有序且可预测的新信息结合起来，可能会引发人们对促进恢复性软迷恋的兴趣（参见 Joye，2007）。van den Berg 及其同事（2003）在一项实验中发现，在自然环境中散步的视频比在建筑环境中散步的视频更能促进应激后情绪的改善，两种环境在情感恢复力上的差异部分地调节了人们对环境的偏好（表现为美观排序）。Nordh 及其同事（2009）发现，一组人对 74 个小型城市公园偏好的平均评分与另一组人对公园恢复可能性的平均评分密切相关（r=0.88）。环境偏好与恢复可能性间的联系具有重要的实际意义。了解偏好可以可靠地表明恢复的可能性，至少对于某些类别的环境而言，可以支持我们利用大量有关特定自然环境偏好预测因子的文献，努力设计出服务于恢复的环境。正如 Velarde 等（2007）所指出的，由于大多数研究抽样时涉及的环境类型非常有限，迄今为止，有关恢复性环境的实证文献为景观设计师设计恢复性环境提供的具体指导还不多见。

　　自然体验与健康间关系的扩展研究中最重要的问题与累积效应有关。到目前为止，提到的研究所涉及的都是所谓的离散性恢复体验，即在特定的场合时间上独立的情况下，让需要恢复的人进入一种允许恢复的环境，就像人们辛苦工作一天后去公园活动一样（Hartig，2007）。重要的是想知道在离散性的恢复性体验中会发生什么，现有的证据的确已经说明了这种体验的恢复性优势（Health Council of the Netherlands，2004）；然而，一次这样的体验本身可能对促进持久健康没有什么帮助，更确切地讲，恢复性环境研究的一个基本假设关注的是它们的累积效应：在用于恢复的时段内，进入恢复性质量较高的环境要比恢复性质量较低的环境获得更大的累积健康效益。请注意，这个假设包含三个组分。其一是一个人可以看到或实际接触到的环境；其二是恢复可能发生的时期或暂停期，无论是短暂的、顺便的，还是持续时间较长的和专门用于恢复目的的；其三是可以产生累积效应的恢复性体验重复的时间长度。综上所述，"累积效应假设"的这些组分鼓励研究者关注人们的日常生活，人们通常会定期地寻找或以其他方式去发现在较长时间内经常性恢复的可能性（Hartig，2007）。许多研究都建立在这条推理的基础上，其中许多研究给出了自然体验与健康和福祉相关变量间的关联。这些研究针对不同的群体和环境比较分析了治疗和预防的益处，这些群体包括术后康复的住院患者（Ulrich，1984）、接受乳腺癌治疗的妇女（Cimprich and Ronis，2003）、临床抑郁症患者（Gonzalez *et al.*，2010）、城市公共住房居民（Kuo and Sullivan，2001）、农村贫困儿童（Wells and Evans，2003）、城市上班族（Bringslimark *et al.*，2007；Shin，2007）、度假屋拥有者（Hartig and Fransson，2009）、最近经历过一次应激性生活事件的人（van den Berg *et al.*，2010）、荷兰普通民众（de Vries *et al.*，2003；Maas *et al.*，2006）和英国普通民众（Mitchell and Popham，2007，2008）。

在此应该提及最后一组研究，因为它显示了环境偏好如何支持恢复性体验。斯塔茨（Staats）等（Staats *et al.*，2003；Staats and Hartig，2004；Hartig and Staats，2006）在一系列的实验中发现，当需要更大程度的恢复时，人们对森林漫步和城市漫步的偏好差异会更大。研究的主体包括了被简单地要求想象自己是疲劳的还是精力充沛的受试者和在一天开始时精力相对充沛而在下午的讲座后相对疲劳的受试者。此外，受试者对不同散步类型的偏好排序与他们对散步过程中注意力恢复可能性的排序密切相关。这种结果模式说明了两个重要的问题：人们逐渐认识到一些地方比其他地方更可能支持恢复，同时，人们能够有意识地运用这些知识来管理自己的能量、注意力和其他适应性资源（另见 Korpela and Hartig，1996；Korpela and Ylén，2009）。

5.4.2.4　关于心理恢复的总结性评述

对自然环境的偏好可能会让人们进入支持恢复的有利环境，恢复的体验可以帮助患者表现更有效，感觉更好，与他人相处更和谐，等等。从长远来看，反复的恢复体验可以帮助人们享有更好的健康。自然中的恢复性体验作为管理适应性资源的一项深思熟虑策略的一部分，可以发生在附近有自然地区的生活过程中。综上所述，在自然环境中的体验不仅通过恢复过程服务于健康，还可以通过人们学习新技能、更好地理解自己的能力和以积极的方式发展来服务于健康，我们现在转向讨论这些过程。

5.4.3　学习和个人发展

在此，我们特别感兴趣的是一类自然体验的益处模型，其关注的是在自然环境中行动被感知的偶然性所形成的行为方式。这类模型建立在这样一种理念之上：人们在自然环境中对行为塑造的加强或反馈过程与其在日常环境中所接受的不同，这种差异的最终结果会导致行为模式和自我观念的改变。总的来说，这些模型将自然环境视为个人成长的环境，通过面对问题或挑战及反思的机会来纠正不适应的行为方式。本文中提到的更具体的结果包括：更高的解决问题的能力、更大的自力更生能力，以及自我认知、自尊心、身体形象和知觉控制点的变化（有关综述请见 Driver *et al.*，1987；Levitt，1988）。影响通常会持续数天或数周，有些影响的持续会远远超过实际身处环境中的时间。

将学习和个人发展作为自然体验益处的讨论通常针对在荒野环境中实施的项目中的个人或团体（例如，Russell，2000；Ewert and McAvoy，2000）。这些项目的参与者往往是有特殊需要的年轻人。治疗项目与环境体验的结合给那些想要了解自然体验本身有益效果的人带来了一些问题，项目的结构、人员配置和活动可能比项目实施的环境更有益于参与者，自然环境可能有助于项目活动的开展，但这并不意味着自然环境本身的特征对项目的成功至关重要。这种治疗性露营和户外挑战项目的效果研究一直受到方法学的困扰，如缺乏对照组，使得人们无法更清楚地了解环境的作用。各种项目的要点和细节在许多评述性文献中已经进行了讨论（例如，Driver *et al.*，1987；Levitt，1988；Ewert and McAvoy，2000）。

然而，我们有理由相信，环境本身支持有益的变化。在对相关文献的评述中，Knopf（1987）列举了自然环境作为行为背景时与日常环境不同的五个方面。首先，一种自然环境，尤其是荒野环境，挑战了"习惯性的行为模式、资源和解决问题的方式"（第 787 页）；第二，自然环境是公正的或中立的，很少会给出负面或妄断的反馈（另见 Wohlwill，1983）；第三，自然环境的相对可操作性和可预测性意味着人们不必被防御和应对行为所困扰（引自 Bernstein，1972）；第四，自然环境允许更大程度的自我表达；最后，自然环境允许更大的个人控制感。然而，Kaplan 和 Talbot（1983）对最后一个方面提出了质疑，他们坚持认为放松对环境的控制对荒野项目的参与者来说是十分重要的。

Newman（1980）提出的通过结构化荒野项目改善习得性无助感的模型也提供了一些见解，说明哪些行为可能对项目之外的人有益。习得性无助感源于对自己期望实现的结果与实际结果间存在的偶然性无法感知。人们学会相信自己通常不能影响努力的结果（Seligman，1975），这种情况伴随着情绪上、认知上、动机上和可能的自我意识上的缺陷，如解决问题的能力受损、面对失败无法坚持完成任务、自尊心降低和抑郁（例如，Abramson *et al.*，1978）。患有习得性无助症的人倾向于把失败归因于稳定的、全局性的、内在的原因，如持续的普遍的能力缺乏。相反，他们倾向于将成功归因于外部的、特定的、可能并不稳定的原因，如在特殊情况下的好运气（Abramson *et al.*，1978）。

根据 Newman（1980）的研究，拓展性训练项目的结构及荒野环境的特点有助于人们建立清晰而现实的归因和期望模式，同时还促进了技能的获得和掌握，鼓励产生有能力或可控性的感觉，并有助于对能力的直接感知从而对自我意识和自尊产生积极影响。一些荒野环境的特点被认为是重要的影响因素。第一，在荒野中对信息处理能力的需求减少了，一个从通常的精神噪音中解脱出来的人可能能够对自己的归因模式有了必要的深入了解；第二，日常环境中的压力状况（如噪音、拥挤、刺激模糊）不复存在，或更容易被视为处于人为控制之下。不受人为控制的情况如天气，很容易被认为是公正的，不受任何人的控制；第三，荒野的新奇性和威胁价值引发了人们的密切关注和积极应对，处理可控的混乱和焦虑为人们培养处理意外情况的能力提供了机会；第四，身处荒野环境意味着会从事基本的生存活动，这些活动可以促进能力建设，并提供了对成败作出准确归因的机会。

Reser 和 Scherl（1988）对荒野体验中鼓励适应和个人发展的方式进行了类似的观察，但并未将体验放在结构化项目的背景下，也没有提及病理状况的改善。他们提出了一个发生在具有内在激励作用的活动（如跑步或野外徒步等）中的人与环境交易模型。他们认为，在这些活动中人与环境间的交易包含清晰且明确的反馈，因此，信息的回报值与人们从环境中获取到的信息模糊性和不清晰性成比例。他们进一步假设，人们从日常的物质和社会环境中得到的反馈通常是间接的、模棱两可的、程序化的和角色设定的。他们的模型很有趣，因为它将一种学习方法的各个方面与卡普兰等人的进化模型中的注意力和信息处理能力结合起来。清晰和明确的反馈之所以有回报，部分原因在于其在优化生物信息处理系统功能方面的效用。

关于学习和个人发展的结束语

关于学习和个人发展的理论为理解自然体验如何服务于健康的心理恢复理论提供了重要补充。人们不仅可以通过恢复枯竭的资源，而且还可以通过获得新的能力，从自然环境的体验中获益。通过在自然环境中的活动，一个人可以纠正一个平常的缺陷，如定向注意力疲劳，或更严重的缺陷，如习得性无助。两者中任何一种情况都能使活动演变成一个发展和增长的过程，其作用远不止简单地纠正缺陷。本书的第 11 章和第 12 章将对自然环境作为治疗和教育的环境给予更多的关注。

5.5　未来的研究方向

在讨论了"过去发生了什么"和"现在处于哪个阶段"之后，我们最后转向讨论"未来将去向何方"。在本节中，我们首先探讨进一步的研究方向，然后我们确定了在可预见的未来需要研究的一些问题，包括自然体验与健康间关系的理论对进化学假设的挑战，以及个体对自然反应的差异。

5.5.1　进一步研究的方向

在前面的部分我们已经讨论了一些对福祉和健康产生影响的心理过程。受篇幅所限，我们无法更为深入地探讨有关这些过程和其他过程的许多可能的研究方向，但有两个话题至少值得在这里简单提及，即自我调节和场所依恋。

在关于恢复和恢复性环境的讨论中，我们提到，人们逐渐认识到一些地方比其他地方更有可能支持恢复，而且他们可以将这些知识应用于管理适应性资源。正如 Korpela（1989）所描述的，这种行为是自我调节不可或缺的；人的行为是为了保持快乐与痛苦间的良好平衡，将现实的数据同化到一个连贯的概念系统中，维持一种良好的自尊水平，并保持与他人的关系（Korpela et al.，2001，第 574 页）。人们利用各种策略专注于这些功能性原则，如选择一个有某种特殊感觉的场所，并根据需要独处或与他人待在一起。自我调节会周期性地涵盖恢复（Korpela and Hartig，1996），一些人为了恢复可能在某些情况下更愿意选择自然环境，但也可能因为其他原因转向自然环境（另见 Scopelliti and Giuliani，2004），例如，人们可能想要体验一种充满活力的感觉（Ryan et al.，2010）。无论是为了振作还是为了恢复，利用自然环境进行自我调节都会与健康存在明确的相关性。进一步的研究可能会在自我调节框架内对更广泛的互补过程进行有益的研究，包括采用自然体验的恢复和振作过程。

在此，另一个需要提及的话题是一种与自然联系的感觉。近年来，一些研究人员提出了与这一话题相关的概念，其中包括人们身处大自然时的感受，以及其对大自然的感受。这些概念包括对自然的情感亲和力（Kals et al.，1999）、将自然融入自我（Schultz，2002）、环境认同（Clayton，2003）和与自然的联系（Mayer and Frantz，2004）。最近的实证研究证实了这些概念在很大程度上存在着重叠的现象（Brügger et al.，in press）。然而，令人感兴趣的是，这些与自然环境间情感纽带的表达激发了旨在减少对环境有害影响的行为。与此类似，研究发现赞同利用自然环境进行心理恢复的人表现出更多的环境友好行为（Hartig et al.，2007）。因此，可以对健康促进与环境保护间相辅相成的动态过程进行研究，这并非一个新想法，我们在讨论环境运动的发展时就已提到了这一点，然而，研究人员仍需进一步研究其实际潜力。

5.5.2　对进化学假设的挑战

我们先前提出，对健康与自然间关系的理解将越来越多地尝试解读先天、文化和个人等决定因素对自然审美反应的共同贡献。抛开别的不说，要做到这一点需要重点关注进化学理论和相关研究的发展。作为当前许多有关自然体验与健康间关系的思想基础，进化论假设自 20 世纪 60～70 年代提出以来几乎没有进行过任何评述。因此，一些研究人员现在仍然认为，人类进化中经历的世代太少，无法获得对建筑环境尤其是城市环境的生物适应。这个信念的有效性应该根据当前的研究进行评估（Joye，2007）。一方面，古人类学家质疑稀树草原是具有进化相关性的独特环境这样一种观点（Potts，1998）。另一方面，"人类至少在 100 万年前就从非洲的稀树草原上向外扩散"，"从那时起，我们已经有足够的时间——数万代人——用对新栖息地的先天反应来取代对稀树草原的任何原始的先天反应"（Diamond，1993，第 253～254 页；引自 Kahn，1997）。

　　除了古人类学的工作外，近几十年来，基因遗传不会受到环境的影响这一正统观念受到了持续挑战；除了在选择适应性变种方面的作用外，环境还可以产生遗传性基因变异的作用（Jablonka and Lamb，1998），这可能为自然种群中生态相关性状的快速变化打开了大门。当遗传学家和分子生物学家正忙于研究表观遗传的变异和遗传过程时，生态学家们正致力于领悟这些过程在现实世界中的原因和后果（Bossdorf et al.，2008）。他们的工作可以更精确地描述健康与自然间的关系，这是一个早就被认识到的过程的一部分，其中生物选择和文化起到了互惠互利的作用；人塑造了环境，而环境又塑造了人（参见 Dobzhansky，1962；Dubos，1965；Hartig，1993）。在这个过程中，我们不仅可以把个体理解为基因的携带者和复制者，还可以理解为复制了所处文化中某种意义的结构载体。如果一种特定的文化坚持认为自然与健康间存在着一种紧密的联系，处于这种文化中的个人可能会以一种既强化这些意义又影响产生和选择遗传变异环境的方式对环境采取行动。

5.5.3　个体对自然反应的差异

　　也许与强调对自然反应一致性的进化概念一致，在自然与健康间关系的研究中还未看到解决个体对自然反应可能存在的系统差异的持续性工作。几种类型的个人变量可以用来解释短期或长期自然与健康间关系在强度和/或方向上的差异。其中包括社会人口变量，如性别、年龄、收入、教育和社会经济地位；寻求感官刺激等人格特征（Zuckerman，1994）；动机取向和需求，如自主性需求（Deci and Ryan，2000）和结构需求（van den Berg and van Winsum-Westra，待出版）；自然意象（de Groot and van den Born，2003）等与知识相关的变量；对特定类型环境的个人经历，包括对区域或当地的熟悉程度、童年的经历（Ewert et al.，2005）和场所依恋；最后是整个生命周期的各个阶段，包括儿童期的各个发展阶段（Kellert 2002）。

　　传统上，个体对自然反应的差异研究主要集中在受不同程度人类影响下的景观视觉偏好的社会-人口相关性上（例如，Strumse，1996；Simonič，2003；van den Berg et al.，1998）。其他的视觉偏好研究已经超越了社会人口统计学转而考虑人格变量。例如，Abello 和 Bernaldez（1986）发现，那些被归类为"情绪不太稳定"的受试者更喜欢包含结构性节奏和重复"模式"的景观，而那些"责任感"得分较高的受试者则倾向于拒绝令人不开心的、落叶的或冬季的景观，尽管它们具有更高的辨识度。

　　个人变量不仅可以调节人们对自然的视觉偏好，而且也与人们的健康反应高度相关。在健康心理学中普遍认为人们应对健康威胁的方式存在很大不同

（Leventhal *et al.*，1984）。这些差异不仅与个人变量（如神经质）有关，还与应对健康威胁的社会和环境资源的可用性有关（Stockdale *et al.*，2007）。与后一种观点一致，荷兰最近的流行病学研究发现，对于那些更倾向于居家生活的群体（如儿童、家庭主妇以及老年人）来说，居住环境中的绿色空间与自我报告的健康间的关系更为密切，因此他们更依赖于附近绿色空间的供应（de Vries *et al.*，2003；Maas *et al.*，2006）。最近的另一项研究表明，性别作为社会角色和行为规范的标志，也可能影响成年人从体验大自然的机会中获得健康益处。例如，在对瑞典城市居民进行的一项纵向人口研究中，拥有休闲居所环境的男性因健康原因提前退休的可能性较低（Hartig and Fransson，2009），而女性尤其是受过高等教育的女性，在拥有休闲居所后提前退休的可能性会更大，这可能是因为休闲居所带来的额外家务劳动超过了接触大自然的益处。除了对进一步研究的影响之外，这些事实还应放在政策、规划和卫生保健背景下加以考虑，在这些背景下，有关自然环境健康益处的想法才会被付诸实践。

5.6　结论

有关健康与自然体验相关的观念由来已久。目前对这一话题的研究可以看作是一系列长期相互交织的社会和文化过程的最新表现。这些过程与科学和专业领域的发展相结合，为系统研究自然体验与健康间关系提供了令人信服的理由和相对良好的科学能力。在挑战关于自然与健康间关系的"常识"观点时，现今的研究人员正在使用那些被认为在科学上可信的方法和理论，但未来的研究人员无疑会本着他们的专业责任，发现今天所使用的一些方式方法的不足之处。尽管如此，我们有充分的理由相信，我们对这些现象的理解正在提高，利用这些现象的能力也在提高。接下来的两章我们将讨论研究与应用相结合的问题。

参 考 文 献

Abello RP, Bernaldez FG (1986) Landscape preference and personality. Landscape Urban Plan 13:19–28

Abramson L, Seligman M, Teasdale J (1978) Learned helplessness in humans: critique and reformulation. J Abnorm Psychol 87:49–74

Aks DJ, Sprott JC (1996) Quantifying aesthetic preference for chaotic patterns. J Empirical Stud Arts 4:1–16

Anderson D (2009) Humanizing the hospital: design lessons from a Finnish sanatorium. Canadian Medical Association Journal, September, doi:10.1503/cmaj.090075

Antonovsky A (1979) Health, stress, and coping. Jossey-Bass, San Francisco, CA

Appleton J (1975) The experience of landscape. Wiley, London

Appleton J (1996) The experience of landscape, Revisedth edn. Wiley, London

Balling JD, Falk JH (1982) Development of visual preference for natural environments. Environ Behav 14:5–28

Barnsley M (1993) Fractals everywhere. Academic Press, London

Barnsley MF, Devaney RL, Mandelbrot BB, Peitgen HO, Saupe D, Voss RF (1988) The science of fractal images. Springer, New York

Bauer N, Wallner A, Hunziker M (2009) The change of European landscapes: human-nature relationships, public attitudes towards rewilding, and the implications for landscape management in Switzerland. J Environ Manage 90:2910–2920

Becker P (1994) Theoretische Grundlagen. In: Abele A, Becker P (ed) Wohlbefinden. Theorie – Empirie – Diagnostik. Juventa, Weinheim, pp 13–49. (Becker P (1994) Theoretical foundations. In: Abele A, Becker P (ed) Wellbeing. Theory – empirical data – Diagnostics. Juventa, Weinheim, pp 13–49)

Bell S (2001) Landscape pattern, perception and visualisation in the visual management of forests. Landscape Urban Plan 54:201–211

Berman MG, Jonides J, Kaplan S (2008) The cognitive benefits of interacting with nature. Psychol Sci 19:1207–1212

Bernstein A (1972) Wilderness as a therapeutic behavior setting. Therap Recreat J 6:160–161

Berto R (2005) Exposure to restorative environments helps restore attentional capacity. J Environ Psychol 25:249–259

Bodin M, Hartig T (2003) Does the outdoor environment matter for psychological restoration gained through running? Psychol Sport Exercise 4:141–153

Bonney SG (1901) Discussion upon climatic treatment of pulmonary tuberculosis versus home sanatoria. Trans Am Clin Climatol Assoc 17:224–234

Bossdorf O, Richards CL, Pigliucci M (2008) Epigenetics for ecologists. Ecol Lett 11:106–115

Bourassa SC (1988) Toward a theory of landscape aesthetics. Landscape Urban Plan 15:241–252

Bourassa SC (1990) A paradigm for landscape aesthetics. Environ Behav 22:787–812

Briggs P (1992) Fractals: the patterns of chaos. Thames and Hudson, London

Bringslimark T, Hartig T, Patil GG (2007) Psychological benefits of indoor plants in workplaces: putting experimental results into context. HortScience 42:581–587

Brower D (1990) For Earth's sake: the life and times of David Brower. Gibbs Smith, Salt Lake City, UT

Brügger A, Kaiser FG, Roczen N (in press) One for all: connectedness to nature, inclusion of nature, environmental identity, and implicit association with nature. Euro Psychol. doi: 10.1027/1016-9040/a000032

Buck C, Llopis A, Nájera E, Terris M (1989) The challenge of epidemiology: issues and selected readings. Pan American Health Organization, Washington, DC

Carson R (1962) Silent spring. Houghton-Mifflin, Boston, MA

Catalano R (1979) Health, behavior, and the community: an ecological perspective. Pergamon, New York

Chang CY, Chen PK (2005) Human response to window views and indoor plants in the workplace. HortScience 40:1354–1359

Ciancio O, Nocentini S (2000) Forest management from positivism to the culture of complexity. In: Agnoletti M, Anderson S (eds) Methods and approaches in forest history (IUFRO Research Series 3). CABI Publishing, Oxon, UK

Cimprich B, Ronis DL (2003) An environmental intervention to restore attention in women with newly diagnosed breast cancer. Cancer Nurs 26:284–292

Clayton S (2003) Environmental identity: a conceptual and an operational definition. In: Clayton S, Opotow S (eds) Identity and the natural environment: the psychological significance of nature. MIT Press, Cambridge, MA, pp 45–65

Coelho CM, Purkis H (2009) The origins of specific phobias: influential theories and current perspectives. Rev Gen Psychol 13(4):335–348

Cooper Marcus C, Barnes M (eds) (1999) Healing gardens: therapeutic benefits and design recommendations. Wiley, New York

Daniel TC (2001) Whither scenic beauty? Visual landscape quality assessment in the 21st century. Landscape Urban Plan 54:267–281

Deci E, Ryan R (2000) Self-determination theory and the facilitation of intrinsic motivation, social development, and well being. Am Psychol 55(1):68–78

de Groot WT, van den Born RJG (2003) Visions of nature and landscape type preferences: an exploration in The Netherlands. Landscape Urban Plan 63:127–138

de Hollander AEM, Staatsen BAM (2003) Health, environment and quality of life: an epidemiological perspective on urban development. Landscape Urban Plan 65:53–62

de Vries S, Verheij RA, Groenewegen PP, Spreeuwenberg P (2003) Natural environments-healthy environments? An exploratory analysis of the relationship between greenspace and health. Environ Plan A 35:1717–1731

Diamond J (1993) New Guineans and their natural world. In: Kellert SR, Wilson EO (eds) The biophilia hypothesis. Island Press, Washington, DC, pp 251–271

Diener E (2000) Subjective well-being: the science of happiness and a proposal for a national index. Am Psychol 55:34–43

Diener E, Lucas RE (2000) Subjective emotional well-being. In: Lewis M, Haviland-Jones JM (eds) Handbook of emotions, vol 2. Guilford, New York, pp 325–337

Dobzhansky T (1962) Mankind evolving. Yale University Press, New Haven, CT

Driver BL, Nash R, Haas G (1987) Wilderness benefits: a state-of-knowledge review. In: Lucas RC (ed) Proceedings – National wilderness research conference: issues, state-of-knowledge, future directions. USDA Forest Service General Technical Report INT-220, pp 294–319. United States Department of Agriculture Forest Service Intermountain Research Station, Ogden, UT

Dubos R (1965) Man adapting. Yale University Press, New Haven, CT

Eder K, Ritter M (1996) The social construction of nature: a sociology of ecological enlightenment. Sage, London

Edginton B (1997) Moral architecture: the influence of the York retreat on asylum design. Health Place 3:91–99

Evernden N (1992) The social creation of nature. Johns Hopkins University Press, Baltimore, MD

Ewert A, McAvoy L (2000) The effects of wilderness settings on organized groups: a state-ofknowledge paper. In: McCool SF, Cole DN, Borrie WT, O'Loughlin J (eds) Wilderness science in a time of change conference – vol 3: wilderness a place for scientific inquiry. USDA forest service proceedings RMRS-P-15-VOL-3, 2000, pp 13–26. USDA Forest Service Rocky Mountain Research Station, Ogden, UT

Ewert A, Place G, Sibthorp J (2005) Early-life outdoor experiences and an individual's environmental attitudes. Leisure Sci 2:225–239

Ekman K (2007) Herrarna i skogen. Albert Bonniers Förlag, Stockholm

Falk JH, Balling JD (2009) Evolutionary influence on human landscape preference. Environ Behav. doi:10.1177/0013916509341244

Field DJ (1989) What the statistics of natural images tell us about visual coding. SPIE proceedings on Human vision, visual processing and digital display, vol 1077, p 269

Fromm E (1964) The heart of man. Harper and Row, New York

Frumkin H (2001) Beyond toxicity: human health and the natural environment. Am J Prev Med 20:234–240

Fuchs T (2003) Bäder und Kuren in der Aufklärung: Medizinaldiskurs und Freizeitvergnügen. Berliner Wissenschafts-Verlag, Berlin

Gardiner CF (1901) The importance of an early and radical climatic change in the cure of pulmonary tuberculosis. Trans Am Clin Climatol Assoc 17:202–205

Garraty JA, Gay P (1972) Columbia history of the world. Harper & Row, New York

Geake J, Landini G (1997) Individual differences in the perception of fractal curves. Fractals 5:129–143

Gibson JJ (1979) The ecological approach to visual perception. Houghton Mifflin, Boston, MA

Gilden DL, Schmuckler MA, Clayton K (1993) The perception of natural contour. Psychol Rev 100:460–478

Gonzalez MT, Hartig T, Patil GG, Martinsen EW, Kirkevold M (2010) Therapeutic horticulture in clinical depression: a prospective study of active components. J Adv Nurs 66:2002–2013

Gouyet JF (1996) Physics and fractal structures. Springer, New York

Grundsten C (2009) Sveriges nationalparker. Bokförlaget Max Ström, Stockholm

Gurthrie WKC (1965) Presocratic tradition from Parmenides to Democritus (vol. 2 of his history of greek philosophy). Cambridge University Press, Cambridge

Hagerhall CM (2005) Fractal dimension as a tool for defining and measuring naturalness. In: Martens B, Keu AG (eds) Designing social innovation – planning, building, evaluating 1. Hogrefe and Huber, Cambridge, MA, pp 75–82

Hagerhall CM, Purcell T, Taylor R (2004) Fractal dimension of landscape silhouette outlines as a predictor of landscape preference. J Environ Psychol 24:247–255

Hagerhall CM, Laike T, Taylor RP, Küller M, Küller R, Martin TP (2008) Investigations of human EEG response to viewing fractal patterns. Perception 37:1488–1494

Han KT (2007) Responses to six major terrestrial biomes in terms of scenic beauty, preference, and restorativeness. Environ Behav 39:529–556

Hartig T (1993) Nature experience in transactional perspective. Landscape Urban Plan 25:17–36

Hartig T (2004) Restorative environments. In: Spielberger C (ed) Encyclopedia of applied psychology, vol 3. Academic Press, San Diego, CA, pp 273–279

Hartig T (2007) Three steps to understanding restorative environments as health resources. In: Ward Thompson C, Travlou P (eds) Open space: people space. Taylor and Francis, London, pp 163–179

Hartig T, Cooper Marcus C (2006) Essay: healing gardens – places for nature in healthcare. Lancet 368:S36–S37

Hartig T, Evans GW, Jamner LD, Davis DS, Gärling T (2003) Tracking restoration in natural and urban field settings. J Environ Psychol 23(2):109–123

Hartig T, Fransson U (2009) Leisure home ownership, access to nature, and health: a longitudinal study of urban residents in Sweden. Environ Plan A 41:82–96

Hartig T, Kaiser FG, Strumse E (2007) Psychological restoration in nature as a source of motivation for ecological behaviour. Environ Conserv 34:291–299

Hartig T, Korpela K, Evans GW, Gärling T (1997) A measure of restorative quality in environments. Scand Hous Plan Res 14:175–194

Hartig T, Mang M, Evans GW (1991) Restorative effects of natural environment experiences. Environ Behav 23:3–26

Hartig T, Staats H (2006) The need for psychological restoration as a determinant of environmental preferences. J Environ Psychol 26:215–226

Health Council of the Netherlands (2004) Nature and health. The influence of nature on social, psychological and physical well-being. Health Council of the Netherlands and Dutch Advisory

Council for Research on Spatial Planning, Den Hague

Heerwagen JH, Orians GH (1993) Humans, habitats, and aesthetics. In: Kellert SR, Wilson EO (eds) The biophilia hypothesis. Island Press, Washington, DC, pp 138–172

Herzog TR (1985) A cognitive analysis of preference for waterscapes. J Environ Psychol 5:225–241

Herzog TR (1989) A cognitive analysis of preference for urban nature. J Environ Psychol 9:27–43

Herzog TR, Leverich OL (2003) Searching for legibility. Environ Behav 35:459–477

Herzog TR, Maguire CP, Nebel MB (2003) Assessing the restorative components of environments. J Environ Psychol 23:159–170

Hewitt R (2006) The influence of somatic and psychiatric medical theory on the design of nineteenth century American cities. History of Medicine Online. Accessed on the internet on 2010-04-14 at http://www.priory.com/homol/19c.htm

Howard E (1902/1946) Garden cities of to-morrow (reprinted). Faber and Faber, London (originally published in 1902)

Hunziker M (1995) The spontaneous reafforestation in abandoned agricultural lands: perception and aesthetic assessment by locals and tourists. Landscape Urban Plan 31:399–410

Irvine KN, Warber SL (2002) Greening healthcare: practicing as if the natural environment really mattered. Altern Ther Health M 8:76–83

Jablonka E, Lamb MJ (1998) Epigenetic inheritance in evolution. J Evol Biol 11:159–183

Jakobsson A (2004) Vatten, vandring, vila, vy och variation: den svenska kurparkens gestaltningsidé, exemplet Ronneby Brunnspark (Rapport nr 2004:1). Sveriges lantbruksuniversitet, Institutionen för landskapsplanering, Alnarp

Jensen FS, Koch NE (2004) Twenty-five years of forest recreation research in Denmark and its influence on forest policy. Scand J Forest Res 19(suppl 4):93–102

Joye Y (2007) Architectural lessons from environmental psychology: the case of biophilic architecture. Rev Gen Psychol 11:305–328

Kahn PH Jr (1997) Developmental psychology and the biophilia hypothesis: children's affiliation with nature. Develop Rev 17:1–61

Kahneman D, Diener E, Schwarz N (1999) Well-being: the foundations of hedonic psychology. Russell Sage Foundation, New York

Kals E, Schumacher D, Montada L (1999) Emotional affinity toward nature as a motivational basis to protect nature. Environ Behav 31:178–202

Kaplan S (1987) Aesthetics, affect, and cognition: environmental preferences from an evolutionary perspective. Environ Behav 19:3–32

Kaplan S (1995) The restorative benefits of nature: toward an integrative framework. J Environ Psychol 15(3):169–182

Kaplan S, Kaplan R (1978) Humanscape: environments for people. Duxbury Press, Belmont, CA (republished Ann Arbor, MI: Ulrich's Books, 1982)

Kaplan S, Kaplan R (1982) Cognition and environment: functioning in an uncertain world. Praeger, New York

Kaplan S, Talbot JF (1983) Psychological benefits of a wilderness experience. In: Altman I, Wohlwill JF (eds) Behavior and the natural environment. Plenum, New York, pp 163–203

Kaplan R, Kaplan S (1989) The experience of nature: a psychological perspective. Cambridge University Press, Cambridge

Kellert SR (1993a) The biological basis for human values of nature. In: Kellert SR, Wilson EO (eds) The biophilia hypothesis. Island Press, Washington, DC

Kellert SR (1993b) Attitudes toward wildlife among the industrial superpowers: the United States, Japan, and Germany. J Soc Issues 49:53–69

Kellert SR (1996) The value of life. Island Press, New York

Kellert SR (2002) Experiencing nature: affective, cognitive, and evaluative development in children. In: Kahn P, Kellert SR (eds) Children and nature: psychological, sociocultural, and evolutionary investigations. MIT Press, Cambridge, MA, pp 117–151

Knill DC, Field D, Kersten D (1990) Human discrimination of fractal images. J Opt Soc Am 77:1113–1123

Knopf R (1987) Human behavior, cognition, and affect in the natural environment. In: Stokols D, Altman I (eds) Handbook of Environmental Psychology, vol 1. Wiley, New York, pp 783–825

Konijnendijk CC (2003) A decade of urban forestry in Europe. Forest Pol Econ 5:173–186

Korpela K, Hartig T (1996) Restorative qualities of favorite places. J Environ Psychol 16:221–233

Korpela KM (1989) Place identity as a product of environmental self-regulation. J Environ Psychol 9:241–256

Korpela KM, Hartig T, Kaiser FG, Fuhrer U (2001) Restorative experience and self-regulation in favorite places. Environ Behav 33:572–589

Korpela KM, Ylén M (2009) Effectiveness of favorite-place prescriptions: a field experiment. Am J Prev Med 36:435–438

Kuo FE, Sullivan WC (2001) Aggression and violence in the inner city: effects of environment via mental fatigue. Environ Behav 33:543–571

Laumann K, Gärling T, Stormark KM (2001) Rating scale measures of restorative components of environments. J Environ Psychol 21:31–44

Laumann K, Gärling T, Stormark KM (2003) Selective attention and heart rate responses to natural and urban environments. J Environ Psychol 23:125–134

Leopold A (1949) A sand county almanac with sketches here and there. Oxford University Press, Oxford

Leventhal H, Nerenz DR, Steele DJ (1984) Illness representations and coping with health threats. In:

Baum A, Taylor SE, Singer JE (eds) Handbook of psychology and health: vol 4. Erlbaum, Hillsdale, NJ, pp 219–252

Levitt L (1988) Therapeutic value of wilderness. In: Freilich HR (ed) Wilderness Benchmark 1988: proceedings of the National wilderness colloquium. USDA Forest Service General Technical Report SE-51, pp 156–168. United States Department of Agriculture Forest Service Southeastern Forest Experiment Station, Asheville, NC

Lichtenstein P, Annas P (2000) Heritability and prevalence of specific fears and phobias in childhood. J Child Psychol Psychiatr All Disciplines 41:927–937

Lindhagen A, Hörnsten L (2000) Forest recreation in 1977 and 1997 in Sweden: changes in public preferences and behavior. Forestry 73:143–151

Lohr VI, Pearson-Mims CH (2006) Responses to scenes with spreading, rounded, and conical tree forms. Environ Behav 38:667–688

Maas J, Verheij RA, Groenewegen PP, de Vries S, Spreeuwenberg P (2006) Green space, urbanity and health: how strong is the relation? J Epidemiol Commun Health 60:587–592

Mandelbrot BB (1983) The fractal geometry of nature. W. H. Freeman, New York

Mansén E (1998) An image of Paradise: Swedish spas in the 18th Century. Eighteenth Cen Stud 31:511–516

Mausner C (1996) A kaleidoscope model: defining natural environments. J Environ Psychol 16:335–348

Mayer FS, Frantz CMP (2004) The connectedness to nature scale: a measure of individuals' feeling in community with nature. J Environ Psychol 24:503–515

Meacham S (1999) Regaining paradise: Englishness and the early Garden City movement. Yale University Press, New Haven, CT

Mitchell R, Popham F (2007) Greenspace, urbanity and health: relationships in England. J Epidemiol Commun Health 61:681–683

Mitchell R, Popham F (2008) Effect of exposure to natural environment on health inequalities: an observational population study. Lancet 372:1655–1660

Muir J (1901/1981) Our National Parks. Houghton Mifflin, New York. Republished by University of Wisconsin Press, Madison

Naddaf G (2006) The Greek concept of nature. Suny Press, New York

Nash R (1982) Wilderness and the American mind, 3rd edn. Yale University Press, New Haven, CT

Newman RS (1980) Alleviating learned helplessness in a wilderness setting: an application of attribution theory to Outward Bound. In: Fyans LJ Jr (ed) Achievement motivation: recent trends in theory and research. Plenum, New York, pp 312–345

Nordh H, Hartig T, Hagerhall C, Fry G (2009) Components of small urban parks that predict the possibility for restoration. Urban Forest Urban Green 8:225–235

Öhman A, Mineka S (2001) Fears, phobias, and preparedness: toward an evolved module of fear learning. Psychol Rev 108:483–522

Olmsted FL (1865/1952) The Yosemite valley and the Mariposa big trees: a preliminary report. with an introductory note by Laura Wood Raper. Landscape Archit 43:12–25

Orians GH (1980) Habitat selection: general theory and applications to human behavior. In: Lockard JS (ed) The evolution of human social behavior. Elsevier, New York, pp 49–66

Orians GH (1986) An ecological and evolutionary approach to landscape aesthetics. In: Penning-Rowsell EC, Lowenthal D (eds) Landscape meanings and values. Allen and Unwin, London, pp 4–25

Orians GH, Heerwagen JH (1992) Evolved responses to landscapes. In: Barkow JH, Cosmides L, Tooby J (eds) The adapted mind: evolutionary psychology and the generation of culture. Oxford University Press, Oxford, pp 555–579

Ottosson J, Grahn P (2005) A comparison of leisure time spent in a garden with leisure time spent indoors: on measures of restoration in residents in geriatric care. Landscape Res 30(1):23–55

Outdoor Recreation Resources Review Commission (1962) Wilderness and recreation – a report on resources, values, and problems (ORRRC Study Report 3). US Government Printing Office, Washington, DC

Pals R, Steg L, Siero FW, van der Zee KI (2009) Development of the PRCQ: a measure of perceived restorative characteristics of zoo attractions. J Environ Psychol 29:441–449

Park BJ, Tsunetsugu Y, Kasetani T, Hirano H, Kagawa T, Sato M, Miyazaki Y (2007) Physiological effects of shinrin-yoku (taking in the atmosphere of the forest) – using salivary cortisol and cerebral activity as indicators. J Physiol Anthropol 26:123–128

Parsons R (1991) The potential influences of environmental perception on human health. J Environ Psychol 11:1–23

Parsons R, Tassinary LG, Ulrich RS, Hebl MR, Grossman-Alexander M (1998) The view from the road: implications for stress recovery and immunization. J Environ Psychol 18:113–140

Pickover C (1995) Keys to infinity. Wiley, New York

Pinchot G (1987) Breaking new ground. Island Press, Washington, DC (originally published by Harcourt, Brace, and Co, New York, 1947)

Pitt DG, Zube EH (1987) Management of natural environments. In: Stokols D, Altman I (eds) Handbook of environmental psychology, 2. Wiley, New York, pp 1009–1042

Potts R (1998) Environmental hypotheses of hominin evolution. Yearbook Phys Anthropol 41:93–136

Pretty JN, Peacock J, Sellens M, Griffin M (2005) The mental and physical health outcomes of green exercise. Int J Environ Health Res 15:319–337

Purcell AT, Lamb RJ (1984) Landscape perception: an examination and empirical investigation of two central issues in the area. J Environ Manage 19: 31–63

Reser JP, Scherl LM (1988) Clear and unambiguous feedback: a transactional and motivational analysis of environmental challenge and self-encounter. J Environ Psychol 8:269–286

Roggenbuck JW, Lucas RC (1987) Wilderness use and user characteristics: a state-of-knowledge review. In: Lucas RC (ed) Proceedings – National wilderness research conference: issues, state-of-knowledge, future directions. USDA Forest Service General Technical Report INT-220. United States Department of Agriculture Forest Service Intermountain Research Station, Ogden, UT, pp 204–245

Rogowitz BE, Voss RF (1990) Shape perception and low dimension fractal boundary contours. In: Rogowitz BE, Allenbach J (eds) Proceedings of the conference on human vision: methods, models and applications, Santa Clara. SPIE/SPSE symposium on Electron imaging, vol 1249, pp 387–394

Rosen G (1993) A history of public health, expandedth edn. Johns Hopkins University Press, Baltimore, MD

Runte A (1979) National parks: the American experience. University of Nebraska Press, Lincoln, NB

Russell KC (2000) Exploring how the wilderness therapy process relates to outcomes. J Experiential Education 23:170–176

Ryan RM, Weinstein N, Bernstein J, Brown KW, Mistretta L, Gagné M (2010) Vitalizing effects of being outdoors and in nature. J Environ Psychol 30:159–168

Schama S (1995) Landscape and memory. Vintage Books, New York

Schultz PW (2002) Inclusion with nature: the psychology of human-nature relations. In: Schmuck P, Schultz PW (eds) The psychology of sustainable development. Kluwer, New York, pp 61–78

Scopelliti M, Giuliani MV (2004) Choosing restorative environments across the lifespan: a matter of place experience. J Environ Psychol 24:423–437

Scott A (2003) Assessing public perception of landscape: from practice to policy. J Environ Pol Plan 5:123–144

Seligman MEP (1970) On the generality of the laws of learning. Psychol Rev 77:406–418

Seligman MEP (1975) Helplessness: on depression, development, and death. Freeman, San Francisco

Sempik J, Aldrige J, Becker S (2003) Social and therapeutic horticulture: evidence and messages from research: thrive and centre for child and family research. Loughborough University, UK

Shin WS (2007) The influence of forest view through a window on job satisfaction and job stress. Scand J Forest Res 22:248–253

Simonič T (2003) Preference and perceived naturalness in visual perception of naturalistic landscapes. Zb Bioteh Fak Univ Ljublj Kmet 81:369–387

Spehar B, Clifford CWG, Newell BR, Taylor RP (2003) Universal aesthetic of fractals. Comput Graph 27:813–820

Staats H, Hartig T (2004) Alone or with a friend: a social context for psychological restoration and environmental preferences. J Environ Psychol 24:199–211

Staats H, Kieviet A, Hartig T (2003) Where to recover from attentional fatigue: an expectancyvalue analysis of environmental preference. J Environ Psychol 23:147–157

Stamps AE (2004) Mystery, complexity, legibility and coherence: a meta-analysis. J Environ Psychol 24:1–16

Stamps AE (2006) Literature review of prospect and refuge theory: the first 214 references. Institute of Environmental Quality, San Francisco, CA. Accessed on the internet on 2010-04-14 at http://home.comcast.net/~instituteofenvironmentalquality/LitReviewProspectAndRefuge.pdf

Stamps AE (2008a) Some findings on prospect and refuge theory: I. Percept Motor Skill 106:147–162

Stamps AE (2008b) Some findings on prospect and refuge theory: II. Percept Motor Skill 107:141–158

Stankey GH, Schreyer R (1987) Attitudes toward wilderness and factors affecting visitor behavior: a state-of-knowledge review. In: Lucas RC (ed) Proceedings – National wilderness research conference: issues, state-of-knowledge, future directions. USDA Forest Service General Technical Report INT-220. United States Department of Agriculture Forest Service Intermountain Research Station, Ogden, UT, pp 246–293

Stremlow M, Sidler C (2002) Schreibzüge durch die Wildnis. In: Wildnisvorstellungen in Literatur und Printmedien der Schweiz. Haup, Bern

Stockdale SE, Wells KB, Tang L, Belin TR, Zhang L, Sherbourne CD (2007) The importance of social context: neighborhood stressors, stress-buffering mechanisms, and alcohol, drug, and mental health disorders. Soc Sci Med 65:1867–1881

Strumse E (1996) Demographic differences in the visual preferences for agrarian landscapes in western Norway. J Environ Psychol 16:17–31

Summit J, Sommer R (1999) Further studies of preferred tree shapes. Environ Behav 31:550–576

Susser M, Susser E (1996) Choosing a future for epidemiology: I Eras and paradigms. Am J Pub Health 86:668–673

Szczygiel B, Hewitt R (2000) Nineteenth-century medical landscapes: John H. Rauch, Frederick Law Olmsted, and the search for salubrity. Bull Hist Med 74:708–734

Taylor RP (1998) Splashdown. New Sci 2144:30

Taylor RP (2001) Architects reaches for the clouds: how fractals may figure in our appreciation of a proposed new building. Nature 410:18

Taylor RP (2003) Fractal expressionism-where art meets science. In: Kasti J, Karlqvist A (eds) Art and complexity. Elsevier, Amsterdam

Taylor RP (2006) Reduction of physiological stress using fractal art and architecture. Leonardo 39(3):45–251

Taylor RP, Newell B, Spehar B, Clifford CWG (2001) Fractals: a resonance between art and nature?

Symmetry: art and science 1:194–18197

Taylor RP, Spehar B, Wise JA, Clifford CWG, Newell BR, Hagerhall CM, Purcell T, Martin TP (2005) Perceptual and physiological responses to the visual complexity of fractal patterns. J Nonlinear Dynam Psychol Life Sci 9:89–114

Thomas K (1983) Man and the natural world: a history of the modern sensibility. Pantheon Books, New York

Townsend M (2006) Feel blue? Touch green! Participation in forest/woodland management as a treatment for depression. Urban Forest Urban Green 5:111–120

Tuan YF (1974) Topophilia: a study of environmental perception, attitudes, and values. Prentice-Hall, Englewood Cliffs, NJ

Ulrich RS (1983) Aesthetic and affective response to natural environment. Behavior and the natural environment. In: Altman I, Wohlwill JF (eds) Behavior and the natural environment. Plenum, New York, pp 85–125

Ulrich RS (1984) View through a window may influence recovery from surgery. Science 224:420–421

Ulrich RS (1993) Biophilia, biophobia, and natural landscapes. In: Kellert SR, Wilson EO (eds) The biophilia hypothesis. Island Press, Washington, DC, pp 73–137

Ulrich RS (1999) Effects of gardens on health outcomes: theory and research. In: Cooper Marcus C, Barnes M (eds) Healing gardens: therapeutic benefits and design recommendations. Wiley, New York, pp 27–86

Ulrich RS, Simons R, Losito BD, Fiorito E, Miles MA, Zelson M (1991) Stress recovery during exposure to natural and urban environments. J Environ Psychol 11:201–230

van den Berg AE, Koole SL, van der Wulp NY (2003) Environmental preference and restoration: (How) are they related? J Environ Psychol 23:135–146

van den Berg AE, Maas J, Verheij RA, Groenewegen PP (2010) Green space as a buffer between stressful life events and health. Soc Sci Med 70:1203–1210

van den Berg AE, ter Heijne M (2005) Fear versus fascination: an exploration of emotional responses to natural threats. J Environ Psychol 25(3):261–272

van den Berg AE, van Winsum-Westra M (2010) Manicured, romantic, or wild? The relation between need for structure and preferences for garden styles. Urban Forestry and Urban Greening 9:179–186

van den Berg AE, Vlek CAJ, Coeterier JF (1998) Group differences in the aesthetic evaluation of nature development plans: a multilevel approach. J Environ Psychol 18:141–157

van Herzele A, Wiedemann T (2003) A monitoring tool for the provision of accessible and attractive urban green spaces. Landscape Urban Plan 63:109–126

Velarde MD, Fry G, Tveit M (2007) Health effects of viewing landscapes – landscape types in environmental psychology. Urban Forest Urban Green 6:199–212 von Engelhardt D (1997) Tuberkulose und Kultur um 1900: Arzt, Patient und Sanatorium in Thomas Manns 'Zauberberg' aus medizinhistorischer Sicht. In: Sprecher T (ed) Auf dem Weg zum 'Zauberberg': die Davoser Literaturtage 1996, (s. 323–346). Klostermann, Frankfurt am Main

Wells NM, Evans GW (2003) Nearby nature: a buffer of life stress among rural children. Environ Behav 35:311–330

Whiston Spirn A (1985) Urban nature and human design: renewing the great tradition. J Plan Edu Res 5:39–51

Wilson EO (1984) Biophilia, the human bond with other species. Harvard University Press, Cambridge

Wodziczko A (1928) Wielkopolski Park Narodowy w Ludwikowie pod Poznaniem (Wielkopolski National Park in Ludwikowo near Poznan). Ochrona Przyrody 8:46–67

Wodziczko A (1930) Zieleń miast z punktu widzenia ochrony roślin (Urban green space as seen from the nature conservation point of view). Ochrona Przyrody 10:34–45

Wohlwill JF (1983) The concept of nature: a psychologist's view. In: Altman I, Wohlwill JF (eds) Behavior and the natural environment. Plenum Press, New York, pp 5–37

World Health Organization (1948) Preamble to the Constitution of the World Health Organization as adopted by the International Health Conference, New York, 19–22 June 1946; signed on 22 July 1946 by the representatives of 61 states (Official records of the World Health Organization, no. 2, p 100) and entered into force on 7 April 1948. WHO, Geneva

World Health Organization (1986) Ottawa Charter for Health Promotion. WHO, Geneva

Zube EH, Sell JL, Taylor JG (1982) Landscape perception: research, application, and theory. Landscape Plan 9:1–33

Zuckerman M (1994) Behavioral expressions and biosocial bases of sensation seeking. Cambridge University Press, Cambridge

第 6 章　自然体验的健康益处：实践与研究相结合面临的挑战 [①]

安·范赫策勒（Ann Van Herzele），西蒙·贝尔（Simon Bell），特里·哈蒂格（Terry Hartig），玛丽·特雷泽·卡米莱里·波德斯塔（Marie Therese Camilleri Podesta），罗纳德·范佐恩（Ronald van Zon）

摘要： 尽管人们越来越多地了解到自然体验对健康的益处，但相关的知识似乎并没有充分地转化为实践。研究与实践间的差距常常被解释为缺乏有关实操效果和机制的确凿证据。在本章中，我们认为加强证据基础只是需要做的诸多工作之一。从不同的角度来看，将证据转化为实践确实是一个需要各方共同努力的过程，我们将从问题定义（谁来负责？）、可接受性（什么是可接受的证据？）和适用性（证据能否用于实践？）三个不同的角度来研究这个话题。在整个过程中，我们使用不同学科领域的例子来说明实践与研究相结合所面临的重大挑战和复杂性。

6.1　简介

前一章我们讨论了通过心理、社会和文化过程将自然体验与人类健康和福祉

———————————

①A. Van Herzele（✉）

自然与森林研究所生态系统服务研究团队，布鲁塞尔，比利时，e-mail: ann.vanherzele@inbo.be

S. Bell

爱丁堡艺术学院休闲用地研究中心，英国；爱沙尼亚生命科学大学景观设计系，塔尔图，爱沙尼亚，e-mail: s.bell@eca.ac.uk; simon.bell@emu.ee

T. Hartig

乌普萨拉大学住房和城市研究所，瑞典，e-mail: terry.hartig@ibf.uu.se

M.T.C. Podesta

马耳他大学解剖系，马耳他，e-mail: mcam3@um.edu.mt

R. van Zon

独立咨询专家，哈勒姆，荷兰，e-mail: rpvanzon@planet.nl

联系起来的各种方式，显然我们现在有了关于自然体验对身心健康有益的大量证据基础。有关这方面的文献正在迅速增多，而且由于研究人员、国际捐助机构、各国政府和其他机构建立了合作网络，相关研究已经在许多国家得到了资助。在一些欧洲国家，例如，英国（OPENspace，2003，2008）、荷兰（Health Council and Advisory Council for Research on Spatial Planning, Nature and the Environment, 2004）和挪威（Bioforsk，2006），可公开查阅的研究评论已出现并广为传播。在整个社会中，接触大自然有益健康的基本认知也是显而易见的，人们往往认为自然环境对他们的健康和福祉有着重要影响。例如，休闲调查结果显示，受访者到户外自然中去的主要原因是因为他们想放松，以摆脱城市和日常工作的压力（Knopf，1987；Chiesura，2004；Bell，2008）。"我去给自己充电"是这种情况的一个典型表达。

然而，与这一相当乐观的情况相反的是，随着自然与健康关系研究成果的应用，人们会普遍感到并不满意（如 Nilsson et al.，2007）。许多研究人员认为，他们的研究成果应该得到更高的重视，并更好地用于医疗保健，以及城市规划和公园设计中促进健康的决策。一个例子可以很好地说明这一点，当医生给病人开具处方或提供建议时，即使是像在绿地锻炼这样简单的事情通常在治疗方案中都未加以考虑。对 2784 名患者咨询 142 名荷兰家庭医生的录像带进行分析后发现，约 26% 的医生在建议中提到了锻炼或运动，但根本没有提到"自然"（Maas and Verheij，2007）。在许多欧洲国家，人们对园艺疗法和护理农场等更专业的治疗方法的兴趣正在增加，但只有很少的健康组织愿意投资开发这一领域（Abramsson and Tenngart，2006；Hassink and van Dijk，2006）。

显然，目前的挑战是如何应用自然与健康关系的知识，从而使这些关系具有的所有潜力得到真正的发挥。然而，值得注意的是，在这种情况下，研究与实践之间的感知差距往往是由于缺乏对工作中的影响和机制的认识和确凿证据造成的（Nilsson et al.，2007）。解决办法通常是增加对新研究的投资，并与加大现有知识的协调和交流相结合。例如，荷兰的一项详尽的评述研究（Health Council and Advisory Council for Research on Spatial Planning, Nature and the Environment, 2004）得出结论，自然与健康间的联系要在医疗保健和空间规划中发挥重要作用，必须扩大有关自然有益健康影响机制的知识库。

高质量的证据被认为是成功地将研究成果付诸实践的最关键因素，如果证据被视为单薄且可信度低，就很可能会被忽视。然而，正如本章中将展示的那样，我们需要的不仅仅是可靠的证据。专业人士并不准备简单地应用新知识，即使这些知识是高质量的且已被健康促进组织广泛传播。让我们再考虑一下上面描述的简单例子，当家庭医生给病人提建议时从未提到过自然。这种现象可以用不同的方式来解释，每种方式对任何将科学结果付诸实践的尝试都会产生不同的后果。

首先，医生可能并不知道有关健康与自然间关系的证据，因为这些证据并未在他们用于更新其专业知识的医学期刊发表或在会议（研讨会）上讨论。在这种情况下，有必要以他们可接受的方式提高其对证据的认识。第二，可能是医生已经看到过相关证据，但他们或他们的指导当局还不相信自然的有益影响，这意味着实施工作应侧重于提高家庭医生和健康管理机构对证据的接受度。第三，医生们可能会赞同将自然作为一揽子健康计划的一部分，但他们并不认为促进自然对患者的有益影响是他们的本职工作（或在他们感兴趣的范围内），因此让家庭医生承担将自然疗法或预防策略纳入建议和处方的责任可能是合适的。最后，医生不愿意在他们的建议或处方中包含"自然"，也许是因为他们不知道如何付诸实践，在这种情况下，应加强将研究成果转化为实践的努力（例如，指定自然环境的类型和与自然有关的活动）。

上述"因果故事"清楚地表明，将证据付诸实践通常是一个需要协调各种努力齐心合力的过程，因此应该从不同的角度来看待这一过程。当然，我们也可以从其他专业中找到例子来说明研究成果应用的多方面特性。事实上，健康的定义越广泛，其对目前或潜在从事的各种专业人员就越具有包容性。表 6.1 列出了将研究成果应用于对健康有益的自然体验时可能包括的专业人员，我们大致将他们分为三类：合法从事医疗健康的专业人士（白色）、环境专业人士（绿色）和处于两者之间的人士（杂色）。任何加强自然与健康间关系的研究成果应用的尝试，不仅要考虑到该领域的多样性，还要考虑到其跨学科性。挑战不仅在于如何将研究成果和专业人员紧密地联系在一起，还在于如何将所有的专业人员联系在一起。

表 6.1　当前或潜在将自然体验作为有益组分纳入实践中的专业从业人员的描述列表

医学（白色）	两者之间（杂色）	环境（绿色）
全科医师	园艺治疗师	园艺家
心脏病学家	理疗师	林业工作者
内分泌学家	心理学家	景观设计师
老年病学家	教育学家	规划师
儿科医生	动物治疗师	城市设计师
护士	职业治疗师	生态学家
糖尿病学家		

在本章中，我们从三个不同的角度来看待将自然与健康间关系的研究与实践相结合所面临的挑战，即问题定义（谁来负责？）、可接受性（什么是可接受的证据？）和适用性（证据能否用于实践？）。虽然涉及的观点都是概括性的，且涉及不同的职业，但本章中使用的例子通常来自特定的学科领域，其他代表更为综合方法的例子将在下一章做更为全面地描述。

6.2　实践与研究相结合面临的挑战

6.2.1　谁来负责?

要参与应用特定的知识库，专业人员（及其机构）必须意识到知识库与任何所感知到的问题的相关性，更重要的是，他们必须意识到自己在解决这些问题中可以发挥的作用，因此，很大程度上取决于"问题"是什么，以及如何定义。正如 Deborah Stone（1989，第 282 页）提醒我们的那样："问题的定义是一个形象塑造的过程，形象从根本上与引发的原因、责任和义务有关"。让我们以世卫组织（WHO，2002）的报告《减少风险，促进健康生活》为例，该报告指出缺乏体育锻炼是欧洲健康的主要风险因素。然而，即使缺乏体育锻炼与健康间存在着很强的统计和逻辑联系，解决此问题仍需要更多人的参与。例如，在公共医疗保健中，人们通常会认为久坐不动的人没有意识到体育锻炼的重要性，或者拒绝改变他们认为轻松舒适的生活方式。我们可以合理地假设，即使人们充分了解在自然环境中进行体育活动的好处，但他们更愿意服用治疗高血压的药物，而不是出去散步。然而，即使在这种情况下，预防领域的各种"白色"专业从业人士和教育领域的人士也可以在增强意识和支持更积极的生活方式方面发挥作用。英国的保护志愿者（British the conservation volunteers，BTCV）绿色健身房计划就是一个很好的例子，该计划得到了当地健康服务部门的认可，主要针对的是不活动的人或想锻炼身体但又不喜欢传统健身房或体育中心的人（参见下一章）。世卫组织报告中提出的事实或许并非指责那些受害者，即"不活动的人"，而是用来批评城市主义未能提供可以激发人们进行体育锻炼的环境。毫无疑问，绿色专业人士可以在此发挥其作用。位于城市附近的游憩森林，如荷兰的马斯特博斯游憩森林（Play Forest Mastbos）就是主动采取行动将自然"归还"给儿童和青少年，并让他们积极参与设计和施工的一个很好的例子（另见下一章）。

所有这些都意味着，相同的事实可以用不同的方式来解释，因果故事中每个可能的行动过程都会有不同的结果。好的故事提供了大量可供借鉴的参考点，让参与其中的专业人士对自己的具体角色有了新的认识，并在他们之间建立联盟（Van Herzele，2006）。在自然与健康领域，责任确实不能简单地转移到某种单一的职业，围绕共同的故事建立联盟的一个很好的例子是由荷兰林业局（Staatsbosbeheer）与私人健康保险公司（VGZ-IZA 公司）签署的荷兰健康协约，他们共同开发了创新性项目，以增强自然户外活动在提供健康和福祉方面的作用。

作为行动的先导部分，定义问题和创作故事的重要性已得到了公认，但在自然和健康领域却很少有人对此进行调查。然而，显而易见的是，科学本身一直在积极地创造着自己的因果故事。纵览国际文献，环境心理学在研究自然环境所具有的恢复性特征方面有着悠久的历史（如 Knopf，1983；Kaplan and Kaplan，1989）。而公共健康和预防医学领域的研究人员最近才开始讨论这个话题，他们将重点放在自然环境与人类活动量增加的可能性的联系上（例如，Ball *et al.*，2001；Giles-Corti and Donovan，2002；更广泛的观点参见 Frumkin，2001）。两个领域的因果理论在意义上的不同之处在于，前者认为自然体验本身具有增进健康的特性，与具体的活动无关，而后者则认为自然是吸引人们参与增进健康的体育活动的多种环境特征之一。研究过程中总是存在一定的选择性，当强调一些方面时不可避免地会忽略另外一些方面（Van Herzele，2005）。从这个意义上说，研究人员对结果的陈述不仅可以证明自然对健康的重要性，而且还隐含着行动权力的赋予，因为他们将人们的注意力引向自认为重要的干预措施，从而将责任转移给某些特定的专业机构。

正如不同的因果理论把改革的重担放在一些人而不是另一些人肩上一样，它们同时也将权力赋予了那些拥有工具、技能或资源，可在特定的因果框架中解决问题的人（Stone，1989）。尤其是"绿色"专业人士可能会很愿意利用这些自然与健康间关系的科学证据，使自己看起来能够解决问题（如特定地区缺乏自然绿地的问题），并声称对此负责。在这方面，研究人员和专业实践人员可以相互授权，例如，挪威农业和环境研究所"Bioforsk"对此持非常开放的态度。就自然与健康间关系提出一份评述报告的重要理由是"……向政府展示城市绿地的重要性，通过这种方式，可以为城市绿地的土地购置、建立和管理分配到更多的资金"（Floistad *et al.*，2008）。实际上，绿色职业往往同时被算作是交付方和需求方。

让科学站在你这边可能会有所帮助，然而，却无法保证从科学中得出的问题定义会推动将自然与健康间关系的概念纳入政策议程。另一个要遵循的策略是，把从自然出发作为一种解决办法，用它来解决那些在政策议程上占据重要位置的问题。一个值得学习的例子是推广综合医疗保健模式的故事：

迫切需要开展综合医学培训、教学和研究。人口老龄化、技术进步和见多识广、要求严格的客户群的结合，将导致所有医疗环境的财政压力不断增加。以税收为主的医疗体系，如英国的国民医疗服务体系，尤其容易崩溃，除非能找到新的方法，用更简单、更便宜的整体性策略让人们恢复健康（http://www.integratedhealthtrust.org）

显然，与当时政策论坛中占主导地位的观点建立联系能够推动城市森林（与城市生活质量有关）（Van Herzele，2005）和特定类型的社区园艺（与精神健康问题患者的社会包容有关）（Parr，2007）的发展。

6.2.2　什么是可接受的证据?

就像各种证据一样，关于自然与健康间关系的研究结果有多种解释，对于应采纳哪些证据也存在不同的看法（照片 6.1）。例如，目前在英国的自然保健领域存在着广泛的辩论，即什么是可接受的证据，应该采用哪种定义，结果应该关注身体健康问题还是减少不平等之类更为广泛的问题。此外，在评估同一证据时，不同的决策者会使用不同的标准。例如，政策制定者会在健康和效率方面寻找社会收益，而医生则可能认为病人的福祉是最重要的（Sheldon *et al.*，1998）。

照片 6.1　关于什么是可接受证据的主流观点可能会阻碍简单的干预措施，如开出进行自然体育锻炼的处方 [摄影：乌尔丽卡·斯蒂格斯多特（Ulrika Stigsdotter）]

此外，专业人士不仅对什么是相关且可信的证据持不同观点，而且他们的观点也可能有不同的侧重。Dopson 等（2003）将医疗保健组织描述为很大程度上由医疗专业人士主导，用生物医学模型获取所谓的合法证据。关于什么是可接受证据的主流观点可能会阻碍简单的干预措施（如开具在自然中进行体育锻炼的处方），以及园艺疗法和护理农场等专门治疗方法的发展。例如，位于瑞典阿尔纳普的康复花园受到了基于自然的干预措施帮助倦怠综合征患者的理论启发（Stigsdotter and Grahn，2002），但医生在治疗两年后才想到把病人送到这里，部分原因可能是缺乏可接受的证据。对阿尔纳普康复计划效果的持续评估不仅有助于治疗方法和花园设计的进一步发展，而且有助于提高其可信度和医疗系统的接受度。

然而，治疗评估中的"医学模式"也有其局限性。例如，Henwood（2002，第 13 页）警告不要在实际方案的评估中依赖一整套局限性大且简单的健康结果衡量标准："在健康干预措施评估领域，对测量'精确性'的渴望有时会压倒解读结果的意义或含义这一更为困难的任务。对无形的福祉（例如，舒适感、根植感、精神活力的恢复）和维持或增进健康的社区结构进行评估才是需要考虑的重大问题。"

回到我们的重点，需要考虑的是专业人士而非研究证据的被动接受者，他们并非简单地接收信息并决定是否使用它；相反，他们积极寻找信息，与同龄人讨论信息，并经常利用他们的专业网络积极适应或将所倡导的内容转化为适合自己的情况（Fitzgerald et al.，2003）。专业网络或"实践社区"（Wenger，1998）是面对面沟通、信息和经验交流，以及证据解释的主要基础，因此，它们是获得科学认可的关键。尽管人们对传统的、现有的专业网络在传播和促进对自然与健康间关系研究的认可度方面起到的作用知之甚少，但也有一些包含从事自然保健或健康促进实践的专业人员的新型专业网络，这种网络可以为人们提供一个经验分享和专业持续发展的舞台。一个突出的例子是"森林学校"，其理念是通过积极的户外体验鼓励和激励不同年龄段的人们（http://www.forestschools.com/，另见下一章）。目前，许多欧洲国家正在努力在国内和国家间建立一个网络，旨在发展社区知识，并让那些希望建立和经营森林学校的人增强信心。

尽管在专业团体或网络的内部会推动学习和变革，但在外部这种过程可能会受到阻碍。医疗保健领域的几项研究表明，不同专业间存在的知识和社会分界经常会抑制知识的流动（Brown and Duguid，2001；Dopson et al.，2003；Ferlie et al.，2005），知识的有效传播最有可能发生在实践共享的地方（Brown and Duguid，2001）。然而，不同的专业群体发展出了不同的知识基础、研究文化和实践方法，即使是那些有密切关系的不同职业的人（如医生、理疗师和护士）在多学科团队中工作，知识也不会轻易地跨专业流动。

这一问题会因专业化而加剧，这也使根据证据行事的责任分配与认同变得更加复杂。例如，当今医学发展趋势是从业者的专业化和超专业化，越来越需要各学科内部和学科间进行更好地协调。事实上，为了达到这个目的，已经建立了各种各样的网络。一个例子是 Doc@Hand为医护人员提供了先进的知识共享和决策支持平台（http://www.ehealthnews.eu/dochand）。 然而，医疗保健业以外的网络化还不太明显，尽管一些国家已经努力建立跨组织和跨行业的新联盟，如论坛、网络和伙伴关系。一个例子是户外包容性设计 I'DGO，这是一个由学术研究人员组成的研究联盟，该联盟与众多合作伙伴一起构建了一个专注于户外环境设计的虚拟中心，为老年人和残疾人等提供服务（http://www.idgo.ac.uk/index.htm，另见下一章）。此外，通过在具体的自然保健项目中的合作，实践不仅成为帮助感兴趣的各方找到共同点的一种联系手段，同时也促进了有效的交流，调动了新的资源，并加快了新的工作实践的传播。英国的"走健康之路倡议"（http://www. whig.org. uk，也参见下一章）是代表绿色职业的自然英格兰和代表白色职业的英国心脏基金会两个专业团体间良好合作的一个例子，该倡议为希望领导所在地区此类项目的人提供了大量技术支持和学习网络。

6.2.3 证据能否用于实践？

证据要在实践中发挥作用，不仅要送达实践者，而且要成为他们实践中的主流或日常行动。然而，学界不能指望专业的实践人员会采用这些替代方法，除非他们能证明这些方法有效。这里需要关注两个关键的相关问题。首先，正如本书其他章节所说明的，现有的许多证据仍然存在着实质性的差距。第二，并非所有的证据都以一种易于在实践中使用的方式呈现。当这些差距与实施者面临的许多限制和障碍相结合时，实施者很难选择适当的干预措施（Blamey and Mutrie，2004）。

例如，在增进健康的体育活动领域，对各种干预最适设置的了解仍存在着巨大差距，如项目实施的最短或最佳时长，达到某种效果所需的最理想的活动强度或饱和度，以及为特定组别量身定做的最适干预量（Blamey and Mutrie，2004）。即使干预措施有着强有力的证据基础，但在有效干预所需具备的条件方面尚无足够的证据。此外，从业者也未能投入足够的实践去寻找并发现特定背景下干预措施是否有效方面的证据，因此，他们会因某些正在进行的项目证据不足而受到批评。一些机构试图更普遍地克服这些问题，例如，英国国家卫生局制定了指导方针，试图在现有知识范围内推广最佳和最安全的做法（National Health Service，2001）。

另一个关键点在于自然与健康间关系的主流研究结果很难转化为实施建议。利用理论和经验证据来指导医疗实践、项目规划或城市设计，需要从与自然接触中获益的几乎抽象的研究转为与研究证据相一致的实际选择或决策。为此，必须明确所倡导的活动与现行做法间的联系。这往往远非易事，其难易程度取决于研究者与实践者间知识文化的差异程度。在某些情况下，研究自然对健康的益处很容易与医学中的剂量效应推理相吻合，例如，某些水平的体育活动的有益效果可以很容易地转化为个性化定制的体育锻炼计划。然而，正如我们上面提到的，情况并非总是如此。

特别是在环境心理学领域，实施问题已被"嵌入"许多研究的设计中。首先，在研究自然体验的益处时，重点主要放在城市的限制因素而不是机会上，城市生活的积极方面往往被忽略（Hartig and Evans，1993）或没有得到充分的重视（Verheij，1996；Henwood，2002；Karmanov and Hamel，2008）。例如，一种研究方法是将自然环境与缺乏自然环境所具有的有益特性的城市环境进行对比。因此，当规划者或城市设计师致力于改善城市的健康促进功能时，强调城市化是一个消极变量可能会阻碍研究成果的有效应用。其次，在对人类与环境间关系的许多研究中，重点放在发现和解释人类偏好、态度和价值观的构建上，而不是这些构建之后的"场所创建"（公园布局、植被选择等）上（Van Herzele，2005）。同样，这些研究也不一定能为针对特定场所的有效行动提供指导。此外，规划者会如何在一个具体的规划情境中处理环境恢复质量的抽象概念，如"神秘性"和"复杂性"（Kaplan and Kaplan，1989）？

同样，研究领域的多样性和跨学科性也是一个复杂的因素。例如，在医学领域，大多数传统的干预措施都是由医学研究人员制定的，研究结果发表在医学期刊上，由医生开出处方或实施，这一链条或多或少是清晰的，参与者熟悉和信任该系统，并熟知这种表达方式。在自然与健康领域，情况远非如此。将研究成果转化为实践的工作中的一个重要部分是协调不同的知识文化，这一点在规划方面尤为明显。许多科学是分析性的（过去和现在是什么），而规划则是综合性的（将会是什么）。作为一项面向未来的活动，规划就是现在开始思考和行动，目的是"改变"未来空间和场所的价值（Van Herzele，2005）。因此，从主流研究中获得的概括性信息可以为某些政策和规划提供依据或理由，但对于必须作出实际决策的规划者来说，这些信息的价值可能微乎其微。

在荷兰的一项景观感知的研究中，Coeterier（1996）强调环境心理学家的工作是归纳性的，他们试图从个案中抽象出一般性的规则。规划者和设计师的工作是推演性的，他们把一般性的规则转化为具体的措施。因此，他建议研究人员和从业者可以在实践层面上折中。从业者需要的信息类型是适用于将要做的事情纳入实践指南的科学证据，实践指南在促进研究应用方面确实可以发挥重要作用，也就是说，使抽象理论更容易想象，更容易转化为行动计划，也更容易在技术上加以解决（Van Herzele，2005）。

出乎意料的是，有关如何将研究成果付诸实践并将其应用于特定情况的指南尚不多见。在自然体验的理论和经验证据的指导下，Anne Beer（1990）和 Kaplan 等（1998）在他们的书中已经提出了一些具体的建议，特别是后者所著的《以人为本》（*With People in Mind*）一书，关注的是身处大自然中人的心理层面。然而，将研究成果转化为实用指南并不容易，部分原因是所获取的信息形式很少能适用于特定的地点。可供选择的方法是在实践中测试和发展所需的知识。这与被称为"行动研究"的方法论有关（Greenwood and Levin，1998）。在此主要关注点并非建立因果关系（例如，为什么一个人受益于自然体验），而是从体验中了解到从什么样的活动中可以受益。与这一方法相近的一个例子是前面提到的瑞典的阿尔纳普康复花园，在那里，对患者结果的持续评估有助于改进治疗方法和花园的设计。

此外，更普遍地说，必须认识到专业从业人员及其所服务的机构并非从零开始的，人们在一套传承下来的制度安排和日常惯例中工作，这为他们的工作实践设置了重要的背景。因此，高限定或"微观"干预措施（如在医院种植更多的绿色植物）明显要比需要有组织地进行技术变革的干预措施（如在同一家医院引进园艺疗法）容易得多。此外，专业从业人士可能对自然与健康间关系这一主题有着不同的兴趣和立场。正如我们前面提到的，绿色职业者可以更容易地利用几乎任何自然与健康间关系的积极证据来强化他们的地位。相比之下，白色专业人士在这个问题上的要求就要小得多，而且对于这个领域的一些专业人士来说，这种证据可能会对既定的做法造成相当大的干扰。正如 Fitzgerald 等（2003）所说，医疗实践团体可能并不愿意接受一种疗效好的新疗法，因为这威胁到他们已建立的技能基础，从而威胁到他们的现状和职业地位。

最后，在许多情况下，成功实施的一个促成因素是研究成果是否可以应用于大量人群。在自然保健中，为了发挥作用，许多应用需要适应特定的自然和社会环境（例如，Hartig and Cooper Marcus，2006），但它们适应得越多，选择性就越强。例如，为有视力障碍的人或从脑损伤或倦怠中恢复的人设计的花园，可能只适用于与特定人群间建立联系。在任何应用或技术中都隐含着一种社会"代码"，使得它可能只适用于有限的群体（Leeuwis，2004）。在保健应用方面可能并不是问题，但在实践中并不总是能得到认可。

6.3　结论

在这一章中，我们试图与第 5 章建立联系，第 5 章分析了自然、健康和福祉的理论基础，以及这一领域正规研究的产生。本章的重点放在实际环境中应用这些研究成果时所面临的挑战和复杂性上。我们注意到，有几个问题可能会阻碍研究结果在实践中的应用，包括专业实践人员对自己在研究成果的应用过程中可以发挥的作用缺乏认识，医学专业所要求的证据标准，跨专业和跨组织的工作（和建立网络）的限制，以及研究证据本身很难（在特定地点）转化为有效行动的实际指南的特点等。

　　由于上述的复杂性，研究成果的应用具有一定的挑战性，还有许多工作要做。改进和扩大证据基础只是其中的一个方面，从长远来看可能并非最重要的因素，最重要的可能是专业及传统工作方式的制度化方面。自然英格兰（Natural England）和英国心脏基金会共同开发和运行的"走健康之路倡议"项目，可能是不同学科间实际合作的一个很好的例子。另一个需要进一步关注的问题是，专业人士应该考虑那些积极参与的公众是如何判断决策和实践所具有的个人和社会价值的（Henwood，2002）。随着项目的设计和实施过程中越来越重视社区的参与，在维持最初的设计效果不对项目中的干预措施做大量改动与对项目进行局部调整间要达成一个明确的平衡（Blamey and Mutrie，2004）。然而，在一些情况下，实践与研究的结合是一个没有固定终点或目标的过程，实践经验是建立在试验和测试的基础上的。新的方法，即使最初是从广义理论开始的，也可能会随着时间的推移而改变。任何一种以传统的循证实践开始的做法（利用正规的研究为专业人员的工作提供信息）都可能通过经验和反馈而发生演变，新的目标可能会出现。自然与健康间关系的一种更具经验性的研究方法（也称为"行动研究"，见Greenwood and Levin，1998）在更广泛的公共政策和规划过程中也有着很强的应用潜力。与其把注意力集中在特定的物体上（如公园的布局、街道的美学质量、窗外的景色等），不如把重点放在设计有效的方法来获取和评估对人们健康的影响上，并将其作为政策和规划过程的一个组成部分。

参 考 文 献

Abramsson K, Tenngart C (2006) 'Nature and health' in Sweden. In: Hassink J, van Dijk M (eds) Farming for health. Springer, The Netherlands, pp 127–134

Ball K, Bauman A, Leslie E, Owen N (2001) Perceived environmental aesthetics and convenience and company are associated with walking for exercise among Australian adults. Prev Med 33(5):434–440

Beer AR (1990) Environmental planning for site development. Chapmann and Hall, London

Bell S (2008) Design for outdoor recreation, 2nd edn. Taylor and Francis, Abingdon

Bioforsk (2006) Effect of urban areas on human health and well being. Review of current literature. Bioforsk Fokus 1(6). As, Norway

Blamey A, Mutrie N (2004) Changing the individual to promote health-enhancing physical activity: the difficulties of producing evidence and translating it into practice. J Sports Sci 22:741–754

Brown JS, Duguid P (2001) Knowledge and organization: a social-practice perspective. Organ Sci 12:198–213

Chiesura A (2004) The role of urban parks for the sustainable city. Landscape Urban Plan 68(1):129–138

Coeterier JF (1996) Dominant attributes in the perception and evaluation of the Dutch landscape. Landsc Urban Plan 34:27–44

Dopson S, Locock L, Gabbay J, Ferlie E, Fitzgerald L (2003) Evidence-based medicine and the implementation gap. Health 7(3):311–330

Ferlie E, Fitzgerald L, Wood M, Hawkins C (2005) The nonspread of innovations: the mediating role of professionals. Acad Manage J 48(1):117–134

Fitzgerald L, Ferlie E, Hawkins C (2003) Innovation in healthcare: how does credible evidence influence professionals? Health Social Care Commun 11(3):219–228

Floistad IS, Waaseth G, Saebo A, Grawonsky S (2008) Effect of urban green areas on human health and well being: review of current literature and ongoing activities. Poster presented at COST E39 conference, Hamar, Norway

Frumkin H (2001) Beyond toxicity: human health and the natural environment. American Journal of Preventive Medicine 20:234–240

Giles-Corti B, Donovan RJ (2002) The relative influence of individual, social and physical environment determinants of physical activity. Soc Sci Med 54:1793–812

Greenwood DJ, Levin M (1998) Introduction to action research: social research for social change. Sage, Thousand Oaks

Hartig T, Evans GW (1993) Psychological foundations of nature experience. In: Gärling T, Evans GW (eds) Advances in psychology, vol 96: Behavior and environment: psychological and geographical approaches, pp 427–457. Elsevier, Amsterdam

Hartig T, Cooper Marcus C (2006) Essay: healing gardens – places for nature in healthcare. Lancet 368:S36–S37

Hassink J, van Dijk M (2006) Farming for health. Green care farming across Europe and the United States of America. Springer, Dordrecht, The Netherlands

Health Council and Advisory Council for Research on Spatial Planning, Nature and the Environment (2004) Nature and health: the influence of nature on social, psychological and physical well-being. Publication 2004/09E, The Hague

Henwood K (2002) Environment and health: is there a role for environmental and countryside agencies in promoting benefits to health? Issues in Health Development, Health Development Agency, London

Kaplan R, Kaplan S (1989) The experience of nature: a psychological perspective. Cambridge University Press, Cambridge

Kaplan R, Kaplan S, Ryan R (1998) With people in mind: design and management of everyday nature. Island Press, Washington

Karmanov D, Hamel R (2008) Assessing the restorative potential of contemporary urban environment(s): beyond the nature versus urban dichotomy. Landsc Urban Plan 86:115–125

Knopf R (1983) Recreational needs and behavior in natural settings. In: Altman I, Wohlwill JF (eds)

Human behavior and environment: advances in theory and research, vol 6. Behav Nat Environ, pp 205–240. Plenum Press, New York/London

Knopf RC (1987) Human behavior, cognition, and affect in the natural environment. In: Stokols D, Altman L (eds) Handbook of environmental psychology, vol 1. Wiley, New York, pp 783–825

Leeuwis C (2004) Communication for rural innovation. Blackwell Science, CTA, Oxford/Wageningen

Maas J, Verheij R (2007) Are health benefits of physical activity in natural environments used in primary care by general practitioners in the Netherlands? Urban Forest Urban Green 6(4):227–233

National Health Service (2001) Exercise referral systems: a national quality assurance framework. The Stationery Office, London

Nilsson K, Baines C, Konijnendijk CC (2007) Health and the natural outdoors. Final report COST Strategic Workshop, Larnaca, Cyprus, 19–21 April 2007

OPENspace Research Centre (2003) Health, well-being and open space literature review. OPENspace, Edinburgh

OPENspace research centre (2008) Greenspace and quality of life: a critical literature review. Greenspace Scotland, Stirling

Parr H (2007) Mental health, nature work and social inclusion. Environ Plan D: Soc Space 25(3):537–561

Sheldon TA, Guyatt GH, Haines A (1998) When to act on the evidence. BMJ 317(7151):139–142

Stigsdotter UA, Grahn P (2002) What makes a garden a healing garden? J Ther Horticult 13:60–69

Stone DA (1989) Causal stories and the formation of policy agendas. Polit Sci Quart 104(2):281–300

Van Herzele A (2005) A tree on your doorstep, a forest in your mind. Greenspace planning at the interplay between discourse, physical conditions, and practice. Wageningen University and Research Centre, The Netherlands

Van Herzele A (2006) A forest for each city and town: story lines in the policy debate for urban forests in Flanders. Urban Stud 43(3):673–696

Verheij RA (1996) Explaining urban-rural variations in health: a review of interactions between individual and environment. Soc Sci Med 42(6):923–935

Wenger E (1998) Communities of practice. Cambridge University Press, Cambridge

WHO (2002) The world health report 2002 – reducing risks, promoting healthy life. World Health Organization

第 7 章　自然体验的健康益处：实践对研究的影响[1]

西蒙·贝尔（Simon Bell），罗纳德·范佐恩（Ronald van Zon），
安·范赫策勒（Ann Van Herzele），特里·哈蒂格（Terry Hartig）

摘要： 本章采用第 5 章和第 6 章中所讨论的理论和应用，分析了实践对研究的影响。理论上，身处和接触大自然具有多种治疗益处，但在实践中加以应用并非易事，而且这些益处可以通过多种不同的方式获得，本章正是从这一观点出发阐明实践对研究的影响。此外，一个绿地区域可能会以不同的方式给不同的人带来许多不同的益处，可用一种情景来加以演示。影响治疗的其他方面包括潜在受益者的生活阶段、生活方式和生活背景因素。研究和建立证据库的问题也应加以考虑，其中项目评估和行动研究是两种最具前途的途径。这种情景设置随后发展成为一些项目的示范，这些项目应用了有关绿地对健康有益的知识，并经过科学评估后其结果可用于改善今后的实践。最后，本章提出证据库的积累是一个基于现有证据开展实践，对其进行评价和修改，然后再实践再评价的循环过程。

7.1　简介

相信科学是我们了解和开发有前景的自然与健康应用的一种手段，这是本书的基石之一。本书的大部分章节（如果不是全部的话）都直接或间接地肯定了这

①S. Bell（✉）

爱丁堡艺术学院休闲用地研究中心，英国；爱沙尼亚生命科学大学，塔尔图，爱沙尼亚，e-mail: simon.bell@emu.ee

R. van Zon

独立咨询专家，哈勒姆，荷兰，e-mail: rpvanzon@planet.nl

A. Van Herzele

自然与森林研究所生态系统服务研究团队，布鲁塞尔，比利时，e-mail: ann.vanherzele@inbo.be

T. Hartig

乌普萨拉大学住房和城市研究所，瑞典，e-mail: terry.hartig@ibf.uu.se

样一种信念，即科学研究可以更有效地利用基于自然的实践为人类的健康服务。然而，将原动力归因于科学只是这本书的基本组成部分之一，另外的内容与实践激发研究的方式有关。更重要的是要记住，研究人员在过去几十年中感兴趣的实践大都可以追溯到几百年甚至几千年前。在许多地方不同的历史时刻，人们广泛地将自然环境中的体验和活动作为促进健康和预防疾病的手段，他们当时这样做并没有如今被视为高质量的科学证据作为理由。

实践与研究的关系并非一种明确的线性关系。实践往往是通过一系列的机制从多个方向来实现的。在这种情况下，干预可能首先基于个人的信仰，例如，一个有影响力的人可能会根据自己的经历相信散步有益健康，然后这个人可能会鼓励官方支持这样一种观点，即人们多散步将是一件好事。其次，如果人们的散步活动源于一个健康机构的宣传，那么就有可能在一个正规的研究中评估其对健康的影响，研究结果可以反馈到实践中对其加以改进，如对步行的频率、时间、运动量等给出建议；或者可能没有健康机构组织的干预，而是当地建造了一个绿色公园，这可能会鼓励人们出门锻炼，因为公园就在家门口。最后，一个评估项目能够展示实践在健康和福祉方面带来的各种好处，这些结果会进一步反馈到实践中去。

从这些例子可以看出，研究与实践间的关系可以有多种形式，实践会激发正规的评估研究，并将评估结果反馈回实践中。在某种情况下，对实践的非正规评估可能会激发这一特定实践在其他情况下的传播，然后在其他情况下会再次被非正规评估。最初并未打算用来指导实践的基础研究，可能也会以某种特定的方式应用于实践，并对其进行正规或非正规的评估。在此很难就各种可能性给出一个详尽的列表，的确，这里列出的看上去很简单，因为它们描绘了一个看似直接的线性过程。实践领域在物理上和理论上都是边界模糊的，实践与研究间的关系往往杂乱无章，存在多个反馈回路。

本章讨论了实践对研究自然体验的健康益处的一些影响，主要分为如下四个部分。第一，我们通过一种情景来说明实践与研究间关系的复杂性；第二，我们提出了一个概念框架，用来确定实践对研究的影响的一些复杂来源；第三，我们提供了一些例子来说明实践的应用，尽管应用范围非常有限，但仍然对研究提出了挑战；第四，我们承认应用时存在障碍，并注意到实践产生了有关克服障碍并加强推广应用方面的研究需求。

7.2　复杂关系：一种可能出现的情景

在这个领域许多实践者感兴趣的案例中，研究与实践相结合的地点是绿地，在绿地上不同的人群、活动和环境特征随时间的推移而相互作用。下面我们将用一种情景来说明其中的一些相互作用，该情景涉及当地社区参与创建和维护的街区绿地及其带来的健康和福祉的益处。这一情景基于几个实际例子的结合反映了一种真实情况，并说明了该情况的复杂性，对那些想确定益处产生的过程和程度的研究人员而言，这种复杂性会带来挑战。

这种情况涉及一个以前的工业用地，位于一个假想的欧洲城市两个主要住宅区之间的河谷中，目前该土地可用于新建公共绿地，方便两个住宅区的居民使用。其中一个住宅区是一个贫瘠破旧的市中心混合住宅区，包括公寓区的公共住房、私营部门租用的多人住宅和公寓，以及该地区工业发展时建造的老式小型私人住房。该区失业率高，种族混杂，包括新移民及在建筑业和服务业就业的流动移民。另一个住宅区包括一些富裕中产阶级的绿树成荫的独立和半独立住宅，一些较新的开发项目提供的年轻专业人士的公寓，还有一些为老年人提供的养老住房。该区有许多花园和树木，并与区域另一边的绿化带相连，大多数居民都有私家车。

这两个住宅区的健康和福祉现状符合上述的固定模式，中产阶级住宅区的人通常会比较健康，但仍有很多人缺乏充分的锻炼，身体状态不佳、超重或患有其他疾病。贫困住宅区的居民通常超重和缺乏锻炼，且饮食比中产阶级住宅区要差，尽管那些从事体力劳动的男性会更健康些。

市议会的一项倡议强调了废弃土地作为改善环境和发展当地休闲场所的潜力，提出建立一个新的城市林地公园。规划者认为，如果在没有当地社区参与的情况下开发该区域，那么新公园将可能遭受破坏和被居民忽视，因此他们提出了社区林地的理念，召开了一次公众会议加以推广，并推动当地居民群体团体的发展以确保项目的顺利实施。一段时间后，两个社区的居民组建了一个委员会，追求一个共同的目标把他们联系在了一起。

规划阶段通过一系列会议和各种活动将社区居民聚集在一起，促使他们共同努力以培养社区精神并建立社会资本。一旦规划开始实施，社区的儿童和成年人都会参与进来开展植树活动，这为每个希望参与的人都提供了机会。植树是一项相当艰苦的体力劳动，可以为参与者提供在新鲜空气中锻炼的大好机会。孩子们通过这项活动了解了大自然，并对新的林地建立起了认同感，这将成为他们未来许多年宝贵的游戏场所。一些没有参与种植的人也可到现场表达对这个项目的支持，从而使一些社交孤立和抑郁的人走出家门与其他社区成员见面，从而帮助他们减轻心理上的痛苦。社区中的移民成员也可参与其中，从而帮助他们克服在使用绿地时的一些文化障碍。

一旦林地建立起来，它就会变成一个被充分利用的良好游戏资源，向种植它的孩子们开放，使孩子们依恋并保护它。孩子们健康状况的改善和对林地的情感依恋，都有助于他们以后的生活。种植时布设的小径和长凳是由当地居民完成的，这也会鼓励人们对其产生依恋，这些设施能让社区中年龄较大、能力较差的居民外出呼吸新鲜空气、锻炼身体并相互见面，还能让鳏寡孤独的居民与不同年龄的人见面，减少社交孤立感。小径或其他设施的持续维护、垃圾收集和其他一些额外工作会使许多居民活跃起来并保持联系。

经常到访林地公园会增加人们的安全感，那些在一天中大多数时间待在公园里的妇女和一些少数族群成员会感到更安全。有孩子的父母也会因林地带来的安全感而喜欢到这里来，他们可以找一段时间走出房间，到林地里与其他有小孩的父母见面交流。由于进入林地是免费的，一旦到了林地，人们居住在该区域的哪一部分就变得无关紧要，这样中产阶级的父母也可以与劳动阶层的父母见面，孩子们可以一起玩耍，而不必担心安全问题。

工作后感到疲倦和压力的人也可以到林地里放松一下，许多人会在工作前后到这些小径散步或慢跑一段时间。

随着孩子们长大，他们参与种植的树苗也随之成林。他们熟悉这片林地并乐于利用它进行更多的社交活动。最终他们长大成人有了自己的孩子，因为他们是在这片林地里长大的并参与了种植树木，所以他们很高兴在自己孩子很小的时候就把他们带到这片林地里，更乐意看到孩子们在里面自由地玩耍，因为他们知道林地是安全的，邻居们也会时刻关注孩子们的安全。

林地提供了一个自由民主的空间，每个人都可以自由地来去，不论社会背景，它也为不同的个人和不同的社会阶层提供了不同的机会。林地所创造的资源可以供当地的从业者使用，比如，医生建议他们的病人多到这个地区来锻炼，从而帮助他们从压力中得以恢复，老师会利用这里让年轻人在更了解自然界的同时释放能量。总之，就像建立林地的过程中所表达出来的那样，回到这个场景后的各种实践会产生许多相互交织的过程，这引起了关注自然体验与健康间关系的研究人员的兴趣。这一情景表明，社区的不同成员都能通过长期参与项目增强身体、精神和社会层面的多种福祉，研究人员实际上可以尝试从各种健康和福祉的角度来评估新建林地对整个社区的影响。为了进一步探索这种潜力，应该更系统地分析特定个体的健康和福祉需求如何通过当地的绿地项目得到满足。为此，在下一节中，我们将介绍一个概念框架，其中包含情景中指示的一些相关变量，除此之外，该框架还详述了实践对研究产生影响的一些复杂性来源。

7.3 一个确定实践对研究影响的复杂来源的概念框架

该概念框架可以被视为一个三维矩阵，包括在特定的生命阶段影响个人健康和福祉的若干生活方式，以及描述其更广泛生活背景的社会变量。因此，任何人在特定时间的特定生命阶段，都会表现出不同生活方式和其他因素的特定组合，并在社区中占据一席之地，无论是在他们生活的地方，还是在他们所属的社会环境和网络中。

许多不同的变量都是相互关联的。因此，当一个人所处环境的某个方面发生变化时，也会影响到其他方面，由此产生的变化可能会增加或减少其健康状况和福祉。自然环境在调解或缓和这些变化方面的作用，不可避免地取决于自然环境的可及性，以及人们利用各种机会以任何舒适的方式参与其中的程度。

我们假设与自然接触会在同一时间以不同的方式（例如，身体、心理和社会）作用于个人，当社会团体或社区成员一起与自然接触时，对成员个体的影响可以成倍增加，形成我们在假设情景中所述的更广泛的额外社区效益。

上述矩阵只是对现实的简化表达，是一种用于检查特定情况下可能相互作用的多种元素的工具，绝不可能完整地涵盖所有相关的元素，其目的是力图证明，当人们采用影响健康的实践方式去接触自然时，确实存在许多元素间的相互作用。

生命阶段：这个术语不是指年龄组，而是指一个个体所经历的某种程度上独立于年龄的阶段，但幼儿期和退休后期等极端情况除外。在表 7.1 中，我们对Erikson（1950）所描述的生命阶段进行了实际推导，这些生命阶段的划分在某些重要的方面仍然具有应用价值。在此，我们在表中简要描述了每个生命阶段的主要属性。

生活方式因素：在每个生命阶段，发展和维持良好健康和福祉基础的机会，以及所面临的各种健康挑战取决于许多生活方式因素，这些因素部分来自于个人选择，部分是由社会和文化决定的，这是矩阵的第二个维度。表 7.2 列出了一系列生活方式因素，这些因素经常被认为对糖尿病、癌症等一系列疾病有着十分重要的影响。

表中列出的各种因素往往是相互关联的。例如，穷人往往居住在简陋的住房中，没有令人满意的工作或根本没有工作，饮食条件较差，锻炼运动量低，受教育程度低，因此，身心健康和预期寿命也最差。拥有更多经济资源的人则会有更多的选择，这反映在相对更好的健康和更长的预期寿命上。

表 7.1　不同的生命阶段及其特征

阶段	各阶段的特征
1. 幼童	这是一个最依赖他人（父母和看护人）的阶段，一直持续到开始参加远离父母的活动，并具有某种程度的独立性，如独自步行上学或在很少或没有成人监督的情况下独自出门玩耍，发生上述情况的年龄不同，地区可能也会有所不同。在农村地区，儿童可能在 5～6 岁时就可以四处自由玩耍，而在城市地区，父母认为有许多风险，儿童可能在 10～11 岁之前都不被允许单独外出
2. 青春期前	尽管会有很大的差异，但这一阶段通常始于幼童末期，女孩持续到 13 岁左右，男孩持续到 15 岁左右，孩子们会有更多的行动自由，可以在无人监管的情况下活动，且活动范围随着年龄的增长而增大。孩子们对探索周围的环境很感兴趣

阶段	各阶段的特征
3. 青春期	在这个阶段，随着孩子们自我意识的增强，其社会关注开始以环境探索为主，他们在努力获得一种独立于家庭而成为同龄人群体中一部分的认同感。厌倦也可能会发生，导致出现对成人社会某种形式的反叛行为
4. 年轻人	青春期后的阶段通常是在学习或工作，尽管有些人可能已经失业。人们开始逐渐成熟，获得了更多的自由，很少被束缚或承担责任。他们有自己的收入，倾向于在兴趣相似的小团体中开展社交。尽管开始组建家庭的年龄有很大的差异，但恋爱结婚往往发生在某一时间点，有些人保持单身或结婚但未生育孩子，另一些人则推迟安顿下来直到他们迫于生理极限而结婚生子。因此，对一些人来说这一阶段可能会一直持续到 40 多岁，而怀孕并生子的青少年可能会在青春期就开始了这一阶段
5. 有子女的家庭	在这个阶段，人们的注意力从他们自己和同龄人群体转移到家庭，包括孩子及其需求。经济问题往往会影响自由，限制了继续开展生育前一些活动的范围，许多人可能会发现这是一种错位的经历。父母的需要，特别是在孩子还小的时候（青春期前），是完全服从于孩子需要的。虽然父母可以给大一点的孩子更多独立性，但他们仍然有责任，直到孩子离开家，父母才能恢复生孩子之前所享有的一些自由。也有可能是这样的，一个父母在生孩子时，会放弃了他（她）多年来一直从事的职业——在工作与照顾孩子间权衡会给他们的夫妻关系带来压力，有些夫妇会离婚或分居，以不同的方式抚养孩子
6. 空巢老人	对于那些已经有孩子的人来说，这个阶段通常会看到孩子离开家去上大学或去实现各种追求。这一阶段可能会让多年来与孩子同住的父母感到震惊，因为他们在过去的 18 年或更长时间内一直在关注孩子，突然间不得不适应许多新的可能性。空巢老人通常仍在工作，但如果他们晚育，到孩子离开时，他们可能已接近退休年龄，因此他们的收入比年轻时更高，可以参加一系列新的活动。这种转变也可能给配偶或伴侣间的关系带来压力，并在父母角色终止后出现身份认知问题。然而，由于他们年迈的父母在这段时间可能需要额外的照顾，因此也可能会产生额外的责任
7. 退休	退休的年龄因国家和地方而异。在许多情况下，到了 60 岁，许多精力充沛且有经验的人突然被迫放弃他从事了 40 年的工作。对一些人来说这或许是一种解脱，而对另一些人来说这也可能是一种巨大的打击，因为他们的生活甚至身份感和自我价值感可能与工作和职业密切相关。还有一些人可能无法承受放弃工作的代价，例如，有些农民可能会一直工作下去，永远不会正式退休。对于那些拥有良好养老金和健康状况的人来说，退休可以提供发展新兴趣的机会，以新的方式参与与以前的工作或专业技能相关的活动，另一些人或许养老金较低，抑或受教育程度较低，可能会有更少发展新兴趣的可能性。随着时光流逝，健康和福祉问题变成越来越重要的限制因素，这是人生的最后阶段，有些人可能会在配偶或伴侣去世后独自生活

社会和社区变量：虽然上面所列的生活方式因素可以归因于个人或家庭，但也可视为影响社区或社会一级健康和福祉的更广泛问题的表现。社区通常被认为是由地理位置（如农村）决定其成员组成的地方，或是共同利益将生活在不同地区的人团结在一起的利益群体。家庭组成等社会因素也会影响个人参与社交网络的方式。人员流动性的增加也会产生一定的影响。这是矩阵的第三维度（表 7.3）。

表 7.2　生活方式因素及其特征

因素	特征
1. 营养	人们的饮食种类和关键营养元素间的平衡不仅对整体健康水平有重大影响，而且对儿童来说，对他们的成长和发展及其成年和晚年的预期健康状况也有重大影响。在欧洲，粮食安全已不是问题，但实现正确的膳食平衡和避免超重是一个重大问题
2. 锻炼量	这对健身、健康和福祉会产生很大影响。儿童需要通过锻炼来发展健康的心血管系统，增加灵活性、敏捷性和运动技能。锻炼在生活中是必要的，但在欧洲和其他一些地方，已越来越少地成为许多人日常生活方式的一部分。饮食不良和缺乏锻炼是导致肥胖水平上升的一个众所周知的原因
3. 工作	工作类型和工作条件不但会对那些正在工作的人的健康和福祉产生影响，而且这种影响可能会持续到不再工作甚至退休以后。艰苦繁重的体力劳动越来越少，虽然体力劳动可以帮助保持健康，但也可能导致长期的身体健康问题，与此相比，办公室工作可能会导致很大的精神压力，很少能提供体育锻炼的机会。尽管在大多数欧洲国家，健康和安全立法已经降低了危险环境对健康和福祉的风险，但一些工作仍然可能让人们暴露在这类环境中，以户外工作为主的人变得越来越少，室内环境中的压力源也变得越来越不明显
4. 教育和收入	受教育程度通常与收入能力、物质生活水平、住房类型和地点的选择等密切相关。穷人一般会生活在较为恶劣的环境中，饮食状况不良，身心健康状况较差。与此相比，受过良好教育的人寿命会更长，居住条件会更好，并且更了解如何通过饮食、锻炼和其他生活方式来保持更高水平的健康和福祉
5. 残疾	许多人患有一种或多种身体或精神残疾，这减少了他们充分参与社会的机会。老年人更有可能在某种程度上成为残疾人。运动障碍和视觉、听觉或精神障碍会以不同的方式表现出来，并以不同的方式影响一个人的身体机能
6. 休闲活动	在休闲机会和休闲场所可用性日益增多的时代，人们可以选择运动或久坐，去追求或避免有精神刺激的爱好。如果工作不能提供体育锻炼或精神刺激，那么业余爱好和消遣可以用来填补这一空白。然而，许多流行的游戏只会让人坐在电脑或电视屏幕前，电脑游戏可能会刺激大脑，但却不提供体育锻炼，而电视则可能两者都不提供。让自己的大脑处于忙碌状态的老年人更有可能保持自己的心智能力
7. 生活环境	住房的位置和质量与健康和福祉密切相关。较差的居住条件（拥挤、取暖不好、潮湿或不卫生）可能会对健康产生明显影响，而较差的周边环境、不具吸引力的环境及缺乏便利设施（如开放空间或社区设施）可能会以不太直接的方式产生影响，可能与精神类疾病有关。如上所述，居住地点的选择与收入水平有关

　　与生活方式因素一样，我们可以看出，这些社会和社区变量不是相互独立的，往往会共同产生作用。

　　城市林地公园的情景为我们提供了关于新公园如何运作及其提供何种益处的多种见解，说明了人们在每个生命阶段如何经常使用它从而获益。林地提供了一种直接在林地中工作或在林地里散步、慢跑或玩耍以增强身体素质的方法。儿童和年轻人可以自由地进出林地，从而获得更大的自信并产生对林地的场所依恋，当他们有了自己的孩子时，这种自信和依恋感可能会传递给下一代。单身人士有机会在一个共同的社区空间中与他人见面。移民群体的成员也会有机会融入社区，找到社交的空间。大自然的存在缓和了人们的压力，并对许多不同年龄的人的心理健康产生了积极影响。此外，在林地里老年人可以与不同年代的人保持联系，并获得新鲜空气、锻炼和精神刺激。

表 7.3　社会和社区变量及其特征

变量	变量特征
1. 家庭	近几十年来，家庭一直在发生变化。由双亲和若干子女组成的传统家庭在重要性上有所降低，单人家庭（包括离异和丧偶者）、同居的单身成年人、同性伴侣和单亲家庭成为这种家庭形式的补充类型。"传统"家庭可以提供社会支持，特别是如果扩大到住在附近的其他家庭成员如祖父母，其他类型家庭中的相关成员可能会感到更加孤立和缺乏社会支持，除非他们作出特别努力去参与不同的利益群体
2. 睦邻性	在许多传统社区，无论是城市还是农村，邻里互相提供各种各样的支持，从农业地区互相帮助收获农作物，到工业化城市里互相帮助照看孩子。这取决于社区如何运作，睦邻关系可能在农村地区仍然很强，但在居民流动率很高的城市地区会很弱，很少有人会认识自己的邻居
3. 移民	近年来，欧洲各种形式的移民大量增加。移民本身并非新生事物，但移民的格局和性质已经发生了变化。人们会从欧洲以外的国家来到欧洲，也会从欧洲境内的一个国家搬到另一个国家，还会在多个国家间流动。在到达目的地时，他们发现所获得的社会支持程度对他们同化自己的方式和福祉有着很大影响
4. 种族	社会的种族构成也与移民有关。许多移民属于特定的族裔群体，能够利用现有的网络。一些族裔也可能生活在某些地方，往往是城市且生活质量不是很高，不同族裔的民族文化可能与所居住的国家文化不同
5. 城市结构	城市并非一个同质的地方。不同地区可能有不同的住房密度，交通、购物或休闲设施的便利程度或好或差，靠近或远离绿地，并具有不同的居民社会群体的特点。一些绿树成荫的郊区可能有着得天独厚的花园和绿地，或者靠近大型公园；而其他地区则可能住房密度高，设施少，城市结构质量差。社会群体往往因收入和其他因素被隔离开来，分布在某些城市或农村的某些特定地区

可见，该场景为我们提供了一个问题的预演，这些问题可以用上面给出的概念框架来具体说明。它还说明了如何应用该概念框架确定与自然接触的方式，以此作为实现健康和福祉的一般性手段。本章的下一步是更详细地研究其中的一些主题，分析研究人员正在或可能评估的一些具体实践，并演示如何应用研究中获取的证据。

7.4　为研究带来挑战的实际应用示例

本节列举了一些例子，在这些例子中，根据年龄、种族、性别或其他变量界定的不同目标群体的人，在利用户外和大自然改善他们的健康和福祉方面都得到了帮助和鼓励。这些例子来自一些项目，这些项目倾向于强调特定群体的需求，而不是考虑更为广泛的社区。然而，这种对特定目标群体的关注会带来失去惠及更广泛群体的机会的风险。此外，特定目标群体可以作为更广泛的群体的代表，对他们的供给可以为其他人提供"外溢"的益处。

为了确保下面所列举的实例是良好做法的完美集合，在选择时我们采用了以下标准：

- 对健康影响做过研究的良好做法具有优先性；
- 预期或已产生的健康影响具有广泛的多样性；
- 广泛覆盖了可能的自然或目标群体组合。

表 7.4 概述了针对不同目标群体一系列良好做法的范例。表中所列的，以及随后更为详细的实例都是从许多可能的良好做法范例中选出来的。此处不提供联系信息，因为地址和电话号码可能会发生变化，感兴趣的读者应该能够在互联网上找到最新的联系方式。

表 7.4　良好做法范例概览

目标群体	自然类型或活动	范例名称
不喜欢活动的人；想要变得更健康但又不喜欢传统健身房或运动中心的人；有轻微心理健康问题的人，如压力、抑郁或焦虑的人；运动量不足的儿童，包括超重儿童	通过园艺和当地环境改善为人们提供体育活动的计划。参与者可参加各种活动，如植树、在分配的土地上种植食物和创建自然区域	英国，保护志愿者绿色健身房
所有人	每隔一段距离布设健身器材的室外赛道或跑道，旨在鼓励人们开展健康的体育锻炼	瑞士的 Parcours Vita
一般消费者，特别是城市居民；特殊目标群体是老年人、智障者、吸毒者和无家可归者，以及接受特殊教育的儿童	本项目包括以下三个实践研究： • 设立参与市场，促进与阿姆斯特丹附近的护理农场和学习农场的信息交流和合作 • 研究护理农场的特点，并开发测量其效果的工具 • 一项参与性研究，考察儿童在学习农场中学习的效果	荷兰阿姆斯特丹的绿色护理
所有人，尤其是那些很少锻炼或生活在许多人健康状况不佳地区的人	自己社区人们的步行计划	英国，走健康之路计划
老年人	在专门配备的"绿屋"和"不需要弯腰"的花园中进行活动	荷兰在绿屋和花园中活动的老年人
有精神问题的人	生活在一个小组中，做一些有意义的工作，并在护理农场内外接受治疗	荷兰 De Hoge Born 护理庄园

续表

目标群体	自然类型或活动	范例名称
6~12 岁的儿童，与家人或班级同学组成一个团体或参与学校旅行和童子军团体一起来这里	儿童可以自由玩耍的树木繁茂区域，其管理和布局方式对儿童具有分外的吸引力。"游戏林地"为了保持其自然特性，尽量减少人造结构，使用天然材料；林地内没有配备传统的"游乐场"设备。换言之，景观的自然特征得到了增强和利用，增加了孩子们玩耍的机会	比利时和荷兰供孩子们玩耍的林地
心烦意乱的孩子	孩子们在林地而不是传统的教室里学习不同的课程，林地不需要任何特殊的特征	英国的森林学校
少数族裔	支持开展各种让人们体验绿地，特别是居住在市中心的一些少数族裔不熟悉的远离城市的农村环境的活动	英国的黑人环境网络
各类残疾人，包括身体、视力、听力、心理健康和学习障碍	任何类型任何所有权的森林，可以更容易地用于开展一般性的休闲活动	英国，森林委员会促进残疾人进入林地的项目
易患心脏和血液循环疾病的人	用于步行的城市绿地	英国格拉斯哥市健康步行项目
老年人	靠近人们居住地方的城市绿地和公园，以及通往它们的道路，从而降低了老年人加强体育锻炼的障碍	英国的全方位户外设计项目

下面我们将更为详细地介绍从表 7.4 中选择出的几个范例。

7.4.1　英国保护志愿者绿色健身房

保护志愿者（BTCV）绿色健身房通过改善园艺和当地环境为人们提供体育活动和健康福利，参与者可参加诸如植树、在分给的土地上种植食物和创建自然区域等活动。目前，英国有 70 多家绿色健身房，这些保护志愿者绿色健身房都具有以下特点：

● 全年提供每周至少 3 小时的实践活动；

● 得到当地健康服务机构的认可，机构的医生和护士会建议人们参加保护志愿者绿色健身房的活动；

● 遵循必要的健康和安全程序，包括风险评估、急救、热身和降温（以防止受伤）；

● 目标是自我维持。保护志愿者组织会对参与者进行培训，使他们形成自己的社区团体，全权负责绿色健身计划的实施，这些小团体在两年后会完全由志愿者管理，独立于保护志愿者组织。

目标群体：根据项目所在社区的需要，目标群体会有所不同。一般来说，目标群体包括不喜欢活动的人（根据首席医务官的建议，每周体育锻炼活动少于五次且每次少于 30 分钟的人）、想变得更健康但又不喜欢传统健身房或体育中心的人；以及有轻微心理健康问题（如压力、抑郁或焦虑）的人。

此外，保护志愿者组织还推出了一个"学校保护志愿者绿色健身房"，那些没有充分锻炼的孩子，包括超重儿童，都可以把绿色健身房作为他们的课后俱乐部或体育课。每期绿色健身房活动可包括 12 名左右的参与者，因此每个保护志愿者绿色健身房每年约有 40 名参与者。

对健康益处的研究：牛津布鲁克斯大学健康与社会保健学院对保护志愿者绿色健身房的健康益处进行了独立评估。2003 年开始的一项全国性评估发现，保护志愿者绿色健身房具有社会包容性，成功地让传统上被排斥的群体加入到环境保护志愿活动中，同时也保持了对健康的高度重视。评估还发现，90% 的人参与前的心理和身体健康得分远低于平均水平，参与 7 个月后他们的得分都有了一定的提高。

7.4.2　走健康之路倡议

"走健康之路倡议（walking the way to health initiative，WHI）"，现在称为"健康步行（walking for health）"是自然英格兰（Natural England）和英国心脏基金会联合发起的最大的全国性机构负责制定和推动健康步行指导标准。据其网站介绍，健康步行的简短定义是指"定期进行有目的、轻快的步行"，可以包括任何专门为改善个人健康而设计和实施的步行方案（English Nature，2010）。该网站还提到，对个人而言，步行的相对强度和参与的规律性才是真正影响心脏健康的主要因素。对心血管健康而言，步行应该是有目的和"轻快的"（换言之不仅仅是简单的散步）。此外，有人认为有组织的步行（轻快或不轻快的）可以提供社交机会（良好的社交可以增进健康）和分散人们对日常压力的注意力，从而对人们的健康产生影响。因此，WHI 的目的是鼓励人们，特别是那些很少锻炼的人，在他们的社区进行定期的短途步行，目前已有超过 525 个当地的健康步行计划。

该项目还与全国性的计步倡议相联系，该倡议为人们提供计步器，通过他们一般性的医疗实践来测量其实际的体育活动水平，从而将专业医疗与绿色部门和步行倡议联系起来。

最后，该项目还推动了绿色运动，即任何在户外进行的非正式体育活动，如园艺、骑车和在城市公园散步。绿色运动将人们与当地的自然联系起来，并作为一种最为经济的改善国民身心健康的方式加以推广。自然英格兰正在资助一项为期 3 年的绿色运动计划，该计划包括在九个地区各实施一个示范项目，这个项目始于 2007 年 11 月。

目标群体：总体目标是针对那些活动较少的心血管疾病风险人群，以及任何应该增加活动水平的人。

对健康益处的研究：过去已经对该倡议进行了几次评估，目前，自然英格兰正在与国家临床卓越研究所合作进行一项新的全国性评估，旨在评估健康与自然环境间的联系，并帮助向医疗保健专业人员和潜在投资者推广，这将有助于确定步行对个人身心健康的积极影响程度。

7.4.3　荷兰的老人绿屋活动

住在荷兰舍特霍夫护理中心（Zorgcentrum Schoterhof）的人有机会更亲近自然，甚至可以通过改造后的花园式绿屋将自然带入他们的生活。这种绿屋是一个可以开展与自然相关活动的休闲型房间，人们出入时不需要弯腰，即使是坐轮椅的人也能自由出入。在志愿者的协助下，护理中心提供了许多室内自然活动（如播种、采插条、栽种植物、插花），人们可以独立或在监督下进行活动，不参加任何活动的人只需享受绿屋中的自然即可。

该项目旨在推出一项新的、以自然体验为基础的服务，重点是为老年人提供住宿、护理和各种福祉。其深层理念是让住在这里的人能够尽可能长时间地独立活动，并提供有意义的活动来充实他们的生活，这反过来也增加了住在护理院的老年人、志愿者和雇员的福祉。由于需求水平低，大自然在这方面为所有可能的目标群体提供了增进福祉的可能性。

目标群体：包括住在护理中心的人、老年精神病护理部的患者和 65 岁以上的地区居民，智障和身体残疾人士也可以参加。每周举行一次活动，约有 10 名参与者。其他居民或造访者可以利用温室举办一些特殊活动，如生日派对，温室可容纳大约 10 名参与者和管理者，花园向所有人开放，供园艺或只是欣赏，园内有一个宽敞的露台，轮椅可以进入，露台可容纳 25 人，可以向外扩展至草坪。

对健康益处的研究: van den Berg 和 Custers（2010）进行了一项研究，探讨了活动中绿色植物对参与者的影响，这项研究测量了参与者在绿色房间里开展活动后皮质醇水平下降的程度，并与在其他环境下开展同样活动的结果进行了比较。相关的评价结果可参见 Andreoli（2003）的荷兰语报告。

7.4.4　森林学校

森林学校是一种创新的户外游戏和学习的教育方式（Forest schools，2010），其理念是通过积极的户外体验鼓励和激励所有年龄段的人。通过参与森林环境中有趣的、激励性的且可实现的任务和活动，每个参与者都有机会发展内在的动力，以及良好的情感和社交技能。孩子们可以了解自然环境，学习如何应对风险，学会运用自己的主动性去解决问题，并学会与他人合作。孩子们使用全尺寸的工具玩耍，了解身体和社会行为的界限，这帮助他们培养自信和自尊。森林学校让孩子们定期到访当地的同一片林地，在项目全年运行约 36 周中，孩子们可以在任何天气下（大风除外）到访森林。

儿童及越来越多的成年人，都需要时间来彻底探索自己的思想、感情和人际关系，这一反思性的实践通过情感、想象和感官来发展人们对世界、环境和其中一切事物的理解。森林环境也可为这些活动提供预期的服务，身处森林（或任何绿色区域），远离那些已建成的内部空间，可以为人们提供不同程度的刺激，并对降低愤怒程度、集中注意力和其他结果产生积极影响。

目标群体： 因行为问题、注意力障碍和其他心理问题被排除在主流学校之外的所有年龄段的孩子。"正常的"学生除外。

对健康益处的研究： Jenny Roe（2007）的一项研究记录了具有行为问题的学生待在森林学校的益处。Rebecca Lovell（2009）也证明了森林学校对目标儿童的身体健康有益。

7.4.5 包容性户外设计

包容性户外设计（inclusive design for getting outdoors，I'DGO）的总体目标是确定最有效的方法，确保户外环境的设计具有包容性，以提高老年人的生活质量（Inclusive design for getting outdoors，2010）。迄今为止，人们对户外活动中的哪些特性与老年人的生活质量相关还知之甚少。

目标群体： 65 岁以上老年人。

对健康的益处研究： 对全英国 65 岁以上老人的调查显示了户外环境在其生活中的重要性。老年人无论任何季节都会经常到当地街区去，步行是其主要的交通方式。老年人外出的三个主要原因是：社交、体育锻炼和呼吸新鲜空气，以及接触大自然。

分析表明，开放空间的舒适性、安全性，以及与开放空间的距离，与参与者对生活的满意度显著相关。使户外活动变得容易和愉快的街区环境是参与者是否通过散步达到推荐的体育活动水平的一个重要因素（无论是否有任何感官或活动障碍），也是他们总体健康状况的一个重要预测因素。

就户外活动水平而言，通往当地开放空间的优质道路会对老年人户外活动的时长产生影响，同样，户外空间中良好的设施和水体的存在也会产生影响。对参与者来说，当地开放空间最重要的方面包括安全、有适当的设施、树木和植物、可观看的活动、良好的维护，以及途中并不拥挤的交通。

7.5　障碍与便利措施

上一节的最后一个例子说明了一个重要的观点，如果人们打算使用某些自然区域，必须帮助他们克服进入的障碍。即使已经证明了使用绿地对健康有着积极的影响，但如果人们无法参观绿地或参观时感到不舒服，就很难最大限度地发挥这些益处。使用绿地，尤其是森林和林地，对许多人来说未必是一个有吸引力的选择。如果这些地区在某种程度上看起来存在威胁，那么不管它对身体或精神健康有多大益处，都会缺乏吸引力。

一些负面因素和观念会成为人们的心理障碍，阻碍其获得到访绿地的好处，对其中一些方面的研究是广为人知的。对于在城市里长大的女性来说，林地、森林和自然地区通常被视为可怕的地方，感知上包括害怕迷路和害怕被陌生人攻击（Burgess，1995；Ward Thompson *et al.*，2004）。其他已知影响舒适度的因素包括较低的管理水平、疏于维护的场所、满地的垃圾，以及一些让人感知到反社会行为的东西，如酒瓶、毒品注射器、焚烧物、损坏的公物和四处的涂鸦。

父母可能会因为可察觉到的风险而代替孩子作出决定，禁止他们单独去某些地方。事实上，城市化及随之而来的剧增的交通量，已经让孩子们远离了以前玩耍的道路，父母更喜欢让他们待在室内看电视和玩电子游戏，因为父母认为这是一个没有风险的环境，尽管事实上这对孩子们的健康是有害的。

少数族裔到访森林或林地时可能会感到不舒服，因为这样做并非他们文化的一部分。来自热带或亚热带地区的人可能会把森林与毒蛇等危险动物联系起来。如果他们来自工作艰苦的农村地区，那么去自然场所放松或娱乐可能是一个陌生的概念。

残疾人到访绿地可能也存在障碍，除非他们有信心自己可以到达那里。通常需要提供有关道路状况的信息，如坡度、路面和横坡，并设置有各种标志和长凳，这些设施有助于残疾人感到有信心可以方便地到访绿地，并获得他们所寻求的福利。旨在改善残疾人到访服务的便利措施也将改善其他使用者（如老年人和带折叠手推车的家庭）的到访服务。

人们可能会采取各种策略来克服障碍，例如，妇女不是独自一人而是结伴而行或与宠物狗一起；他们可能只选择去自己认为安全和方便的地方，这可能意味着要前往离家更远的地方。孩子们也可能会违背父母的意愿去一些地方，他们觉得那里更安全且更有吸引力，原因很简单，因为他们被禁止去那里。

因此，实践对研究会产生影响，因为实践中需要寻找克服障碍和加强便利措施的方法，解决这一问题的办法通常是将良好的绿地管理结合起来，以减少或消除明显的疏忽和危险，或许通过有针对性的信息或现场易识别的工作人员（如护林员或公园管理员）的存在来增强欢迎感等。另一个策略是通过告知人们绿地犯罪或事故的真实水平通常远低于感知水平，也低于街道和住宅区，从而来改变人们对风险的主观认知。然而，改变观念可能会十分困难。

7.6　结论

　　在本章中，我们讨论了以自然环境作为促进个人、群体或社区健康、福祉和发展手段的实践过程对研究的影响。在此过程中，我们试图就自然与健康领域的研究与实践间的关系提供一个对比性的观点。这里的讨论在某些方面比第 5 章的讨论更具思辨性，且更牢固地立足于人们在自然地区所做的具体工作，而第 5 章则将重点放在有关自然与健康间研究的理论基础和一些实践上。与第 6 章相比，这里的讨论还着眼于一系列完全不同的研究与实践间的挑战，而第 6 章则重点讨论了研究与实践相结合时所面临的问题。

　　第 1 节中给出的假设情景表明，通过多种方式参与基于自然的活动可以获得多种益处。其中一些方式可能是日常的、符合个人动机的，而另一些则可能是带来社会效益的社区创业项目的一部分，除了新鲜空气和锻炼对身体的益处外，对健康也会产生间接但有价值的益处。这些活动可由一些组织针对特定社会群体（如老年人或少数族裔）和特定健康问题（如青少年多动症或成年男性心脏病）的锻炼需求进行推广。虽然有时对研究成果的实施是基于对益处的信心，而非基于有说服力的证据，但这类项目本身就可以为这一领域的证据基础作出很大的贡献。这与一种称为"行动研究"的方法论有关，行动研究将实践的发展与科学知识的构建有机结合起来，形成一个循环的过程（见 Greenwood and Levin，1998），而不是一个知识生成随后应用于实践的线性过程，主要兴趣并非建立因果关系（例如，为什么一个人受益于自然经验），而是从经验中学习人们如何受益，以及从何中受益。随着时间的推移，可以开发出一套案例库，并将研究成果概化为理论。自然-健康关系的经验方法在广泛的公共政策和规划过程中有着很强的应用潜力。这里的重点是设计有效的方法来获取和评估对人们健康的影响上，使其成为政策和规划过程的一个组成部分，而不是把注意力集中在特定的物体上，如公园的布局、街道的美学质量、窗外的风景等等。本章中引用的一些例子作为行动研究的模型，已经对证据库的发展作出了应有贡献。

参 考 文 献

Andreoli PJH (2003) Monitoring evaluatie en kennisverzameling: pilotproject: senioren actief in
　　groenkamers. Woonzorg Nederland, Amsterdam

British Trust for Conservation Volunteers: http://www2.btcv.org.uk/display/greengym. Accessed 19 Feb 2010

Burgess (1995) Growing in confidence. Countryside commission, Cheltenham

van den Berg AE, Custers MHG (2010) Gardening promotes neuroendocrine and affective restoration from stress. J Health Psychol (in press)

English Nature: walking the Way to Health http://www.whi.org.uk/. Accessed 19 Feb 2010

Erikson EH (1950) Childhood and society. W.W. Norton, New York

Greenwood DJ, Levin M (1998) Introduction to action research: social research for social change. Sage, Thousand Oaks

Inclusive design for getting outdoors (ID'GO) http://www.idgo.ac.uk/. Accessed 19 Feb 2010

Forest schools: http://www.forestschools.com/. Accessed 19 Feb 2010

Roe J (2007) The impact of forest school on young people with behavioural problems. Sustainability and outdoor learning: the 'where, 'when' and why?" (GCYFWG3), Royal Geographical Society, 30th August 2007

Lovell R (2009) An evaluation of physical activity at a Forest School. University of Edinburgh, Unpublished Thesis

Ward Thompson C, Aspinall P, Bell S, Findlay C, Wherrett J, Travlou P (2004) Open space and social inclusion: local use of woodlands in central Scotland. Forestry Commission, Edinburgh

第三部分

推动体育活动

第8章 自然环境对体育活动的贡献：理论和证据基础 [①]

斯杰普·德弗里斯（Sjerp de Vries），托马斯·克拉森（Thomas Claßen），施特拉-玛丽亚·艾根赫尔-胡格（Stella-Maria Eigenheer-Hug），卡莱维·科尔佩拉（Kalevi Korpela），约兰达·马斯（Jolanda Maas），理查德·米切尔（Richard Mitchell），彼得·尚茨（Peter Schantz）

摘要：一种非常流行的说法是身边的自然可以刺激人们更活跃地开展体育活动。本章针对已有的文献对体育活动与居住环境间的关系进行了详尽的综述。更具体地说，在介绍了主要概念和理论框架之后，我们对三类活动的证据进行了分析，即一般性的体育活动、步行和骑行（主要由成年人进行的），以及儿童户外玩耍。一般性的体育活动是十分重要的，因为它与能量的消耗及健康密切相关，而后两类活动则与环境的绿色特征联系在一起，关注点将放在在自然环境中开展活动有益于健康的可能性分析上。本章的最后部分总结得出了结论，并结合当前的情况，提出了今后研究的方向和相应的政策建议。

---

①S. de Vries（✉）

奥特拉，瓦赫宁恩，乌尔，荷兰，e-mail: Sjerp.devries@wur.nl

T. Claßen

比勒费尔德大学，德国，e-mail: thomas.classen@uni-bielefeld.de

S.-M. Eigenheer-Hug

瑞士联邦理工学院，瑞士，e-mail: stellamaria.eigenheer@forel-klinik.ch

K. Korpela

坦佩雷大学，芬兰，e-mail: Kalevi.Korpela@uta.fi

J. Maas

埃姆戈大学医学中心研究所，荷兰，e-mail: j.maas@rivm.nl

R. Mitchell

格拉斯哥大学，英国，e-mail: r.mitchell@clinmed.gla.ac.uk

P. Schantz

瑞典中部大学和瑞典体育与健康科学学院（GIH），瑞典，e-mail: Peter.Schantz@miun.se

8.1 简介

8.1.1 什么是体育活动，它为什么重要？

体育活动有许多不同的定义。美国疾病控制中心（Centre for Disease Control，CDC）将其定义为"骨骼肌产生的导致能量消耗的任何身体运动"。世卫组织对这一定义稍加细化，称之为"骨骼肌发出的导致能量消耗高于休息水平的任何力量"（Caspersen *et al.*，1985；Cavill *et al.*，2006）。简言之，它包括日常生活、家务、休闲活动（包括体育、园艺、骑自行车、步行等）和专业运动中的身体活动（NIH，1996）。国际上给出的增进健康的体育活动建议为每天最低 30 分钟（儿童 1 小时）中等强度的活动，这意味着达到不出汗但稍微有点喘不过气来的状态（Cavill *et al.*，2006；WHO Europe，2002）。

大量的研究表明，体育活动对人们的身心健康有积极的影响（Cavill *et al.*，2006），特别是当体育活动频繁进行且强度足够大时（Bauman，2004）。定期进行体育锻炼可以降低罹患心脏病（Berlin and Colditz，1990）和某些癌症（特别是结肠癌和乳腺癌）（Slattery，2004；Friedenreich *et al.*，2006；Monninkhof *et al.*，2007），以及肌肉骨骼疾病（Brill *et al.*，2000）的风险，已被证明是一种有效治疗抑郁症的方法（Dunn *et al.*，2001），甚至还可以帮助人们从侵入性治疗中恢复（例如，Mutrie *et al.*，2007）。相反，当体育活动量不够时，就会出现健康问题。特别是，当一个人没有消耗掉通过饮食摄入身体内的能量，他们的体重就会增加（Bull *et al.*，2004）。如果一个人变得超重或肥胖，就更有可能出现其他健康问题，包括 2 型糖尿病、心脏病、中风、某些癌症和肌肉骨骼疾病（Cavill *et al.*，2006；Behn，2006）。

8.1.2 为什么要关注体育活动的水平？

近年来，在经济发达的社会中，人们从事体育活动的数量有所下降（Tudor-Locke *et al.*，2001；Dollman *et al.*，2005；Sjöström *et al.*，2006）。人口稠密城市的发展，汽车保有量的增加，大量节省劳动力的设备和系统的使用，体力劳动行业的减少，以及专门开展体育活动的环境（如儿童游乐场和成人运动场）的减少，已经确确实实减少了人们锻炼身体的需要和机会。例如，在 1977～1995 年间，美国儿童步行或骑自行车出行的次数下降了 37%（McCann and DeLille，2000）。与此同时，我们的食物变得更加丰富，食物的热量（即在摄入时所提供的能量）显著增加（Wright *et al.*，2004；Putnam，1999）。这些变化的结果是摄入更多的能量，而较低的体育活动水平却只需要消耗更少的能量，这必然导致超重人数大大增加，特别是在大量消费加工食品的人群中（Lobstein and Millstone，2007）。

8.1.3　为什么自然环境对体育活动来说十分重要？

当各国政府和决策者开始寻求解决因久坐和超重而导致的日益严重的健康问题的办法时，他们试图诱导或推动人们开展更高水平的体育活动。这似乎是一件非常困难的事情，虽然小规模干预措施取得了一些成功（Marcus *et al.*，2006），但在提高全社会的体育活动率方面收效甚微（Dunn *et al.*，1998）。最近，人们开始把注意力转向了自然环境（有时也被称为绿色空间），借此来鼓励人们开展各类体育活动。对政策制定者和本书而言，重要的问题是自然环境是否有助于诱导或促进体育活动的开展？我们有充分的理由问这个问题。自然环境通常比建筑环境更具吸引力（van den Berg *et al.*，2003），而一些身体运动（如步行或骑自行车）则是体验它们时所必需的，因此，它们确实具有促进体育活动的固有特性。然而，自然环境促进体育活动的"想法"并不等同于制定政策和作出决策时所需的真正有效的确凿证据。

8.1.4　改变人群健康相关行为干预措施的有效性

健康及健康相关的行为受多种复杂因素的影响，通常很难改变或改善它们。即便是采用巨大的努力去改变一种特定的行为，如参与锻炼，往往无法成功地确保大规模的长期的行为改变（例如，Hillsdon *et al.*，2002；Lamb *et al.*，2002；Harrison *et al.*，2005）。此外，如果某些群体在改变健康和行为方面比其他群体更成功，就会产生或加剧健康不平等。一般来说，"上游"的干预措施，即结构性的、环境的或立法的措施（如禁止吸烟、人车分行或强制佩戴安全带等）似乎最有助于改善健康，而不是增加不平等（也许会减少不平等）（Macintyre，2007）。基于信息或教育的干预措施，如警告人们酒精的危害或鼓励人们锻炼的广告，似乎最容易加剧不平等（Macintyre，2007），这可能是因为优势群体更关注和/或更容易根据健康促进建议采取行动。此外，一项成功改变行为的干预措施对健康的益处可能不会被平均分配。一项成功鼓励人们使用林地小径的干预措施可能对以前久坐不动的人来说比那些非常积极地参加体育活动的人更有好处，因为以前积极的人只是将活动的地点从其他地方转移到林地小径。

8.1.5　环境干预措施成功地改善了体育活动率

Kahn 等（2002）在一项系统综述中发现了提高体育活动率的各种策略有效性方面的证据，包括多项基于信息、基于行为和社会，以及基于环境和政策的干预措施，尽管很难确定哪类干预措施"最"成功，因为这取决于现有的证据种类。但总的来说，环境干预措施（例如，支持体育活动的社区规模的城市设计和土地使用政策）似乎更为成功。综述选择的 12 项研究中的环境干预措施对某类体育活动（例如，步行或骑自行车的人数）改善率的中位数为48%。相比之下，通过电视、广播、报纸等不同媒体，向广大受众传达信息的大规模、激烈、高度可见的社区范围的宣传活动，其改善率的中位数仅为 5%。没人试图评述这些干预措施对不平等的影响，也没人试图区分对以前久坐不动的人和已在其他地方或以其他方式开展体育活动的人的影响。照片 8.1 和照片 8.2 显示了两种相似的小规模环境干预措施但结果截然不同的例子。

照片 8.1　尽管这个健身亭离人们很近，但几乎没有人使用。当地居民似乎缺乏使用它的动力
（摄影：乌尔丽卡·斯蒂格斯多特）

照片 8.2　这个锻炼区经常被跑步、步行或骑自行车经过的人们使用（摄影：贾斯珀·斯奇佩林）

8.1.6　我们需要知道什么？

为了帮助我们判断自然环境是否有助于促进体育活动，对现有证据进行仔细权衡是十分重要的。为此，我们通过一系列的问题来分析处理这些证据。

1. 生活在自然环境附近的人是否更为踊跃地参加体育活动？

2. 如果邻近自然环境与更多的体育活动有关，那么两者间是否存在一种剂量-反应关系（即更为邻近是否等同于更多的活动），这种关系有多强？

3. 是否有证据表明自然因素是自然环境与体育活动间因果关系中的原因？

4. 自然环境与体育活动间的关系是否因人口特征（如年龄、性别、社会经济地位、种族、国籍）而异？

5. 与在其他地方（如室内或建筑环境）开展的体育活动相比，在自然环境中开展的体育活动是否有什么特别的益处？

8.2　综述的概念性框架和结构

相当多的研究已经将（自然）环境作为影响人们体育活动率的一个因素加以关注，最近出版了几篇有关这类研究的综述（Humpel *et al.*，2002；Owen *et al.*，2004；Giles-Corti *et al.*，2005b；Davison and Lawson，2006；Ball *et al.*，2006；Ferreira *et al.*，2007）。通常这些综述并不局限于环境的绿色或自然方面，而是涉及一般性的环境。我们不认为这是一个缺点，而是认为这有助于正确看待自然元素和绿地的作用。Swinburn 等（1999）开发了一种将环境划分为具有相关特征的不同类别的分类方法，即所谓的 ANGELO 框架［ANGELO 是 "与肥胖相关的环境分析网格（analysis grid for environments linked to obesity）" 的缩写］。该框架将环境划分为微观和宏观两个尺度，以及物质、经济、政治和社会文化四个方面。微观环境是指个体生活、工作、受教育和开展休闲活动等的地方环境，可以细分为住宅区、学校和工作场所等不同环境；宏观环境可以分为教育系统、医疗保健系统、不同级别的管理系统和食品部门等不同部门。本章将重点关注微观环境的物质方面，尤其是居住环境。在此，我们将提出一个概念性框架，帮助构建迄今为止的研究概述。稍后，我们将介绍并讨论最近出版的综述和其他研究中得出的结论，以及它们所提供的证据基础。

研究的起点是自然环境可能激发或阻碍体育活动。几位作者（Giles-Corti *et al.*，2005b；Ball *et al.*，2006）认为，在研究活动与环境间的相关性时，明确活动类型是很重要的。相关的环境因素可能因活动的不同而有所不同。因此，当所研究的环境因素与即将发生的特定活动相适应时，我们可以观察到更清晰、更强的相关关系。这种特定性可能会包括活动本身之外的发生动机或背景。此外，由于偏好和/或（个人）限制因素的差异，对不同的人群加以分类也会有所帮助。

为了聚焦概述，我们选择了以下三类户外活动：①一般性的体育活动和绿地（第8.3节）；②为通勤和娱乐而进行的步行和骑自行车活动（第8.4节）；③儿童户外体育活动（第8.5节）。

最后，我们还将在本章的一节中介绍与其他环境相比，在自然环境中开展体育活动可能会带来额外的益处，即除了体力活动导致的能量消耗之外的益处（第8.6节）。

我们将第一类活动包括在内是因为在一些研究中，体育活动的定义很宽泛，并未区分活动的子类，然而，它侧重于活动的总量，这最终与能量消耗有关。包括第二类是因为积极的通勤方式，即步行或骑自行车到达目的地（不是出于休闲目的），对许多人来说是体育活动的一种重要方式（见 Breedveld and van den Broek，2002），同时，步行和骑自行车也是人们尤其是成年人最常见的户外休闲活动，在此，我们将集中讨论（附近）自然元素和绿地在参与此类休闲活动中起到的作用。第三类关注的是儿童的户外游戏，这是该年龄组能量消耗的一种重要方式（Baranowski et al.，1993；Sallis et al.，1993b；Bakker et al.，2008）。每类活动将分别在单独的一节中进行分析，因为所讨论的研究都注意到个人差异，因此在每个类别中都会加以考虑，各节中并未明确侧重于人口中的某一特定部分。

我们之所以将上述活动分为若干类，是因为与每类活动相关的环境因素各不相同。尽管如此，在更为概念化的层面上，仍有可能确定一些对（几乎）所有类别都十分重要的因素，尽管其表现或偏好水平可能会因活动而异。Pikora 等（2003）基于现有的研究成果开发了一个对步行和骑自行车产生潜在环境影响的框架，他们区分出了四种不同的特征，即功能、安全、美学和目的地。

框架中的功能性特征包括反映当地环境基本结构的街道和小径的物理属性，即小径的具体属性、街道的类型和宽度、交通流量、速度和类型，以及通往目的地的路线方向。高质量休闲路径的示例请参见照片8.3。

安全性特征包含两个要素，即人身安全（如照明和被动监控水平）和交通安全（如有无明确的人行横道）。

美学性特征包括使环境变得有趣和愉快的因素，例如，是否有行道树及其生长状况和大小，是否有公园和私人花园，以及空气污染程度等。此外，环境中自然景观和建筑设计的多样性和趣味性也是需要考虑的方面。

目的地特征与附近的社区和商业设施的可用性有关。如果在当地易达的地方有合适的目的地，那么人们步行的机会就会增加。在其他文献中，这也被称为邻近性或连通性。邻近性与旅行起点和目的地间的距离有关，而连通性是指在现有街道和人行道结构内，起点（如居住地）和目的地（工作、商店、娱乐）间移动

照片 8.3　良好的步行道对多种形式的主动性休闲活动至关重要（摄影：贾斯珀·斯奇佩林）

的便利性，连通性也可以被看作是功能性特征的一个方面。

　　Pikora 等（2003）的框架针对的是当地的总体环境。除了作为环境的一部分，绿地还可以被看作是环境内（或外）的一个特定目的地类型，在很大程度上，类似的特征在这一更具体的层面上也是相关的：①目的地特征，该区的可及性、距离和基础设施（交通方式）；②安全性特征，包括个人安全和交通安全，后者的重要性取决于区内的交通方式；③功能性特征，对拟开展活动的适宜性、内部基础设施和确保活动开展所需的设施、辅助设施和其他便利设施（不要求，但会鼓励）；④美学或舒适性特征，如风景优美度、噪音水平、拥挤度等。

　　作为开展活动的区域，其环境吸引力可视为一个整体概念，上述特征（高度可及性、十分安全、非常适合开展活动和怡人的环境）被综合纳入其中。

8.3　自然环境与一般性体育活动

8.3.1　我们常说的体育活动是什么意思？

许多有关自然环境与体育活动间关系的研究大都集中在特定类型的活动上，如步行或骑自行车。的确，自然环境的一个重要方面是鼓励或支持某些特定类型的活动，而非其他类型的活动。然而，一些有关自然环境与体育活动间联系的证据却大多集中在"一般性"的活动上。

8.3.2　为何要记录或度量一般性体育活动？

有时在一次度量中最好是记录参与者进行的所有体育活动，如果活动的总体水平是研究的重点，那么各项具体活动可能就并不那么重要。当比较不同群体的活动水平时，情况尤为如此，因为每个群体可能会喜欢不同种类的运动。例如，男性比女性更有可能在"正式"的活动中完成体育活动，如团队运动或跑步，但这并不意味着女性的活动就不那么重要或健康。这在儿童体育活动的研究中尤为重要。在绿色或自然环境中，孩子们可能喜欢的游戏种类很难准确地用一种"活动"来描述。此外，自然环境可能会促进某种特定的活动，但却以牺牲另一种活动为代价，体育活动的总量并未发生变化，为此对活动做一个简单的概要性的度量可能是非常有用的。

8.3.3　如何度量体育活动？

目前有两种主要的度量方法。第一种方法是通过问卷或调查询问参与者在一段时间内参加体育活动的时长和强度，然后得出一个概要性的度量结果。国际体育活动问卷（international physical activity questionnaire，IPAQ）是一种常用的获取概要性度量结果的方法（Craig et al.，2003）。自我报告的活动度量方法具有易于从大量人群中收集数据的优点，但其可靠性和客观性受到一定的限制（Kohl et al.，2000）。

第二种方法是使用客观的仪器来记录身体的运动或能量消耗。在成人和儿童的研究中，加速计是客观评估体育活动的常用工具，该仪器体积小且不引人注目，记录的信息可以在实验室环境中得到验证（Chen and Bassett，2005）。它可以记录身体在不同方向的运动，因此适合测量各种各样活动中的体育活动，然而，其衡量活动的能力是有限的，无法测量如骑自行车、攀岩或其他以上身活动为基础的运动。

在特定情况下，确定最合适的评估体育活动的方法是一件复杂的事情，通常需要选择有效性、可靠性、准确性和实用性相结合的方法（Melanson and Freedson，1996；Taylor *et al.*，1984）。虽然主观度量方法收集数据可能相对容易，但在不同人群中存在高估或低估活动量的问题（Adams *et al.*，2005；Durante and Ainsworth，1996），尤其是儿童，他们可能会高估或低估自己的活动水平（Sallis *et al.*，1993a）。此外，客观测量仪器的大范围布设是不可能的，而包含大量参与者的研究通常又是最具说服力的。

8.3.4　关于体育活动与绿色或自然环境，出版的文献告诉了我们什么？

很少有研究报告对与绿色或自然环境相关的一般性体育活动水平进行分析。然而，有相当数量的研究与确定体育活动的"环境相关性"有关，这些研究考虑了物质和社会环境的各个方面，通常包括自然或绿色空间。Humpel 等（2002）综述了与成年人参与体育活动相关的环境因素的文献，其中包括对环境进行客观评估的研究和居民评估自己环境的研究。他们从多项研究中总结出的结果证明了体育活动与离家很近的公园、山丘和"宜人的风景"间存在着积极的联系。

Ellaway 等（2005）在一项横向比较研究中还发现，在植被覆盖率高的居住环境中，居民经常进行体育锻炼的可能性是普通人的三倍多，肥胖的可能性则降低了 40%。Atkinson 等（2005）表明，体育活动与社区的居住密度、混合土地利用和街道连通性，以及社区周边的绿地和休闲开放空间等特征密切相关。Wendel-Vos 等（2007）在对 47 项研究结果的系统性综述中发现，社会支持、结伴活动和小径的连通性与社区中不同类型的体育活动（如积极的通勤方式）有关。体育活动与绿地的可用性、可及性和吸引力相关的证据并不一致。例如，他们明确列出了许多并未得出体育活动与绿地间存在任何积极关系的研究（Wendel-Vos *et al.*，2007）。

其他研究则更为具体地探讨了公园的作用。Brownson 等（2001）报告称，进入附近公园的人达到推荐的中等或剧烈体育活动水平的可能性几乎是没有进入公园的人的两倍，附近令人愉悦的风景也可能与满足活动的推荐水平有关，尽管与前者相比程度较低。Giles-Corti 和 Donovan（2002）将重点放在休闲娱乐设施可及性上，包括公园及其在鼓励体育活动方面的作用。与其他地方相比，位于居住区附近的公园会被更多的人使用，公共开放空间是第二个最常使用的娱乐"设施"（28.8% 的受访者）。上述两项研究都试图将公园的重要性与其他已知与体育活动变化相关的因素分离开来。Giles-Corti 和 Donovan（2002）发现了自然环境对体育活动的直接影响仅次于个人和社会环境决定因素。这表明，获得一个支持性的自然环境有助于鼓励人们开展体育活动，但可能不足以独立地提高活动推荐水平的满足度。还应注意的是，在研究中，公园环境的多变性往往没有得到有效的控制。有证据表明，公园的类型或设计可能会影响体育活动，与空旷的开放空间相比，包含绿树成荫道路的公园更能鼓励人们开展各种体育活动（Corti *et al.*，1996）。

其他一些研究则针对这些关系对特定人群的影响。Cohen 等（2007）研究了低收入少数群体对公园的使用情况。有趣的是，他们观察到三分之二的公园使用者是久坐不动的人，受访者认为公园是他们最常用于锻炼身体的地方。在分析中，Cohen 等人确定，对公园的使用和个人的运动水平可以用住所与公园的距离来预测。在一项更为详细的研究中，Cohen 等（2006）进一步探讨了绿地对青春期少女参与体育活动的重要性（本章后面部分有关于儿童研究更为详细的描述），结果显示，对于居所 1 英里（1 英里≈1.609km）半径内平均有 3.5 个公园的普通女孩来说，这些公园的存在每 6 天可以增加 36.5 分钟的校外活动时间。然而，他们的研究无法确定这些增加的运动量是否真的来自对公园的使用，或是因为公园数量多的社区往往吸引了更多体育活动常态化家庭的入住。其他研究将重点放在老年人（Chad *et al.*，2005）或患有特定疾病的人上。例如，Deshpande 等（2005）发现，在糖尿病患者中，公园与体育活动间存在着一定的"剂量-反应"关系，其中较高的运动量是由到达公园较短的步行时间决定的。

一些研究已经使用自然空间或路径的"可及性"代替简单的距离测量对剂量-反应关系进行探索。这些测量往往具有可感知的可及性，似乎当人们认为自然环境的可及性越大时，体育活动率通常就越高。然而，目前尚没有充足的文献来确定两者间因果关系的方向，那些通常积极参加体育活动的人可能会认为他们的公园是可及的，因为他们参与的体育活动让他们更容易到达公园，而不是因为更容易到达公园才让他们更积极地参与体育活动。

在探索体育活动与自然环境可及性关系的研究中存在的一个问题是，一般来说，更富有的人往往能够住在更舒适、更绿色的地方（Bolitzer and Netusil，2000；Hobden *et al.*，2004）。研究表明，更富裕的人往往更多地把体育锻炼作为他们的一种休闲方式（Popham and Mitchell，2007；Macintyre and Mutrie，2004；Mutrie and Hannah，2004）。虽然研究中通常会采用统计校正尽可能地减少这一问题，但目前还很难确定自然环境是否会对体育活动产生独立的影响。

值得注意的是，并非所有的研究都发现自然环境可及性与体育活动水平相关。例如，Hillsdon 等（2006）没有发现任何证据表明休闲式体育活动与城市环境中的绿地间存在着明确的关系。Kaczynski 和 Henderson（2007）在对公园和休闲设施与体育活动关系的证据进行综合评述时发现，37 项针对公园、开放空间或小径的研究中有 9 项显示出与体育活动不存在显著关系，然而，他们得出结论，自然环境与体育活动间的正相关性比其他类型的休闲设施与体育活动间的正相关性更为普遍。值得注意的是，并非他们综述的所有研究都包含"一般性体育活动"。

8.4　步行和骑自行车

8.4.1　简介

步行和骑自行车是大多数人都可以参加的体育活动形式，不分收入、年龄和地点。据估计，欧洲 96% 以上的人参与步行，75% 以上的人参与骑自行车（WHO Europe，2002）。与此同时，欧洲各国的步行习惯和自行车的使用也有很大的不同。根据欧盟统计局（2005）的数据，在瑞士，40% 的出行为步行，而丹麦只有 7%（在大多数其他国家约为 20%）。骑自行车在荷兰（占所有出行的 26%）和丹麦（15%）等国家的日常出行中占据相当大的比例，而在英国（2%）、法国（3%）和地中海沿岸的几个国家，自行车的使用率则非常低。在 9 个欧洲国家进行的一项小规模调查中，20～74 岁的人每天步行或骑自行车的时间从 14 分钟（芬兰和挪威）到 29 分钟（斯洛文尼亚）不等（de la Fuente Layos，2005）。在荷兰和丹麦，人均骑自行车的年均行驶距离约为 1000km，在德国和瑞典约为 300km，在西班牙、葡萄牙和卢森堡则不到 50km（European Commission，1999）。

以上数字与动机和环境无关。在动机方面，可区分休闲（娱乐）和交通（如通勤）移动。考虑并比较出行的绝对量和活动花费的时间，主动休闲和交通移动的比率在不同年龄和社会群体间存在显著差异。学生和老年人，可能是由于处在不同的生活阶段，一方面表现出比通勤的中年人更高的休闲运动比例，另一方面老年人的体育活动总量往往低于儿童或学生。然而，由于休闲移动中也包括交通（如到达休闲或娱乐目的地），因此，主动移动总量中至少 75% 用于交通，而用于娱乐的则少得多。考虑到这一点，世卫组织欧洲分部指出，"与休闲方式相比，步行和骑自行车作为日常交通方式有更大的潜力促使人们进行体育锻炼"（WHO Europe，2002，第 4 页）。

在本节中，我们首先将步行和骑自行车作为一种交通方式，然后将其作为一种娱乐方式。然而，严格区分这两种运动动机对健康的潜在影响有时是十分困难的。

8.4.2　作为交通方式的步行和骑自行车

流行病学研究表明，作为一种交通方式（主动前往目的地的交通方式）的体育活动对健康有很大益处。然而，尽管许多研究分析了这类方式与整体体育活动间的关系，但只有少数研究分析了步行和骑自行车等与交通相关的体育活动对健康的独立影响（WHO Europe，2002，2007）。一些研究表明，由于交通状况的原因，那些目的地在合理距离内而选择步行和骑自行车的人超重和肥胖的患病率较低（Saelens et al.，2003；Giles-Corti et al.，2003；Wen et al.，2006）。Andersen 等（2000）发现自行车运动有着很强的健康保护作用。即使根据不同的"风险"因素，如一般性和休闲体育活动水平、社会经济背景和吸烟加以调整后，骑自行车上班的人死亡率也比不骑自行车上班的人低 39%（Andersen et al.，2000）。Matthews 等（2007）在对中国女性的研究中也发现了类似的结果，但对步行交通的人来说研究结果则未达到显著性（$p < 0.07$）。

Cooper 等（2006）发现骑自行车上学的孩子比使用其他交通方式（包括步行）的孩子健壮 8%，并得出结论，每天两次 10～15 分钟的骑行足以增强孩子的健康。此外，观察性研究结果也一致显示，步行或骑自行车上学的孩子要比那些使用其他方式出行的孩子参与更多的额外体育活动（Cooper et al.，2003）。

尽管上述研究显示了令人感兴趣的保护效果或体育活动量的增加，但很少有研究调查在城市绿化区域内把步行或骑自行车作为交通方式的潜在特定效果（Wendel-Vos et al.，2007）。然而，Taylor 等（1998）指出，人们认为自然环境比建筑环境更具吸引力，绿地可能会鼓励人们把步行和骑自行车等体育活动用于交通目的（Taylor et al.，1998；Bedimo-Rung et al.，2005）。最近的一些研究支持这一说法，但其他研究并不支持（参见 Kaczynski and Henderson，2007；Wendel-Vos et al.，2007）。

关于环境与主动交通间关系的研究主要来自美国和澳大利亚，大多数研究都调查了居住街区的环境特征（例如，Craig et al.，2002；Saelens et al.，2003；Humpel et al.，2004；Powell，2005）。然而，某些类型的主动交通，如通勤，确实部分发生在这些街区之外，因此，对于通过通勤活动来了解环境与体育活动间的关系，最重要的可能是通勤路线上的整体环境。

在瑞典斯德哥尔摩开展的有关主动通勤的研究涉及这样一个问题：沿着通勤路线的哪些环境变量可能会刺激主动通勤，哪些可能会抑制主动通勤。基于相关性分析，混合交通环境中的废气和拥堵的感知水平似乎会抑制市中心的自行车通勤，而噪声水平同样会抑制步行通勤。此外，对于这两种交通方式，美学和绿色元素似乎分别对主动通勤有着潜在的刺激作用（Schantz and Stigell，2006；Schantz and Stigell，2007），下一阶段的研究应放在环境因素的刺激或抑制作用在多大程度上与实际通勤行为有关。

根据在德国比勒费尔德进行的一项研究，绿地的可及性对于人们决定将其作为主动交通的替代路线至关重要。56.1% 的比勒费尔德居民将城市绿地作为替代路线，76% 的人每周至少到访这些绿地一次，平均停留 30～60 分钟（Frank et al.，2004）。然而，这次调查的结果并未显示居民使用这些路线作为主动交通路线，是为了避开交通拥挤的街道，或者仅仅因为这些绿色路线上红绿灯较少而更能节省时间。

Maas 等（2008）并未发现居住环境中绿地的百分比与步行通勤量或时长间存在任何显著的关系。此外，研究结果显示，一公里半径内绿地的百分比与自行车通勤量呈负相关，但与骑自行车出行中所花的时间呈正相关（Maas et al.，2008），这与 Wendel-Vos 等（2004）的研究结果一致。在城郊区更多的农业区会导致附近绿地的数量增加，居住在这些地区的人骑自行车去市中心上班经常会花更多的时间。根据这些研究，Den Hertog 等（2006）证明了城市环境中各种设施的密度和停车可能性是体育活动量的重要决定因素。在商店等设施密集且没有私人停车位的街区，人们更多地选择步行或骑自行车。因此，在几乎没有绿地的城市中心，人们的体育活动量通常较高，而居住环境中有更多绿地的人，由于汽车的可用性和设施密度的降低，却很少步行或骑车（Maas et al.，2008）。

8.4.3　以休闲和锻炼为目的的步行和骑自行车

本节评述了步行和骑自行车方面的文献，尤其是以休闲为目的的文献。"以休闲为目的"是指步行或骑自行车的活动是为了自娱自乐。然而，我们在此也将包括以锻炼为目的的步行和骑自行车。此外，一些研究并未区分目的是休闲还是锻炼，或者同时包括了以通勤为目的和以休闲为目的步行。

最近荷兰的一项研究再次证实，大多数休闲式的步行和骑自行车都是在家附近进行的。尽管在这项对日常记录的研究中采用了离家至少 1 小时的下限，但约 68% 的休闲式步行中并未使用其他交通工具（CVTO，2007，第 57 页），而休闲式骑行中这一比例更是高达 89%（CVTO，2007，第 58 页）。此外，习惯性的行为和活动模式与总体的体育活动水平密切相关，比偶尔的长途旅行更重要。尽管本节讨论的内容并不局限于绿地，但绿地和单独的自然元素，如行道树将受到特别关注（Lee and Moudon，2006）。关于居住环境内的绿地，我们将使用广义的定义，也包括农业区。最后，以休闲为目的的步行和骑自行车在成年人（在某些情况下同孩子一起）中尤为普遍，大多数研究似乎也都集中在这部分人群。

至于作为休闲式步行和骑行特定目的地的绿地，可以注意到，首选使用汽车或其他交通工具到达有吸引力的目的地并在那里散步是相当常见的。因此，首选使用其他交通工具（通常是机动化的）的旅行和一离开住所就开始步行或骑行的旅行间可能会存在区别，后者可能根本没有目的地，或只是在自己居住的小区里散步。此外，人们可能会到访附近的绿地，如城市公园。在街区散步与步行去附近的绿地间的区别并不总是很清楚。然后，在没有特定目的地的情况下，自然特征可能会通过使街区环境或街道景观更具吸引力而发挥作用。由于骑自行车的活动半径较大，则通常会发生在自己的街区以外。

如果首选使用另一种交通工具，那么可及的目的地范围往往会变得更大，这取决于所采用的交通方式，以及人们愿意和能够花多长时间往返于目的地与住所间。后者通常与人们想要或能够在目的地逗留的时间密切相关，可见可用的休闲时间总量是一个重要的考虑因素（人们是否愿意把时间花在途中）。通常长距离的旅行会发生在周末、休息日或节假日。如果更多的人选择了某一目的地，那么对其吸引力方面的要求就会增加，包括功能性（如步行设施或自行车道网络）和美学特征。安全性可能仍然很重要，取决于该区内的交通模式，或更具体地说，取决于道路上允许的交通模式，但一旦到达目的地，交通安全可能就变得不那么重要了，其他安全或健康危险随后可能会变得更加突出，例如，蜱虫叮咬（莱姆病）。

　　Owen 等（2004）在对锻炼和休闲步行与通勤步行加以区分的基础上，选择了18 项研究成果进行综合分析。与步行锻炼或休闲相关的环境属性与步行往返某些地点时的环境属性间存在明显不同，与休闲步行有关的显然包括美观的环境（如可感知到令人愉悦和迷人的自然特征的存在）、步行设施的便利性（如小径），以及公园和海滩等目的地的可及性。这些具体的发现似乎很大程度上是基于 Ball 等（2001）对澳大利亚成年人的现况调查样本的研究。最近，基于对生活在澳大利亚珀斯成年人的研究，Giles-Corti 等（2005a）得出结论，吸引人的、大型公共开放空间的可及性与更高的步行水平相关。

　　Pikora 等（2006）尝试通过经验来确定他们先前识别出的四个特征（功能性、安全性、美学、目的地）对成年人在街区散步的相对重要性。他们得出结论，这些功能性特征与通勤式步行和休闲式步行都相关；目的地因素与通勤式步行有关，而与休闲式步行无关；美学方面的考虑（包括绿色方面）似乎仅与休闲式步行存在（微弱）相关；安全性既不与通勤式步行相关，也不与休闲式步行相关。在澳大利亚的一项研究中，Owen 等（2007）观察到，客观确定的步行能力指数与成人通勤式步行间存在着某种关系，但与休闲式步行间则不存在这种关系。这个指数并不包括街区的美学特征。在荷兰最近的一项研究中，Maas 等（2008）甚至观察到，当地的绿地数量与休闲式步行和骑行间存在着负相关关系。值得注意的是，在这项研究中，绿地主要是由农业用地组成的，这通常被认为是一种不太吸引人的步行目的地（至少在荷兰是这样）。

　　与 Pikora 等（2006）的结论相比，Harrison 等（2005）基于对英格兰西北部成年人的研究得出了另一个关于安全和犯罪恐惧的结论，即安全感对人们体育活动水平的潜在影响最大。更具体地说，Foster 等（2004）得出的结论是，如果英国男性有机会进入当地公园，且步行不受安全问题的影响，那么他们每周步行至少150 分钟的可能性会更大，同时，他们得出结论：英国女性似乎更关心步行时的安全。绿地本身的存在也可能会对社会安全产生影响，Maas 等（2009）得出的结论是，一般来说，当地绿地的数量与社会安全感呈正相关，而在高度城市化的地区，大量的封闭型绿地与社会安全感的降低相关。

对于特定人群而言，Li 等（2005）在波特兰（美国俄勒冈州）的老年居民中进行了一项研究，他们观察到，街区内用于休闲的绿地和开放空间的面积与老年人（64 岁以上）在街区内步行水平间存在着显著关系。散步（和骑自行车）也许对老年人来说是一种适宜或常见的锻炼方式，但似乎并不太受青少年欢迎，而儿童通常要在父母或监护人的陪伴下进行。同时，对老年人来说，安全问题也可能是相对重要的（Loukaitou-Sideris，2006）。

一些研究并不局限于步行和/或骑行，同时还关注娱乐设施。Kaczynski 和 Henderson（2007）重点分析讨论了公园和休闲场所（室外和室内）等环境因素与体育活动相关的证据，根据检索到的 50 项研究，他们得出结论，邻近公园或休闲场所通常与体育活动的增加有关。然而，并非所有的综述性研究都与我们现在的目的有同等的相关性，从某种意义上说，相关的环境因素有时考虑的不仅仅是自然元素和绿地（还包括室内休闲环境）。其他综述性研究则着眼于特定位置的活动，例如，使用新修的小径（如 Evenson et al.，2005），位置替换也会影响到体育活动。此外，在一些研究中，体育活动与绿色环境特征呈负相关。

迄今为止，我们重点分析了当地公园和绿地的供给与体育活动量（总的或交通/休闲式步行和骑行的活动量）间关系的研究成果。还有更多的研究是针对到访公园、森林和/或自然区域的，考虑到步行是到访这些地区最常见的方式，访问水平可以看作是通过步行进行体育活动的粗略表达，不同公园累积的访问量与特定绿地的访问量间可能存在着差异。鉴于目前的研究重点，我们对前者比后者更感兴趣。

Grahn 和 Stigsdotter（2003）给出了一个具体的研究实例，尽管这项针对瑞典中型城镇（所有年龄段）居民的研究将重点放在减轻压力上，但也着眼于每年到访城市开放绿地的次数，以及在这些区域花费的时间上。两者都与（自我报告的）到最邻近的城市开放绿地的距离显著相关。此外，一些研究表明，某类绿地的可及性（邻近度和数量）与居民对其休闲利用有着很强的正相关（见 de Vries，2004）。相反，人们倾向于利用附近的绿色和自然区域，而不太可能通过到访更远的自然区域来弥补当地缺乏特定类型区域的不足，至少不完全是这样（另见 Maat and de Vries，2006）。因此，附近绿地多的人也会在自然环境中消磨更多的户外休闲时间，这是我们将在本章 8.6 节中讨论的内容。

8.5 儿童在绿地上的体育活动

8.5.1 简介

人们日益关注到儿童越来越久坐不动（Fjørtoft，2004；Sallis et al.，2000），这

在一定程度上是因为他们对观看电视和玩电脑游戏的兴趣越来越高。此外，有迹象表明，步行或骑行到达目的地的儿童人数急剧减少，与此同时，乘坐机动车的数量则有所增加（Tudor-Locke *et al.*，2001）。

2005 年，荷兰只有不到 10% 的 4～12 岁儿童满足健康的体育活动标准，即每天适度开展体育活动 1 小时（de Vries *et al.*，2005；Kemper *et al.*，2000）。澳大利亚的数据表明，20%～25% 的儿童没有足够的积极性来增进健康（Booth *et al.*，2000）。促进儿童的体育活动对于防治已蔓延到儿童期的国际性肥胖症等流行病，并建立可持续到青春期和成年期的早期生活方式中的良好习惯非常重要（Tudor-Locke *et al.*，2001）。

儿童是否积极参加体育活动取决于人口、心理、社会和环境等因素（U.S. DHHS，1996）。就环境而言，社会、学校、家庭和街区环境都会影响儿童的体育活动。儿童可以在室内和户外玩耍，但户外玩耍与体育活动水平相关度更高（Sallis *et al.*，2000；de Vries *et al.*，2008）。在本节中，我们将重点介绍一种特定类型的室外环境，即自然室外环境。传统的户外游乐场通常是铺有沥青，布设有金属游戏设备的不毛之地，而自然环境则是一个充满活力、刺激和挑战的儿童游乐场（照片 8.4 和照片 8.5）。树木、灌木丛和坑洼不平的地面可能成为儿童开展体育活动的重要诱因。丰富的形状、色彩和材料不仅激发了孩子们的想象力，而且也为游戏和移动提供了挑战和多样的机会（Fjørtoft，2004；Boldemann *et al.*，2006）。

照片 8.4　这条小溪比旁边的游乐场更受当地孩子的欢迎（摄影：乌尔丽卡·斯蒂格斯多特）

照片 8.5　这个游乐场在夏天更受人们的青睐（摄影：贾斯珀·斯奇佩林）

8.5.2　儿童通常会在哪里玩耍？

对儿童通常在哪里玩耍的研究表明，公园是吸引儿童玩耍的地方。澳大利亚的一项研究表明，53% 的儿童在家里玩耍，24% 在公园和操场玩耍，6% 在街上玩耍（Tandy，1999）。Veitch 等（2006）的一项研究表明，儿童通常"在家里或朋友家的院子里、街道上和当地公园里"玩耍。安全问题、儿童的独立程度、附近儿童的存在，以及公园和游乐场的设施被认为对玩耍的影响最大。Prezza 等（2001）的一项研究也显示了类似的结果，研究表明，居住在公寓区、公园附近，以及街区的老旧程度等环境因素是决定儿童是否独立玩耍的重要因素。

然而，重要的是玩耍不一定与体育运动量有关。下面我们将讨论自然环境是否促进儿童体育活动的相关研究。

8.5.3　自然环境是否促进儿童的体育活动？

8.5.3.1　街区公园是否促进儿童的体育活动？

对自然环境与儿童体育活动关系的研究大多是针对街区公园是否促进儿童体育活动的研究。儿童很容易进入街区公园，因为它们通常在家的附近。此外，街区公园还可以为有幼儿的父母见面并让幼儿一起玩耍提供一个场所。

在一项混合方法的研究中，Hume 等（2005）分析了儿童家里和街区环境中的哪些方面是重要的，结果发现的确包括开放空间和公园。但是，当使用加速计记录儿童的体育活动水平时，他们发现街区开放空间和公园的数量与体育活动率间没有关联。然而，Roemmich 等（2006）在一项研究中也使用了加速计来测量儿童的体育活动，同时客观地测量了相关环境特征，他们发现街区公园用地数量与体育活动率间明显相关，这一研究有效地将公园用地的贡献与其他休闲空间区分开来。研究结果表明，公园面积每增加 1%，平均体育活动量就会增加 1.4%。该研究小组的其他研究表明，对于年龄较大的儿童来说，公园可及性对男孩体育活动增加量的影响会大于对女孩的影响，但对于年龄较小的儿童来说，情况却并非如此（Epstein *et al.*，2006）。

苏格兰正在进行的一项研究的早期结果与这些发现相呼应，在森林环境中逗留的时间同样提高了年轻男孩和女孩的体育锻炼率（Lovell，2010）。在 Hoefer 等（2001）的一项研究中，在对父母提供的交通工具做了调整后，街区公园的使用解释了男孩所有体育活动量中方差的 5.1%，这表明活跃的男孩找到了通过步行或骑行进入体育活动地点的方法。因此，作者得出结论，街区公园和游乐场的可用性可能会刺激那些不依赖成人交通工具的儿童的体育活动。

Cohen 等（2006）进一步探讨了公园可及性对少女体育活动率的影响。他们发现，女孩家周围半英里内每增加一个公园，中等或剧烈的体育活动就会增加 2.8%，即每 6 天增加 17.2 分钟的校外活动。他们指出，对于在家方圆 1 英里范围内平均有 3.5 个公园的女孩来说，这些公园的存在每 6 天增加了 36.5 分钟的校外体育活动，这粗略地表明了绿地数量与体育活动间存在某种形式的"剂量-反应"关系。然而，他们的研究无法确定这些高的体育活动率真的是由于公园的使用，还是因为有更多公园的街区会吸引更多热爱体育活动的家庭居住。

一些研究分析了街区公园与体育活动的关系并得出结论，不受限制进入街区公园的儿童会更多地参与体育活动（Alton *et al.*，2007；Mota *et al.*，2005；Kipke *et al.*，2008）。Timperio 等（2004）研究了 5～6 岁和 10～12 岁儿童对当地街区的认知与步行和骑行间的关系，年龄较大女孩的父母认为家附近没有公园或运动场与她们步行或骑自行车的可能性较低有关（OR=0.5，95% CI=0.3～0.8）。den Hertog 等（2006）在荷兰阿姆斯特丹的四个不同地区进行的一项研究表明，具有高水平游乐区、休息场所和可以步行到达路线的高质量公园，对儿童的体育活动水平很重要。总的来说，这些研究表明街区公园的可及性可以促进儿童的体育活动。

8.5.3.2　街区的其他自然环境是否促进儿童的体育活动？

两项研究关注了街区绿地与体育活动间的关系。de Vries 等（2005）利用体育活动日记分析了 6～11 岁儿童的体育活动与环境因素间的关系。在单变量分析中，根据年龄、性别、体重指数和母亲最高教育程度进行调整后，体育活动与街区绿地比例显著相关（$p < 0.05$）。然而，多变量分析显示街区的其他特征与体育活动水平间相关更为密切。

Taylor 等（1998）调查了芝加哥一个贫困街区的庭院中主要由树和草组成的植被数量是否影响儿童玩耍的频率。他们发现，在植被较多的庭院里，玩耍行为的频率较高。此外，儿童表现出更具创造性的游戏行为，并与成人有更多的接触。

8.5.4　校园内和周围的绿地是否促进儿童的体育活动？

两项不同的研究调查了学校（幼儿园）户外环境中的绿色元素是否促进了儿童的体育活动。Boldemann 等（2006）利用计步器和环境评估，调查了具有较大面积户外区域的幼儿园环境是否影响儿童的体育活动，这些区域的特征是：①与树木和灌木丛相邻的游戏结构或区域，或结合了具有野生性质的区域；②游戏区域间的开阔空间结构或区域。具备这两个特征的环境可以让一个待在幼儿园 7 个小时的儿童一半时间待在户外，并多走 1500～2000 步。此外，Cardon 等（2008）表明，在 39 所随机选择的幼儿园中，植被的存在或游戏区高差对男孩或女孩（平均 5 岁）的体育活动没有显著的预测作用。

8.6　绿地环境与城市和室内环境中体育活动的益处

下面我们将分析不同环境中开展体育活动的效果和产出，为什么在绿地中开展体育活动比在城市环境中更有益？首先，我们将讨论在绿地中锻炼的恢复益处的主要理论及其相关性，然后给出经验性证据。

8.6.1　解释绿地效益的主要理论

第一个适用于锻炼环境与身体症状、疲劳和健康感知之间关系的理论是线索竞争模型。根据这个模型，内部感官刺激会与外部环境线索争夺注意力（Pennebaker and Brittingham，1982；Pennebaker and Lightner，1980；Watson and Pennebaker，1989）。它表明处于自然的物质环境中，可以增加人们对外部的注意力，减少对身体内部状态的注意力，从而减少对健康抱怨的次数来促进身心健康（Watson and Pennebaker，1989）。

另外两种理论与在不同环境中开展体育活动的额外益处有关。Kaplan 和 Kaplan（1989）的注意力恢复理论（ART）解释了绿地对定向注意力过度使用

（即精神疲劳）的积极恢复作用。根据 ART，在人与环境的相互作用中，如果四个组成部分，即远离、迷恋（毫不费力的注意）、连贯性（足够范围的连续物质环境）和兼容性（个人目的与环境间的匹配）是可获取的话，那么环境就具有促进恢复的潜力（品质）。根据这一理论，恢复性环境通过恢复定向性注意力、理清和重构思维来促进恢复，这进一步导致了对眼下尚未解决问题及生活中更大问题的反思，比如个人目标和个人在全局中的地位（另见第 5 章）。与关注认知过程的 ART 相比，压力减轻理论（stress reduction theory，SRT）更关注情绪和生理过程（Ulrich，1983；Ulrich *et al.*，1991），SRT 基于这样一种信念，即在压力状态后观看或参观自然环境能迅速促进人们的生理恢复和放松（Ulrich，1983）。

8.6.2　与锻炼相关的实证支持

8.6.2.1　跑步

　　根据线索竞争模型，兴趣调控的外部线索越多，对内部的关注度就越小。例如，在有趣的自然环境（一条树木茂密的越野小道）中跑步的人会跑得更快，但在跑步后，他们反馈的疲劳和身体症状与在枯燥的跑步机上锻炼的慢跑者相近（Pennebaker and Lightner，1980）。同时，当被要求有一定强度的跑步时，人们在野外和跑步机条件下的表现是不同的。在一项对 12 名参与体育活动的男性试验中，受试者在野外环境（没有其他人的冰雪覆盖的自然环境）中跑得更快，其心率和血乳酸水平会高于跑步机条件下，尽管他们感觉自己的体育活动水平（即运动强度）在两种条件下是同样的（Ceci and Hassmén，1991）。对这些发现的一种潜在的理论解释表明，在提供有趣的和吸引人的外部线索的自然环境中（即迷恋），人们对疲劳和身体症状的感知可能会减少或减缓。

　　Harte 和 Eifert（1995）在一个校园的户外区域（很可能包括一些绿地）和两个室内跑步机条件下对 10 名训练有素的跑步者进行了测试。所有受试者都参与了三个试验组和一个对照组的活动。一组试验是要求受试者在詹姆斯库克大学校园周围的指定路线上跑 12km，所有人都在不到 45 分钟的时间内完成测试。在有外部刺激设置和内部刺激设置的两组室内跑步试验中，受试者被要求以室外相似的速度和强度跑 45 分钟。两种室内跑步的刺激设置间的差异在于，外部刺激设置是要求受试者戴着耳机，边跑边听带有"户外噪音"的磁带（例如，风的声音、汽车的声音、路人的声音、鸟的声音等），而内部刺激设置则是要求受试者通过连接在胸前的麦克风上的耳机倾听自己的心跳。对照组试验则是让受试者在实验室里安静地待上 45 分钟。研究发现，与跑步前相比，户外跑步后，受试者焦虑、沮丧、愤怒和疲劳的感觉会变得更少，并且精力会更加充沛。相比之下，两次室内跑步对情绪的积极影响却较小，在有内部刺激设置的室内跑步的受试者感到比跑步前更紧张、更抑郁、更愤怒和更疲劳。在校园跑步可以减少负面情绪，而在实验室跑步机上跑步则没有。在所有三种跑步试验中，受试者的收缩压和自感劳累会显著增加。室内跑步时，去甲肾上腺素和皮质醇的分泌量较高，而在所有条件下，肾上腺素分泌量的增加水平基本相似。这些发现支持了这样一种观点，即对环境、注意力和认知评估可能会改变与体育锻炼相关的情感体验。

Bodin 和 Hartig（2003）对 12 名经常跑步的人进行现场试验，并未发现公园路线与城市路线对跑步者的情感或注意力的影响存在统计上的显著差异。然而，在公园路线上跑步后，会产生中等程度的更加宁静和更少焦虑的效应，这表明在公园跑步比在城市环境跑步可能更大程度上促进了恢复。此外，与城市环境相比，跑步者明显更喜欢公园，并认为公园更有助于他们的心理恢复。

Kerr 等（2006）报告了竞技性与非竞技性跑步者表现出的一种相互矛盾的结果。他们测量了两者跑步前后情绪和压力的变化，以比较在实验室和自然环境中锻炼的心理效果。无论是在室内还是室外环境下，运动后积极情绪会显著增加，而消极情绪会显著减少。与实验室环境相比，自然环境中的休闲性（非竞技性）跑步者在自豪感方面表现出更高的水平，对于这一令人惊讶的发现，研究者并未给出任何解释。无论环境类型如何，竞技性的跑步者（跑步队的成员）在跑步后表现得更加兴奋、更少焦虑。更有趣的是，在自然状态下跑步时紧张和努力产生的压力比在实验室跑步时更高，这也是一个无法解释的发现。研究者的总体结论是，实际的跑步环境可能与有经验的跑步者间关系不大。我们可以推测，在自然环境下跑步后，紧张和努力所带来的压力可能会更大，因为早期的研究结果表明，人们在自然环境下慢跑时往往会跑得更快（Pennebaker and Lightner，1980），心率也会更高（Ceci and Hassmén，1991）。非竞技性跑步者似乎并未察觉或反馈这些感觉，而在 Kerr 等（2006）的研究中竞技性跑步者确实有这些感觉。

同样，Pretty 等（2005）给出了与这一结论相矛盾的结果。一个由 50 人组成的独立分类小组根据宜人的乡村、恼人的乡村、宜人的城市或恼人的城市场景，将 309 张照片分为四个类别。试验分为五组，每组 20 人，其中四组在跑步机上锻炼的受试者面对着投射在墙上的 30 张某一类场景的照片，而第五组作为对照组，面对着白色的空白屏幕锻炼。对大多数受试者来说运动的强度是慢跑，对其他人来说则是快走。不同户外场景的照片对血压、自尊和情绪都有明显影响，其中乡村宜人的景色对降低血压的效果最大，乡村和城市的宜人场景对自尊的正向影响显著大于对照组，这说明在农村和城市环境中锻炼都有积极的心理作用。此外，农村和城市的恼人场景都降低了锻炼对自尊的积极影响，恼人的乡村场景产生了最具戏剧性的影响，抑制了锻炼对三种不同情绪测量结果的有益影响。Pretty 等（2005）得出结论，恼人的乡村场景中表现出来的各种危险比恼人的城市场景对情绪有更大的负面影响。请注意，一般来说，带有绿色的城市景观，如城市公园、家庭花园或小块园地，以及水和蓝天，都是宜人的景观。

Hug 等（2008）的准实验研究则显示了不同的结果，这项在苏黎世的城市森林和健身中心进行的研究比较了在自主选择的室内和室外环境中锻炼对身体和心理的益处。在室内和户外进行的体育活动在某种程度上是相似的，包括跑步、骑行和一般性健身训练。研究表明，运动环境与恢复结果的四个指标间存在着显著的交互作用。在户外，心理平衡感的增加和日常烦恼的减少表现得更为明显，而在室内，压力的减轻和身体幸福感的增加则更为突出。运动对福祉的四项指标的平均值产生了积极影响，室内和户外位置（室内和森林）间没有差异。另一个结果是，在森林里锻炼的人们认为那里的空气质量更好。在森林中锻炼的参与者对在目前的场地再次锻炼更为兴奋，更不愿意离开森林，他们不认为在健身房锻炼能提供更好的恢复机会。

一项对 500 多名中年妇女进行的前瞻性研究表明，主要跑步区域（开阔乡村环境中的跑步者与建筑环境中的跑步者）与从不规则跑步到规则跑步的发展进程无关。然而，那些认为自己身体不好且街区没有吸引力的人，与那些认为街区具有吸引力的人相比，更有可能从规则性跑步中退出（Titze et al.，2005；另见Sproston and Primatesta，2004）。这项研究没有具体说明街区吸引力所包含的内容，但表明绿地和绿色街道可能是评估其吸引力的主要因素。

8.6.2.2　步行

Hartig 等（2003）结合 ART 和 SRT 理论进行的研究结果表明，在自然保护区步行 50 分钟的中点出现应激状态后，参与者的收缩压水平（平均值）比在城市环境中的步行参与者低 6 mmHg，表明压力减轻的程度更大。此外，步行结束时，在自然保护区步行者的积极情绪增加，愤怒情绪减少，而城市环境则相反。在自然保护区步行时，注意力的测试值从开始前的预测试到步行中点的测试略有提高，而在城市环境中则有所下降，这里的自然环境是一个位于山脉峡谷内面积为 4000英亩（1 英亩≈0.405hm^2）的植被和野生动物保护区，而城市环境是城市中中等密度的商用和办公综合体区域（Hartig et al.，2003）。

8.6.2.3　在绿地上玩耍对儿童的影响

只有少数研究集中在体育活动或在绿色空间玩耍是否比在其他类型的环境中对儿童产生更为有益的健康影响。Fjørtoft（2004）调查了自然游戏环境是否影响5～7 岁挪威儿童的游戏行为和运动发育。她总结说，在自然环境中玩耍可以提高运动能力，尤其是平衡和协调能力。van den Berg 等（2008）的一项研究检验了在大自然中玩耍是否与表明儿童健康均衡发展的行为指标正相关。通过良好的控制性实验设计，这项研究结果表明，对自然环境的短暂访问激发了更多的多样性和创造性行为，以及对环境的更多探索。此外，它还导致注意力的集中。最后，Faber Taylor 等（2001）在美国进行的一项研究发现，游戏环境的自然性与注意力缺陷障碍（attention-deficit disorder，ADD）症状的严重性（如完成任务、倾听或听从指示的困难）间存在着微弱但显著的正相关关系。

8.7　概要、结论和未来的方向

在本章中，我们提供并分析了大量有关绿色空间或绿色元素与体育活动水平间是否存在关系的证据。为此，我们在本概要中反映了如下五个问题：

1. 生活在自然环境附近的人是否更积极地参加体育活动？

2. 如果邻近自然环境与体育活动量有关，那么两者间是否存在剂量-反应关系（即越邻近是否等同于越大的体育活动量），且这种关系有多强？

3. 是否有证据表明自然因素在自然环境与体育活动的因果关系中扮演了原因的角色？

4. 自然环境与体育活动间的关系是否因人群特征（例如，年龄、性别、社会经济地位、种族、国籍）而异？

5. 与在其他地方（如室内或建筑环境）开展的体育活动相比，在自然环境中开展的体育活动是否对人们更为有益？

在此基础上，我们总结并指出未来的研究方向，以加深对这些复杂问题的理解。

8.7.1　自然环境与一般性体育活动

也许我们能得出的最有力结论是，关于自然环境与一般性体育活动水平间联系的高质量证据少得可怜，几乎所有被引用的研究都是在城市环境中进行的。很少有研究按人口或社会群体、绿色环境类型或不同空间尺度来分析结果。此外，增加了这些问题的不确定性的是，有时采用不同的空间尺度来确定体育活动与环境的相关性，也就是说，我们并不总是知道所测量的体育活动到底发生在哪里，体育活动水平与绿地数量间的相关性可能是虚假的。因此，我们需要开展更多的工作来探索这些相关性。

现有证据表明，自然环境的邻近性或可及性往往与一般性体育活动水平提高有关。然而，并非所有的研究都检测到两者间存在剂量-反应关系。在确定自然环境与体育活动间关系时，文献确实表明对可及性的感知可能比真正的物理距离更重要，但这种感知很可能会与体育活动的行为相混淆，因此很难确定因果关系的真正方向。就剂量-反应关系的效应而言，证据同样也是不一致的，很大程度上取决于研究背景、所用的测量方法，以及对潜在混杂因素的控制程度等。一般来说，当我们观察到两者间存在某种联系时，其强度是中度的。

　　自然环境的可及性与社会经济有利条件间的关系使得我们很难就自然或绿地是否与体育活动率间存在独立的因果关系得出明确的结论，此时，现有的文献无法证实其因果关系。为数不多的研究表明，某些形式的自然环境比其他形式的自然环境更能激励人们开展体育活动。

　　显然，不同的人群与自然环境间存在着不同的关系，因此，与自然环境中的体育活动间也存在着不同的关系，但目前我们尚不能提供一个概括性的结论。

8.7.2　为主动交通或休闲锻炼而进行的步行和骑行

　　主动交通的一个基本前提是始发地与目的地之间的距离适当，这类体育活动与街区环境中的居住密度和土地利用组合有关是毫不奇怪的。因此，在控制其他变量的同时，需要考虑绿色元素是否会影响主动交通的水平。据我们所知，目前还没有开展过这样的研究。然而，相关研究确实表明，步行和骑行的主动通勤者对通勤路线上绿色元素水平的感知与他们对路线环境带来的通勤刺激程度的感知有关。

　　当地提供的绿色和自然区域对人们去哪里休闲步行的影响是相当大的。一些研究表明，当地自然区域的可及性和/或可用性较低，将导致休闲式步行总体上减少，受大多数研究重点的限制，尚不清楚这是否也意味着整体体育活动水平较低。较低水平的步行可以通过（其他地方）其他活动得到弥补。此外，居住环境中的大量绿化通常与街区的宽敞设计相结合，这可能意味着良好的停车设施和附近较少的目的地，如商店、银行等，从而使汽车成为主要的交通方式。因此，促进休闲活动的因素可能与促进主动交通的因素负相关，至少对成年人是如此（见 den Hertog *et al.*，2006），最终结果可能是负值。此外，绿地除了单纯的存在外，其吸引力及（社会）安全对人们的使用也十分重要。

　　我们很难得出关于两者关系的类型和强度的一般性结论。我们仍然无法回答这样的问题：是否真的存在剂量-反应关系，如果是的话，是线性的还是在更多自然的情况下边际效益会减少？我们广泛应用的各种各样的绿色环境特征有时只有两种层次，我们很难对这种关系的形态加以描述，而对于体育活动，我们也采用了各种各样的测量方法。此外，在一些研究中，那些对自己的体育活动进行自我报告的被调查者同时也会描述他们所感知的环境特征，这种同一来源的偏差可能会导致对环境的实际物质特征与体育活动关系的高估。

　　一个相关的问题是在这种情况下如何定义剂量。在效应方面，体育活动的测量已经得到了相当多的关注，而环境剂量的测量还处于早期的发展阶段。哪些绿色环境特征是相关的，以及如何客观可靠地对其进行评估等问题才刚刚开始解决，下一步将是把个人特征纳入到对环境中绿色组分的活动刺激能力的总体测量中。这类研究的一个早期例子是 Giles-Corti 等（2005a）提出的模型，其中结合了公共开放空间的大小、距离和吸引力。

考虑到几乎所有研究（代表性的、相关性的）的性质，可能不会产生有关因果关系方向的确切结论。即便进行干预性的研究，通常也只涉及当地绿地和自然元素的一小部分，除了位置替代产生的问题外，期望产生大的影响是不现实的。

不同群体间也可能存在差异。街区步行作为一种低门槛的活动，对老年人来说尤为重要。与此同时，社会和人身安全问题可能对他们来说更加突出。

8.7.3　儿童的户外体育活动

相对而言，很少有研究关注绿色环境是否能激发儿童的体育活动。本章中的证据表明，有公园的街区往往与儿童的体育活动水平提高有关。对于其他类型的自然环境，证据并不那么令人信服或可用。这一证据主要来自欧洲以外的研究，因此需要进一步研究，以查明这种关系在欧洲是否也存在。

并非所有的研究都检测到了自然环境与体育活动间存在剂量-反应关系，而有关这种关系的效应大小则取决于研究背景、所用的测量方法，以及对潜在混杂因素的调控程度。一般来说，两者间的关联度是中度的。

因为所有的回顾性研究都是代表性的，所以很难得出有关因果关系的结论。此外，大多数研究并未调查儿童是否真的在绿色环境中进行了体育活动，而是调查绿色环境的可用性是否与儿童的体育活动有关。

在自然环境是否促进体育活动方面，男孩和女孩间，以及不同年龄组间似乎存在着差异，但目前尚不可能作出概括性的结论。

8.7.4　与城市和室内环境相比，绿地体育活动的益处

讨论在绿色空间与在城市和/或室内环境中进行体育活动对情感、认知和生理方面的益处有两种隐含的意义。首先，自然环境可能提供与其他地点相同的益处，但程度不同；其次，它们可能提供不同种类的益处。大多数有关跑步的研究显示，在自然环境与城市或室内环境中有着相似的益处，但程度不同。显然，量变有时会转化为质变，最可靠的结果似乎是在自然环境中进行体育活动后，积极情绪会出现或增加，消极情绪会消失或减少。与室内或运动场相比，在绿色空间进行体育活动后，成年人似乎感觉到更少的疲劳和身体症状。实验表明，与城市（如商用和办公综合体）相比，在自然环境（如自然保护区）中步行在应激状态后血压水平较低。

　　总之，关于在绿地和其他地方锻炼的证据似乎是有限的且混乱的。我们注意到，环境的影响可能因锻炼强度和跑步者状况（如竞技性与非竞技性；经验丰富的跑步者与经验不足的跑步者）而异。有些研究比较了不同类型室外环境的影响，但只有少数研究比较了室内与室外锻炼环境的影响。上述相互矛盾的结果可能是由于研究方法的不同和研究中限制因素的不同，因此我们需要积累更多的研究成果。例如，由于这些研究大多是实验性的，研究人员选择了某类研究环境，因此我们不知道建立在特定锻炼场所或不同场所类型上的研究是否会影响最终的效果（参见 Korpela *et al.*，2001）。目前尚不清楚有规律的跑步者在选择跑步环境时与无规律的跑步者是否有所不同，是否与对路线的熟悉和习惯有关。

　　由于现有的研究使用了有限的样本量和特定的人群，因此我们无法正确回答个体与群体间差异的问题。训练的个体差异或个体的运动偏好和习惯会影响绿地上体育活动的效果。绿色空间中开展的体育活动对成人和儿童的情感、认知、行为和生理都有益处。对儿童来说，对照实验的结果表明，在自然环境中，儿童的游戏更具创造性和探索性，注意力缺陷障碍（ADD）症状也得到了更好地缓解。

8.7.5　未来的方向

　　绿色元素与体育活动水平间的整体格局和大多数相关性都支持两者间存在联系的假设。然而，许多研究也表明两者间不存在联系，甚至少数研究表明两者间存在着负相关关系。

　　绿地的数量和质量可能是体育活动的决定性影响因素，需要分别加以分析和探讨。例如，城市环境中绿色环境的潜在刺激效应可能会被较高的交通噪音所抵消（参见 Schantz and Stigell，2007；Hornberg *et al.*，2007）。此外，公园里的游乐场可能是儿童体育活动水平较高的实际原因，而不是环境本身的绿色。绿化与城市化环境的美学品质混杂在一起成为一个未经研究的问题。Pretty 等（2005）的研究表明，在体育活动过程中观赏宜人的乡村和城市场景照片对人们自尊心的影响是相似的。因此，在比较自然和非自然体育活动环境的研究中，我们必须更加仔细地区分环境的美学特征和自然特征的影响。

　　作为目的地和/或作为交通路线一部分的绿色元素对体育活动的影响是一个重要且复杂的研究课题。因此，今后应努力研究开展体育活动的环境，以及沿线环境或邻近环境的影响。例如，绿色公园内或停车场附近的篮球场可能会以不同的方式吸引人们进行体育活动。

　　绿地的数量及最佳面积大小也需要做进一步的研究。我们设想城市环境中的两种极端情况，一个是当地的袖珍公园，另一个是位于城市居住区中心的大型城市公园，如纽约市的中央公园。很明显，袖珍公园不会被用作体育活动的场地，比它稍大一点的公园可以作为遛狗人的一个目的地，因此可能是这一群体参与体育活动的决定性因素，但这种公园可能还是太小，无法吸引成年慢跑者。因此，对不同用户群体的体育活动产生积极影响的绿地的数量限制和质量特征仍是相对未知的。此外，潜在的替代效应目前尚不清楚，即如果所需的绿地不存在，体育活动的总水平是否仍会保持不变。

　　未来的研究不仅要从概念上阐明绿地及其维度这一自变量，而且还要阐明体育活动（类型及强度）这一"因"变量。如果自然环境吸引人们从事体育活动，那么是否指（以前完全久坐不动的人）以任何频率和强度开始参与体育活动，达到推荐的体育活动水平，从不规律的体育活动发展到规律的体育活动，或是从有规律的体育活动退步到不规律的体育活动，或是从体育活动完全退步到久坐状态？获得此类有关体育活动和正在活动的个人的更具体信息，将增强我们对个人和群体健康影响的评估。

　　众所周知，一年中的跑步和步行活动对绿地的使用可能会有很大的不同（参见 Kardell，1998）。在冬季，绿地与体育活动水平间的关系很弱，而在夏季，绿地可能对体育活动起到了重要作用。因此，使用体育活动的现场数据进行的研究可能会遗漏一些与数据收集时间有关的重要信息。为了解决这些问题，我们需要对全年的绿地利用有一个基本的了解。还有一个有趣的问题是，在冬季，体育活动是否会在其他地点进行（例如，在健身房的跑步机上），换句话说，在进行体育活动的地点上是否存在替代效应，或者人们在冬季的体育活动是否较少？

　　对绿色空间与体育活动关系的理解在很大程度上依赖于心理学和心理生理学的理论和发现。然而，除此之外，我们正在处理一种行为，这种行为在某种程度上很可能也是社会化和学习过程及可能经历波动趋势的一种效果。例如，在瑞典的研究表明，在使用同样的绿色设置和跑步路线网络方面已发生了巨大的长期变化（Kardell，1998）。这说明了在不同的行为和文化背景下研究这些问题的重要性，人们可能会想到不同的种族、父母的支持和学习环境等，包括以自然为基础的学前教育、学校的体育内容和非政府组织，如童子军运动和其他促进户外休闲的组织的影响。

　　需要进一步研究的一个重要方面是增加我们对效应大小的认识。在本章介绍的一项研究中，绿地的假定效应是每天进行 6 分钟的体育活动，仅为每日体育活动水平推荐值（30 分钟）的 20%。对效应大小的研究必须考虑调节因素。例如，尽管有良好的环境条件，但由于缺乏休闲时间等因素，可能不会开展体育活动，换句话说，效果大小可能有很多制约因素。绿色空间可能是促进人群参与体育活动的必要或最佳因素，但它并非是一个充分因素。如果能在目前许多研究使用的相关方法中补充不同人群对竞技场所的偏好和体育活动所需环境质量的信息，将对进一步了解这些问题有所帮助。事实上，我们需要多种不同的互补性的研究设计。

对现有结果最重要的关注涉及潜在的选择效应，即人们通过选择住所或其他一般性生活条件以便获得体育活动等条件，这种结果可能与某类人群有关，而不是与大多数人或所有人有关。在环境和/或住所发生变化后进行的纵向研究可能是规避这类问题的一种方法，如果可行的话，实验研究也可能会提供另一种途径。

8.7.6　建议

总之，我们可以根据现有的经验性证据，对开放（绿色）空间规划设计提出一些实际性的建议。与现在相比，如果人们住宅附近的绿地数量和可及性可以更可靠地达到建议的适度或剧烈体育活动水平的话，那么结论就是，我们需要更多的面积不大的小型公园，而不是城市结构中的大型公园，关键是每个人的住处附近都应该有足够多的绿地。然而，目前还没有一个研究表明开展体育活动的城市公园所需的大小规模。同样的观点也适用于城市扩张，而不是密集化。由于儿童、残疾人和老年人的活动范围通常比正常的成年人群更小，有关绿地对他们的影响方面的研究也支持类似的结论。

在这一章中，我们只讨论了与绿地相关的体育活动维度。然而，在体育活动的规划中明显需要整合更多的维度。正如本书其他章节所指出的那样，观赏绿地对生理和心理都具有放松的效果（第5章和第6章），这就支持了在住宅区建造私人花园或绿地的需要。其中一些元素也可能通过园艺刺激身体活动，但重点是还需要考虑绿地的其他优点。根据现有的知识，明智的政策是采用预防措施保护现有的一切绿地，因为在实践中，将建成区域改回绿地是相当困难的。

参 考 文 献

Adams SA, Matthews CE, Ebbeling CB, Moore CG, Cunningham JE, Fulton J, Hebert JR (2005) The effect of social desirability and social approval on self-reports of physical activity. Am J Epidemiol 161(4):389–398

Alton D, Adab P, Roberts L, Barrett T (2007) Relationship between walking levels and perceptions of the local neighbourhood environment. Arch Dis Child 92:29–33

Andersen LB, Schnohr P, Schroll M, Hein HO (2000) All-cause mortality associated with physical activity during leisure time, work, sports, and cycling to work. Arch Intern Med 160:1621–1628

Atkinson JL, Sallis JF, Saelens BE, Cain KL, Black JB (2005) The association of neighborhood design and recreational environments with physical activity. Am J Health Promot 19(4):304–309

Bakker I, de Vries S, van den Bogaard CHM, van Hirtum WJEM, Joore JP, Jongert MWA (2008) Playground van de toekomst; succesvolle speelplekken voor basisscholieren. TNO-rapport KvL/BandG/2008.12. TNO Kwaliteit van Leven, Leiden

Ball K, Bauman A, Leslie E, Owen N (2001) Perceived environmental aesthetics and convenience and company are associated with walking for exercise among Australian adults. J Prev Med 33(5):434–440

Ball K, Timperio AF, Crawford DA (2006) Understanding environmental influences on nutrition and physical activity behaviors: where should we look and what should we count? Int J Behav Nutr Phys Activ 3:33–41

Baranowski T, Thompson W, Durant RH, Baranowski J, Puhl J (1993) Observations on physical activity in physical locations: age, gender, ethnicity, and month effects. Res Q Exerc Sports 64:127–133

Bauman AE (2004) Updating the evidence that physical activity is good for health: an epidemiological review 2000–2003. J Sci Med Sport 7(1):6–19

Bedimo-Rung AL, Mowen AJ, Cohen DA (2005) The significance of parks to physical activity and public health – a conceptual model. Am J Prev Med 28(2):159–168

Behn A (2006) The obesity epidemic and its cardiovascular consequences. Curr Opin Cardiol 21(4):353–360

Berlin J, Colditz G (1990) A meta-analysis of physical activity in the prevention of coronary heart disease. Am J Epidemiol 132:612–628

Bodin M, Hartig T (2003) Does the outdoor environment matter for psychological restoration gained through running? Psychol Sport Exerc 4(2):141–153

Boldemann C, Blennow M, Dal H, Mårtensson F, Raustorp A, Yuen K, Wester U (2006) Impact of preschool environment upon children's physical activity and sun exposure. Prev Med 42:301–308

Bolitzer B, Netusil NR (2000) The impact of open spaces on property values in Portland, Oregon. J Environ Manage 59(3):185–193

Booth ML, Owen N, Nauman A, Clavisi O, Leslie E (2000) Social-cognitive and perceived environment influences associated with physical activity in older Australians. Prev Med 31:15–22

Breedveld K, van den Broek A (2002) Trends in de tijd. Een schets van recente ontwikkelingen in tijdsbesteding en tijdsordening. Sociaal en Cultureel Planbureau, Den Haag

Brill PA, Macera CA, Davis DR, Blair SN, Gordon N (2000) Muscular strength and physical function. Med Sci Sports Exerc 32(2):412–416

Brownson RC, Baker EA, Housemann RA, Brennan LK, Bacak SJ (2001) Environmental and policy determinants of physical activity in the United States. Am J Public Health 91(12):1995–2003

Bull F, Armstrong T, Dixon T, Ham S, Neiman A, Pratt M (2004) Physical inactivity. In: Ezzati M, Lopez A, Rodgers A, Murray C (eds) Comparative quantification of health risks: global and regional burden of disease attributable to selected major risk factors. WHO, Geneva

Cardon G, Van Cauwenberghe E, Labarque V, Haerens L, De Bourdeaudhuij I (2008) The contribution of preschool playground factors in explaining children's physical activity during recess. Int J Behav Nutr Phys Activ 5:11

Caspersen CJ, Powell KE, Christenson GM (1985) Physical activity, exercise, and physical fitness: definitions and distinctions for health-related research. Public Health Rep 100(2):126–131

Cavill N, Kahlmeier S, Racioppi F (2006) Physical activity and health in Europe: evidence for action. WHO, Copenhagen

Ceci R, Hassmén P (1991) Self-monitored exercise at three different RPE intensities in treadmill vs field running. Med Sci Sports Exerc 23(6):732–738

Chad KE, Reeder BA, Harrison EL, Ashworth NL, Sheppard SM, Schultz SL, Bruner BG, Fisher KL, Lawson JA (2005) Profile of physical activity levels in community-dwelling older adults. Med Sci Sports Exerc 37(10):1774–1784

Chen KY, Bassett DR Jr (2005) The technology of accelerometry-based activity monitors: current and future. Med Sci Sports Exerc 37(11 Suppl):S490–S500

Cohen DA, Ashwood JS, Scott MM, Overton A, Evenson KR, Staten LK, Porter D, McKenzie TL, Catellier D (2006) Public parks and physical activity among adolescent girls. Pediatrics 118(5):e1381–e1389

Cohen DA, McKenzie TL, Sehgal A, Williamson S, Golinelli D, Lurie N (2007) Contribution of public parks to physical activity. Am J Public Health 97(3):509–514

Cooper AR, Page AS, Foster LJ, Qahwaji D (2003) Commuting to school: are children who walk more physically active? Am J Prev Med 25:273–276

Cooper AR, Wedderkopp N, Wang H, Andersen LB, Froberg K, Page AS (2006) Active travel to school and cardiovascular fitness in Danish children and adolescents. Med Sci Sports Exerc 38:1724–1731

Corti B, Donovan RJ, Holman CDJ (1996) Factors influencing the use of physical activity facilities: results from qualitative research. Health Promot J Aust 6(1):16–21

Craig CL, Brownson RC, Cragg SE, Dunn AL (2002) Exploring the effect of the environment on physical activity: a study examining walking to work. Am J Prev Med 23(2 Suppl):36–43

Craig CL, Marshall AL, Sjostrom M, Bauman AE, Booth ML, Ainsworth BE, Pratt M, Ekelund U, Yngve A, Sallis JF, Oja P (2003) International physical activity questionnaire: 12-country reliability and validity. Med Sci Sports Exerc 35(8):1381–1395

CVTO (2007) ContinuVrijeTijdsOnderzoek 2006–2007. CVO/CVTO, Amsterdam

Davison K, Lawson C (2006) Do attributes in the physical environment influence children's physical activity? A review of the literature. Int J Behav Nutr Phys Activ 3(1):19

de la Fuente Layos LA (2005) Short distance passenger mobility in Europe. Statistics in focus – transport 5/2005. European Communities, Luxemburg

de Vries S (2004) Health benefits of a more natural living environment. In: Konijnendijk C, Schipperijn J, Hoyer K (eds) Forestry Serving urbanised societies; selected papers from the conference held in Copenhagen, Denmark, from 27 to 30 August 2002. IUFRO World Series vol 4. IUFRO Headquarters, Vienna

de Vries SI, Bakker I, van Overbeek K, Boer ND, Hopman-Rock M (2005) Kinderen in prioriteitswijken: lichamelijke (in)activiteit en overgewicht. KvL/BandG/2005.197, 1. TNO, Leiden

de Vries S, van Winsum-Westra M, Vreke J, Langers F (2008) Jeugd, overgewicht en groen: Nadere beschouwing en analyse van de mogelijke bijdrage van groen in de woonomgeving aan de preventie van overgewicht bij kinderen. Alterra, Wageningen

den Hertog FRJ, Bronkhorst MJ, Moerman M, van Wilgenburg R (2006) De gezonde wijk Een onderzoek naar de relatie tussen fysieke wijkkenmerken en lichamelijke activiteit. EMGO Instituut, Amsterdam

Deshpande AD, Baker EA, Lovegreen SL, Brownson RC (2005) Environmental correlates of physical activity among individuals with diabetes in the rural Midwest. Diab Care 28(5):1012–1018

Dollman J, Norton K, Norton L (2005) Evidence for secular trends in children's physical activity behaviour. Br J Sports Med 39(12):892–897

Dunn AL, Andersen RE, Jakicic JM (1998) Lifestyle physical activity interventions. History, short and long-term effects, and recommendations. Am J Prev Med 15(4):398–412

Dunn AL, Trivedi MH, O'Neal HA (2001) Physical activity dose response effects on outcomes of depression and anxiety. Med Sci Sports Exerc 33(Suppl):S587–S597

Durante R, Ainsworth BE (1996) The recall of physical activity: using a cognitive model of the question-answering process. Med Sci Sports Exerc 28(10):1282–1291

Ellaway A, Macintyre S, Bonnefoy X (2005) Graffiti, greenery, and obesity in adults: secondary analysis of European cross sectional survey. BMJ 331:611–612

Epstein LH, Raja S, Gold SS, Paluch RA, Pak Y, Roemmich JN (2006) Reducing sedentary behavior. The relationship between park area and the physical activity of youth. Psychol Sci 17:654–659

European Commission (EC) (1999) Cycling: the way ahead for towns and cities. European Communities, Luxemburg

Eurostat (2005) Europe in figures – Eurostat yearbook. Luxembourg: Eurostat.

Evenson KR, Herrin AH, Huston SL (2005) Evaluating change in physical activity with the building of a multi-use trail. Am J Prev Med 28(2S2):177–185

Faber Taylor A, Kuo FE, Sullivan WC (2001) Coping with ADD. The surprising connection to green play settings. Environ Behav 33:54–77

Ferreira I, Van der Horst K, Wendel-Vos W, Kremers S, Van Lenthe FJ, Brug J (2007) Environmental correlates of physical activity in youth – a review and update. Obes Rev 8:129–154

Fjørtoft I (2004) Landscape as playscape: the effects of natural environments on children's play and motor development. Child Youth Environ 14:21–44

Foster C, Hillsdon M, Thorogood M (2004) Environmental perceptions and walking in English adults. J Epidemiol Community Health 58:924–928

Frank K, Frohn J, Härtich G, Hornberg C, Mai U, Malsch A, Sossinka R, Thenhausen A (2004) Grün für Körper und Seele: Zur Wertschätzung und Nutzung von Stadtgrün durch die Bielefelder Bevölkerung. Bielefeld 2000plus-Forschungsprojekte zur Region, Diskussionspapier 37. Bielefeld

Friedenreich C, Norat T, Steindorf K, Boutron-Ruault MC, Pischon T, Mazuir M et al (2006) Physical activity and risk of colon and rectal cancers: the European prospective investigation into cancer and nutrition. Cancer Epidemiol Biomarkers Prev 15(12):2398–2407

Giles-Corti B, Donovan RJ (2002) The relative influence of individual, social and physical environment determinants of physical activity. Soc Sci Med 54(12):1793–1812

Giles-Corti B, Macintyre S, Clarkson JP, Pikora T, Donovan RJ (2003) Environmental and lifestyle factors associated with overweight and obesity in Perth, Australia. Am J Health Promot 18(1):93–102

Giles-Corti B, Broomhall MH, Knuiman M, Collins C, Douglas K, Ng K, Lange A, Donovan RJ (2005a) Increasing walking – how important is distance to, attractiveness, and size of public open space? Am J Prev Med 28(2S2):169–176

Giles-Corti B, Timperio A, Bull F, Pikora T (2005b) Understanding physical activity environmental correlates: increased specificity for ecological models. Exerc Sport Sci Rev 33(4):175–181

Grahn P, Stigsdotter UA (2003) Landscape planning and stress. Urban Forest Urban Green:1–18

Harrison RA, Roberts C, Elton PJ (2005) Does primary care referral to an exercise programme increase physical activity one year later? A randomized controlled trial. J Public Health 27(1):25–32

Harte JL, Eifert GH (1995) The effects of running, environment, and attentional focus on athletes' catecholamine and cortisol levels and mood. Psychophysiology 32(1):49–54

Hartig T, Evans GW, Jamner LD, Davis DS, Gärling T (2003) Tracking restoration in natural and urban field settings. J Environ Psychol 23:109–123

Hillsdon M, Thorogood M, White I, Foster C (2002) Advising people to take more exercise is ineffective: a randomized controlled trial of physical activity promotion in primary care. Int J Epidemiol 31(4):808–815

Hillsdon M, Panter J, Foster C, Jones A (2006) The relationship between access and quality of urban green space with population physical activity. Public Health 120(12):1127–1132

Hobden DW, Laughton GE, Morgan KE (2004) Green space borders–a tangible benefit? Evidence from four neighborhoods in Surrey, British Columbia, 1980–2001. Land Use Policy 21(2):129–138

Hoefer WR, McKenzie TL, Sallis JF, Marshall SJ, Conway TL (2001) Parental provision of transportation for adolescent physical activity. Am J Prev Med 21(1):48–51

Hornberg C, Brune K, Claßen T, Malsch A, Pauli A, Sierig S (2007) Lärm- und Luftbelastung von innerstädtischen Erholungsräumen am Beispiel der Stadt Bielefeld. Bielefeld 2000plus –

Forschungsprojekte zur Region, Diskussionspapier 46. Bielefeld

Hug S-M, Hansmann R, Monn C, Krütli P, Seeland K (2008) Restorative effects of physical activity in forests and indoor settings. Int J Fitness 4(2):25–38

Hume C, Salmon J, Ball K (2005) Children's perceptions of their home and neighborhood environments, and their association with objectively measured physical activity: a qualitative and quantitative study. Health Educ Res 20(1):1–13

Humpel N, Owen N, Leslie E (2002) Environmental factors associated with adult's participation in physical activity: a review. Am J Prev Med 22:188–199

Humpel N, Owen N, Iverson D, Leslie E, Bauman J (2004) Perceived environment attributes, residential location, and walking for particular purposes. Am J Prev Med 26(2):119–125

Kaczynski AT, Henderson KA (2007) Environmental correlates of physical activity: a review of evidence about parks and recreation. Leisure Sci 29(4):315–354

Kahn EB, Ramsey LT, Brownson RC, Heath GW, Howze EH, Powell KE, Stone EJ, Rajab MW, Corso P, the Task Force on Community Preventive Services (2002) The effectiveness of interventions to increase physical activity: a systematic review. Am J Prev Med 22:73–107

Kaplan R, Kaplan S (1989) The experience of nature: a psychological perspective. Cambridge University Press, Cambridge

Kardell L (1998) Anteckningar om friluftslivet på Norra Djurgården 1975–1996/Serie: Rapport/ Sveriges lantbruksuniversitet, Institutionen för skoglig landskapsvård, Uppsala, Sweden (In Swedish)

Kemper HGC, Ooijendijk WTM, Stiggelbout M (2000) Consensus over de Nederlandse Norm voor Gezond Bewegen. Tijdschrift Sociale Gezondheidszorg 78:180–183

Kerr JH, Fujiyama H, Sugano A, Okamura T, Chang M, Onouha F (2006) Psychological responses to exercising in laboratory and natural environments. Psychol Sport Exerc 7:345–359

Kipke M, Iverson E, Moore D, Booker C, Ruelas V, Peters A, Koufman F (2008) Food and park environments: neighborhood-level risks for obesity in East Los Angeles. J Adolesc Health 40:325–333

Kohl H, Fulton J, Caspersen C (2000) Assessment of physical activity among children and adolescents: a review and synthesis. Prev Med 31:54–76

Korpela KM, Hartig T, Kaiser FG, Fuhrer U (2001) Restorative experience and self-regulation in favorite places. Environ Behav 33:572–589

Lamb SE, Bartlett HP, Ashley A, Bird W (2002) Can lay-led walking programmes increase physical activity in middle aged adults? A randomised controlled trial. J Epidemiol Community Health 56(4):246–252

Lee C, Moudon AV (2006) Correlates of walking for transportation or recreation purposes. J Phys Activ Health 3:s77–s98

Li F, Fisher J, Browson RC, Bosworth M (2005) Multilevel modelling of built environment characteristics related to neighborhood walking activity in older adults. J Epidemiol Community Health 59:558–564

Lobstein T, Millstone E (2007) The PorGrow research team. Context for the PorGrow study: Europe's obesity crisis. Obes Rev 8(2l):7–16

Loukaitou-Sideris A (2006) Is it safe to walk? Neighborhood safety and security considerations en their effects on walking. J Plan Lit 20:219–232

Lovell R (2010) An evaluation of physical activity at Forest School, Research Note Series. Forestry Commission, Edinburgh

Maas J, Verheij RA, Spreeuwenberg P, Groenewegen PP (2008) Physical activity as a possible mechanism behind the relationship between green space and health: a multilevel analysis. BMC Public Health 8:206

Maas J, Spreeuwenberg P, van Winsum-Westra M, Verheij R, De Vries S, Groenewegen P (2009) Is green space in the living environment associated with people's feelings of social safety? Environ Plann A 41:1763–1777

Maat K, de Vries P (2006) The influence of the residential environment on green-space travel: testing the compensation hypothesis. Environ Plann A 38(11):2111–2127

Macintyre S (2007) Occasional Paper No. 17: Inequalities in health in Scotland: what are they and what can we do about them? MRC Social and Public Health Sciences Unit, Glasgow

Macintyre S, Mutrie N (2004) Socio-economic differences in cardiovascular disease and physical activity: stereotypes and reality. J R Soc Health 124(2):66–69

Marcus B, Williams D, Dubbert P, Sallis JF, King AC, Yancey AK, Franklin BA, Buchner D, Daniels SR, Claytor RP (2006) Research physical activity intervention studies: what we know and what we need to know: a scientific statement from the American Heart Association Council on Nutrition, Physical Activity, and Metabolism (Subcommittee on Physical Activity). Council on Cardiovascular Disease in the Young; and the Interdisciplinary Working Group on Quality of Care and Outcomes Research. Circulation 114(24):2739–2752

Matthews CE, Jurj AL, Shu X, Li H-L, Yang G, Li Q, Gao Y-T, Zhang W (2007) Influence of exercise, walking, cycling, and overall nonexercise physical activity on mortality in Chinese women. Am J Epidemiol 165(12):1343–1350

McCann B, DeLille B (2000) Mean streets 2000: pedestrian safety, health and federal transportation spending. CDC, Columbia, SC

Melanson EL Jr, Freedson PS (1996) Physical activity assessment: a review of methods. Crit Rev Food Sci Nutr 36(5):385–396

Monninkhof E, Elias S, Vlems F, van der Tweel I, Schuit A, Voskuil D, van Leeuwen FE (2007)

Physical activity and breast cancer: a systematic review. Epidemiology 18(1):137–157

Mota J, Almeida M, Santos P, Ribeiro JC (2005) Perceived neighborhood environments and physical activity in adolescents. Prev Med 41:834–836

Mutrie N, Hannah MK (2004) Some work hard while others play hard: the achievement of current recommendations for physical activity levels at work, at home, and in leisure time in the West of Scotland. Int J Health Promot Educ 42(4):109–117

Mutrie N, Campbell A, Whyte F, McConnachie A, Emslie C, Lee L, Kearney N, Walker A, Ritchie D (2007) Benefits of supervised group exercise programme for women being treated for early stage breast cancer: pragmatic randomised controlled trial. BMJ 10(334):517

NIH Consensus Development Panel on Physical Activity and Cardiovascular Health (1996) Physical activity and cardiovascular health. J Am Med Assoc 276(3):241–246

Owen N, Humpel N, Leslie E, Bauman A, Sallis JF (2004) Understanding environmental influences on walking; Review and research agenda. Am J Prev Med 27:67–76

Owen N, Cerin E, Leslie E, duToit L, Coffee N, Frank L, Bauman A, Hugo G, Saelens B, Sallis J (2007) Neighborhood walkability and the walking behavior of Australian adults. Am J Prev Med 33(5):387–395

Pennebaker JW, Brittingham GL (1982) Environmental and sensory cues affecting the perception of physical symptoms. In: Baum A, Singer JE (eds) Advances in environmental psychology (vol. 4): environment and health. Lawrence Erlbaum, Hillsdale, NJ, pp 115–136

Pennebaker JW, Lightner JM (1980) Competition of internal and external information in an exercise setting. J Pers Soc Psychol 39:165–174

Pikora T, Giles-Corti B, Bull F, Jamrozik K, Donovan R (2003) Developing a framework for assessment of the environmental determinants of walking and cycling. Soc Sci Med 56:1693–1793

Pikora TJ, Giles-Corti B, Knuiman MW, Bull FC, Jamrozik K, Donovan RJ (2006) Neighborhood environmental factors correlated with walking near home: using SPACES. Med Sci Sports Exerc 38(4):708–714

Popham F, Mitchell R (2007) Relation of employment status to socioeconomic position and physical activity types. Prev Med 45(2–3):182–188

Powell KE (2005) Land use, the built environment, and physical activity: a public health mixture; a public health solution. Am J Prev Med 28(Suppl 2):216–217

Pretty J, Peacock J, Sellens M, Griffin M (2005) The mental and physical health outcomes of green exercise. Int J Environ Health Res 15(5):319–337

Prezza M, Pilloni S, Morabito C, Sersante C, Alparone P, Giuliani M (2001) The influence of psychosocial and urban factors on childrens' independent mobility and relationship to peers frequentation. J Community Appl Soc Psychol 11:435–450

Putnam J (1999) U.S. Food supply providing more food and calories. FoodReview 22(3):2–12

Roemmich JN, Epstein LH, Raja S, Yin L, Robinson J, Winiewicz D (2006) Association of access to parks and recreational facilities with the physical activity of young children. Prev Med 43:437–441

Saelens BE, Sallis JF, Black JB, Chen D (2003) Neighborhood-based differences in physical activity: an environment scale evaluation. Am J Public Health 93(9):1552–1558

Sallis JF, Buono MJ, Roby JJ, Micale FG, Nelson JA (1993a) 7-Day recall and other physicalactivity self-reports in children and adolescents. Med Sci Sports Exerc 25(1):99–108

Sallis JF, Nader PR, Broyles SL, Berry CC, Elder JP, MeKenzie TL, Nelson JA (1993b) Correlates of physical activity at home in Mexican-American and Anglo-American preschool children. Health Psychol 12(5):390–398

Sallis JF, Prochaska JJ, Taylor WC (2000) A review of correlates of physical activity of children and adolescents. Med Sci Sports Exerc 32:963–975

Schantz P, Stigell E (2006) Which environmental variables support/inhibit physically active commuting in urban areas? In: Hoppeler H, Reilly T, Tsolakidis E, Gfeller L, Klossner S (eds) Proceedings from the 11th annual congress of the European college of sport sciences. Lausanne, p 432, 5–8 July 2006 (Abstract)

Schantz P, Stigell E (2007) How does environment affect walking commuting in urban areas? In: Jouni Kallio J, Komi PV, Komulainen J, Avela J (eds) Proceedings from the 12th annual congress of the European college of sport sciences. Jyväskylä, pp 284–285, 11–14 July 2007 (Abstract)

Sjöström M, Oja P, Hagströmer M, Smith BJ, Bauman A (2006) Health-enhancing physical activity across European Union countries: the Eurobarometer study. J Public Health 14(5):291–300

Slattery M (2004) Physical activity and colorectal cancer. Sports Med 34(4):239–252

Sproston K, Primatesta P (2004) Health survey for England 2003. Department of Health, London

Swinburn B, Egger G, Raza F (1999) Dissecting obesogenic environments: the development and application of a framework for identifying and prioritizing environmental interventions for obesity. Prev Med 29:563–570

Tandy C (1999) Children's diminishing play space: a study of intergenerational changes in children's use of their neighbourhoods. Aust Geogr Stud 37:154–162

Taylor CB, Coffey T, Berra K, Iaffaldano R, Casey K, Haskell WL (1984) Seven-day activity and self-report compared to a direct measure of physical activity. Am J Epidemiol 120:818–824

Taylor AF, Wiley A, Kuo FE, Sullivan WC (1998) Growing up in the Inner City: green spaces as places to grow. Environ Behav 30:3–28

Timperio A, Crawford D, Telford A, Salmon J (2004) Perceptions about the local neighborhood and walking an cycling among children. Prev Med 38:39–47

Titze S, Stronegger W, Owen N (2005) Prospective study of individual, social, and environmental predictors of physical activity: women's leisure running. Psychol Sport Exerc 6:363–376

Tudor-Locke C, Ainsworth BE, Popkin BM (2001) Active commuting to school – an overlooked source of childrens' physical activity? Sports Med 31(5):309–313

U.S. DHHS (1996) Physical activity and health. A report of the Surgeon General. Department of Health and Human Services, Atlanta

Ulrich RS (1983) Aesthetic and affective response to natural environment. In: Altman I, Wohlwill JF, (eds) Human Behavior and Environment. New York: Plenum Press, Behavior and the Natural Environment, 6:85–125.

Ulrich RS, Simons RF, Losito BD, Fiorito E, Miles MA, Zelson M (1991) Stress recovery during exposure to natural and urban environments. J Environ Psychol 11:201–230

van den Berg AE, Koole SL, van der Wulp NY (2003) Environmental preference and restoration: (how) are they related? J Environ Psychol 23(2):135–146

van den Berg AE, Koenis R, van den Berg MMHE (2008) Spelen in het groen: effecten van een bezoek aan een natuurspeeltuin op het speelgedrag, de lichamelijke activiteit, de concentratie en de stemming van kinderen. Alterra, Wageningen

Veitch J, Bagley S, Ball K, Salmon J (2006) Where do children usually play? A qualitative study of parents' perceptions of influences on children's active free-play. Health Place 12:383–393

Watson D, Pennebaker JW (1989) Health complaints, stress, and distress: exploring the central role of negative affectivity. Psychol Rev 96:234–254

Wen LM, Orr N, Millett C, Rissel C (2006) Driving to work and overweight and obesity: findings from the 2003 New South Wales Health Survey, Australia. Int J Obes 30:782–786

Wendel-Vos GCW, Schuit AJ, de Niet R, Boshuizen HC, Saris WHM, Kromhout D (2004) Factors of the physical environment associated with walking and bicycling. Med Sci Sports Exerc 36(4):725–730

Wendel-Vos W, Droomers M, Kremers S, Brug J, van Lenthe F (2007) Potential environmental determinants of physical activity in adults: a systematic review. Obes Rev 8:425–440

WHO Europe (2002) A physically active life through everyday transport with a special focus on children and older people and examples and approaches from Europe. WHO Regional Office for Europe, Copenhagen

WHO Europe (2007) Steps to health: a European framework to promote physical activity for health. WHO Regional Office for Europe, Copenhagen

Wright JD, Kennedy-Stephenson J, Wang CY, McDowell MA, Johnson CL (2004) Trends in intake of energy and macronutrients, United States, 1971–2000. MMWR 53(04):80–82

第9章　城市绿地规划设计中的自然要素与体育活动①

保罗·塞门扎托（Paolo Semenzato），图伊亚·谢韦宁（Tuija Sievänen），
伊娃·西尔韦里尼亚·德奥利韦拉（Eva Silveirinha de Oliveira），安娜·
路易莎·苏亚雷斯（Ana Luisa Soares），雷娜特·施佩特（Renate Spaeth）

摘要：虽然人们对体育活动行为的研究已大量存在，但对体育活动环境尤其是与
"自然"环境相关的研究却相对较新。在本章中，我们对影响用于体育活动的城市
绿地的规划问题和设计元素进行了讨论，讨论中主要考虑了绿地的可用性、设施、
状况、安全性、美学性和气候舒适性等主要特征，特别是与自然要素的关系。在
本章的第一部分中，我们检视了目前提出科学证据的文献，在对文献中的证据进
行讨论后，我们将通过实例介绍与绿地属性相关的最佳实践方法和重要的规划设
计解决方案。

9.1　简介

　　本章的目的是探讨城市及近郊绿地规划设计衍生出的自然环境的质量和特性
是如何影响体育活动的。本章将首先检视将规划问题（如绿地可用性、可及性和

———————————

①P. Semenzato（✉）

帕多瓦特萨夫大学，帕多瓦，意大利，e-mail: paolo.semenzato@unipd.it

T. Sievänen

芬兰森林研究所，万塔，芬兰，e-mail: tuija.sievanen@metla.fi

E.S. de Oliveira

爱丁堡艺术学院，爱丁堡，英国，e-mail: eva.silveirinha@gmail.com

A.L. Soares

里斯本技术大学高等农学研究所巴埃塔·内维斯教授应用生态学中心，里斯本，葡萄牙，e-mail: alsoares@
isa.utl.pt

R. Spaeth

北莱茵-威斯特法伦（NRW）气候保护、环境、农业、自然和消费者保护部，杜塞尔多夫，德国，e-mail:
renate.spaeth@mkulnv.nrw.de

公平性）、设计特征（如大小、布局、设施、吸引力、气候舒适性）和相关维护与使用者和/或更普遍的是居住在周边地区人口的体育活动水平联系起来的科学证据方面的文献。在对文献中的证据进行讨论后，我们将通过实例介绍与绿地属性相关的最佳实践方法和重要的规划设计解决方案。

　　城市绿地的定义一般包括多种场所，其特征是在城区或附近区域由植被或水面覆盖的土地，许多州或地方机构和政府在其城市绿地规划中采用了各自的分类方法，但统一的城市绿地分类系统并不存在，这些场所通常包括公园和花园、儿童或青少年游乐场、舒适的绿地、户外运动设施、墓地和教堂庭院、自然和半自然的城市绿地和绿色廊道等。

　　尽管有吸引力和可及性的绿地可以让居民频繁地进行体育活动，但目前的研究并未根据鼓励自主用于体育活动的绿地特征对绿地进行分类。同样，我们也不可能根据绿地所带来的心理益处对绿地进行分类（CSC Consulting，2005）。

　　Humpel 等（2002）提出，"虽然对体育活动行为的测量已是一个成熟的领域，但对体育活动环境的测量却并非如此。"在绿地分类时采用的与健康相关的关键属性是绿地在体育活动中的功能性。许多研究调查了公园和绿地在使用时可能存在的障碍和机会及其对使用者体育活动水平的影响（Jackson and Scott，1999）。许多障碍与人口或社会特征有关，如年龄、性别、种族或族裔和社会经济地位等（Lee et al.，2001）。另一些障碍则与绿地的具体物理特征有关，这些通过规划设计方案可能更容易解决。我们对阻碍公园和开放空间使用的因素已经进行了较多的研究，目前需要对促进公园和绿地用于体育活动的特征进行更多的研究（Bedimo-Rung et al.，2005）。Sallis 等（1997）的研究表明，有关物理环境对体育活动影响方面的研究尚不多见，现有的研究往往局限于特定的用户群体，限制了对结果的概括总结。最近的许多研究正将重点放在开发综合仪器以测量可能影响开放空间内体育活动的物理环境因素上（Pikora et al.，2002，2003；Brownson et al.，2004；Lee et al.，2005；Iamatrakul et al.，2005；Lawrence et al.，2005；Hoehner et al.，2005；Bedimo-Rung et al.，2006；Saelens et al.，2006；Kaczynski et al.，2008）。

9.2　绿地的物理属性

　　根据 Bedimo-Rung 等（2005）提出的框架，城市规划和绿地设计中应加以考虑的对体育活动有重大影响的绿地特征可分为六类：可及性、设施、状况、安全、政策和美学。其中政策，特别是那些旨在促进和鼓励体育活动的政策，在本书的其他章节中有详细介绍，在此不做赘述。在框架提出的类别中，我们增加了气候和小气候，主要考虑它们如何影响户外体育活动（Chan et al.，2006；Merrill et al.，

2005；Togo *et al.*，2005），以及如何通过选择性设计降低其影响（Brown and Gillespie，1995；Plotcher *et al.*，2006）。

9.2.1　可及性

　　可及性是指城市居民进入绿地的能力。要从体育活动中获得健康益处，同时更要从绿色环境中获益，定期接触影响因素是必需的。研究表明，经常与自然环境接触有助于增进身体健康和精神健康，而良好的绿地可及性则有助于实现这一目标。Grahn 和 Stigsdotter（2003）明确了到访城市开放绿地的次数与自我报告的压力水平间存在着显著关系。休闲区及各类设施的提供和管理方式直接影响到可及性。可及性主要是地理范围内公园或森林可用性的一种结果（人均平方米，每1000 人拥有的开放空间公顷数）。然而，它也与可利用公园在城市内部及周边地区的分布，以及在不同种族和经济群体间的分布有关。所有群体都有平等的公园使用权吗？不同地区的公园或森林是否得到了同样的维护和支持？与住宅的距离和可利用的交通系统是影响个人用户可及性的一个重要因素，出行安全（通往公园或森林安全的行人或自行车路线），以及对绿色开放空间存在的意识同样也是重要的影响因素。

　　在荷兰开展的一项研究分析了居民感知的健康状况与居住环境中绿地数量之间的关系（de Vries *et al.*，2003），在控制了年龄和社会经济地位等个人特征后，这种关系是稳定存在的。此外，瑞典的一项研究（Grahn and Stigsdotter，2003）表明，所有社会群体对使用城市绿地都有类似的需求。Humpel 等（2002）的报告说，位置、便利性和安全感知对人们是否去公园，以及利用公园进行体育活动有着很大的影响。Sallis 等（1998）发现，公园的便利位置与充满活力的体育活动有关。强有力的证据表明，公园的可及性和活动项目与儿童和青年人的活跃度有关（Sallis *et al.*，2000）。

　　Troped 等（2001）发现，人们住得越靠近自行车道，就越有可能使用它们。然而，在 Kaczynski 等（2008）最近的一项研究中，并未发现离家的距离是使用街区公园进行体育活动的一个重要预测因素。

　　关于人们在多大程度上愿意到目的地去开展不同类型的休闲体育活动的信息是有限的。McCormack 等（2006）的一项研究调查了与前往休闲体育活动目的地的距离相关的人口特征、街区机会和特定体育活动行为。Giles-Corti 等（2005）使用三种可及性模型（逐步调整公共开放空间的距离、吸引力和大小）来检验公共开放空间的可及性与体育活动间的关系。研究表明，使用这些空间的可能性随着可及水平的增加而增加，在对距离、吸引力和大小进行调整的模型中，效果更明显。经过调整后，能够很容易到访大型有吸引力公共开放空间的城市居民开展高水平步行活动的可能性增加了 50%。体育活动中绿地的可用性可能与某些用户群体特别相关，多项研究表明，靠近休闲设施和公园是青少年体育活动最重要的预测因素之一。Cohen 等（2006）发现，居住在公园附近特别是居住在有鼓励步行和各种活动设施的公园附近的青春期女孩，会比居住在公园较少地区的青春期女孩开展更多的非学校体育活动。在这项研究中，距离居所 1 英里半径范围内的公园与青春期女孩开展较高水平的中等到剧烈强度的校外体育活动有关，而且这种关系也与公园的距离、数量、类型和特定的公园设施有关。Roemmich 等（2006）发现，公园面积比例较大的街区与幼儿开展更多的体育活动有关。

在 Grahn 和 Stigsdotter（2003）的一项研究中，绿色环境（公共城市绿地、花园）的距离也会影响到访次数。一个人居住在距离城市开放绿地 50m 或以内的地方时，每周会到访 3～4 次，但当距离为 300m 时，每周平均到访次数减少到 2.7 次，如果距离增为 1000m，每周只到访一次。同样，在芬兰的一项研究中，大面积的绿色区域及其良好的可及性（即短距离）增加了赫尔辛基居民到访绿色环境的次数（图 9.1；Neuvonen *et al.*，2007）。居住在公园或小径附近的人会更频繁地使用它们（Hoehner *et al.*，2005）。

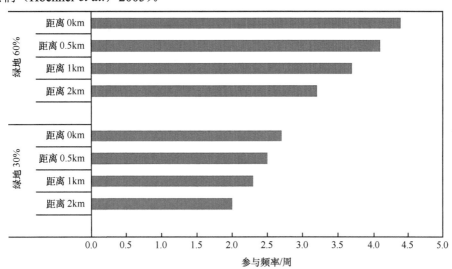

图 9.1　在绿地面积占街区面积 30% 和 60% 两种情况下，居民每周参与近距离户外休闲活动
的大概频率（Neuvonen *et al.*，2007）

上述研究结果显示，到绿地的距离是解释到访居所附近休闲区域的一个重要因素。斯堪的纳维亚半岛的研究结果（Jensen and Skov-Petersen，2002；Grahn and Stigsdotter，2003；Nielsen and Hansen，2006；Neuvonen *et al.*，2007）表明，绿地的距离越近，人们使用它的频率就越高。所有这些结果都同缺乏体育活动与居住区内不良的步行或骑自行车条件有关（Lenthe *et al.*，2004）的研究结果相一致。

此外，居住区的绿地面积和景观吸引力也会影响到访频率（Neuvonen *et al.*，2007；Giles-Corti *et al.*，2005；Roemmich *et al.*，2006）。最近的数据表明，居住在有吸引力的公共开放空间附近的人以中等活动水平步行的可能性是无法获取公共开放空间的人的两倍（Carnegie *et al.*，2002）。

不同的群体在到达休闲区的能力方面并不一样。成年人前往休闲设施的距离取决于人口特征、目的地类型、在该目的地进行的体育活动行为，以及街区的机会数量（McCormack *et al.*，2006）。休闲公园的选择与到访途中的距离、时间和成本相关（Iamatrakul *et al.*，2005）。可及性还与到访开放空间可用的交通方式有关。就工作日或周末的可用时间而言，大多数人工作日在自己的居住区外从事休闲活动的可能性会受到一定限制。因此，居家附近的休闲机会对于满足日常休闲需求至关重要。邻近和安全且有吸引力的到访途径被认为是人们生活环境的重要质量因子。在一项研究中，95%的瑞典城镇居民认为休闲区的距离较近很重要（Lindhagen，1996）。在另一项研究中，到访频率与到休闲区的距离呈负相关（Roovers *et al.*，2002）。根据瑞典的研究，居民表示到休闲区的最大距离不应超过1km（Hörnsten and Fredman，2000）。根据北欧部长理事会的建议，到日常休闲区的最大步行距离应为250～300m，但供周末和假期使用的区域可以位于更远些的地方（Nordisk Ministerråd，1996）。

研究发现人们对公园存在的意识与距离、居住时间和公园的年龄等密切相关，这表明了时间和空间在向社区居民传播城市公园信息方面的作用（Stynes *et al.*，1985）。也有证据表明，物理环境本身对达到推荐的总体体育活动水平的作用可能十分有限，例如，在一项关于修建多用途小径的前瞻性研究中，Evenson等（2005）并未证明居住在小径附近的成年人的体育活动有所增加。然而，在许多其他情况下，娱乐设施的可及性决定了这些设施的使用效率。因此，良好的可及性是创造支持性环境的必要条件（Giles-Corti and Donovan，2002）。

个人动机也是至关重要的。Gobster（2005）在对小径使用者的调查中发现，出于健康动机的人比出于娱乐或其他原因的人使用小径的频率更高，而且更可能会在小径上步行或跑步。邻近小径似乎并非区分健康动机与娱乐动机使用者的一个因素。最常使用小径的人中出于健康动机的人数是不常使用的人的两倍。这意味着要达到获得健康益处所需的体育活动水平，需要有良好的可及性和个人动机。

居住地附近的户外休闲活动对健康的影响是显著的。由此我们得出结论，居民区内休闲区的可及性应尽可能高且安全，居所附近的休闲区对儿童、有幼小孩童的家庭，以及大城市的老年人尤其重要（Maas *et al.*，2005）。从小养成每天外出到居所附近的绿地去玩耍和开展休闲体育活动的习惯，对以后养成体育锻炼的生活方式是一个良好开端。在规划城市绿地和休闲服务时，应更多地关注包括幼儿在内的家庭户外休闲需求及其体验自然的机会。同时还应更多地了解和考虑老年人和没有私家车的人的需求，以便提供吸引人的近距离家庭休闲机会（Lehmuspuisto，2004）。有证据表明，所有群体中老年妇女在参与户外休闲时面临着最大的限制和障碍（Neuvonen 等，2004；Sievänen *et al.*，2005）。

绿地应该面向每个人开放，但那些有某种残疾的人经常会发现自己被排除在绿地之外（Lundell，2005）。其中物理障碍是关键的影响因素，因为绿地里存在着许多完全进入和自由移动的限制，如台阶、斜坡、不平的表面或尺寸不足的路径（Crosby，2003）。为城市环境中不同地点的所有人群和居民提供可及性高且质量优的平等休闲机会，是良好生活条件和健康环境乃至整体生活质量的重要指标。

9.2.2　设施

绿地设施代表了各种各样的元素、结构和程序，从而使绿地适合不同的活动用途。人们被吸引到绿地中开展特定的活动并从中获得一定的益处。因此，各种设施的存在与否可以决定公园促进体育休闲行为的能力，所有支持绿地开展活动的设施都将被考虑，而不是专门为有组织的体育活动设计的设施（运动场、游泳池等）。设施的可及性和活动机会是与成年人体育活动有关的因素（Humpel *et al.*，2002），街区的设施也会对青少年的活动水平产生重要影响（Cohen *et al.*，2006；Mota *et al.*，2005）。Baker 等（2008，第 258 页）得出结论，为了提高其体育活动的利用率，公园应提供"更多的设备和尽可能少的杂乱物质"。Tinsley 等（2002）进行的一项研究表明，公园内的设施，如自行车和步道、停车场和厕所，对大多数到访者来说是非常重要的。然而，文献中关于哪些公园设施会鼓励体育活动的信息还十分有限（Baker *et al.*，2008）。

特定设施的存在与否对绿色如何用于体育活动来说起着十分重要的作用，"全面的设计"通常会包括多类使用者：运动者、步行者和被动使用者（Giles-Corti，2006）。根据 Kaczynski 等（2008）的研究，公园的普通设施比便利设施更重要，其中小径与用于公园体育活动的关系最强。加拿大最近的一项研究（Potwarka and Kaczynski，2008）发现，与附近公园里没有游乐场的儿童相比，1km 内公园里有游乐场的儿童体重正常的可能性几乎要高出 5 倍。在这项研究中，基于邻近性的公园变量与样本中儿童的正常体重间没有显著关系。

绿地不会为其使用者提供相同水平的活动，如果公园提供网球场或游乐场等体育设施，则可以认为公园是"主动型的"。更多"被动型"公园的特点是有草坪区、树木、水景、湖泊、野餐区和/或步行道（Mertes and Hall，1996）。

由于步行是成年人最常见的体育活动之一（Godbey *et al.*，2005），因此，在绿地中设计良好的步道网络并在家庭与室外空间间建立良好的联系对于鼓励体育活动至关重要。步行道和/或自行车道可以利用现有的地形，形成不同的坡度用于促进不同水平的体育活动（Sport England，2005）。规划美观和安全的步行和自行车网络（Sport England，2005）时，应考虑适当的照明、表面铺设和精心设计。Lindsey 等（2008）对小径特征和城市绿道的研究得出结论，当小径提供宽阔的路面、开阔的视野、多样性的土地利用和比周围环境更绿时，其使用频率会更高。在同一项研究中，他们发现小径的使用率与未铺砌的道路间存在着负相关关系。

设施在空间中的布设要具有一定的逻辑性，如将座位点放在操场附近或将饮水点放在运动场附近（Bedimo-Rung et al.，2005）。游乐场可以吸引更多的儿童，因此应包括各式各样设备，以便开展不同类型的体育活动，如攀岩、跑步、荡秋千等（Farley et al.，2008）。绿地设施还应尽可能没有任何的物理障碍，以便所有人群和居民都能使用。物理障碍通常是众所周知的，尽管仍然存在一些"简单的误解"，但今天的人们对这个问题已经有了更清楚的认识（Stoneham，2003）。无障碍室外空间的设计指南可参见 Bell（1991，1997）、Bell 等（2006），以及 Price 和 Stoneham（2001）的文献。开放空间布局和设施可用性也会对活动间的冲突产生影响。很少有人研究活动间的冲突对城市公园体育活动的影响（Schneider，2000）。冲突似乎不会影响公园的体验（Schneider，2000），但对冲突的感知却因活动人群而异。例如，Moore 等（1998）发现，与滑冰者和骑自行车者相比，步行者和跑步者中有更多的人反馈，前者对他们的享受产生了负面影响。

9.2.3　状况

绿地的状况与维护及（不）恰当的使用密切相关。维护的质量不仅会影响美观，也会影响感知的和实际的安全。维护不善的公园可能会被认为是不安全的，一方面因为被损坏而存在危险的游乐设备或危险的树木；另一方面因为维护不善可能发出了这样一个错误信息，即损坏是可接受的民事行为，招致更多的故意破坏，从而导致更大的不安全。如果可用的绿地质量差，人们就没有信心将其用于休闲目的，结果，破坏行为或其他形式的损坏和滥用就会增多。Ellaway 等（2005）在他们的研究报告中指出，居住环境中较高的绿化水平和较少的涂鸦和垃圾与积极的体育活动及不超重或不肥胖有关，促进体育活动和减轻体重的努力应考虑环境的促进因素和制约因素。造成破坏和滥用的原因是多方面的，这严重影响了公园和其他城市绿地用于体育活动和休闲目的。对于那些步行频率高的且更乐于评价他们所处环境的人而言（Carnegie et al.，2002），随处丢弃的垃圾和缺乏明显的维护可能成为使用体育活动资源开展活动的主要负面影响因素。事实上，高比例的不文明行为可能意味着对该区域缺乏应有的关注，甚至可能鼓励了不太可取的行为，这显然不利于休闲性体育活动的开展（Brownson et al.，2001；Lee et al.，2005）。林地信托基金（The Woodland Trust，2002）描述的最常见的负面因素包括

（随意地或有预谋地）破坏、随处乱丢的垃圾、某些群体的反社会行为；不受控制的狗及其污垢；废弃的汽车、摩托车、冰箱等及使用未经授权的车辆。

要找到减轻这种状况适宜的解决方案，重要的是对已有的损害和滥用进行分析。处理滥用问题的一般性原则包括沟通、教育、与当局合作，以及街区参与。参与维护绿地的人越多，参与者就越有归属感，减少滥用和破坏的可能性就越大。因此，公众参与对维护城市绿地的良好状况至关重要（例如，Van Herzele *et al.*，2005）。

绿地维护也会直接影响体育活动的机会。维护不善的入口、标志、小路或茂密的植被都可能会成为慢跑者、骑行者和在公园里散步者的物理性障碍或危险。指导方针建议可以制定检查清单和晋级方案，通过规划、维护和进一步开发使城市绿地成为人们日常休闲和体育活动的空间。必须经常检查人行道和自行车道，尽快处理已发生的损坏以避免进一步损坏（Bundesamt für Naturschutz，2008）。例如，如果常去的徒步旅行路线的某一部分状况不佳，人们就会自行创建新的穿过草地或树林的路线，这可能会对野生动物产生负面影响，或与私人所有者发生冲突。城市居民更喜欢维护良好的整洁的绿色设施，因此，制定有效的维护程序至关重要，其中包括定期对绿地到访量进行调控。重要的是将绿地维护纳入规划过程，以便计算维护所需的财力和人力资源。据报道，城市地区的绿地维护费用远高于农村地区。例如，埃姆舍尔（Emscher）景观公园是一个区域性公园，其管理涉及多个市县（Dettmar and Rohler，2007），如下一段所述，其维护与安全密切相关。对访客的研究得出的结论指出，人们会避开那些疏于管理的绿地。

9.2.4　安全

无论是安全感还是真实的安全都是支持或限制绿色空间用于体育活动的一个重要因素。安全可能与周围环境（附近的犯罪率）有关，但通常源于公园的布局和特征（开放性、植被类型、照明、入口等）。推动绿地各种用途的设施和保持绿地全天候的活力，对感知和实际的安全来说都是十分重要的。安全感通常是通过观察人们对绿地安全的感觉和街区的犯罪率进行分析的，一些研究发现，街区安全与体育活动水平间存在着关联（Hastert *et al.*，2005；Weir *et al.*，2006）。疾病控制和预防中心（Centers for Disease Control and Prevention，1999）发现，犯罪引发的不安全感与参与体育活动间存在着显著关联。此外，Kirtland 等（2003）发现，活动最少的人更关心安全问题。

人们发现，城市绿地的安全感与公园的特征和布局有关（Schroeder and Anderson，1984；Herzog and Chernick，2000）。这些研究发现，一些被视为提高景观质量的特征，如森林植被，也会对安全感产生负面影响。研究者讨论了研究结果的管理学意义，并得出结论，对安全和美学的感知取决于休闲场所的具体管理性设施，包括植被和人工设施。虽然安全感和吸引力有时很难同时实现，但情况并非总是如此。根据研究者的说法，在安全感与景观质量间的折中方案可以在保持自然感觉的同时，通过减少林下灌木和提高冠层高度以增加林内的能见度来实现。

城市公园的安全感对于促进特定城市环境中的体育活动具有重要意义（Hastert *et al.*，2005）。根据研究者的说法，对于居住在人们晚上不敢出门的街区的青少年来说，进入一个安全的公园尤为重要。居住在被视为不安全街区的青少年中，16.3% 的人白天无法进入安全的公园，因此不能开展体育活动，而白天可以进入安全公园的人只有 9%。Suminski 等（2005）报告称，街区安全是步行的重要决定因素。研究同时发现父母对安全的关注与贫困街区儿童的体育活动呈负相关（Weir *et al.*，2006）。一些定性研究表明，贩毒和使用毒品等犯罪活动阻碍了儿童和成人使用公园（Gobster，2002；Outley and Floyd，2002）。城市公园的使用也会受到不得不穿越"帮派地盘"的影响（West，1993）。我们只能找到一项对安全进行客观定量的研究，该研究通过查看街区严重犯罪事件发生率的报告，发现安全与体育活动间存在一定的关系（Gordon-Larsen *et al.*，2000）。

9.2.5　美学

根据 Giles-Corti（2006，第 3 页）的说法，一个"精心设计的公共开放空间是休闲综合体的重要组成部分，可为体育活动、社会互动提供机会，并可能提供一个潜在的恢复性环境，让人们从 21 世纪纷繁忙碌的生活中解脱出来。"然而，空间设计是一个复杂的过程，要创造一个能够给人带来愉悦的设计良好、具有吸引力的平衡空间，需要使用到许多变量。Hoehner 等（2003）提出，休闲活动与吸引性设施的客观指标呈正相关，这包括了所有能增强公园或森林吸引力的元素和设施，尤其是那些能激发人们进行体育锻炼欲望的元素和设施，如整体风景、设施的视觉吸引力、植被类型和密度，以及颜色、气味和声音等，这些元素与通过不同感官对环境感知产生影响的设计方案密切相关。

从哲学、心理学到建筑学、规划学等不同领域的研究者都对美学原理进行了研究。当与环境相关时，美学属性指的是使环境具有吸引力的可感知的设计元素，与景观感知和美学质量的概念密切相关。根据 Gobster 和 Westphal（2004）的说法，人们对环境的反应通常具有"自然审美"，正如 Nasar（1988）所指出的，环境的美学品质会影响人们的体验、行为和对周围环境的反应。Humpel 等（2002）指出，环境的"美学属性"是影响体育活动中户外空间使用的因素之一。Titze 等（2007）发现，对有吸引力的环境感知与骑行，特别是那些不规律的骑行间存在着正相关关系，为了锻炼而增加的步行水平与对美学上令人舒适的街区感知呈正相关（Ball et al.，2001）。当街区呈现出良好的美学品质时，青少年有可能进行更高水平的体育活动（Mota et al.，2005）。在美国，不同种族的少数民族妇女的体育活动与附近的山峦和令人愉悦的景色密切相关（King et al.，2000）。Wilcox 等（2000）在关于农村地区妇女体育活动水平的研究中指出，缺少令人愉悦的风景可能会成为限制锻炼的一个因素，这表明绿地对于提高体育活动水平十分重要。Wright 等（1996）发现，行道树和绿色狭长花坛的存在，可能创造了有吸引力的环境属性，有助于增加人们的体育锻炼。Pikora 等（2003）认为，在街区中行走也会受到不同景观的影响。

尽管较高的美学质量可以激励人们在公园里活动（Bedimo-Rung et al.，2005），但有关绿地属性，特别是影响体育活动水平的公园特征的研究却不多见（Baker et al.，2008；Bedimo-Rung et al.，2005）。公园中的水、树木和木本植物的存在对公园的景观质量有着积极影响（Schroeder and Anderson，1984）。道路两侧栽植的乔木和灌木，以及提供的开阔视野和水景（Giles-Corti et al.，2005），被描述为个人的首选自然元素，可以促进对公共开放空间的积极利用，树木颜色的季节变化（尤其是在秋季）也有助于人们享受户外体育活动（Krenichyn，2006）。赋予绿地较高美学品质的设计与特定空间中不同设施的布局、材料、纹理和颜色有着紧密关联。例如，游乐场建筑物上的彩色标记已被证明可以增加儿童的体育活动（Stratton and Mullan，2005；Ridgers et al.，2007）。

9.2.6　气候与小气候

城市和近郊绿地的规划设计会影响小气候状况和气候舒适性（Brown and Gillespie，1995；Plotcher et al.，2006）。气候和小气候是促进户外体育活动的重要因素，许多研究将人群的体育活动水平与气象和气候条件联系起来。人们发现体育活动与环境和体感温度、相对湿度、风速、降雨量和日长有关（Chan et al.，2006；Merrill et al.，2005；Togo et al.，2005）。其他研究也关注开放空间的温度舒适性（Nikolopoulou and Lykoudis，2006；Oliveira and Andrade，2007；Stathopoulos et al.，2004；Thorsson et al.，2004）。这些发现证实了小气候与舒适条件间存在密切关系，其中气温和太阳辐射是舒适性的重要决定因素。对气温的感知很难从对热环境的感知中分离出来，也会受到其他参数的影响，特别是风。对太阳辐射的感知与来自不同方向的通量强度有关，并通过对人体的入射系数进行加权（即落在垂直和水平表面上）。风是最强烈的感知型变量，通常是负面的，风的感知在很大程度上取决于风速和风变率的极值（Nikolopoulou and Lykoudis，2006）。小气候与舒适条件间的密切关系表明，即使在相对恶劣的小气候条件下，精心设计也会允许人们使用开放空间，我们可以根据地理区域、季节和用户偏好，平衡不同气候要素下的暴露和保护。然而，只有在设计阶段非常认真考虑小气候问题，才是可行的。太阳辐射和风会受到绿色开放空间的种植设计和其他设施的影响，从而为体育活动创造更为有利的条件（Brown and Gillespie，1995）

9.3　公园中针对体育活动的设计：欧洲各地的例子

在欧洲，已经在不同空间规模上（包括区域、都市和地方）实施了许多有趣的项目，特别是为在自然环境中进行体育活动提供了机会。一些新设计的公共开放空间已经包括了鼓励积极使用的设计解决方案。本节选择性地对有限但多样的项目进行了介绍，所选的项目涵盖了不同尺度、不同地理和气候区域，以及不同类型，从城市公园到区域道路系统的设计。德国的埃姆舍尔景观公园是一个区域规模项目的例子，该项目涉及许多市政当局和机构，服务于大量人口；赫尔辛基休闲步道系统和帕多瓦绿 U 系统（参见 9.3.2.3）是不同的但又相关的城市规模项目的例子，旨在促进户外体育活动。葡萄牙里斯本的一处著名的城郊森林［凯尔多阿马拉尔林荫路（Alameda Keil do Amaral）］和一处最近开发的海滨城市公园［特茹河和特兰考河公园（Parque Tejo e Trancão）］两个例子，描述了通过绿色开放空间设计促进体育活动的不同方法。赫尔辛基的毛努拉小径为特定用户群体提供了一个开放空间设计的例子。

9.3.1　区域项目：埃姆舍尔景观公园

9.3.1.1　鲁尔地区埃姆舍尔公园的自行车道和工业遗产园自行车道

鲁尔地区是欧洲最大的经济区，曾经是德国的工业中心，主要产业为煤炭、钢铁和化工，其名字源于作为该地区南部边界的鲁尔河。今天的鲁尔地区是一个充满对比的景观：依然可见的工业历史与新建的基础设施相互交织且并排可见。近几十年来，生活节奏是由机械、噪音和轮班工作决定的，生活方式和态度源于煤尘和工人阶级的住宅区，随后高炉和煤矿开始关闭，即使在今天，高炉、煤气表和坑口塔仍是鲁尔地区独特的设施，它们是该地区 150 年工业历史的重要见证，也是近几十年来这里经历结构转型过程的重要见证。许多在工业遗产保护计划之下沉寂的工厂遗址已不再是怀旧和痛惜的地方，早已被改造成生机勃勃的产业场馆和吸引人的文化和旅游活动中心。只有当人们回望那些现在沉寂的工厂时，才会体会到那些巨大而装饰华丽的工业建筑所固有的奇特美感。鲁尔地区约占北莱茵-威斯特法伦州土地面积的 13%，东西长 116km，南北长 67km，该地区人口有530 多万，人口密度为每平方公里 1203 人。

　　1989 年，北莱茵-威斯特法伦州政府开始举办国际建筑展（International Building Exhibition，IBA），为埃姆舍尔地区的经济、生态和社会发展制定战略。从前，"埃姆舍尔"是一条小河，在过去 100 年的采矿过程中，它成为整个鲁尔地区的开放式排污渠。在 IBA 框架内，埃姆舍尔景观公园（Emscher Landscape Park，ELP）成为前工业区综合发展战略的重要组成部分，这是近几十年来欧洲最雄心勃勃的景观项目。

　　埃姆舍尔景观公园被设计为一个休闲公园，为居住在埃姆舍尔河主要区域的 200 多万人和居住在大鲁尔地区的 530 万人提供服务。埃姆舍尔景观公园是欧洲最大最发达的区域性城市公园，占地面积 45 754 hm²，规划项目约 250 个，目前已完成近 180 个。ELP 涉及的 20 个城市、2 个县和 20 个市，地区政府及北莱茵-威斯特法伦州、埃姆舍尔废水协会（Emscher Waste Water Association，EG）和鲁尔地区协会（Ruhr Regional Association，RVR）正在进行合作，RVR 是 ELP 开发和管理的主要参与者，其责任和义务在一部特别法律中有明确规定，主要职责包括协调和规划、公共关系、项目构建和实现、维修和保养，以及财务管理。

　　从一开始，项目的一项主要建设内容是一个覆盖整个鲁尔地区的区域骑行道路系统，该系统被称为"Rundkurs Ruhrgebiet"，延伸超过 700km。在这条大的骑行道路系统内，已创建、规划和设计了埃姆舍尔公园自行车道作为公园的重要基础设施，同时也被用作工作和休闲的日常交通系统。自行车道由 230km 的环形道路组成，道路系统路宽为 3.5m，穿过埃姆舍尔景观公园，连接工业遗产地的重要结点，其中 70km 是利用旧的工业铁路轨道修建的。

9.3.1.2　有利于促进体育活动的项目要素

　　交通和安全问题：自行车道覆盖了埃姆舍尔河、利珀河、莱茵河和鲁尔河沿岸大量工业遗产地的不同部分，骑行线路的大部分是在以前的铁路轨道上修建的。要创造一个具有吸引力且安全的环形道路系统，不可避免地要穿越该地区的主要道路、河流或运河，因此，项目为骑行者和行人建造了新的桥梁，这些桥梁是由著名建筑师波洛尼（Polonyi）、施莱克（Schlaich）和弗雷·奥托（Frei Otto）设计的，是科技与美学有机结合的杰出范例（示例见照片 9.1）。人们可通过与主道相连的次级本地自行车道进入这一环形道路系统。

　　设施：沿途设置的自行车旅游服务站可以提供信息、地图和其他书面文件、行李运输、故障援助，以及越野自行车租借，如果游客不想或没有骑自行车来的话，可以在服务站租用。服务站间是互连的，租用的自行车可以在其他服务站归还。

　　"RevierRad（RVR）"是一款高品质的自行车服务品牌，不仅适合个人，也适合团体，大量不同类型的自行车可供租用，包括成人山地车、儿童自行车、拖车自行车、双人自行车、卧式三轮车、人力车和电动自行车，残疾人士也可以租用

照片 9.1　埃姆舍尔公园自行车道上的 Erzbahnschwinge 桥

［摄影：哈拉尔·施皮林（Harald Spiering），RVR］

自行车。自行车路线正在逐年改善，增加了越来越多的设施，如为骑自行车的人过夜提供床和早餐，厕所、餐馆和酒吧也对骑行者开放，此外还有大量的地图和其他宣传品。2007 年编辑出版了一份全面修订和更新的自行车骑行指南，其中包括一系列的综合性地图（比例尺为 1∶50 000，市中心地区为 1∶20 000），书中图文并茂地描述了沿途工业遗产地段的历史。

　　状况、维护和合作：维护这一庞大的自行车骑行道是一个巨大的挑战。RVR作为负责整个路线的控股机构，将这条 700km 长的自行车道划分为 17 个较短的路段，对于生活在每一路段周边且有兴趣骑自行车的人都可以申请成为当地的管理者，RVR 从众多报名者中选出了 17 人来负责管理各自的路段，他们会定期访问各自负责的路段，并对维护状况进行调控，如道路本身的质量、标志、路标和桥梁。他们每个季度会向 RVR 报告有关路标、维护和道路的其他状况。所有道路管理员会定期召开会议，讨论道路改进和质量管理等问题。无论是普通用户还是游客，都会发现自行车道的标志系统非常吸引人，而且回应主要是正面的。每个地方市政当局负责的主要工作之一是废物管理。还有许多机构负责自行车道的技术维护。RVR 的突出责任之一是协调众多的地方和区域行动者，同时让民间社会行动者参与进来。

　　未来展望：埃姆舍尔公园自行车道将在未来几年不断发展，成为工业遗产园自行车道网络的主干线。为了实现这一目标，RVR 将购买和开发更多原有的铁路轨道。此外，将对那些穿过不同城市并由地方市政当局维护的路段做进一步的调整和维护。另一个重要目标是加强质量管理体系。2010 年，鲁尔地区已成为欧洲文化之都，鲁尔大都市位于欧洲人口最稠密的地区中间，2500 万欧洲人可以乘坐火车或汽车在 2～3 小时内到达该地区。因此，欧洲文化之都这一称谓被视为一个独特的机会，可以帮助该地区成为一个有吸引力的旅游目的地。与鲁尔 2010（Ruhr 2010）相关联，埃姆舍尔公园自行车道的一部分已作为文化自行车道 2010 被特别纳入到文化之都的场景中。

9.3.2　市政工程

9.3.2.1　芬兰赫尔辛基 [①]

自行车和越野滑雪的休闲道路系统

赫尔辛基是芬兰首都，土地面积 185km²，居民 56 万。赫尔辛基大都市区包括了三个相邻的城市，人口约 100 万。几乎所有的赫尔辛基居民（15～74 岁居民的 97%）都会参加各种户外和/或体育锻炼活动，一年中居所附近的休闲活动平均次数为 160 次。散步健身或娱乐是最流行的户外活动，其他受欢迎的活动还有骑自行车、遛狗、慢跑，以及同孩子一起的户外活动。体育或健身活动占所有居所附近户外活动的 90% 左右，如散步、滑雪和骑自行车（Neuvonen et al.，2007）。在赫尔辛基为保持健康状况，根据每周三次的标准，55% 的居民能达到足够的运动量并在一定程度上会流汗和气喘（Kansallinen liikuntatutkimus 2005–2006，2006）。

在赫尔辛基，从居所到公园的平均距离为 600m。赫尔辛基约有 1050hm² 的公园（公园占土地面积的 6%）和 4500 多 hm² 的城市森林（占土地面积的 25%；占总绿地面积的 37%）。休闲道路系统包括 450km 的多用途道路和约 730km 的自行车道路（照片 9.2 和照片 9.3），此外，还有 50 多 km 的健身小径可供步行和跑步。在冬季，大部分小径都会持续清除积雪以便行走。

自行车道路网络

在赫尔辛基大都市地区，所有自行车道和其他适合骑自行车的休闲道路（如路边自行车道）长约 2600km，其中约 1200km 在赫尔辛基市。赫尔辛基有一个"城市级"主要休闲道路网络的特别计划，这个"核心"道路系统设计长约 500km，其中约 85% 已建成，几乎所有连入该网络的道路都可以供步行和骑行的人使用。该道路系统位于休闲区内与休闲区之间，同时也与住宅区相连。约四分之三的路

---

① 感谢赫尔辛基市安特罗·纳斯基拉（Antero Naskila）先生的贡献

照片 9.2　赫尔辛基的徒步小道：在森林地区，相同的路网会用于步行、徒步旅行、跑步和骑行等多种活动 [摄影：梅特拉什（Metla）/埃尔基·奥克萨宁（Erkki Oksanen）]

照片 9.3　芬兰赫尔辛基大部分徒步旅行的道路位于城市森林区
（摄影：梅特拉什/埃尔基·奥克萨宁）

网位于休闲环境中，但通勤者也会使用它。目前，整个赫尔辛基大都会区也完成了类似的道路网络规划。海滨道路也是非常具有休闲价值的，在赫尔辛基共有90km 的海滨或河边自行车道。

在自行车骑行地图上标出了三条指定的景观线路，以及 27 条特殊的"街区自行车路线"，其中一些是有特殊标识的主题线路，这些线路长 12～27km，经过历史、建筑和其他文化景点，以及自然景点。人们可以从图书馆和互联网上获得这些线路的 A4 纸大小的指南手册。

有助于促进体育活动的项目要素

可及性：核心自行车道网络位于休闲区的绿色走廊内，即城市森林或其他绿地内，与住宅区连接良好。

安全：大多数与主要街道或道路的交叉处都有桥梁或隧道。

状况：在黑暗的季节，大部分自行车道网都有照明设备。在冬季，一部分提供给自行车骑行使用，另一部分则被改造成滑雪道（见下文）。

与绿地相关的设施：约四分之三的核心网络位于休闲环境（绿地）中。

越野滑雪道网

在冬季，赫尔辛基市会建立一个越野滑雪道网。当降雪状况允许时，会修建约 200km 的滑雪道。从市中心入口到赫尔辛基中央公园的北端，沿着滑雪道网可以滑行 11km（照片 9.4）。此外，许多其他休闲区也有经过整理的滑雪道网络。在冰上条件允许的情况下，会沿着海岸线在冰上开辟滑雪道。在这个季节早期和冰

照片 9.4　赫尔辛基的滑雪道——在降雪条件允许的情况下，路网的一部分会整理作为滑雪道
（摄影：梅特拉什/埃尔基·奥克萨宁）

雪覆盖较差的冬季,赫尔辛基会提供一条较短的滑雪道,由冰球(溜冰)馆的造雪设备来维持,这条"人造"滑雪道为最狂热的滑雪者提供服务。此外,一个商业滑雪馆为人们提供了基于人工雪的滑雪机会。

有助于促进体育活动的项目要素

可及性:滑雪道网络距离居住区较近且免费。

安全性:大部分滑雪道位于休闲区;在大多数情况下,与主要街道或道路的交叉处修建有桥梁或公路隧道提供便利,并且在滑雪季节的黑暗时间里有照明。

状况:在使用季节中定期维护。

特点/设施:户外娱乐中心有更衣室、淋浴和桑拿。

在赫尔辛基推广小径网络

赫尔辛基大都会区每三年会出版一份赫尔辛基大都会自行车骑行和户外活动地图。第一张地图于 1975 年在赫尔辛基出版,2008 年发行了 525 000 份。自行车骑行地图比例尺为 1∶35 000,其他户外活动图比例尺为 1∶40 000。地图在体育中心、图书馆、旅游局和其他一些地方免费分发,主要针对城市居民,但也考虑游客。赫尔辛基还提供了上述"街区骑行路线"的小册子。户外地图也可以在互联网上找到,网上还有一个专门的用于赫尔辛基市区的自行车和其他小径活动的旅程规划工具,你可以根据路面类型和兴趣点选择路线。户外休闲和自行车地图显示了所有公园、休闲区和绿色廊道。小径上有不同的标记,如步行和骑自行车的多用途小径、骑行小径和滑雪小径。在地图的背面,定位描述了不同类型的服务,此外还包括文化和自然景点。

9.3.2.2 葡萄牙里斯本

蒙桑图森林公园(Parque Florestal de Monsanto)的凯尔多阿马拉尔林荫路(Alameda Keil do Amaral)[凯尔多阿马拉尔长廊(Keil do Amaral Promenade)]

凯尔多阿马拉尔公园路是蒙桑图森林公园的一部分,由凯尔·多阿马拉尔(Keil do Amaral)于 1946 年设计。位于同名山上的蒙桑图森林公园因其自然元素和约 900hm^2 的规模被视为城市的"绿肺"。由于这片城市森林的大规模扩张,规划者在森林中创造了几个由道路相连的小型绿地。在 20 世纪 80 年代,由于缺乏管控且维护不善,这一地区被视为不适合利用的地区。从 20 世纪 90 年代起,里斯本市政府再次对蒙桑图森林公园进行投资,为了推动面积较小的绿地有效地用于休闲活动,采取了若干行动来更新设计和环境,如检修电路、改善路面、推广各类休闲方式,以及为用户提供更高的安全性等。

凯尔多阿马拉尔林荫路(照片 9.5)位于蒙桑图森林公园的南部,由一条

1300m 长的长廊组成，长廊周围有绿地，包括烧烤区、一个圆形剧场、观景点、运动场和停车场，走在路上可以欣赏到塔古斯河（River Tagus）的独特景色。2003年，这一公共步行场所永久性地禁止车辆通行，因此，成为最重要的体育活动（如步行、慢跑和骑自行车）场所之一，人们主要是在周末来这里活动。2004 年进行的一项研究显示，蒙桑图森林公园是里斯本居民周末最常光顾和使用的公共绿地之一（Soares *et al.*，2005；Almeida，2006）。

照片 9.5　蒙桑图的凯尔多阿马拉尔林荫路（摄影：安娜·路易莎·苏亚雷斯）

鼓励和促进体育活动的项目要素

　　凯尔多阿马拉尔林荫路的三个重要组成部分使其成为吸引访客的地方，即树木、小径和景观。公园里的树木和所有其他植被都有着特殊的大小和形状，外形美观，是环境中最有价值的组成部分，为小径和其他休闲区创造了非凡的视觉框架和自然景观。树木和植被不仅具有很高的美学价值，而且在生物气候舒适性方面也发挥着重要作用。不同的植被色彩标志着季节变换，也给人们提供了神秘和愉悦的视觉感受。在整个区域，漫步在弯弯曲曲的小径上，享受着茂密植被间的休闲区，可以体验到神秘的感觉，与河上不同寻常的开阔景色形成了鲜明对比。

　　可及性：该区域虽然不在里斯本市中心，但有良好的道路网可供里斯本和周边城市的居民使用，人们可方便地通过公共或私人交通方式到达。由于其自然地形，有不同类型的环路，一些路会有较大的坡度，这可能会把移动受限的访客排除在外。尽管如此，仍有一些可供残疾人、儿童和老年人使用的道路。绿地上的主长廊铺有沥青，坡度很小，可以进行轮滑、骑行、散步和跑步等活动。次级小路上铺有松散的材料，如砾石和土壤，为人们提供了开展更刺激活动的可能性，如山地自行车。

设施：针对老年人，有一条特殊的小径"生命之路"，该区域由十个基地组成，每个基地配备有不同的体育锻炼设备，还有一个用草和石头建成的天然圆形剧场，为老人提供了被动休闲和体育活动后休息的可能性。这个区域是里斯本为数不多的可烧烤的公园之一，由于其将体育活动和社会活动的聚会结合在了一起，从而使其成为对里斯本居民包括少数族裔（移民）非常有吸引力的区域。公园内设施齐全，有长凳、垃圾箱、野餐桌和停车场等设施。

维护和状况：该区域因其自然特性，需要较低水平的维护。区内大部分植被（树木、灌木、草本）都是天然的，很好地适应了当地的土壤和气候条件。就所用材料而言，大多数也都是原生态的（木头、石头、砾石、土壤等）。当地政府会提供定期维护，如垃圾收集和烧烤区的维护，使其保持非常良好的状态。

安全性：公园位于城市中心外的广阔城市森林中，周围植被茂密，主要是松树。由于茂密的植被和弯曲的道路，并不总是能提供清晰和开阔的视野，安全感可能会受到影响。然而，近年来，里斯本市政府对公园的安全进行了投资，出动了警察巡逻队进行巡视，或骑马或开车。因此，人们的安全感得到了重建，公园的使用率也随之增加。

9.3.2.3　意大利帕多瓦绿 U 项目——作为城市绿地系统基础的河岸绿地

在南欧的许多国家，城市的空间布局源于古代聚落，通常源自高墙壁垒的中世纪城市，几乎没有任何容纳公园和其他绿地的空间。大多数意大利城市远远不能满足人均公共绿地的最低标准要求，而且现有的开展体育活动绿地的质量和可及性也值得怀疑（ISTAT，2005）。目前，意大利各城市正在以不同的方式解决绿地不足的问题，这取决于具体的城市和郊区的结构（Sanesi，2002）。帕多瓦市发展了一个由现有和新建公园与绿色走廊组成的绿色网络，特别适合提供开展体育活动的机会。创造绿色空间和让不同年龄和社会地位的人锻炼的动机是该项目的主要目标之一。

帕多瓦市人口 210 301 人，其中约 20 000 人是来自北非和东欧国家的移民，还有大约 7 万人的庞大学生群体。公共开放空间系统占地面积约 250hm²，每个居民平均约 11m²。帕多瓦市的公共绿地网络包括市中心位于 15 世纪城墙旁边的历史绿地、城市特色河网形成的半自然河岸区域，以及新开发郊区的许多新的社区公园。20 世纪 80 年代和 90 年代初，都灵大学的罗伯托·甘比诺（Roberto Gambino）提出了一个初步规划，其中考虑到了河岸廊道在帕多瓦市绿色系统发展中的主要作用。在规划中，沿主要河流布伦塔和巴基廖内确定了两条代表绿色系统中最自然部分的主要廊道，三条沿着毗邻城墙的内部渠道的次要廊道将两条主要廊道连接在一起。现有的主要公园和绿地都与廊道相连，新开发的公园主要建在可直接进入廊道的区域。

根据这一初步规划，城市绿 U 系统从 2004 年开始开发。该项目首先在河堤上创建一条步行和骑行的道路（照片 9.6 和照片 9.7），路面铺设了花岗岩碎石，建立了照明系统，并在与繁忙道路可能发生交通冲突的地区修建了一座自行车和人行天桥。项目与水务局达成协议，在不危及河流系统水文稳定性的情况下，在堤坝和河岸区栽植树木，以便为使用者提供一个更凉爽、更自然和更宜人的环境，自 2005 年以来，项目已经开始栽植新的树木。为了创造更多的锻炼机会，在体育锻炼和健身专家的建议下，已经开发出了一些健身小径。为了吸引人们到访这一线性公园，还布设了一些设施，沿河建造了两个用于日光浴的人造沙滩，并向私营企业提供了特许经营权，同时提供了更好的安全巡视。绿色廊道与免费运动场（足球场、篮球场）和附近公园的游乐场直接相连，为人们创造了更多积极休闲的机会。

照片 9.6　帕多瓦市绿 U 系统——在一个人口稠密的城市附近利用现有的河岸植被在道路旁创造出的"自然"景观（摄影：保罗·塞门扎托）

照片 9.7　帕多瓦市绿 U 系统——河堤上的慢跑者，沿途有新种植的植物和夜间照明设施
（摄影：保罗·塞门扎托）

　　绿 U 系统将在未来连接到围绕整个城市的一个更大的绿地系统上，包括现在的 14km 连续步行和骑行道路，完成骑行需要约 60 分钟，步行约 3 小时。与城市自行车路线系统、适当位置的停车场和公共交通的连接，使得该系统在许多地方都可以使用，允许人们自主选择短距离或长距离步行和乘车。

　　该市的"公园和花园"与"体育"部门正在推动许多活动以宣传该公园系统的存在，并鼓励人们积极使用它。该市的网站上有一本电子手册《自然帕多瓦》（*Naturalmente Padova*）介绍了该系统的使用情况，并提供了相关地图和信息。另外还发布了一份宣传册，为该公园系统的成年使用者推荐适当的、自我指导的体育活动和锻炼。在市府的赞助下，夏季在公园内开展了一些有组织的活动。一项名为"品味绿色（Gustando il verde）"的活动成功地吸引了更多的人骑着自行车来到公园参与体育活动。该活动每年举行三次，内容包括骑行 20 公里，穿越绿 U 和一些城市公园,路线沿途设有一些传统食物品尝站点。

有助于促进体育活动的项目要素

可及性:由于其形状和所处位置,城市中的大多数居民都很容易到访绿 U,该系统将许多公共公园相互连接起来,人们可以从许多公园直接到访。绿 U 与城市和区域自行车路线系统(仍在开发中)相连。当地公共交通包括新实施的地面轨道公交线路,为人们到访绿 U 提供了良好的服务。所有访问都是免费的。

安全性:道路与机动车道隔开,必要时为骑行和步行的人修建新桥,以避免在使用现有交叉路口时出现安全问题。道路及周边地区夜间照明良好。新栽植的植物保留了周围的开阔视野,避免产生潜在的隐蔽区域和地点。有组织的活动和私人特许经营权推动了公园的全天候使用,从而直接和间接地改善了安全巡视。许多入口的存在同样提供了多个逃生路线,通常可以避免被困的风险。道路的制高点(大部分位于河堤顶部)可以看到周围的丰富景观,提高了使用者的安全感。

状况:该系统绝大部分由维护要求较低的景观组成,城市管理者可以很容易地提供相应的维护,维护要求较高的区域则是那些私人特许经营的部分。对道路相对密集的使用似乎减少了故意破坏和垃圾倾倒等问题,而在项目实施之前,这些问题则更为频繁。使用者和周围居民的主人翁意识似乎已经形成。

设施和项目:14km 长的小径、运动场和游乐场的通道,以及必须骑行或步行才能到达的日光浴沙滩,这些组合为以一种积极的方式利用这一绿色系统开展休闲活动提供了极具吸引力的机会。为吸引特定用户群体而定制的公共和私人(非营利性)计划已经成功地促进了对绿 U 的积极使用。

美学性:绿 U 部分地包围着整个城市,提供了城市、郊区和农业等不同景观构成的不断变化的视野。现有的植被和新栽植的植物在许多地区创造了一种置身于自然环境中的感觉,增强了休闲体验。一些相连的公园提供了一个更大的沉浸在"自然"中的环境。新建的自行车桥和人行天桥为现代建筑技术提供了极具吸引力的范例,与其他"自然"的小径形成了鲜明对比。新栽植的植物将在未来提供各种保护,防止直接辐射和眩光,使步行和骑行体验在炎热的夏季变得更加舒适。

9.3.3　本地项目

9.3.3.1　葡萄牙里斯本/洛里什

国家公园内的特茹河和特兰考河公园(Parque do Tejo e Trancão)[塔古斯和特兰考河城市公园(Tagus and Trancão Urban Park)]

特茹河和特兰考河公园(照片 9.8~照片 9.10)是位于里斯本的一个非常成

功的城市公园，该公园是在一个新的城市和环境发展项目——国家公园（Parque das Nações）的建设过程中设计的绿地之一，该项目位于滨河地区一个有价值但并不活跃的工业区，由 PROAP 建筑与景观设计公司（Estudos e Projectos de Arquitectura Paisagista, Lda）与哈格里夫斯协会（Hargreaves Associates）联合设计。该国家公园位于里斯本西部，为特兰考（Trancão）河和塔古斯（Tagus）河所包围，公园总面积 340hm²，其中 110 hm² 为绿地。该区最吸引人的自然景观之一塔古斯河有着宽阔的水面，沿 5km 的河岸提供了高质量的视觉效果。公园从一开始就被设计成有两个用途，即主办 1998 年里斯本世界博览会（Expo 98）和作为一个新城市发展的动力（Castel-Branco，1998，第 36 页）。该项目是城市环境更新改造尝试的一部分，规划者旨在创造一个拥有绿地、住宅区、服务和基础设施的理想城市，为居民提供一种均衡的生活方式。在对该区进行初步分析的基础上，为了实现高质量和高度创新的城市规划理念和设计，规划者和设计师收到了四项重要建议：①突破铁路线等障碍，在以平坦为主的城市空间中打造地标；②充分重视河流和河岸带；③改善可及性，促进人员流动；④恢复环境质量并确定植树策略（Castel-Branco，1998，第 33 页）。

照片 9.8　特茹河和特兰考河公园（一）（摄影：安娜·路易莎·苏亚雷斯）

照片 9.9　特茹河和特兰考河公园（二）（摄影：安娜·路易莎·苏亚雷斯）

照片 9.10　特茹河和特兰考河公园（三）（摄影：安娜·路易莎·苏亚雷斯）

　　最初，特茹河和特兰考河公园预计将覆盖约 90hm² 的河岸区，但到目前为止，仅完成了 50hm²。作为总体规划指南和建议的一部分，基于滨河生态系统所需的生态原则，该公园确定了如下五个主要服务目标（Walker and Castel-Branco，1998，第48 页）：①休闲或非正式运动区，如自行车道、钓鱼码头和多用途步行道；②竞技体育场地，包括网球场和其他体育场地；③被动活动区；④文化活动区；⑤环境和艺术教育区。

　　该公园区以往的特点是环境质量普遍较差，主要是卫生填埋场和污水处理厂的废弃和拆除的旧工业单元，塔古斯河中有大量垃圾，河水严重污染；另一方面，塔古斯河河口附近却展示了这一景观的环境、生态和视觉潜力。在公园建成 8 年后，每天从事不同类型活动（散步和/或跑步、骑自行车、滑冰等）的人流量证实了上述目标已经成功实现。

鼓励和促进体育活动的项目要素

　　该项目的设计理念受到将河流的"波浪"引入平坦区域想法的启发，力求"唤起风与水面的交汇"（Walker and Castel-Branco，1998，第 52 页）。这可以通过引入绿色斜坡或地形、创造移动，以及连接绿色区域与周围建筑来实现。运用这一理念设计的出发点在于通过设计空间布局结构来构建强烈的视觉和审美情趣，从而达到和谐统一。这种结构由三种互补系统结合而成：绿色结构、路径网络和对复杂地形处理所产生的地貌。地形结构创造了整个公园的空间多样性和节奏感，使用者可以欣赏到两种不同的景观，一种是河对岸的全景和宽阔平坦的草坪，另一种是绿色斜坡间相对封闭的景观。

　　为了创造一个吸引人的绿色区域，设计中对植物种植方案给予了重点关注，力求使其美学价值与该区域特定的生态特性相平衡。植物通过花朵、叶片和果实提供了随季节变化而变化的不同的颜色和质地，从而创造了多种场景。植被的另一个重要作用表现在树形上，特别是松树的伞形，这种类型的树本身可以作为一个雕塑作品，点缀空间，赋予了绿色元素间连贯性和和谐感。地形解决方案中的绿坡与植被方案相结合，平衡了最不利的气候条件，形成了宜人的小气候。在炎热的夏季，树木提供遮阴，而地形则会防止强风的影响。

　　可及性：公园周围有住宅区和商业区（酒店、购物中心、办公室等），为当地居民提供了直达和便捷的可及性。该区还有一个良好的公共交通网络（公共汽车、火车站、地铁）及各式各样的停车位。因此，这个公园也会被来自城市其他地区的非居民使用，他们会来这里旅游，参加各种活动（被动和主动体育活动），特别是在周末。除道路外，绿地与建筑环境间没有任何物理障碍，行人可以很好地流动。这种可及性加上绿地与建筑环境的结合方式，会鼓励人们更经常地参观绿地。此外，与里斯本的丘陵地形不同，这一地区主要地形较为平坦，是骑自行车、跑步和步行休闲活动或开展体育活动的理想场所。它还可以满足不同类型用户（如老年人、残疾人和儿童）的需求，用户可以与环境互动并参加体育活动。

设施：就设施而言，有三种不同的环行层次，对应着通过不同的材料和尺寸来定义的三种道路类型，这些道路打破了平面环境的单调，允许多样性的路线和不同的视觉廊道，从而创造了空间的多样性。使用者可以在沿河 5km 长的线性长廊间选择一段，也可以在绿地与居民区间做小范围环行。该公园的特点是大片草坪形成了非正式的区域，吸引人们开展不同类型的体育活动。使用者可以根据自己的喜好自由使用这些场地，同一块草坪可以用来踢足球、打太极、打排球等，整个区域都设有长凳、饮水机、垃圾箱、小咖啡馆、停车场等设施。

状况：园区维护水平高，整体环境极具吸引力。大片草坪和其他类型的植被一年四季都维持得很好。该项目位于河流沿线且使用水平较高，栽植了适合土壤和气候条件的特定植被，因此，只需要较低水平的维护。在设计阶段，对该区的植物、草坪和树木的选择进行了大量研究以找到最佳的生态解决方案。为确定植被对当地条件的适应性和可行性，项目选择的大多数树木都是通过实验种植的（Walker and Castel-Branco，1998，第 63 页）。项目根据具体的设计细节选择了惰性材料，力求构建持久的项目解决方案，避免路面排水问题和人为破坏。整体高水平的维护使用户可以探索环境和进行体育活动，而不必担心可能存在的障碍或危险。

安全性：人们认为这个公园的安全性很高。公园的布局将开放区域与更多的封闭区域结合起来，虽然封闭区域有一个与绿色地形设计相关的密集植被方案，但宽阔的道路和强大的照明方案提供了安全感。周边地区犯罪率较低，客观安全水平较高。

9.3.3.2　芬兰赫尔辛基的毛努拉步道

赫尔辛基为老年人和残疾人提供了一条特殊的步道——毛努拉（Maunula）步道，它位于一个小公园内，旁边有一家医院、一家保健中心、一家社会服务中心和两家养老院等多个社会和健康服务机构，大量的老年人和残障人士住在养老院里。步道所在的公园是由天然植被组成的一小片林地。这条小径适用于乘坐轮椅、使用助行架和其他辅助移动设备的人、盲人和有记忆问题的人，走起来既方便又安全。该步道于 2004 年正式开放。

步道主路长 250m，另设 50m 连接主路与保健中心的辅路。有几个地方可以用于休息和消磨时间，有机会享受大自然。小径为宽 3m、由坚硬的沙子或砾石覆盖的平坦道路，内缘设有一个栏杆，栏杆可以让患有记忆障碍的老年人走回起点。在步道的另一个边缘有一个 30cm 宽的路缘石，会帮助人们保持在道路内行走。整个步道光线充足，大约 50m 设有一处休息点，里面有高矮不一颜色鲜艳（黄色和橙色）的长椅。沿途还种植了大量适合天然林环境的传统园林植物，以唤起人们对故居和花园的回忆，此外还设有一个供鸟类觅食的地方。

这是芬兰目前一条最独特的步道，因为它是与当地居民密切合作的结果。一位当地人萨尔梅·库尔基（Salme Kurki）主动参与了整个项目的规划过程。这条步道也是为残疾人营造适宜绿色环境的试点项目，该项目是由赫尔辛基市（老年人和残疾人建设和社会工作机构）和当地居民论坛共同完成的。在规划过程中，对养老院的居民和工作人员及住在附近的其他老年人进行了访谈，并考虑了当地的传统和需求。

有助于促进体育活动的项目要素

可及性：步道位于一个很小的娱乐区，交通便利，距离公共和私人养老院，以及老年人和残疾人医院都很近。

安全性：步道的设计特别关注安全问题，如平坦的地形、路面，以及步道沿线的铁轨。

状况：步道沿途有照明设备和供休息的长椅。

与绿地相关的设施：步道位于一个小型森林公园内。

9.4　结论和规划设计指南

美观的和可及的绿地与体育活动呈正相关。有证据表明，当附近有高质量的绿地和维护良好的室外环境时，人们更有可能频繁开展体育活动。绿地作为体育活动资源的价值与人们的使用频率有关。公园和其他绿地的某些物理属性会影响其用于体育休闲活动的方式和对使用者的吸引。本章提供了关于绿地的可及性、吸引力、设施，以及对安全感和真正的安全影响方面的证据。目前的证据尚不可能给出一个完整的答案，即绿地物理属性的质量如何影响其使用，以及人们如何将绿地纳入他们保持身心健康的各种策略中（CSC Consulting，2005）。尽管如此，在此，我们还是可以为城市绿地的规划和设计提供一些指南。

9.4.1　规划设计指南

9.4.1.1　可及性

● 公园和其他公共空间应尽可能相互连接；
● 公园的位置应利用公共设施廊道或多层次的廊道；
● 将公园、道路和绿道与当地感兴趣的目的地连接起来，以确保步行到访同开车一样方便或更为方便；

- 公园和开放空间应位于其服务人群的中心地带, 从用户住所步行 500m 或 10 分钟内即可到达;
- 在定居点内应该有每个人都可以使用的空间, 无论年龄、性别或失能状况;
- 在小型新建社区和目前服务不足的住宅区内开发街区公园和休闲设施;
- 街区公园和休闲设施应设置在大多数人尤其是儿童方便且安全的可及地点;
- 利用较小的场地开展青少年体育活动 (相对于人们必须驾车前往的大型区域性运动设施而言);
- 把公共设施 (如学校的设施) 作为多用途设施, 特别是用于休闲服务;
- 建立一个大多数人都能轻易到达的步道系统;
- 绿地的设计应该考虑残疾人士的需要, 避免身体和感官上的障碍。

9.4.1.2　设施

- 通过易于定位的出入口、适当的标志、人行和自行车道间清晰的连接和明确的目的地, 使公园布局更便于新用户了解;
- 提供被动功能的设施, 如长凳、野餐桌和烧烤设施;
- 设计一个具有不同属性的步道和道路网络, 通过向不同类型的用户推广不同的活动来增加其主动使用;
- 为非正式用途和不同活动创建相应的区域 (绿色或非绿色);
- 如果可能的话, 提供咖啡馆或餐厅、厕所、汽车和自行车停车场;
- 提供照明, 在夜间帮助引导人们在目的地间移动。

9.4.1.3　安全性

- 考虑采取措施减少公园附近空置、废弃或有问题土地的影响;
- 确保公园的外缘足够开阔, 可以看到公园内外的景色;
- 如果可能的话, 在公园边缘地带安排至少一个活动或设施, 创建从街上可见的 "活跃的" 公园;
- 避免使用茂密的植被、墙壁或其他设施阻挡主要路线上沿途的景观或标志;
- 避免在通道附近使用茂密的植被, 以保持开阔和清晰的能见度, 并限制潜在的封闭区域;
- 通过设计使夜间活动集中在光线充足的路线上;
- 通过设施和项目的规划和设计, 鼓励晚上和夜间活动, 并确保全天候对用户进行安全监控;
- 定位活动区域以确保对公园内的通道和主要路线进行安全监控;
- 通过智慧性的照明设计增强人们之间的可见度, 提高安全感和真正的安全性;
- 用灯光照亮潜在的隐蔽区域和藏身处;

● 在公园内设计清晰的汽车、自行车和行人路线，确保使用者的安全，利用植被、地形和各种人工结构提供充分的人车隔离；

● 在公园入口、步道和绿道附近采取交通减速和疏缓措施，以提供更安全的通道。

9.4.1.4　状况

● 创造积极且良好使用的空间，以减少不必要的活动或破坏行为的发生；

● 设置避免潜在冲突用途的公园设施；

● 提供足够的公园通道和设施，以避免走捷径、破坏公园的结构和植被、过度磨损草皮；

● 在公园内指定一个足够大的遛狗区，以服务于到访公园的养狗人；

● 在方便的地方设置垃圾桶并鼓励人们使用；

● 在开发新公园时，从初步提案到最终设计评估都将维护列为开放空间的组成部分，以确保选择适当的长期管理措施；

● 通过长期规划和充足的资金，确保公园、步道和绿道得到持续的维护，并对必要的基础设施加以改善；

● 设计公园、步道和绿道时考虑到多种用户并邀请社区参与，对社区需求和利益的评估及时反馈，以创造主人翁意识；

● 检查和维护树木和植被，采取适当的树木栽培措施，避免伤害到公园使用者。

9.4.1.5　美学性

● 运用概念化的方法设计一个平衡、有吸引力和功能性的空间；

● 使用不同材料、植被和道路布局的组合；

● 采用有吸引力的种植方案（结合纹理、颜色和形状）；

● 用有趣的景色创造出迷人的风景；

● 创造不同时刻的趣事。

9.4.1.6　气候与小气候

● 在设计过程中考虑当地的气候和小气候；

● 通过使用植被提供遮阴或维持阳光的可及性，为不同的活动者和使用者提供舒适的条件；

● 利用水体和植被影响温度、相对湿度和微风，提供气候舒适度。

参 考 文 献

Almeida ALS (2006) O Valor das árvores na cidade, árvores e floresta urbana de Lisboa (Tree value assessment, Lisbon urban forest). PhD thesis. Instituto Superior de Agronomia. Universidade Técnica de Lisboa, Lisboa

Baker EA, Schootman M, Kelly C, Barnidge E (2008) Do recreational resources contribute to physical activity? J Phys Activ Health 5(2):252–261

Ball K, Bauman A, Leslie E, Owen N (2001) Perceived environmental aesthetics and convenience and company are associated with walking for exercise among Australian adults. Prev Med 33:434–440

Bedimo-Rung AL, Mowen AJ, Cohen DA (2005) The significance of parks to physical activity and public health – a conceptual model. Am J Prev Med 28(2):159–168

Bedimo-Rung AL, Gustat J, Tompkins BJ, Rice J, Thomson J (2006) Development of a direct observation instrument to measure environmental characteristics of parks for physical activity. J Phys Activ Health 3(Supp 1):S176–S189

Bell S (1991) Community woodland design – guidelines. HMSO, London

Bell S (1997) Design for outdoor recreation. E and FN Spon, London

Bell S, Findlay C, Montarzino A (2006) Access to the countryside by deaf visitors: Scottish Natural Heritage Commissioned No. 171

Brown RD, Gillespie TJ (1995) Microclimatic landscape design: creating thermal comfort and energy efficiency. Wiley, New York

Brownson RC, Baker EA, Housemann RA, Brennan LK, Bacak SJ (2001) Environmental and policy determinants of physical activity in the United States. Am J Public Health 91(12):1995–2003

Brownson RC, Chang JJ, Eyler AA, Ainsworth BA, Kirtland KA, Saelens BE, Sallis JF (2004) Measuring the environment for friendliness toward physical activity: a comparison of the reliability of 3 questionnaires. Am J Public Health 94:473–483

Bundesamt für Naturschutz (2008) Menschen bewegen – Grünflächen entwickeln, Bundesamt fuer Naturschutz Bonn

Carnegie MA, Bauman A, Marshall AL, Mohsin M, Westley-Wise V, Booth ML (2002) Perceptions of the physical environment stage of change for physical activity and walking among Australian adults. Res Q Exerc Sport 73(2):146–155

Castel-Branco C (1998) The vision. In: Castel-Branco C, Rego FC (eds) O Livro Verde. Expo'98, Lisboa, pp 31–41

Centers for Disease Control and Prevention (1999) Neighborhood safety and the prevalence of physical inactivity – selected states (1996). Morb Mortal Wkly Rep 48:143–146

Chan CB, Ryan DA, Tudor-Locke C (2006) Relationship between objective measures of physical activity and weather: a longitudinal study. Int J Behav Nutr Phys Act 3:21–28

Cohen DA, Ashwood JS, Scott MM, Overton A, Evenson KR, Staten LK (2006) Public parks and physical activity among adolescent girls. Pediatrics 118(5):e1381–e1389

CSC Consulting (2005) Economic benefits of accessible green spaces for physical and mental health:scoping study. Final report for the Forestry Commission, Oxford, UK

Crosby T (2003) Public parks: improving access. Paper presented at the Public Parks: Keep Out Manchester

de Vries S, Verheij RA, Groenewegen PP, Spreeuwenberg P (2003) Natural environments – healthy environments. An exploratory analysis of the relation between nature and health. Environ Plann A35:1717–1731

Dettmar J, Rohler P (2007) Management development and vegetation. Pilot Project for the Regional Park Maintenance Scheme Emscher Landscape Park 2010. In: Federal Environment Agency Germany (ed) Proceedings of 2nd international conference on managing urban land – Revit and Cabernet, Stuttgart, Germany, pp 569–577

Ellaway A, Macintyre S, Bonnefoy X (2005) Graffiti, greenery, and obesity in adults: secondary analysis of European cross sectional survey. BMJ 331(7517):611–612

Evenson KR, Herring AH, Huston SL (2005) Evaluating change in physical activity with the building of a multi-use trail. Am J Prev Med 28(Suppl 2):177–185

Farley TA, Meriwether RA, Baker ET, Rice JC, Webber LS (2008) Where do the children play? The influence of playground equipment on physical activity of children in free play. J Phys Activ Health 5:319–331

Giles-Corti B (2006) The impact of urban form on public health. Paper presented at the Australian State of the Environment Committee, Canberra

Giles-Corti B, Donovan RJ (2002) The relative influence of individual, social and physical environment determinants of physical activity. Soc Sci Med 54:1793–1812

Giles-Corti B, Broomhall MH, Knuiman M, Collins C, Douglas K, Ng K, Lange A, Donovan RJ (2005) Increasing walking: how important is distance to, attractiveness, and size of public open space? Am J Prev Med 28(Suppl 2):169–176

Gobster PH (2002) Managing urban parks for a racially and ethnically diverse clientele. Leisure Sci 24:143–159

Gobster PH (2005) Recreation and leisure research from an active living perspective: taking a second look at urban trail use data. Leisure Sci 27:367–383

Gobster PH, Westphal LM (2004) The human dimensions of urban greenways: planning for recreation and related experiences. Landsc Urban Plan 68:147–165

Godbey GC, Caldwell LL, Floyd M, Payne LL (2005) Contributions of leisure studies and recreation and park management research to the active living agenda. Am J Prev Med 28(2S2):150–158

Gordon-Larsen P, McMurray RG, Popkin BM (2000) Determinants of adolescent physical activity and inactivity patterns. Pediatrics 105:1327–1328, electronic edition, E83

Grahn P, Stigsdotter UA (2003) Landscape planning and stress. Urban Forest Urban Green 2:1–18

Hastert TA, Babey SH, Brown ER (2005) Access to safe parks helps increase physical activity among teenagers. UCLA Center for Health Policy Research, Los Angeles

Herzog TR, Chernick KK (2000) Tranquility and danger in urban and natural settings. J Environ Psychol 20(1):29–39

Hoehner CM, Brennan LK, Brownson RC, Handy SL, Killingsworth R (2003) Opportunities for integrating public health and urban planning approaches to promote active community environments. Am J Health Promot 18(1):14–20

Hoehner CM, Brennan Ramirez LK, Elliott MB, Handy SL, Brownson RC (2005) Perceived and objective environmental measures and physical activity among urban adults. Am J Prev Med 28(2):105–111

Hörnsten L, Fredman P (2000) On the distance to recreational forests in Sweden. Landsc Urban Plan 51:1–10

Humpel N, Owen N, Leslie E (2002) Environmental factors associated with adults' participation in physical activity – a review. Am J Prev Med 22(3):188–199

Iamatrakul P, Teknomo K, Gej Hokao K (2005) Interaction of activity involvement and recreational location selection behavior in Lowland city: a case study of public parks in Saga city, Japan. J Zhejiang Univ Sci 6A(8):900–906

ISTAT (2005) Indicatori ambientali urbani 2002–2003. Istituto Nazionale di Statistica, Roma

Jackson EL, Scott D (1999) Constraints to leisure. In: Jackson EL, Burton TL (eds) Leisure studies: prospects for the twenty-first century. Venture, State College, PA, pp 299–321

Jensen FS, Skov-Petersen H (2002) Tilgaengelighed til skov – hvad betyder det for publikums besog (Accessibility to forest – what does it imply for public visits)? In: Christensen CJ, Koch, NE (eds), Skov and Landskapskonferencen 2002. Center for Skov, Landskap og Planlaegning, Hørsholm, pp 175–182 (in Danish)

Kaczynski AT, Potwarka LR, Saelens BE (2008) Association of park size, distance and features with physical activity in neighborhood parks. Am J Public Health 98(8):1451–1456

Kansallinen liikuntatutkimus 2005–2006 (2006) SLU:n julkaisusarja 5/06 [National sport study; information concerning Helsinki's inhabitants is available from the City of Helsinki]

King AC, Castro C, Wilcox S, Eyler AA, Sallis JF, Brownson RC (2000) Personal and environmental factors associated with physical inactivity among different racial-ethnic groups of U.S. middle-aged and older-aged women. Health Psychol 19(4):354–364

Kirtland KK, Porter DE, Addy CL, Neet MJ, Williams JE, Sharpe PA, Neff LJ, Kimsey CD Jr, Ainsworth BE (2003) Environmental measures of physical activity supports: perception versus reality. Am J Prev Med 24(4):323–331

Krenichyn K (2006) 'The only place to go and be in the city': women talk about exercise, being outdoors, and the meanings of a large urban park. Health Place 12(4):631–643

Lawrence FD, Schmid TL, Sallis JF, Chapman J, Saelens BE (2005) Linking objectively measured physical activity with objectively measured urban form: findings from Smartraq. Am J Prev Med 28(Suppl 2):117–125

Lee J, Scott D, Floyd MF (2001) Structural inequalities in outdoor recreation. J Leisure Res 33:427–449

Lee R, Booth K, Reese-Smith J, Regan G, Howard H (2005) The physical activity resource assessment (para) instrument: evaluating features, amenities and incivilities of physical activity resources in urban neighborhoods. Int J Behav Nutr Phys Activ 2(1):13

Lehmuspuisto V (2004) Ympäristö on myös ikääntyviä varten. Teoksessa Karvinen, E ja Syrén, I. (toim.). Iäkkäät ja ulkona liikkuminen. Seminaariesityksiä 14.10.2003. Ikäinstituutti. Oraita 4/2004, 12–18 [in Finnish]

Lenthe FJ, van Brug J, Mackenbach JP (2004) Neighborhood inequalities in physical inactivity: the role of neighborhood attractiveness, proximity to local facilities and safety in the Netherlands. Soc Sci Med 60:763–775

Lindhagen A (1996) Forest recreation in Sweden. Four case studies using quantitative and qualitative methods. PhD thesis. Report 64, Department of Environmental Forestry, Swedish University of Agricultural Sciences, Uppsala

Lindsey G, Wilson J, Yang JA, Alexa C (2008) Urban greenways, trail characteristics and trail use: implications for design. J Urban Design 13(1):53–79

Lundell Y (2005) Access to the forests for disabled people. National Board of Forestry, Stockholm

Maas J, Verheij RA, de Vries S, Spreeuwenberg P, Groenewegen PP (2005) Green space, urbanity and health: how strong is the relation? In: Gallis CTh (ed) Forest trees and human health and well-being. Proceedings of the 1st European COST E39 Conference, Medical and Science, Thessaloniki, pp 353–354, October 2005

McCormack G, Giles-Corti B, Bulsara M, Pikora T (2006) Correlates of distances traveled to use recreational facilities for physical activity behaviors. Int J Behav Nutr Phys Activ 3(1):18

Merrill RM, Shields EC, White GL Jr, Druce D (2005) Climate conditions and physical activity in the United States. Am J Health Behav 29:371–381

Mertes J, Hall J (1996) Park, recreation, open space and greenway guidelines. National Recreation and Park Association, Ashburn, VA

Moore RL, Scott D, Graefe AR (1998) The effects of activity differences on recreation experiences along a suburban greenway trail. J Park Recreation Admin 16:35–53

Mota J, Almeida M, Santos P, Ribeiro JC (2005) Perceived neighborhood environments and physical activity in adolescents. Prev Med 41:834–836

Nasar JL (1988) Environmental aesthetics – theory, research and applications. Cambridge University Press, Cambridge

Neuvonen M, Paronen O, Pouta E, Sievänen T (2004) Harvoin ulkoilevat ja ulkoilua rajoittavat tekijät. Liikunta and Tiede 6/2004, 27–34 (in Finnish)

Neuvonen M, Sievänen T, Tönnes S, Koskela T (2007) Access to green areas and the frequency of visits – a case study in Helsinki. Urban Forest Urban Green 6:235–247

Nielsen TS, Hansen KB (2006) Nearby nature and green areas encourage outdoor activities and decrease mental stress. CAB Rev: Perspect Agric Vet Sci Nutr Nat Res 1:59

Nikolopoulou M, Lykoudis S (2006) Thermal comfort in outdoor urban spaces: analysis across different European countries. Build Environ 41:1455–1470

Nordisk Ministerråd (1996) Friluftsliv trenger mer enn arealer – en studie av kriterier og normer for friarealer i kommunal planleggning. TemaNord 591 (In Norwegian, with English summary)

Oliveira S, Andrade H (2007) An initial assessment of the bioclimatic comfort in an outdoor public space in Lisbon. Int Jour Biomet, On line first

Outley C, Floyd MF (2002) The home they live in: inner city children's views on the influence of parenting strategies on their leisure behavior. Leisure Sci 24:161–179

Pikora TJ, Bull FC, Jamrozik K, Knuiman M, Giles-Corti B, Donovan RJ (2002) Developing a reliable audit instrument to measure the physical environment for physical activity. Am J Prev Med 23(3):187–194

Pikora T, Giles-Corti B, Bull F, Jamrozik K, Donovan R (2003) Developing a framework for assessment of the environmental determinants of walking and cycling. Soc Sci Med 56:1693–1703

Plotcher O, Cohen P, Bitan A (2006) Climatic behaviour of various urban parks during hot and humid summers in the Mediterranean city of Tel Aviv, Israel. Int J Climatol 26(12):1965–1711

Potwarka L, Kaczynski A (2008) Places to play: association of park space and facilities with healthy weight status among children. J Community Health 33(5):344–350

Price R, Stoneham J (2001) A guide to accessible Greenspace. The Sensory Trust, Bath

Ridgers ND, Stratton G, Fairclough SJ, Twisk JWR (2007) Long-term effects of a playground markings and physical structures on children's recess physical activity levels. Prev Med 44:393–397

Roemmich JN, Epstein LH, Raja S, Yin L, Robinson J, Winiewicz D (2006) Association of access to parks and recreational facilities with the physical activity of young children. Prev Med 43(6):437–441

Roovers P, Hermy M, Gulick H (2002) Visitor profile, perceptions and expectations in forests from a gradient of increasing urbanization in Belgium. Landsc Urban Plann 59:129–145

Saelens BE, Frank LD, Auffrey C, Whitaker RC, Burdette HL, Colabianchi N (2006) Measuring physical environments of parks and playgrounds: Eaprs instrument development and interrater reliability. JPAH 3(Supp 1)

Sallis JF, Johnson MF, Calfas KJ, Caparosa S, Nichols JF (1997) Assessing perceived physical environmental variables that may influence physical activity. Res Q Exerc Sport 68:345–351

Sallis JF, Bauman A, Pratt M (1998) Environmental and policy interventions to promote physical activity. Am J Prev Med 15(4):379–397

Sallis JF, Prochaska JJ, Taylor WC (2000) A review of correlates of physical activity of children and adolescents. Med Sci Sports Exerc 32:963–975

Sanesi G (2002) Le aree verdi urbane e periurbane: situazione attuale e prospettive nel mediotermine. Annali Accademia Italiana di Scienze Forestali LI:3–14

Schneider I (2000) Responses to conflict in urban-proximate areas. J Park Recreation Admin 18:37–53

Schroeder HW, Anderson LM (1984) Perception of personal safety in urban recreation sites. J Leisure Res Second Q 16(2):178–194

Sievänen T, Neuvonen M, Paronen O, Pouta E (2005) Perceived constraints in participation in outdoor recreation. In: Gallis CTh. (ed) Forest trees and human health and well-being. Proceedings of the 1st European COST E39 Conference, Medical and Science, Thessaloniki, pp 255–261, October 2005

Soares AL, Castel-Branco C, Simões VC, Rego FC (2005) Public use of green spaces in Lisbon. In: Gallis C (ed) Forests, trees, and human health and well-being. Medical and Scientific, Thessaloniki, pp 203–222

Sport England (2005) Active design – phase one. Sport England, London

Stathopoulos T, Wu H, Zacharias J (2004) "Outdoor Human Comfort in an Urban Climate", Building and Environment 39(3):297–305

Stoneham J (2003) Inclusive design and management of urban green space. Paper presented at the Public Parks – Keep Out, Manchester

Stratton G, Mullan E (2005) The effect of multicolor playground markings on children's physical activity level during recess. Prev Med 41(5–6):828–833

Stynes JD, Spotts MD, Strunk RJ (1985) Relaxing assumptions of perfect information in park visitation models. Prof Geogr 37(1):21–28

Suminski RR, Poston WS, Carlos Petosa RL, Stevens E, Katzenmoyer LM (2005) Features of the neighborhood environment and walking by U.S. adults. Am J Prev Med 28(2):149–155

The Woodland Trust (2002) Urban woodland management guide 1: damage and misuse. The Woodland Trust, UK

Thorsson S, Lindqvist M, Lindqvist S (2004) Thermal bioclimatic conditions and patterns of behaviour in an urban park in Göteborg, Sweden. Int J Biometeorol 48(3):149–156

Tinsley HEA, Tinsley DJ, Croskeys CE (2002) Park usage, social milieu, and psychosocial benefits of park use reported by older urban park users from four ethnic groups. Leisure Sci 24(2):199–218

Titze S, Stronegger WJ, Janschitz S, Oja P (2007) Environmental, social, and personal correlates of cycling for transportation in a student population. J Phys Activ Health 4(1):66–79

Togo F, Watanabe E, Park H, Shephard RJ, Aoyagi Y (2005) Meteorology and the physical activity of the elderly: the Nakanojo Study. Int J Biometeorol 50:83–89

Troped PJ, Saunders RP, Pate RR, Reininger B, Ureda JR, Thompson SJ (2001) Associations between self-reported and objective physical environments and use of a community rail-trail. Prev Med 32:191–200

Van Herzele A, De Clercq EM, Wiedemann T (2005) Strategic planning for new woodlands in the urban periphery: through the lens of social inclusiveness. Urban Forest Urban Green 3(3–4):177–188

Walker V, Castel-Branco C (1998) The international call for tenders for the Tagus and Trancão Park. In: Castel-Branco C, Rego FC (eds) O Livro Verde. Expo'98, Lisboa, pp 44–69

Weir LA, Etelson D, Brand DA (2006) Parents' perceptions of neighborhood safety and children's physical activity. Prev Med 43(3):212–217

West PC (1993) The tyranny of metaphor: interracial relations, minority recreation, and the wildland-urban interface. In: Ewert AW, Chavez DJ, Magill AW (eds) Culture, conflict, and communication in the wildland-urban interface. Westview Press, Boulder, CO, pp 109–115

Wilcox S, Castro C, King AC, Housemann R, Brownson RC (2000) Determinants of leisure time physical activity in rural compared with urban older and ethnically diverse women in the United States. J Epidemiol Community Health 54(9):667–672

Wright C, MacDougall C, Atkinson R, Booth B (1996) Exercise in daily life: supportive environments. Commonwealth Department of Health and Family Services of Australia, Adelaide

第 10 章　鼓励人们在绿地中进行体育锻炼[①]

阿马利娅·德拉吉（Amalia Drakou），里克·德弗雷瑟（Rik De Vreese），
托弗·洛夫特斯（Tove Lofthus），约·马斯喀特（Jo Muscat）

摘要：研究发现，限制户外体育活动的两个主要因素是"缺少时间"和"缺少信息"。对特定目标群体而言，制约因素因性别、族裔/种族、年龄、能力和社会经济地位的不同而有所不同。促进体育活动的策略应旨在尽可能多地消除或减轻与目标群体相关的制约。成功的促进信息需要针对特定的目标群体进行定制。可持续发展项目应在决策过程中包括利益相关者。本章介绍的欧洲体育活动项目的例子中包含了一系列良好的实践因素，其中包括：良好的组织和结构（英国的走健康之路）、创新和增值信息（威尔士的卡路里地图）、专注于体育锻炼以外的活动（挪威的舍达尔市克杰曼街区），以及社交、游戏和娱乐（挪威的儿童徒步俱乐部）。

10.1　是什么促使人们参加体育活动？

体育锻炼是当今健康生活方式的特征之一。大量的科学研究一致认为，体育活动可以保护人们免受各种疾病的侵害，如心血管疾病、高血压、糖尿病和肥胖症（U.S. Department of Health and Human Services，2000；Kohl，2001；Dishman *et al.*，2004）。体育活动还可以产生社会和心理效益，从而提高人们的生活质量（World Health Organization，2007）。

---

①A. Drakou（✉）

亚里士多德大学体育与运动科学系体育与休闲管理教研室，塞萨洛尼基，希腊，e-mail: adrakou@phed.auth.gr

R. De Vreese

布鲁塞尔自由大学人类生态学系，布鲁塞尔，比利时，e-mail: Rik.De.Vreese@vub.ac.be

T. Lofthus

北特伦德拉格郡，挪威，e-mail: tove.lofthus@ntfk.no

J. Muscat

马耳他 SOS 组织，马耳他，e-mail: jomuscat@gmail.com

为了能够确定有效和适当的措施来促进积极的生活方式及其相关的健康益处，有必要了解是什么促使人们从事体育活动（Davison and Lawson，2006），以及是什么阻碍了人们这样做。

在过去的 30 年里，对体育活动动机的研究采用了社会认知方法（Duda and Whitehead，1998；Roberts，1982；Roberts *et al.*，1997）。动力被认为是一种社会认知过程，个体会在一种成就背景中评估自己的能力，然后变得积极或不积极地参加体育活动。有三种心理结构激发并指导着体育活动中的成就行为，即个人目标、情绪唤醒和个人行为信念（Ford，1992）。目标被定义为个人正在努力完成的目标，其反映的是一种特定行动的目标（Locke and Latham，1990）。情绪唤醒是在情绪受到刺激后发生的，它产生了身体的骚动和行动的准备。个人行为信念指的是个人对自己能力的信念、需要投入体育活动的努力，以及结果的价值。分析这个过程并不在本章的范围之内，那么剩下的关键问题是"人们希望通过体育锻炼达到什么目的？"

一般来说，有各种各样的原因会让一个人进行体育锻炼：

健康益处："参加体育锻炼的人患冠心病、2 型糖尿病、高血压和结肠癌的风险较低"（Pretty *et al.*，2005，第 320 页）。人们通常意识到了定期锻炼对健康的好处，但可能没有意识到为避免健康不佳而必须进行的锻炼类型和锻炼量（Crombie *et al.*，2004）。

心理益处：人们参加体育活动是因为这给了他们娱乐的机会，一个从白天纷杂的日常事务中解脱出来，满足他们对成就需求的机会（Yoshioka *et al.*，2002）。此外，老年人的目的是保持他们的健康，从而更长时间地独居生活——这是一项生活质量提高的有利证据。

认知益处：儿童在参与团队活动的同时培养了重要的社交和沟通技能。此外，研究发现，低水平的体育活动是影响成年人认知功能的危险因素（Singh-Manoux *et al.*，2005）。

社会益处：体育活动可以帮助人们增加社会接触（在公园里与人见面、组团外出参加活动、骑自行车和避免开车），这有助于社区以健康和包容的方式发展。

当在绿地中开展体育活动时，会产生更多的动力和益处，如人们对自然的热爱、绿地提供的独处与宁静，以及逃离城市环境的感觉。

10.2　为什么人们不进行体育锻炼？

一个人决定参加一项体育活动是一个复杂过程的结果，这一过程必须考虑到参加这种活动的制约因素及其益处。制约因素是指"由研究人员假设的、个人感知或经历的制约休闲偏好形成和/或抑制或禁止休闲参与和享受的因素"（Jackson，

2000，第 62 页）。休闲的研究者主要关注能力和技能水平，活动的收入或定价，基于年龄、性别和种族的观点，对犯罪的恐惧和用户群体间的冲突所造成的制约（Parker，2007）。然而，与时间和成本相关的制约通常在个人休闲活动中所经历的各种制约中排名最高（Jackson，2005）。

　　Crawford 等（1991）列出了三类制约条件：①个人内在制约——影响休闲偏好发展的个人心理因素，如焦虑和缺乏技能感；②人际制约——影响休闲偏好发展的社会因素，如缺少同伴；③结构性制约——休闲偏好发展后出现的因素，如时间不足。

　　图 10.1 描述了决定参加体育活动的过程。该模型基于 Walker 和 Virden（2005）提出的休闲制约模型，该模型描述了个体参与休闲活动的一般机制，也适用于绿地上的体育活动。

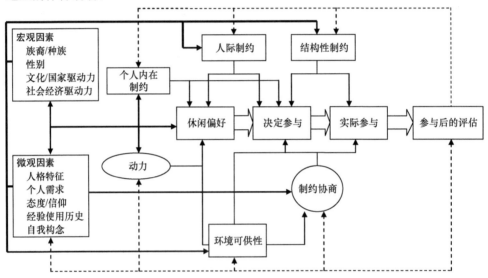

图 10.1　修正的休闲制约模型（Walker and Virden，2005）

　　如图 10.1 所示，休闲偏好受到一些个人导向因素的影响，如人格特征、个人需求、态度和信仰等，所有这些都被描述为微观层面的因素。同样，休闲偏好也受到一些社会经济和社会文化因素的影响，如种族、性别、社会经济力量等，所有这些都被描述为宏观层面的因素。微观和宏观层面的因素对动力和制约都有直接的影响。然而，重要的是要理解动力和制约（内部和人际）对休闲偏好都有累积效应。结构性制约在过程的后期发挥着作用，对决定参与和实际参与产生影响。

10.2.1　户外体育活动偏好的形成

　　户外体育活动涉及人与环境的相互作用，其偏好可能受到微观层面因素"对活动和自然环境的态度和信念"的影响（图 10.1）。Bixler 和 Floyd（1997）强调了对自然环境的感知在形成户外体育活动偏好中的重要作用，他们提出了三种对自然环境的负面反应：①恐惧感（迷路、被昆虫叮咬）；②厌恶感（因昆虫叮咬发痒或不小心踩到动物粪便）；③超出正常舒适范围（在使用了适宜的户外活动设备的情况下）。

在积极反应方面，场所依恋的概念（Williams and Stewart，1998），即个人赋予所访问场所以特殊意义，强调了一项体育活动发生场所的环境重要性。研究发现，美学属性、机会和可及性与参与的体育活动有着显著关联（Humpel *et al.*，2002）。

总而言之，正是对自然环境的重视使得户外活动变得与众不同。因此，无论制约条件是什么，都可根据人们对活动的态度和信念，以及活动发生的环境，协商并采取个性化策略，引导他们参与或不参与。

10.2.2　户外体育活动的制约因素

Walker 和 Virden（2005）确定休闲活动的主要制约因素是"缺少时间"和"忙于其他活动"，其他排序靠前的制约因素包括："户外休闲区离家太远""休闲区人太多""缺乏必要的信息""娱乐活动太贵""照顾家庭""家庭成员健康状况不佳""伴侣更喜欢其他活动"等。排名中间的制约因素包括："不知道公园的位置""缺乏设备""维护不善的区域和设施""害怕暴力""天气状况""门票费用高"等。

Walker 和 Virden（2005）提出了户外活动的四类制约条件，这些制约条件也会影响人们参与户外体育活动。"自然环境结构性制约"是指天气条件、山洪、雪崩、无法穿越的河流、缺乏步道、人工水景存在与否、水体的类型或大小、缺乏准确的地图；"社会环境结构性制约"是指拥挤的人群、喧闹的音乐、对他人的恐惧、穿梭的机动车；"地域结构性制约"是指由规划和管理过程产生的制约，其决定了谁可以到达户外休闲区，即使这些地区通常被认为是没有价值的，但种族和社会阶层的差异可能会制约某些人群到达这里；"制度结构性制约"包括有意的管理制约（使用机动车的人无法进入）和无意的管理制约（长期用户冲突、视觉资源退化和低质量的休闲体验）。

特定目标群体（例如，儿童、妇女和老年人）可能比其他群体更明显地受到某些制约。例如，与男性相比，女性认为"缺少时间"和"家人健康状况较差"是制约其参与体育活动的主要因素（Jackson，2005）。就户外活动而言，女性比男性会更强烈地感受到"对公共空间中暴力的恐惧"和"设施不足"的制约（Bialeschki，2002；Johnson *et al.*，2001）。

　　相关的跨文化研究也揭示了在户外活动上存在的认知制约和期望差异（Johnson *et al.*，2001；Virden and Walker，1999；Yoshioka *et al.*，2002）。Elmendorf 和 Willits（2005）在一篇有关美国"黑人"和"白人"参与城市公园和森林活动及其偏好的文献综述中得出结论，与白人相比，黑人对其社区公园的满意度较低，对自然的恐惧感更强，对单独活动（如慢跑、散步、徒步旅行）的参与度较低。此外，残疾人在"交通"和"规划问题"方面受到更大的制约（Jackson，2005）。

　　成年人（父母、监护人和其他重要的人）对儿童施加的约束可能会制约他们参与休闲活动（Krizek *et al.*，2004）。此外，大量的工作强调了儿童一般性体育活动（包括户外活动）与环境特征间存在着一定的关系（照片 10.1）。交通基础设施，如路面、受控交叉路口和自行车道的存在和状况，与儿童的体育活动呈正相关关系（Braza *et al.*，2004；Timperio *et al.*，2004）。当地的条件，如街区安全、犯罪率、陌生人和街区美学，也与儿童的体育活动有关。更准确地说，在当地存在不利条件的地方，儿童的体育活动受到了制约（Gomez *et al.*，2004；Molnar *et al.*，2004；Carver *et al.*，2005）。有关儿童与体育活动间关系的更多信息请参见第 8 章。

照片 10.1　一块小岩石上的大挑战 [摄影：托尔·布雷克（Tor Brekke）]

　　Pitson（2000）发现社会经济地位（socioeconomic position，SEP）较低的人很少或不参加体育活动，同样，Popham 和 Mitchell（2007）在调查了不同 SEP 的就业状况与体育活动类型间关系时发现，SEP 较低的人参与快步走、运动和锻炼的比例较低。

　　表 10.1 总结了按性别、族裔/种族、能力、年龄组和社会经济地位分类的人群所面临的最重要制约因素。

表 10.1　确定特定目标群体面临的制约因素

目标群体	最重要的制约因素
儿童	大人设定的限制
	交通基础设施
	当地条件
妇女	没有时间
	某位家人的健康状况不佳
第三龄（中年与老年之间依然活跃的年龄段）	可及性
	恐惧感
残疾人	交通
	规划问题
移民	恐惧自然
	避免单独活动
社会经济地位低下的人	缺乏信息/知识/意识
	预算限制

人们行为的改变需要较长时间才能实现，而交通基础设施、当地条件、可及性、规划问题和缺乏信息等结构性制约可能是最容易消除的制约因素，可以通过财政支持实施一个精心设计的健康养成习惯运动来实现。

消除结构性制约意味着增加了消除某些人际和/或个人内部制约的可能性。例如，通过修建更宽的人行道和步行区来改善当地条件，以便让人们更容易进入当地公园，这可能会减少家长对孩子"在当地公园散步和见朋友"的限制。

10.2.3　制约因素间的协商

如表 10.1 所示，一个人可能天生就有参加户外体育活动的动力，但为了参加户外体育活动，他需要克服各种制约。制约因素间的协商是在个人头脑中进行的一个过程，以作出是否参加户外体育活动的最终决定，这一决策过程可能会受到政府和私人组织采取的旨在促进绿地体育活动战略的影响。第 9 章介绍了友好和安全环境的重要性。

体育活动制约模型与促进体育活动的生态学方法有着很大的相似性，最近得到了大量支持（Spence and Lee，2003）。一种生态学方法支持这样的观点，即体育活动（以及任何行为）会受到不同环境中各方面因素的影响。因此，个人内部环境中的心理和生物变量、人际环境中的朋友和家人，以及立法环境中的规章制度都会对体育活动产生影响（Gorely，2005）。简单地说，为了促进体育活动，我们应该考虑到人们会根据自己的需要和性格、所处的社会环境和参加体育活动的有关政策来形成他们的偏好。

10.3　促进绿地体育活动的策略

10.3.1　机会与动力的相关性

　　图 10.2 描述了参与体育活动的动力与机会间的关系，数据是基于 Ohlsson 等（1997）开发的一个描述不同用户群体参与文化活动的动力与机会间联系的模型得出的，该模型也可用于分析绿地上体育活动参与的动力与机会。

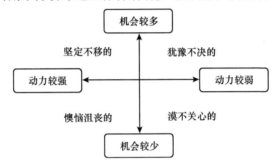

图 10.2　机会与动力间的关系 [改编自 Ohlsson 等（1997）]

　　参与体育活动的机会可定义为与设施使用、成本、时间等有关的参与阈值，动力则与活动产生的个人兴趣感有关。根据这一模型我们可以将人群分为如下四类。

　　坚定不移的（机会较多/动力较强）：这类人会定期参加体育活动，他们有足够的时间和金钱利用现有的设施和机会，并愿意付出一些努力去寻找参与体育活动的机会。这类人包括每天在公园中慢跑的人和每个周末都去野外徒步旅行的一家人。

　　犹豫不决的（机会较多/动力较弱）：这类人有机会参加体育活动，但这样做只是出于必要，或是由于同龄人的压力。这类人包括除了步行或骑车上班外别无选择的人和必须参加雇主组织的户外活动的雇员。

　　懊恼沮丧的（机会较少/动力较强）：这类人参加体育活动的积极性很高，但缺少金钱、时间和/或获得设施和机会。这类人包括学生及其他低收入者和居住在高度城市化地区难以进入绿地的人。

　　漠不关心的（机会较少/动力较弱）：这类人缺乏参与体育活动的机会，同时也没有真正参与的兴趣。这类人包括生活在高度城市化地区，附近没有绿地，而且更愿意把闲暇时间花在久坐不动的活动上的人，以及缺少时间和金钱参加体育活动且也没有兴趣参加的人。

　　很明显，激励人们参与绿地体育活动的策略的主要重点应该放在动力较弱（犹豫不决的和漠不关心的人）和机会较少（懊恼沮丧的人）的人群上，但对坚定不移的参与者也不应忽视或视为理所当然，规划战略中应确保这一类人所享有的机会得到维持甚至加强。

　　成功的战略通常会针对特定群体的需要，并设法减轻他们感知的或实际的制约因素。在健康行为（包括体育锻炼）方面最受关注的目标群体包括儿童、妇女、老年人、残疾人、移民和社会经济地位较低的人（Cale and Harris，2006；Carr，2000；Rimal，2002）。本章前面的表 10.1 中列出了每一个目标群体最常见的制约因素。

　　动力因素实际上是一个人从体育活动中获得的可感知的益处和他/她赋予这些益处的意义，可以通过信息宣传或教育系统（如果目标群体是儿童）加以促进。制约因素，特别是结构性制约因素，需要以更实际的方式加以解决。例如，参加户外体育活动时，"害怕迷路"的制约因素可以通过在整个区域提供准确的地图和标识来解决。

　　对于一些更为普遍的制约因素，可以采取广泛的疏解策略。针对"缺乏信息"的制约，提供易于获取的关于体育活动可能性的信息（信息博览会、网站、电视或广播、报纸、传单）、定期组织活动（每周或每月一次，保持相同的会议地点和时间），以及用移民的母语向他们提供有关体育活动机会的信息等，都是最常用的策略。针对"户外休闲区太远"的制约，定期提供到休闲区的廉价交通方式，提供当地的绿地和基础设施，如步道和自行车道，是常常用到的策略。针对"门票价格高"的制约，常用的疏解策略包括鼓励雇主支付体育锻炼机会补贴和在高峰时间外以低廉的价格提供服务。对于"设备不足"这一制约，为低收入者免费或以补贴价格提供装备或设备，并鼓励各类组织为特定目标群体购买设备通常被视为成功的策略。对于地域结构性制约，通常采用促进特定目标群体灵活使用区域或设施，以及在网络中培训目标群体的策略。最后，一些旨在激励人们参与体育活动的策略还包括利用名人作为榜样来促进活动；引入竞争机制来推动一项活动；在体育活动空间中穿插一些有趣的东西（照片 10.2 和照片 10.3），如土地艺术、历史特征、文化、音乐、动物等；鼓励医生或健康工作者提供绿色处方，即为有轻微疾病的患者提供特定的运动处方，而不是药物。

10.3.2　分步策略

　　激励人们参加体育活动的策略只有建立在对目标群体，以及激励和制约该群体参加体育活动的因素（如上所述）充分了解的基础上才是有效的。例如，享受乐趣和与朋友交往等动力与缺乏时间和来自同伴的负面压力等制约因素是决定参加一项体育活动水平的重要因素（Allender et al.，2006；O'Dea，2003）。此外，成功的策略和项目通常从相关领域研究提供的见解中获益，如感知研究、健康主义和生物医学话语分析、健康传播和促进，以及针对特定年龄段的研究。下面对其中的一些见解加以介绍。

照片 10.2　成年人也喜欢做游戏 [摄影：阿马利娅·德拉吉（Amalia Drakou）]

照片 10.3　如此贴近城市，如此贴近自然（摄影：阿马利娅·德拉吉）

感知研究：Thurston 和 Green（2004）通过社交互动和技能学习将快乐和满足置于舞台中央，这样体育活动就成为产生这种体验的载体。他们给出的建议是促进体育活动的策略和计划应旨在增强参与者的感知：随着时间的推移，在"良好健康的感知"和"运动益处的感知"上的积极变化对于锻炼行为的稳定变化至关重要（例如，Marcus *et al.*，1994；Wagner，2000）。

健康主义和生物医学话语分析：该话语认为，（年轻人）需要提高他们的体育活动水平，以减轻因不活动的生活方式而产生的健康问题。该话语基于这样的假设：个人有能力作出健康生活方式的选择，他们对自己的身心健康负责（Cale and Harris，2006）。Tinning 和 Fitzclarence（1992）认为，健康主义的思想不太可能得到青少年的认可，他们认为健康主义与他们的生活内容无关，并将其与疾病、无行为能力、劳累和运动的辛苦联系在一起。Cale 和 Harris（2005）注意到健康主义的局限性，它只针对个人，倾向于让个人对自己的行为负责，而没有认识到身体和社会环境中影响体育活动的其他因素。

健康促进研究：Judd 等（2001）描述了他们认为健康促进中最重要的价值观问题，在制定体育活动计划时，必须考虑到这些价值观。第一个价值观是在促进健康的决策过程中赋予所有利益相关方权利，包括参与、多学科合作、公平、能力建设，以及社会和可持续发展的权利（Hawe，1994）。赋予权利通常被描述为一个过程，但也可以视为健康促进时注重能力建设的结果。第二个价值观是健康促进的以人为本和集体主义的特性，健康促进必须包括健康的社会、文化、经济和环境因素（另见上文所述的生态方法）。社区对项目的参与和所有权有助于解决问题、构建社区能力和成功创建可持续的项目，而不是由外界强加的项目。第三个价值观是 Judd 等（2001）提出的，健康促进的重点是公平，而不是生产力。

健康传播研究：Neuhauser 和 Kreps（2003）描述了可以改善行为结果的健康传播干预措施和模式的五种经验，包括：①提供情感和理由。当健康传播在情感和理性层面上接触人们时，会变得更加有效，"自我效能感"和"控制感"正在成为行为改变的最强中介（Bull *et al.*，2001；Institute of Medicine，2001；Syme，1990），这些中介因素是通过唤起共情和其他人际话语中典型的情感交流而增强的（Kreps and Kunimoto，1994；Northouse and Northouse，1998）；②促进互动和参与。当健康传播与人们的社会或"生活"环境相关时，会更为有效。信息本身不足以帮助人们作出和维持一种生活的改变，关联性的方法可能更有效地加强了变化的中介，即人们的效能感和对实际变化的控制力；③扩大媒体渠道组合。要改变人们的行为，就需要将人际传播的有效性与大众传媒的传播范围相结合。人际传播的方法在改变个人行为方面更为有效，但成本太高，影响范围有限，无法产生群体效应。而大众传媒的方法能以较低的成本传播到更多的人，但在改变行为方面效果较差。然而，两种方法都是重要的且相互关联的。因此，应采用一系列人际与大众方法间不间断的技术来增加影响（例如，通过互联网）（Bacher *et al.*，1992；Cassel *et al.*，1998；Johnson *et al.*，1992；Napoli，2001）；④提供定制化和情境化的信息。量身定制的信息比一般信息能更有效传播（Kreps，2000；Marcus et al.，2000；Rimmer and Glassman，1997），除了根据接受者的需要定制的信息外，许多人会因语言、文化、残疾或其他障碍而无法获得信息；⑤互动传播比单向传播更有效。专家单方面提出的需要改进的信息可能会引起人们的恐惧、尴尬和内疚的负面情绪，而非赋予他们权力（Kline，1999）。总之，在多种社会背景下建立的让人们积极参与的健康传播方法会更有效（Emmons，2000）。

　　Neuhauser 和 Kreps（2003）以健康传播的五个经验作为标准，评价了电子健康（E-health）在健康传播中可能发挥的作用。E-health 是指利用新兴的信息和通信技术，特别是互联网，来改善或促进健康和保健（Eng，2001），包括在线健康信息、在线支持小组和电子邮件联系。电子健康有望解决传统健康传播的一些局限性，信息可以很容易地定制和/或适应目标群体和受众；更多的个人预约、互动和参与是可能的；信息是持续可用的，可以广泛传播的；可以通过论坛和社交网络与他人建立联系等（Caplan，2001；Emmons，2000；Eysenbach and Diepgen，2001；Ferguson，1996；Institute of Medicine，2001；Marcus et al.，2000；Rubin and Rubin，2001；U.S. Department of Health and Human Services，2000）。Neuhauser 和 Kreps（2003）得出结论，多媒体健康传播可以通过大规模定制、交互性和便利性的特点改善行为结果。但是，这会导致长期的行为改变吗？ Neuhauser 和 Kreps（2003）通过对四个分析性评论进行讨论后得出结论：结果是没有规律的。很少有证据表明电子健康干预促进了行为改变的可持续性，也没有强有力的电子健康传播模型来解释或预测结果。此外，宽带鸿沟、读写能力低、缺乏上网机会，以及语言、文化和失能等限制使许多人无法从电子保健中获益。

　　特定年龄的研究（50+）：基于专题小组的讨论、访谈和调查，Ory 等（2003）确定了一些很可能成功激励 50～79 岁的人以可持续的方式进行有规律的体育活动的概念、信息和基调。他们发现，体育活动的宣传信息要有效，必须假设目标受众（在他们的案例中为 50 岁以上的人）已经知道运动对健康的益处。信息必须不仅仅是传达基本的健康益处，而且要注重鼓励和激励观众行动起来，注意不要疏远他们或让他们反感。研究者强调"正确"的视觉形象的重要性，因为视觉形象既可以鼓励未来的参与者，也可以使他们失去兴趣。男性和女性一起、年长的和年轻的一起、参与群体活动的人和自娱自乐的人的图像更受目标受众的欢迎。鼓励 50 岁以上的人参加体育锻炼的信息包括鼓励普通人做普通的事情（"像我们这样真实的人"）或鼓励老年人和他们的儿孙辈一起参加体育锻炼。人们所面临的障碍（时间、家庭、商业承诺）应该被充分认识到。此外，Ory 等（2003）建议向人们提供具体的信息（网站、电话号码），让人们能够从中找到有关体育活动的更多细节，并且在给出建议时要具体（例如，"提高心率，每天至少 30 分钟，每周至少 5 天"要比"提高心率，每天至少 30 分钟，大部分时间这样做"更有用）。没有激励作用的信息包括那些使锻炼看起来像工作的信息（即活动的乐趣和社交性质应该得到强调），那些称活动为"锻炼"或"健身"的信息（即改用"体育活动"），还有那些对抗性的（"从沙发上站起身来"）或是指明年龄的信息。

10.3.3　有关促进体育活动策略的建议

Allender 等（2006）、Cale 和 Harris（2001）、Cale 和 Harris（2006）、Christodoulos 等（2006）、Gillis 和 Perry（1991）、O'Dea（2003），以及 Thurston 和 Green（2004）就体育活动的计划、倡议和干预措施提出了以下建议。

1. 为特定目标群体量身定制计划；

2. 确保计划的设计和内容符合目标群体的需求、兴趣、偏好和能力，计划应该是有趣和令人愉悦的，避免过于紧张的开始；

3. 赋予人们在计划设计上的决策权，并在社区中建立主人翁意识；

4. 设计切合实际的计划成果；

5. 提供一系列的选择，也包括那些非竞争性的、更加个性化的和非结构化的活动。在计划中加入有趣和令人愉悦的活动，以产生愉悦感和满足感；

6. 避免对计划做规定性的递交和组织；

7. 时间安排：灵活安排项目时间；安排课程以适应参与者时间上的变化（一天中的时段和一周中的天数）；根据参与者每周的日程安排，为他们提供自己选择聚会的机会；考虑到缺席的时段。

8. 持续时间和强度：在足够的时间内实施该项目，以促进社交网络的发展，并对体育活动水平和身体表现产生影响。体育活动项目的典型长度（3～4 个月）不足以让参与者通过行为的常规化、技能的发展和社交网络的形成感到"被锁定"在项目中；

9. 尝试建立定期参与的模式；

10. 关注行为（体育活动水平）、认知（知识和理解）和情感（态度）的变化；

11. 采用一种生态学方法进行设计（考虑到影响体育活动和行为的不同环境支持的各个方面），并尝试开发一种多组分的设计（参与者鼓励非参与者实施项目锻炼）；

12. 在容易到达的地方为参与者提供低成本的项目；

13. 在项目开始前、期间和结束时评估其有效性，并在可能的情况下进行长期的后续评估。

群体同质性（包括年龄和健康水平）是决定人们是否参加某一项目的重要因素（Gillis and Perry，1991）。因此，适应群体偏好是十分重要的（Thurston and Green，2004）。

10.4　良好的做法：欧洲的一些例子

本节介绍了一些激励人们在自然和/或绿色环境中进行体育活动的良好做法，这些做法可在 COST 的 E39 行动框架下提交的国家报告中找到。

10.4.1　英格兰的"走健康之路"倡议

目标：这项倡议旨在激励人们，特别是那些不爱活动的人，在他们的社区定期进行短途散步。

合作伙伴：这是自然英格兰（致力于保护和改善自然环境的公共机构）和英国心脏基金会的联合倡议。

描述：走健康之路倡议（WHI）通过向潜在的步行领导者提供培训和对任何达到特定标准的步行计划进行认证，支持英格兰各地的健康步行计划。以下为认证计划所遵循的主要标准。

1. 为初学者提供有指导的健康步行（在没有台阶的平坦道路上持续步行少于 1 小时）；

2. 所有步行者均符合 WHI 的安全和保险标准；

3. 收集基本的监测信息。

认证计划为健康步行制定并维持了高标准，可以让用户放心他们所在地区的步行道路质量很好，所有参与者都会从成就感和自信心增强中获益（同时参与者、合作伙伴和资助者也增强了信心）。获得认证的主要好处包括 WHI 作为国家级评估计划的一部分具有很高的可信度；在 WHI 网站上有一个页面，健康从业人员可以从中得到认可证书并获得使用认证标志和 WHI 证书的许可。

WHI 为所有希望参与现有或潜在的"健康步行"社区计划中步行的人提供为期一天的培训课程。培训内容包括激励人们参与步行和保持持续动力的实用性建议和信息，还提供了后续支持。该培训由接受过 WHI 培训的当地培训人员提供并且是免费的。当地的计划可以支付培训的全部费用，费用包括提供培训手册和课程管理，人们可通过 WHI 培训办公室预订。

WHI 通过户外健康调查问卷（outdoor health questionnaire，OHQ）收集对这一倡议的反馈，该问卷由所有健康步行计划新加入的步行者独立填写，在地方、区域和国家各级系统收集数据有助于决策者、健康从业人员和公众了解该倡议的好处，它还使 WHI 能够获得从地方到国家范围内参加健康步行人群的情况。

结果：到目前为止，WHI 支持了全英格兰 525 个地方健康步行计划，培训了 33 000 多名志愿的步行领导者。据估计，自 2000 年以来，该倡议已经鼓励了 100 多万人参与更多地步行。

网址：www.whi.org.uk

10.4.2　威尔士的"卡路里地图"项目

合作伙伴：威尔士林业委员会和威尔士阿伯里斯特威斯大学。

目的：通过将燃烧卡路里与实际活动联系起来，激励人们多走路或多骑自行车。

描述：这是一个轻松介绍锻炼好处的项目。威尔士阿伯里斯特威斯大学体育与运动科学系已制作并出版了一部分步行和骑行路线地图，这些地图的创新之处在于，它们根据一个人的体重和路程来估计燃烧的卡路里量。通过这种方式，人们可以看到要改善健康状况应如何在日常生活中引入锻炼。

结果：项目共包括阿伯里斯特威斯小镇及周边的 15 条步行街，从镇上长廊的一端步行到另一端，是最受欢迎的项目路线之一。

网址：www.forestry.gov.uk/walks

10.4.3　挪威的"舍达尔市克杰曼街区"项目——了解你所在的街区

目的：通过传递有关文化遗产的信息来鼓励人们参观、了解并成为自己街区绿地的常客，也包括那些不习惯参与体育活动的人（照片 10.4～照片 10.6）。

合作伙伴：专业制图师罗阿尔·瓦尔斯塔德（Roar Valstad）开发并执行的私人项目，由市政府、银行和国家森林组织赞助。

描述："舍达尔市克杰曼街区（Kjentmann Stjørdal）"是一个由专业制图师罗阿尔·瓦尔斯塔德开发的项目，他重点关注了舍达尔市的物质和非物质文化遗产，并在地图上详细标出了这些点位，其中还包括自然环境中的有利观察点和其他兴趣点（Lofthus，2009）。

该地图包括 52 个短途或长途徒步旅行的目的地或遗产点，每个点都设立了一个信息板，并出版了一本小册子，详细介绍每个点的情况。

当地报纸上每周刊登一次广告，鼓励人们参观地图上的一个点，人们也可以参加如何使用地图和如何找到标记点的课程。

每个月会安排一次到其中一个站点的徒步旅行，这次活动的细节会刊登在当地报纸上。

结果：2004～2006 年，这个有 2 万居民的城市共售出 1700 本小册子和 1000 枚金别针（参观过 40 个站点后发放）；2006～2008 年，共售出 3000 本小册子；2006～2008 年 8 月，已有 16 200 人在 28 个可以注册的站点注册。每个小册子通常会有多个用户。这一理念被训练有素的徒步旅行者和刚开始徒步旅行的人所使用。一些用户健康状况良好，而另一些用户则面临严重的健康挑战。

网址：www.kjentmann.no/

照片 10.4 在旅行中探访文化遗产（摄影：托尔·布雷克）

照片 10.5 文化遗产地对祖父母来说也是很有趣的事（摄影：托尔·布雷克）

照片 10.6　当地议会组织的短途旅行让你更了解自己的街区（摄影：托尔·布雷克）

10.4.4　挪威的"儿童徒步俱乐部"

目的：鼓励 0～12 岁的儿童与父母或其他成年人一起参加附近的轻松的短距离徒步旅行，让他们开始成为当地绿地的常客。

合作伙伴：由挪威徒步协会组织和管理。

描述：儿童徒步俱乐部为儿童及其家庭提供轻松的户外生活。经验表明，在计划成功的徒步旅行时，以下因素非常重要。

● 轻松参与——小脚丫的短途旅行；

● 不需要昂贵的徒步旅行装备；

● 以儿童为主但包括成人（父母、祖父母或成年朋友）的俱乐部；

● 两名成人担任旅行的安全负责人。志愿的咨询人员可参与活动，但不承担照顾儿童的责任；

● 把大量的时间分配给孩子们娱乐、幻想和参与短小的活动，而不是让他们长距离步行而成年人只是在喝咖啡和聊天；

● 保持规则的活动天数，每次旅行会在一天中的同一时间和相同会面地点进行。

结果：仅仅几年后，这个儿童徒步俱乐部就吸引了来自挪威的 16 000 名会员。儿童大多与父母和/或祖父母一起参加，他们中的许多人不知道带儿童去哪里享受户外活动。这个俱乐部也很受新搬到这个地区的父母欢迎。

网址：www.turistforeningen.no

10.5　概述和结论

　　尽管今天的人们已经了解并接受体育活动是健康生活方式的一个组成部分，但他们通常必须有参加体育活动的动力。人们在权衡参与的益处（健康、心理、认知和社会）与参与的实际或感知的制约（内在的、人际的和结构性的）因素后，才会决定是否参加体育活动。决策过程受个性特征、人类需求、态度和信仰（微观因素），以及社会经济和社会文化因素，如种族、性别和社会经济力量（宏观因素）的影响。个人对自然环境的态度使参加户外体育活动的决定变得更加复杂。

　　研究发现，制约户外体育活动的两个主要因素是"缺少时间"和"缺少信息"，对特定目标群体而言，制约因素因性别、族裔/种族、年龄、能力和社会经济地位的不同而有所不同。促进体育活动的战略应旨在消除或减轻尽可能多的与目标群体有关的制约因素。

　　根据不同程度的动力和机会可将人们分为以下几类：坚定不移的（动力较强、机会较多）、犹豫不决的（动力较弱、机会较多）、懊恼沮丧的（动力较强、机会较少）和漠不关心的（动力较弱、机会较少）。需要采取不同策略来鼓励每一类人进行体育锻炼。必须为坚定不移的人维持机会，为懊恼沮丧的人提供机会，而对犹豫不决的和漠不关心的人则需要通过巧妙的策略和机会来诱导其参与。

　　信息宣传在激励人们参加自然环境中的体育活动中起着至关重要的作用。信息宣传需要针对特定的目标群体进行定制（例如，需要向那些害怕在开放空间迷路或受伤的人强调安全性；通过社交活动吸引年轻人）。

　　成功有效的战略是建立在对目标群体的特征、具体的制约和激励因素，以及从互补学科的研究和经验中获得的结果的了解之上的；例如，可持续发展项目应在决策过程中包括利益相关者。

　　● 当健康促进在情绪和理性层面上影响人们时，与人们的"生活"环境相关并提供定制信息时，利用互动交流渠道和电子健康等多种媒体时，表明促进策略是有效的，青少年并不会被吸引参与体育活动以减轻未来的健康问题。

　　● 通过正面强调参与体育锻炼的益处，而不是不参加体育锻炼的负面影响，可以更好地激励 50 岁以上的人群参与体育锻炼。

　　本章介绍的一些欧洲体育锻炼项目例子中的一系列良好做法：

　　● 良好的组织和结构（英国的走健康之路）；

　　● 创新和增值信息（威尔士的卡路里地图）；

　　● 专注于体育锻炼以外的活动（挪威的舍达尔市克杰曼街区）；

　　● 社交、游戏和娱乐（挪威的儿童徒步俱乐部）。

10.6　制订有效的绿地体育活动计划的基本步骤

本节概述了成功制定森林和绿地体育活动计划所需的一些基本步骤。

步骤 1：确定项目的目标

项目必须达到哪些目标？可能的目标是：

- 让居民熟悉绿地；
- 推广使用绿地；
- 增加特定目标群体（儿童、老年人、少数族裔）的体育活动。

一旦确定了目标，就可以使用 SMART 原则（具体的、可测量的、可实现的、可感知的、基于时间的）。

步骤 2：收集潜在用户的信息，确定目标群体及其需求

项目应针对按具体要求或根据现有数据确定的目标群体，对用户进行描述，并根据他们的需求、兴趣、偏好、能力对其参与项目的可能性进行评估。确定地理范围（例如，根据目标群体居住地点进行的调查）。项目可以包括多个目标群体。

步骤 3：活动计划

描述将要进行的活动、安排活动的地点和所需的资源（包括任何参与费用），与所有相关的合作伙伴（导游、协会等）讨论时间表。

步骤 4：把项目翻译成财务术语

步骤 5：创建衡量有效性的标准

步骤 6：使项目切实可行

步骤 7：推广项目

步骤 8：评估项目

步骤 9：必要时修改项目

参 考 文 献

Allender S, Cowburn G, Foster C (2006) Understanding participation in sport and physical activity among children and adults: a review of qualitative studies. Health Educ Res – Theory Pract 21(6):826–835

Bacher TE, Rogers EM, Soropy P (1992) Designing health communication campaigns: what works? Sage, Newbury Park, CA

Bialeschki D (2002) Are we having fun yet? Resistance and social control of women's outdoor experiences as a contested area of constraints. Paper presented in the 10th Canadian Congress on Leisure Research, Edmonton, Alberta

Bixler R, Floyd M (1997) Nature is scary, disgusting, and uncomfortable. Environ Behav 29:443–467

Braza M, Shoemaker W, Seeley A (2004) Neighborhood design and rates of walking and biking to elementary school in 34 California communities. Am J Health Promot 19(2):128–136

Bull FC, Holt CL, Kreuter MW, Clark EM, Scharff D (2001) Understanding the effects of printed health education materials: Which features lead to which outcomes? J Health Commun 6:265–279

Cale L, Harris J (2001) Exercise recommendations for young people: an update. Health Educ 101:126–138

Cale L, Harris J (2005) Promoting physical activity within schools. In: Cale L, Harris J (eds) Exercise and young people: issues, implications and initiatives. Palgrave Macmillan, Basingstoke, pp 162–190

Cale L, Harris J (2006) School based physical activity interventions: effectiveness, trends, issues, implications and recommendations for practice. Sport Educ Soc 11(4):401–420

Caplan B (2001) Challenging the mass – interpersonal communication dichonomy: are we witnessing the emergence of an entirely new communication system? Electron J Commun 11:1

Carr N (2000) An exploratory study of young women's use of leisure spaces and times: constrained, negotiated, or unconstrained behavior? World Leisure 3:25–32

Carver A, Salmon J, Campbell K, Baur L, Garnett SC (2005) How do perceptions of local neighborhood relate to adolescents' walking and cycling? Am J Health Promot 20(2):139–147

Cassell MM, Jackson C, Cheuvront B (1998) Health communication on the internet: an effective channel for health behavior change? J Health Commun 3:71–79

Christodoulos AD, Douda HT, Polykratis M, Tokmakidis SP (2006) Attitudes towards exercise and physical activity behaviours in Greek schoolchildren after a year long health education intervention. Br J Sports Med 40:367–371

Crawford D, Jackson E, Godbey G (1991) A hierarchical model of leisure constraints. Leisure Sci 13:309–320

Crombie IK, Irvine L, Williams B, McGinnis AR, Slane PW, Alder EM, McMurdo MET (2004) Why older people do not participate in leisure time physical activity: a survey of activity levels, beliefs and deterrents. Age Ageing 33:287–292

Davison KK, Lawson CT (2006) Do attributes in the physical environment influence children's physical activity? A review of the literature. Int J Behav Nutr Phys Act 3:19

Dishman KR, Washburn RA, Heath GW (2004) Physical activity epidemiology. Human Kinetics, Champaign, IL

Duda JL, Whitehead J (1998) Measurement of goal perspectives in the physical domain. In: Duda J (ed) Advances in sport and exercise psychology measurement. Fitness Information Technology, Morgantown, WV, pp 21–48

Elmendorf WE, Willits EK (2005) Urban park and forest participation and landscape preference: a review of the relevant literature. J Arboric 31(6):311–317

Emmons KM (2000) Behavioral and social science contributions to the health of adults in the United Stares. In: Smedley B, Syme SL (eds) Promoting health: intervention strategies from social and behavioral research. National Academy Press, Institute of Medicine, Washington, DC, pp 254–321

Eng TR (2001) The eHealth landscape: a terrain map of emerging information and communication technologies in health and health care. The Robert Wood Johnson Foundation, Princeton, NJ

Eysenbach G, Diepgen TL (2001) The role of of E-health and consumer health informatics for evidence based patient choice in the 21st century. Clin Dermatol 19:11–17

Ferguson T (1996) How to find health iformation, support groups, and self-help communities in cyberspace. Addison – Wesley, Reading, MA

Ford M (1992) Motivating humans: goals, emotions, and personal agency beliefs. Sage, Boston, MA

Gillis A, Perry A (1991) The relationships between physical activity and health-promoting behaviours in mid-life women. J Adv Nurs 1991(16):299–310

Gomez JE, Johnson BA, Selva M, Sallis JF (2004) Violent crime and outdoor physical activity among inner-city youth. Prev Med 39(5):876–881

Gorely T (2005) The determinants of physical activity and inactivity in young people. In: Cale L, Harris J (eds) Exercise and young people: issues, implications and initiatives. Pagrave Macmillan, Basingstoke, pp 81–102

Hawe P (1994) Capturing the meaning of community in community intervention evaluation: some contributions from community psychology. Health Promot Int 9:199–210

Humpel N, Owen N, Leslie E (2002) Environmental factors associated with adults' participation in physical activity. Am J Prev Med 22(3):188–199

Institute of Medicine (2001) Crossing the quality chasm: a new health system for the 21st century. National Academy Press, Washington, DC

Jackson EL (2000) Will research in leisure constraints still be relevant in the twenty-first century? J Leisure Res 32:62–68

Jackson EL (2005) Chapter 1: Leisure constraint research: overview of a developing theme in leisure studies. In: Jackson EL (ed) Constraints to leisure. Venture Publishing, Inc, State College, PA

Johnson JD, Meischke H, Grau J, Johnson S (1992) Cancer-related channel selection. Health Commun 4(3):183–196

Johnson CY, Bowker JM, Cordell K (2001) Outdoor recreation constraints: an examination of race, gender and rural dwelling. South Rural Sociol 17:111–133

Judd J, Frankish CJ, Moulton G (2001) Setting standards in the evaluation of community-based health promotion programs – a unifying approach. Health Promot Int 16(4):367–380

Kline NW (1999) Hands –on social marketing. Sage, Thousand Oaks, CA

Kohl HW (2001) Physical activity and cardiovascular disease: evidence for a dose response. Med Sci

Sport Exerc 33:493–494

Kreps GL (2000) The role of interactive technology in cancer communications interventions: targeting key audience members by tailoring messages. Paper presented at the American Public Health Association Conference, Boston, MA, November

Kreps GL, Kunimoto EN (1994) Effective communication in multicultural health care settings. Sage, Thousand Oaks, CA

Krizek KJ, Birnbaum AS, Levinson DM (2004) A schematic for focusing on investigations of community design and physical activity. Am J Health Promot 19(1):33–38

Locke EA, Latham GP (1990) A theory of goal setting and task performance. Prentice Hall, Englewood Cliffs, NJ

Lofthus T (2009) Kulturminnegode til fleire, Heimen ISSN0017-9841, bind 46, 329-342, Norway

Marcus BH, Eaton CA, Rossi JS, Harlow LL (1994) Self-efficacy, decision-making and stages of change: an integrative model of physical exercise. Appl Sport Psychol 24:489–508

Marcus BH, Nigg CR, Riebe D, Forsyth LH (2000) Interactive communication strategies: implications for population based physical activity promotion. Am J Prev Med 19(2):121–126

Molnar BE, Gortmaker SL, Bull FC, Buka SL (2004) Unsafe to play? Neighborhood disorder and lack of safety predict reduced physical activity among urban children and adolescents. Am J Health Promot 18(5):378–386

Napoli PM (2001) Consumer use of medical information from electronic and paper media. In: Rice RE, Katz JK (eds) The internet and health communication. Sage, Thousand Oaks, CA, pp 79–98

Neuhauser L, Kreps GL (2003) Rethinking communication in the E-health area. Health Psychol 8(1):7–23

Northouse LL, Northouse PG (1998) An introduction to health communication. In: Northouse LL, Northouse PG (eds) Health communication: strategies of health professionals. Appleton and Lange, Norwalk, CT, pp 1–21

O'Dea JA (2003) Why do kids eat healthful food? Perceived benefits of and barriers to healthful eating and physical activity among children and adolescents. Am Diet Assoc 103:497–504

Ohlsson G, Larsen S, Festervoll AAV, Hagevik M (1997) Fra tomme stoler til fulle hus! Norsk Musikkraad, Norway

Ory M, Hoffman MK, Hawkins M, Sanner B, Mockenhaupt R (2003) Challenging aging stereotypes – strategies for creating a more active society. Am J Prev Med 25(3):164–171

Parker G (2007) The negotiation of leisure citizenship: leisure constraints, moral regulation and the mediation of rural place. Leisure Stud 26(1):1–22

Pitson L (2000) Adult physical activity. In: Shaw A, McMunn A, Field J (eds) The Scottish health survey 1998, vol 1. Scottish Executive, Edinburgh

Popham F, Mitchell R (2007) Relation of employment status to socioeconomic position and physical activity types. Prev Med 45:182–188

Pretty J, Peacock J, Sellens M, Griffin M (2005) The mental and health physical health outcomes of green exercise. Int J Environ Health Res 15(5):319–337

Rimal A (2002) Association on nutrition concerns and socioeconomic status with exercise habits. Int J Consum Stud 26(4):322–327

Rimmer B, Glassman B (1997) Tailored communication for cancer prevention in managed care settings. Outlook, 4–5

Roberts GC (1982) Achievement and motivation in sport. In: Terjung R (ed) Exercise and sport science reviews, vol 10. Franklin Institute Press, Philadelphia, PA

Roberts GC, Treasure DC, Kavussanu M (1997) Motivation in physical activity contexts: an achievement goal perspective. In: Pintrich P, Maehr M (eds) Advances in motivation and achievement, vol 10. JAI Press, Stamford, CT, pp 413–447

Rubin A, Rubin R (2001) Interface of personal and mediated communication: fifteen years later. Electron J Commun (La Rev Electron Commun) 11(1)

Singh-Manoux A, Hillsdon M, Brunner E, Marmot M (2005) Effects of physical activity on cognitive functioning in middle age: evidence from the Whitehall II prospective cohort study. Am J Public Health 95(12):2252–2258

Spence JC, Lee R (2003) Toward a comprehensive model of physical activity. Psychol Sport Exerc 4:7–24

Syme SL (1990) Control and health: an epidemiological perspective. In: Schaie W, Rodin J, Schooler C (eds) Self-directedness: cause and effect throughout the life course. Earlbaum, Hillsdale, NJ, pp 215–229

Thurston M, Green K (2004) Adherence to exercise in later life: how can exercise on prescription programs be made more effective? Health Promot Int 19(3):379–387

Timperio A, Crawford D, Telford A, Salmon J (2004) Perceptions about the neighborhood and walking and cycling among children. Prev Med 38(1):39–47

Tinning R, Fitzclarence L (1992) Postmodern youth culture and the crisis in Australian secondary school physical education. Quest 44:287–303

U.S. Department of Health and Human Services (2000) Healthy people 2010: understanding and improving health, 2nd edn. Behavioral Risk Factor Surveillance System (BRFSS) 1996 and 1998. Active Community Environments. U.S. Government Printing Office, Washington, DC

Virden RJ, Walker GJ (1999) Ethnic/racial and gender variation among meanings given to, and preferences for, the natural environment. Leisure Stud 21:219–239

Wagner P (2000) Determinants of exercise adherence in health-orientated activity programs for adults.

In: Heimer S (ed) European conference, health related physical activity, proceedings CESS. Porec, Croatia, 22–25 June 2000

Walker GJ, Virden RJ (2005) Chapter 13: Constraints on outdoor recreation. In: Jackson EL (ed) Constraints to leisure. Venture Publishing, Inc, State College, PA

Williams DR, Stewart S (1998) Sense of place: an elusive concept that is finding a home in ecosystem management. J Forest 96(5):18–23

World Health Organization (2007) Health and development through physical activity and sport. Retrieved April 20, 2007, from World Wide Web: http://www.who.int/hpr/physactiv//docs/health and development.pdf

Yoshioka CF, Nilson R, Simpson S (2002) A cross-cultural study of desired psychological benefits to leisure of American, Canadian, Japanese and Chinese College Students. Cyber J Appl Leisure Recreation Res 4:1–1. http://www.nccu.edu/larnet/2002-4.html. Accessed 12 November 2009

第四部分

治疗和教育方面

第 11 章　基于自然的治疗性干预 ①

乌尔丽卡·K. 斯蒂格斯多特（Ulrika K. Stigsdotter），安娜·玛丽亚·帕尔斯多蒂（Anna Maria Palsdottir），安布拉·伯尔斯（Ambra Burls），亚历山德拉·谢尔曼兹（Alessandra Chermaz），弗朗切斯科·费里尼（Francesco Ferrini），帕特里克·格兰（Patrik Grahn）

摘要：本章的出发点是将自然环境视为改善和促进健康的重要资产。在过去的几十年中，用于描述基于自然的健康环境和相应治疗方案的术语纷繁复杂，从而使得这一话题变得难以诠释。本章首先介绍了该理论框架和研究领域的发展，随后将重点放在治疗方案的结构和基于自然环境的健康设计上，最后从理论和经验（包括研究和最佳实践）的角度提出了这一领域未来的研究目标。

11.1　背景——健康政策向个人自身健康能力的转变

现代医学在防治疾病方面不断取得进展。然而，欧盟人口健康不良、生病和早亡的所有原因中，除少数外，约 60% 不能归咎于简单的因果关系，如感染致病菌或遗传因素（Norman，2006；Knoops *et al.*，2004）。与此相反，我们所要处理

---
①U. K. Stigsdotter（⊠）

哥本哈根大学丹麦森林与景观中心，丹麦，e-mail: uks@life.ku.dk

A. M. Palsdottir and P. Grahn

瑞典农业科学大学工作科学、商业经济学和环境心理学系，瑞典，e-mail: anna.maria.palsdottir@ltj.slu.se; patrik.grahn@ltj.slu.se

A. Burls

人与生物圈城市论坛，联合国教科文组织，英国，e-mail: a.burls@btopenworld.com

A. Chermaz

自由撰稿人，的里雅斯特，意大利，e-mail: alecoppo@tin.it

F. Ferrini

佛罗伦萨大学植物、土壤和环境科学系，意大利，e-mail: francesco.ferrini@unifi.it

的是导致一些人生病而另一些人保持健康的因果关系链或关系网。未来越来越多的健康危害与我们的生活方式有关，例如，久坐不动、缺乏体育活动、慢性心理压力，以及越来越多的人宅在家里（Währborg，2009）。

如今，人们似乎很少有机会从压力中得到恢复（Währborg，2009），越来越多的疾病似乎与压力有关。许多国家的研究表明，情绪健康是身体健康最为有力的预测因素。长期压力对包括心脏和血管在内的所有重要器官都会产生严重的不利影响（Aldwin，2007），其中患动脉硬化、心梗等心血管疾病、2 型糖尿病、抑郁和感染的人数会大大增加。特别是许多精神疾病与长期不正确的应激反应有着密切联系，包括精神分裂症和焦虑综合征，尤其是抑郁、倦怠和疲劳综合征。这是因为压力导致许多应激激素的分泌，这些激素会影响大脑的敏感结构，如海马体和下丘脑。这反过来又改变了敏感的 5-羟色胺和多巴胺的平衡，导致了一些精神疾病的发生（de Kloet *et al.*，2005；Aldwin，2007；Friedman and Silver，2007）。

因此，如果人们无法从压力中恢复过来，他们的健康将会从许多方面受到影响，至少是抑郁，这使得压力和抑郁成为健康促进面对的突出问题。世卫组织（WHO）将与压力有关的疼痛和抑郁作为促进健康和预防疾病领域的优先事项。该组织报告说，每年至少有 1.2 亿人受到抑郁症的影响，并与额外死亡密切相关（WHO，2004）。失能调整寿命年（disability adjusted life years，DALYs）是指因过早死亡而丧失的潜在生命年数和因失能而丧失生产能力的寿命年。2000 年，抑郁症成为用失能年数度量的能力丧失的主要原因，也是全球疾病负担的第四大贡献者，到 2020 年，抑郁症预计将排到所有年龄段和性别的失能调整寿命年计算值的第二位，如今，抑郁症已经是影响 15～44 岁年龄段所有性别失能调整寿命年计算值的第二大原因（WHO，2008）。

富裕国家常见的久坐不动的生活方式带来了另一个巨大问题，世卫组织（WHO，2006）在其全球体育活动战略中提到，至少有 16 亿 15 岁以上的成年人超重，这种生活方式可能与肥胖、心脏病、2 型糖尿病、骨质疏松症、抑郁症和倦怠综合征在许多国家的儿童和青少年中迅速增加有关。世卫组织将缺乏体育锻炼列为发达国家人口死亡的主要原因之一。体育活动可以改善情绪，防止轻度抑郁症的发展（Cavill *et al.*，2006），特别是规律的体育活动可以提高年轻人的自尊心。

如上所述，强调治疗性干预有益健康的方法是具有一定意义的。"有益健康的（环境）（salutogenic）"这一术语是指帮助人们维持良好健康的环境（包括户外自然环境）（Antonovsky，1987），尽管事实上人们也会受到这些环境中潜在的致病性生物或社会心理压力的影响。这样一项健康政策意味着观念上转向更加注重如何激发个人自身健康能力的方法。世界各地越来越多的政府包括许多欧洲国家的政府发现，除关注病原性疾病本身外，关注决定健康的因素也很有益处，可以帮助他们实现更有效的公共健康目标（Statens Folkhälsoinstitut，2005）。这方面的一项重要资产就是自然，包括有野生动植物和生物多样性的城市绿地和花园，两者均可改善或促进健康和预防疾病。

一般来说，治愈可以说是一个促进整体福祉的过程（Cooper Marcus and Barnes，1999）。治愈意味着重新恢复健康，因此治疗是治愈所需的一系列活动（Oxford dictionary of English，2008）。在医学人类学中也强调了患者的个体和主观康复体验（Janzen，2002），换句话说，从医学的角度来看，疾病的治愈和病人体验到的个人康复的感觉是同等重要的。本章将重点介绍自然环境的治疗功效、附加的治疗干预措施及其在改善或促进人类健康和福祉方面的作用，并简要探讨人类与自然间关系可能产生的其他结果。

11.2　患者与自然环境间关系的简要历史回顾

11.2.1　从古代到 20 世纪

近几十年来，越来越多的学科开始研究人类的健康问题，许多学者正在将他们的研究视角从细节层面扩展到更全面的整体视角（Qvarsell and Torell，2001）。今天，健康被视为一种整体上的积极状态，包括了个人的整个生活状况（包括生物、文化、社会和环境等方面）。在一个精心设计的自然疗愈环境中，上述所有方面都可能发生，值得注意的是，这种新的健康观可以看作是对古老信仰的一种回归。

在许多理论和实践中都将自然环境包含在治疗过程和人们的福祉及其所处的社会系统的范围内。花园是一种有着几千年历史的现象，出现之初就被视为一个疗伤之地，这导致了在很长一段时间内人们利用花园来进行医疗护理。人类的健康过程与花园间相关联的思想可以追溯到中世纪的罗马帝国乃至更为久远的波斯帝国（Prest，1988；Gerlach-Spriggs *et al.*，1998；Stigsdotter and Grahn，2002）。

长期以来，人们一直认为，在自然环境中度过时光会对人类健康和福祉产生积极影响。花园、田园风光，以及带有小湖和草地的自然环境被描绘成人们的身心得以恢复的地方。有益的属性被归因于在大自然中进行的活动，在那里人们可以体验自然日光、新鲜空气和绿色植物。这一思想成为 18 世纪和 19 世纪影响巨大的瘴气理论和肮脏病原理论的核心内容（Urban parks and open spaces，1983；Warner，1998）。这两种思想流派是当时医院、精神病院和疗养院大都建在迷人的自然环境中的原因，许多地方都会有宜人的花园供病人休闲。当时这些机构都致力于提高景观和花园的健康质量以及开展患者参与的与自然有关的各类活动（Jonsson，1998）。

11.2.2　从 20 世纪初至今：基于自然的治疗性干预与健康设计和规划

至少在过去的几十年里，许多人都用不同的名称提及健康促进的自然环境和治疗项目的概念，从而使得这个主题变得很难理解和解释。这类自然环境最常见的名称有：恢复性花园或景观（Gerlach-Spriggs *et al.*，1998）、治愈花园（Cooper Marcus and Barnes，1999）、治疗性花园或景观（Kamp，1996；Kavanagh and Musiak，1993）、感官花园（Haller，2004）、护理农场（Hassink and van Dijk，2006）、社区花园（Hassan and Mattson，1993）和城市绿色治疗空间（Cooper Marcus and Barnes，1999；Burls，2008b）。治疗项目或干预措施最常见的名称包括：园艺疗法（美国，Relf，1992）、社会和治疗性园艺（英国，Sempik *et al.*，2003）、生态疗法（英国，Burls，2007，2008a；美国，Clinebell，1996）、动物疗法（意大利，Milonis，2004）、保护性疗法（英国，Hall，2004）、自然辅助治疗或自然引导治疗（美国，Burns，1998）、自然疗法（以色列，Berger and McLoed，2006）、生态心理疗法（Wilson，2004）、护理农业和绿色护理（Hassink and van Dijk，2006），人与植物的关系（Flagler and Pincelot，1994）和园艺中的人类问题（Relf and Lohr，2003）。

由于有几种不同的专业涉及与人类健康和福祉相关的自然环境、花园和城市开放绿地，因此需要给出一些基本的定义以避免误解：

恢复性花园、治愈花园、感官花园和城市绿色治疗空间等概念经常被用来解释设计的本身就是要对到访者的健康产生影响，这只是一个用户与环境间的关系问题，没有加入任何治疗项目或某些治疗活动（Haller，2004），附属于医院、疗养院和收容所的花园都可以用这些名称来描述。

另一方面，治疗花园和护理农场等概念的含义则涉及一个特殊设计或特殊选择的场所和一种治疗性干预措施：这些场所旨在通过治疗环境、治疗活动、治疗团队与客户间的相互作用，改善特殊客户群体的健康体验（Cooper Marcus and Barnes，1999；Stigsdotter and Grahn，2002，2003）。然而，所有上述这些概念经常被混淆甚至以完全相反的方式使用。

因此，我们正在处理两种不同的现象，一种是用以改善或维护人们健康而设计和/或规划的自然环境或花园，可能是针对某一类患者或一般公众的，我们将其定义为"健康促进的设计和规划"；另一种是使用某一种特别设计或选择的环境，以实现某种治疗性干预的目的，我们将其定义为"基于自然的治疗性干预"。

关于利用园艺活动进行基于自然的治疗性干预的概念也有很多，一时很难调查清楚。园艺疗法、社会和治疗性园艺，以及人与植物的关系（Relf，1992；Sempik *et al.*，2003）被视为可以融入"园艺疗法"这一共同的概念下：它们都涉及在花园环境中利用园艺活动的治疗性干预。园艺疗法最初起源于职业疗法（Shoemaker，2002；Hewson，1994）。然而，在英格兰和美国，它已经在战争归来的士兵成功康复的体验中发展成了一门独立的学科。例如，第一次世界大战在战壕中被俘虏的士兵，或第二次世界大战中遭受过猛烈炮火袭击的士兵，都会患有创伤后应激障碍（Simson and Straus，1998）。园艺疗法随后开始在欧洲其他地方发展起来。然而，在许多国家，这门学科主要起源于 18 世纪和 19 世纪的医学理论，尤其是从精神病学中发展出来的一种版本（Grahn，2005）。目前，英国、丹麦、意大利和瑞典等国正在研究园艺疗法的发展历程。

从 20 世纪 50 年代，特别是 60 年代开始，园艺疗法已经扩展到帮助治疗或照顾那些患有其他疾病的人们，例如，中风、全身疼痛和血管痉挛、阿尔茨海默病和自闭症（Simson and Straus，1998；Relf，1999；Söderback et al.，2004）。此外，由于自然和园林对健康的积极影响，在许多不同的背景下，自然和花园已经越来越多地被认可并使用。

护理农业和绿色护理关注自然环境，特别关注动物在治疗方案中发挥关键作用的农场中的治疗性干预。这些疗法属于动物辅助疗法（Hassink and van Dijk，2006），其中用驴子来辅助治疗是一个特殊的例子（Milonis，2004），我们在本章中没有涉及这类疗法。

生态疗法、生态心理疗法、保护性疗法、自然辅助疗法、自然引导疗法和自然疗法都是相互关联的（Burns，1998；Wilson，2004；Burls，2007，2008a）。20世纪 70 年代，随着生态学和心理学的发展，人们开始思考人与自然间关系中的相互支持系统。Bronfenbrenner（1979）提出了生态咨询（ecological counseling）的概念，这一概念源于他的格式塔疗法，个人因素和环境因素通过关注它们的相互作用而得到整合。因此，从业者可以将任何选定的治疗、教育或咨询模式叠加到包括"生境"（人类的家园或动植物栖息地——来自希腊语 oikos）和生态（了解环境及其问题）的一个逻辑连贯的方法中（Bronfenbrenner，1979），利用这些要素可以通过自然给出的例子来帮助一个人理解和应对并行的个人问题（Dawis，2000）。这项工作推动了生态心理疗法和相关疗法的发展，如生态疗法、自然疗法和自然辅助疗法（Wilson，2004；Berger and McLoed，2006；Burls，2008a）。Burns（1998）、Willis（1999）和 Clinebell（1996）在 20 世纪 90 年代对这些疗法进行了很好的说明，这些方法尽管在治疗实践中存在着不同，但它们都源于人与自然间以多种方式相互治愈的范例。自此，我们将所有这些疗法统称为"生态疗法"。

11.3　治愈机制

与自然接触的治疗和恢复益处的研究通常着眼于三种主要的接触方式：观

察自然（Ulrich，1984；Kaplan，2001；Kuo and Sullivan，2001）、置身于附近的自然环境中（Cooper Marcus and Barnes，1999；Ulrich，1999；Hartig and Cooper Marcus，2006）和积极参与到自然中去（Frumkin，2001；Pretty *et al.*，2005；Grahn *et al.*，2010）。这一领域理论和研究的发展源自风景园林、职业疗法和相关疗法（如物理疗法），以及行为科学（环境和其他心理学领域、社会学），这可以从下面的理论中看出。今天，许多理论和研发（R&D）在哲学上越来越接近，这不仅仅是因为今天的研究更具跨学科性，还意味着不同的理论越来越多地融合在一起。理论的整合可能来自于理论工作和实证工作，这些工作解决了有关它们所处理的过程或现象间的相关性问题。

11.3.1　进化学方法

大部分关注观察自然的研究项目都源于两种关于恢复性环境的理论。这两种理论均采用了一种进化学的方法，坚持认为人类通过进化适应了所处的自然环境，其中一些类型的自然环境比其他类型的环境更适合人类的恢复。

注意力恢复理论（ART）：自然环境可以帮助人们在处理了大量信息和竞争性刺激后恢复已经耗尽的定向注意力的能力（Kaplan，1995）。该理论认为，人们使用两种类型的注意力：定向注意力和迷恋，前者会耗费精力，而后者是毫不费力的。定向注意力，即我们用来处理认知数据的心理过程，起源于大脑中更"现代"的部分。该系统对我们必须使用的信息进行分类，例如，将注意力集中在我们日常生活中不得不解决的复杂问题上，并抑制不需要的信息，如噪声、垃圾和我们不愿多想的某些问题。现代社会的要求给人们留下许多很难解释和克服的复杂印记。当人们处于巨大压力下时尤其如此（Kaplan，2001）。定向注意力是一种高度有限的资源，如果没有恢复的机会，就很容易耗尽。当我们在所处的环境中不再使用定向注意力，而是使用我们大量拥有的迷恋这一信息系统时，我们就可以得到很好的恢复。在自然界中，我们用迷恋这种注意力去探索环境，去探寻一湾水，倾听灌木丛中的沙沙声或凝视森林中的花朵。大自然被认为是一个让定向注意力休息而只使用迷恋的合适环境（Kaplan，1990）。

根据 Kaplan 和 Kaplan（1989）与 Kaplan（1990）的理论，恢复性环境具有以下特点。

● 远离：无论是精神上还是身体上都移动到一个完全不同的地方，一个使人们更有可能考虑其他事情的环境中。

● 范围：所访问的场所应足够大，可以提供一定的范围（在该区域内移动而不必担心超出界限）和连通性（区域内环境的各个部分必须属于一个更大的整体）。然而，实际大小是唯一的决定因素：一个精心设计的小花园会给人以范围开阔的感觉。

● 兼容：环境内容对用户需求和倾向的支持程度，也就是说，环境特征、个人倾向与环境允许的活动间的兼容性，例如，如果有人想踢足球，这个场所是否合适？为了利于恢复，这个场所既要清晰可见，又要保留一定程度的神秘感。

● 迷恋：拥有吸引人的物体或刺激物的场所，可以吸引并保持注意力，同时又提供许多让人着迷的过程。当人们对周围环境有足够的兴趣来保持注意力，但又不会多到没有反思的余地时，会产生温和的迷恋（软迷恋）；当环境强烈到足以完全吸引注意力，没有给人留下思考的空间时，就会产生强烈的迷恋（硬迷恋）。

审美情感理论：灵感来自于亲生物假说，该理论认为人类有一种与生俱来的与自然联系的倾向被称为"亲生物性"，意味着对生物的喜爱（Wilson，1984；Kellert and Wilson，1993）。进化的力量塑造了人类，"进化适应的环境（environment of evolutionary adaption）"一词用来表示人类适应生存的环境质量（Crawford and Krebs，1997；Irons，1998）。在人类进化史的大部分时期，自然环境对生存至关重要。Ulrich（1999）认为，大自然的减压效果是一个无意识的过程和影响，位于大脑最古老的情感驱动部分。这些过程或反应告诉我们什么时候可以休息，什么时候应该活动，包括准备逃跑或战斗。审美情感理论是关于自然界中存在的特殊信息，告诉我们何时可以休息从而减少压力（Ulrich，1984，2001；Ulrich *et al.*，1991），这是一种无意识的安全感，发生在人类最初生活的环境中。根据这一进化理论，我们的原始环境是开阔的田园景观，并长有一些高大的树木（Ulrich *et al.*，1991）。人们有一种内在的准备，能够对自然界的质量作出快速反应，通过感官和最原始的情感从美学的角度减少或诱发压力。Roger Ulrich（1999）认为，环境本身的视觉冲击可能是危险或安全的信号，当人们经历高度压力时，这一点变得最为重要。许多学者（如 Herzog，1987；Ulrich，1993；Coss *et al.*，2003）接受了古生物学家提出的证据，即智人的原始栖息地位于靠近水的稀树草原上。他们认为，让人们感到安全并从压力中恢复过来的绿洲被草原所包围，且中间点缀着高大的老树。人类的"家"位于这种保护性的绿色环境中，俯瞰着周围的水体和地形，特别是分布有稀疏林木的开阔地。

11.3.2　参与活动式的方法

下面的理论是关于身处附近的自然或积极参与自然的理论。基于自然的治疗方案特别是关于治疗师角色有多种定义，有些定义在欧洲更受欢迎。其中一种定义确定了基于自然的治疗方案涉及一个或多个过程，在这些过程中，个人可以通过简单地身处附近的自然（花园为来访者提供纯粹和充分的感官刺激）和/或通过主动参与（如通过园艺实践）来利用花园环境发展福祉。一些人认为，基于自然的治疗方案包含的仅仅是主动参与，而另一些人则认为应将更多的被动参与与主动参与相结合，两者间仍然存在一定的差距（Stigsdotter and Grahn，2002；Grahn et al.，2010）。

许多基于自然的治疗性干预方案起源于园艺疗法。在英国和美国，园艺疗法最初是从第一次世界大战和第二次世界大战发展而来的，它非常注重园艺活动（如除草、耙地、播种等）的治疗效果（Relf，1999；Söderback et al.，2004）。这种对活动的关注是因为园艺疗法源于职业疗法（Hewson，1994；Shoemaker，2002）。人类职业模型（model of human occupation，MOHO；Kielhofner，1997）经常被用来解释园艺疗法的治疗效果，该模型主要基于这样一种想法，即人类喜欢开展能够激发兴趣和活力的有意义的活动（Kielhofner，1997）。如果一个人有机会用全身心去追求快乐且有意义的职业，那么他/她会获得一种回报感，在花园里工作就是特别有回报感的工作（Relf，1992；Kielhofner，1997）。

园艺活动有着四种从理论上支持治愈效果的不同价值（Relf，1999）。

● 身体对植物的依赖：人类的整个生存都是以植物为基础的，我们从植物及其收获中获益。

● 观察美：植物和动物的存在具有各种审美价值。这种纯粹的生活体验可以让我们迷恋，变得不那么专注于自己的个人问题。

● 培育植物生命：我们要去关心和培育一种自我之外的生命，通过培育过程，我们可以了解植物的生长需求，从而发展对它的依恋。

● 社会互动：收获、培养、观察并与他人分享所有这些体验，会让我们更好地融入社会。

与上述现象有关的活动增加了我们身心的、情感的和社会的福祉和健康（Relf，1999）。

然而，园艺疗法与人类职业模式间较强的联系将变得越来越弱。注意力恢复理论和审美情感理论使一些实践工作者和许多研究者受到启发，这些理论都涉及恢复性体验，注重设计花园和环境中的健康促进质量，并通过感官传递给来访者（Stigsdotter and Grahn，2002）。

11.3.3 应对-沟通式的方法

这一论断是基于 Searles（1960）、Frosch（1990）、Grahn（1991）、Stern（2000）和 Bucci（2003）等人提出的理论。他们认为，一个人与外部世界进行身心交流的能力取决于他/她应对诱惑、需求、压力和平静状态的能力。在从业者的指导和发展下，上述的三种方式（被动观察、身处自然或积极参与）都包含在活动中。

意义范围/行动范围理论（scope of meaning/scope of action theory）认为周

围的环境与到访者在许多层面上进行沟通（Grahn，1991；Stigsdotter and Grahn，2002；Grahn and Stigsdotter，2003；Ottosson and Grahn，2005，2008；Grahn et al.，2010），最为重要、快速和基本的沟通系统是通过视觉、嗅觉和听觉等非言语情感基调，是父母与幼儿沟通的一个情感基调（Stern，2000），第二个系统是一种认知更多的沟通结构，这两种沟通系统是密切相连的（Tranel et al.，2000）。我们借助于自身固有的反射和情感/认知的基本结构来解释外部世界，这种结构基于我们先前的经验为我们提供的现实恒久性（Frosch，1990；Tomkins，1995）（有关理论的更全面的描述，请参阅 Grahn et al.，2010）。这种现实恒久性的发展始于童年，会促进那些与整个环境有关的自我功能的运作。其存在使我们的整个功能稳定和连续，并使有机体在环境的变化中保持自身特性和方向。这种情况发生时不会出现明显的精神中断或适应功能障碍，它是伴随着环境形象的内在化和稳定性而产生的。

根据这一理论，每个人都建立了一个意义范围，其中某些结构更具永久性，而其他一些结构则更容易改变（Grahn，1991，2007；Ottosson and Grahn，2008；Grahn et al.，2010）。这个意义范围可以理解为一个更大的框架，由不同层次的现实恒久性和类先天记忆的不同程度的永久性图片组成，这个框架给出了我们行动的范围。

在童年时期，我们都会经历情感发展的阶段，其中非人类实体（石头、水、植物、动物）和人类与我们直接交流，并可能逐渐被赋予更多的认知和象征意义（Searles，1960；Grahn et al.，2010）。例如，一个经历了一段烦恼期的少年，可能会与某种动物形成一种纽带，对其感到同情并几乎与其融为一体，这种依附感会使青少年与他人建立联系和交流。因此，成功地对非人类环境产生依附感对人们的福祉而言，就像成功地依附其恋爱对象一样重要（Searles，1960；Frosch，1990；Spitzform，2000）。

当一个人身体健康时，交流很容易发生，一切都符合人的恒久性和意义范围。然而，当一个人生病时，他/她似乎会更依赖于非人类环境，更容易接受情绪化的基调。在危机情况下，个体可能需要恢复到更简单的关系，以及更稳定和更明确的现实恒久性（Ottosson，2001；Ottosson and Grahn，2008）。我们会从自然界接收到非常重要的信号，即使我们可能并没有意识到它们。更复杂的关系可能难以处理，我们面对的最复杂关系是与他人的关系，最简单关系是与无生命物体（如水和石头）间的关系。更简单的自然元素可以成为意识与潜意识间更稳定的联系纽带，在这种背景下这一点特别重要：石头和植物与令人困惑的需求或内疚毫不相干（Searles，1960；Spitzform，2000；Ottosson and Grahn，2008）。

与植物和自然环境的接触可以在很大程度上帮助人们从各种危急情况中恢复过来。来自大自然的信号通过人们的认知系统和快速的情感基调激发了康复过程中重要的创造性过程（Searles，1960；Tranel *et al.*，2000；Ottosson and Grahn，2008），加上人们对这些关系的掌握，将有助于减少人们的焦虑和痛苦，恢复自我意识，改善人们对现实的认知，促进相互宽容和理解。因为人们的神经生理系统与身体的其他部分完全整合在一起，这将影响人们的肌肉、激素和免疫系统，尤其是生活质量（Ayres，1974，1983；Hansson，1996）。研究表明，八个感官感知维度构成了公园和花园的基本组成元素（Grahn and Berggren-Bärring，1995；Hedfors and Grahn，1998；Stigsdotter and Grahn，2002；Grahn and Stigsdotter，2010；Grahn *et al.*，2010）。这些维度包括通过许多不同的感觉（视觉、听觉、运动等）表现出来的与到访者的意义范围和行动范围直接相关的符号（更全面的描述请参见 Grahn and Stigsdotter，2010；Grahn *et al.*，2010）。这八个维度类似于在恢复性景观、环境心理学和园艺疗法的几项研究中提到的特质（Grahn and Stigsdotter，2010）。因此，这一理论涉及医学、心理学、职业疗法、理疗，以及景观设计诸多学科。

11.3.4　生态学方法

生态学方法基于 Bronfenbrenner（1979）、Wilson（1984）和 Burns（1998）等提出的理论。早期生态治疗模式的基础主要源于生态心理学这一哲学运动（Roszak *et al.*，1995）。这场运动倡导和推动"心理治疗的绿色化"，旨在使人与自然环境重新结合，进而从疾病和痛苦中得以康复，这是对工业革命以来西方世界在理论上与自然脱离的挑战。生态心理学家认为，这种脱离人类所处的"生态"的行为已经导致了一个病态的社会。

生态疗法中的生态维度成为生长和治愈的焦点。就像在应对沟通式的方法中一样，在从业者的指导和发展下，所有三个方面（被动观察、身处自然或积极参与）都包含在生态治疗的活动中。从业者可以利用现有的情况专注于某一个具体且有目的的治疗过程。现有的大多数研究表明，利用与自然的关系获得的治愈可以来自被动参与或更为直接的互动（Burns，1998）。

Burls（2007）的生态治疗模型围绕着反思和互惠两个最突出的要素，支持人与自然间积极的双向滋养。反思是最有力的工具，人们可以用它来内化新的更适宜的思维方式。互惠则体现在培育我们赖以生存的生态系统，防止其退化，这鼓励人们培养生态敏感型的生活方式。这些保护生态系统的活动不仅是为了发展人与自然间的协同作用，而且也是为了学会自我保护：呵护自己和我们关心的人，以及他们的未来。这也是可持续性的基础。

在生态疗法实践中，治疗性环境具有明显的特点。客户、从业者与自然环境本身之间形成了一个三方治疗合作关系。大自然是一个活生生的共同教育者，并以以下方式发挥着共同治疗师的作用：

● 充当催化剂，它还提供了与个人和群体行动相关的结果的具体实例；

● 帮助我们洞察自然环境中可能发生的任何变化，并为要开发的象征价值提供相关的关注点；

● 通过为个人反思、自我表露模拟和象征价值处理提供背景和时间，帮助开展体验式和治疗性学习。

这里所说的治疗环境可以是一个没有任何障碍或覆盖物的开阔空间，如一片森林、社区花园或其他对公众开放的绿地，也可以是专门为确定的用户群体（即有心理健康问题的人）提供治疗的环境。在教育者或治疗师的指导下，逐渐形成了一种纽带，即每个客户都会通过对话、分享想法和技能发展来扩大自己与同伴群体中其他人间的相互响应，相互学习的过程有助于个人和团队建立一个强大的支持系统，并对人们如何对环境产生影响，以及环境如何影响人们的康复产生清醒的认识。

象征价值用于将学习和成长与适应经验联系起来，帮助人们理解和处理在"现实生活"中发现的情况。它们在治疗上与所发生的活动有关，会导致个人改变、技能发展、主观的社会参与和康复。从业者会充当促进者，积极帮助客户建立象征价值并开发具体的治疗工具，旨在帮助应对个人生活挑战，并在所处的健康或不健康环境中启动一个改变过程。

干预阶段可以包括"康复教育学"（Willenbring，2002）、体验式学习（边做边学）（Beard and Wilson，2002）、创造力、反思和知识的应用。对栖息地的责任感、亲近感和敬畏感带来了成为同一"整体"的一部分的愿望，从而强化了Bronfenbrenner（1979）的系统方法。除此之外，在康复背景下，人们的"环境素养"（Coyle，2005）也得到了发展，在园艺、可持续发展、植物零售和其他类似领域的技能和就业能力方面得到了更广泛的发展，这使许多人在社会上有了新的"个人价值"。许多文献中具体提到了把积极的自然保护作为一个明确的社会目标（Reynolds，2002；Department of Health，2004；Burls，2005，2007，2008a；Burls and Caan，2005；Townsend and Ebden，2006），其中明确和直接引用了与自然有关的项目，涉及用户对公共绿地的设计、管理、恢复和维护等的直接参与和贡献（参见第 12 章中有关英国伦敦野生动植物花园的介绍）。上述活动的本质是一种社区参与和公众参与，被形象地称为"拥抱"（Burls and Caan，2004）。这种现象源于一种自我导向的愿望，即成为自己社区和同伴倾听的"代言人"和"关键声音"。从生态疗法的治疗/职业活动中获得的自尊和自信促使人们努力去引导他人（包括公众）了解自然对个人和公共健康的益处。在某些情况下，他们还会在可持续生活、气候适应和生态健康等更广泛的问题上为人们树立榜样。

在将人类视为全球生物圈的一部分时，这种生态健康的概念不可避免地将人类健康纳入一种系统和综合的思维方式中（Butler and Friel，2006）。这一概念扩大了人类与非人类物种间的关系，强调了生物多样性和生态系统健康等生态因素的重要性。因此，可以看出，生态疗法确实适用于范围更广的干预和治疗方案（例如，绿色护理、园艺疗法、保护/自然疗法），并且可以涵盖所有的干预和治疗方案（Burls，2010）。对这些模型的研究表明，不仅使用者实现了健康效益，而且还为环境带来了具体的成果，如野生动物的增加和该地区的公共利用，从而加强了这些活动在社会、公共健康和生态成果中的重要性（Wong，1997；Burls，2007）。

11.4　基于自然环境的治疗方案

　　根据客户的需求和治疗机构的资源，各种治疗方案中会提供基于自然的疗法。患者群体和治疗目标不同，治疗方案的设置也不同。相关活动涉及医院、康复中心、职业培训站、老年人之家、社区花园、公园和学校，这些活动对身心状况的要求程度也各不相同，与传统花园中的活动相比，森林花园中的活动要求似乎并不那么严苛（Grahn *et al.*，2010）。通过在特定环境中精心选择的活动，专业人员会为客户提供与环境互动的机会，让客户与植物和自然联系在一起。当为特定客户群选择活动时，下面这些方面的内容是十分重要的。

　　治疗师必须持有客观、诚实和平静的心态去了解何时基于自然的治疗方案并不适合某一特定的病人。每个客户都有自己的偏好、态度和愿望，必须首先予以尊重。从经验和循证实践来看，很少有人会拒绝参与基于自然的疗法，这在一定程度上可以解释为病人自己选择了这种治疗方式。然而，不应认为任何拒绝都意味着从业者或治疗方法的失败。

　　治疗师的责任是传播并激发受试者的全面发展，让他们能够自我满足和自我评价，并了解他们的失能会给接触外部世界带来困难，但并不意味着他们失去了自己的个人资源。

　　基于自然的治疗从业者必须具备以下技能（Burls，2007）：

- 项目规划与管理；
- 评估个人与环境风险的能力（风险是多方面和多重关系的——人与人、人与环境、环境与人、公众风险、活动和设备风险）；
- 评估各类需求（包括客户需求和环境需求、治疗空间内可能存在的动植物需求）；
- 评估适宜的干预措施（意识到侵入性或过度干预可能带来的后果，在不引起烦恼或焦虑的情况下进行激励）；
- 促进参与而不让客户感到厌倦，在人的需求、利益和愿望间找到平衡，并相应地调整干预措施。

在规划基于自然的干预性措施时，重要的是要处理这样一个事实，即每个客户都有自己的脆弱性阈值，以及承受和适应压力的先天能力。在一个人的生活中，压力并不是一个持续的必然的消极因素，但人们需要认识到可能导致损害的活动，以及这些活动是如何压垮一个人的。

当一个基于自然的治疗计划开始时，必须牢记两个基本概念：

● 治疗干预是一种动态的连续变化的过程，我们无法预见其停滞和刚性运行；

● 每个客户都是独一无二的，他们本身是治疗的主角，而非他们的疾病。

每期活动必须尽可能针对客户进行个性化定制，要始终记住，必须根据客户的个人或功能需求选择每项活动。显然，在基于自然的疗法中，选择开展某种活动不能脱离季节和气象状况（Burns，1998；Grahn *et al.*，2010）。

成功地让客户放松并了解他们对这项活动的态度是专注和平静还是焦虑和不和谐是至关重要的，同时，让客户觉得他们在活动期间不会因是否成功而受到评判，这一点也十分重要（Grahn *et al.*，2010）。此外，了解客户所有感官对环境的感知状况，并在设计治疗干预（活动和环境）时加以考虑，这一点至关重要。

通常情况下，残障人士（甚至那些严重残障人士）需要大量的感官刺激才能产生直接的体验（Hassink and van Dijk，2006）。严重残障人士必要时会通过与他人的皮肤或身体相互接触来感知周围环境，用全身心来表达自己和与人交流。至关重要的是要刺激和强化客户的意识，即他们的身体在这类干预中起着至关重要的作用，意识到这一点可以给他们带来自主、自尊和与周围世界的联系。通过感官刺激和对个人空间的尊重找到正确的平衡是从业者与客户或环境间建立关系的关键（有关自然辅助治疗的案例可参见框图11.1）。

框图 11.1　瑞典森林中的自然辅助治疗

瑞典林业局在森林环境中开展了两类恢复项目：

1. **绿步计划**是为长期生病且失业的人士制定的。该项目与 Arbetslivsresurs（一家经营工作康复、制定个人战略计划的国有公司）共同运营。人们会参加为期 10 周的项目，每周 3 天参与简单但有意义的森林活动，另 1 天与 Arbetslivsresurs 的导师见面。森林中的活动包括文化和文物的调查，地图和指南针的使用培训，自然保护区的调查，或者一开始只是在森林中散步。该项目获得的经验是令人满意的。

2. **绿色康复**是为长期请病假的人准备的。该项目是与瑞典社会保险局和瑞典公共就业服务局共同开展的，这是一个为期 10 周的户外教育项目，参与者将学习如何保护森林，包括远足、练习对鸟类进行清点、参加生物多样性方面的户外讲座、学习如何疏伐树木等等。该项目获得的经验也是令人满意的。

11.5 健康设计和基于自然的治疗性干预计划

上述提及的在哲学和实用疗法等方面的运动和发展已经引起了全世界越来越多的关注，研究结果和实践经验都显示了基于自然的治疗性干预措施的影响。然而，这些干预措施涉及了某些治疗活动，以及有关环境特征的某些想法。有关环境特征的想法通常与古老的信仰和疗伤场所的故事有关。在需要或计划设计的地方，要树立设计的好坏可能会影响个人的福祉方面的意识（Tenngart Ivarsson and Hagerhall，2008），这越来越成为一个多学科和跨学科的研究领域。具有这方面意识的最受认可的从业者包括风景园林师、建筑师、室内设计师、艺术家、医生、护士、职业治疗师、心理咨询师、环境心理学家、社会学家、自然向导、园丁、园艺师、园艺治疗师和心理治疗师。

这种广泛的多学科兴趣促使我们对理疗室、治疗方案和将使用它们的客户进行更为深入的讨论。多种不同的职业会涉及自然环境、花园、疗养花园，以及人类的健康和福祉。这就引出了两个问题：

（1）对于一个花园来说，除了疗伤之外，还有其他功能吗？

（2）治疗性能是否已经纳入到"花园"的概念中？

在过去的 25 年中，许多研究表明，古代关于疗伤场所的想法可能具有一定的价值，特别是针对与压力有关的疾病（Cooper Marcus and Barnes，1999）。研究结果显示，体验大自然可以降低压力水平、增强注意力、减轻易怒性、强健肌肉和防止全身疼痛（Ulrich，1999；Hartig et al.，2003；Ottosson and Grahn，2005，2008；Grahn et al.，2000；Söderström et al.，2004；van den Berg et al.，2007），所有这些都是健康生活的重要因素。

此外，迄今为止的流行病学和准实验研究显示，人类居住和工作的空间会对其福祉和健康产生影响（Grahn and Stigsdotter，2003；Boldemann et al.，2006；Björk et al.，2008）。上述结果表明，健康场所可以是专门设计的空间或是自然空间。一些自然空间可以通过专门设计（或"健康设计"）成为治疗性的"房间"，而其他的一些自然空间，不需要也不可能进行设计，但也可以作为治疗性的自然"房间"（即森林、荒野、野生动物区、山区或林地）（Tenngart and Abramsson，2005）。

基于自然的治疗环境

世卫组织有关"健康"的一个众所周知的定义是："健康不仅是没有疾病或体弱的状态，而是身体、心理和社会完全健康的状态"（WHO，1948），这意味着健康应被视为一种整体上的积极状态，包括与个人整个生活状况相关的生物、文化、社会和环境等诸多方面。如前所述，"有益健康的（环境）（salutogenic）"的概念是指帮助人们保持良好健康的环境（Antonovsky，1987），尽管人们仍会受到这些环境中潜在致病性生物或各种心理社会压力的影响。在此，这些环境包括促进积极的健康过程的物理户外环境，以基于自然的治疗环境的形式提供给客户。

基于自然的治疗环境应被视为应用艺术的一种特殊形式（Stigsdotter and Grahn，2002）。在确定或设计一个基于自然的治疗环境时，最基本的是要知道该环境针对的客户群体和要达到的效果（健康过程、康复过程）。所有人都会基于自己所处的状况去体验一种环境，这意味着受到某种程度伤害的客户可能会以与未受伤害的人完全不同的方式去感知环境（Cooper Marcus and Barnes，1999；Stigsdotter and Grahn，2002）。环境的表达方式必须让客户更容易理解，客户必须知道环境为他们提供了什么；他们能做什么和/或可能做什么（Stigsdotter and Grahn，2002，2003；Stigsdotter，2005；Grahn et al.，2010）。

在寻找或设计基于自然的治疗环境时，景观设计师（或其他负责的专业人士）必须寻求一种灵敏的平衡。环境必须是对客户有吸引力的、方便的和安全的，同时设计师必须牢记不同客户群体的需求。例如，压力大的客户往往身体意识受损，在不同的地表和起伏的地形上行走可以提高他们的身体意识，也可以为那些长期患病的人提供锻炼。同时，这类环境对功能失调的患者应该是可及的。此外，老年疗养院的环境设计时必须牢记痴呆与阿尔茨海默病的特点，那里的花园仍要对患者具有吸引力、方便和安全。最近，有关残疾人需求的立法和条例已经得到了长足的发展。目前存在的问题是欧盟各国在这方面都有不同的立法，这些立法间存在着差异，欧洲统一的立法及统一的强制性和应用性变得越来越重要。

基于自然的治疗环境存在于地理、历史和社会背景中，周围的景观会与客户所处的特定环境及其体验间相互作用。为了找到一个好的环境或实现一个特定治疗环境的良好设计，重要的是要根据其所处背景来形成其目的。

将基于自然的治疗环境作为一个整体加以体验应该是可能的，即与周围的环境隔开形成一个单独的实体或房间，在自然环境中可以确定或布置几个较小的房间（Stigsdotter and Grahn，2002，2003；Stigsdotter，2005）。生存、生长和不断变化是基于自然的治疗环境中的第二个基本特征，这会带给客户成为自然、循环变化、希望和生活一部分的感觉（Burls，2007）。对疗伤花园而言，活体植物材料的数量在恢复性方面已被证明是十分重要的（Ottosson and Grahn，2008；Nordh et al.，2009；Grahn et al.，2010）。

在规划基于自然的治疗环境时，必须考虑到患者的精神力量（Grahn et al.，2010）。这意味着，环境必须确保客户能够变得更强大，同时不断在环境中寻找与其新需求相适应的场所和活动。客户对环境的体验取决于他/她能从环境中吸收到多少，以及他/她的精神力量有多强（Grahn et al.，2010）。这可以通过金字塔图来说明（图 11.1），在几种要求客户参与的形式中，金字塔底部表示对自然环境的需求较大，顶部则表示对自然环境的需求较小（Stigsdotter and Grahn，2002，2003；Grahn *et al.*，2010）。对于长期承受压力的客户，为了取得最佳效果，环境设计应对他们提出不同程度的要求，并且只有在认为适当的时候才对他们提出更高的要求。

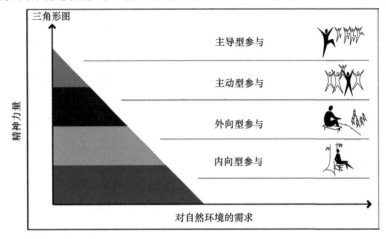

图 11.1　精神力量三角图（Stigsdotter and Grahn，2002，2003；Grahn *et al.*，2010）

　　基于自然的治疗性干预是一个过程（Burls，2007，2008a；Grahn *et al.*，2010），在此过程中，客户需要暴露于要求或风险之中。然而，客户必须以缓慢的速度满足新的要求和降低的安全性，客户必须感到他们能够管理这种过渡（同上）。在城市背景中，重要的是要确保环境中有不同的空间可以让悲伤、苦恼或不安的客户平静下来并得以恢复（Stigsdotter and Grahn，2002，2003；Grahn *et al.*，2010）。此外，环境构成了一个持续不断的过程，当环境被发现或重新设计时，它并未被"完成"，而是为了始终保持开放进行了改变，以便最好地满足客户的需求、愿望和要求（Stigsdotter and Grahn，2003）。

　　使用基于自然的治疗环境的方法之一是，对客户来说它应该是一个安全的地方，在要求更高的治疗干预期间不允许访客进入。这一学派认为客户需要感觉到，要求苛刻的世界已经被锁在了外面。因此，在如此高要求的任务中，治疗环境必须是一个孤立或封闭的地方。在一个城市环境中，如在花园里，这可以通过使用自然材料、灌木和树木在花园中进行"围挡"来实现。通过使用信息板，可以要求来访者尊重这一界限。在提供软式障碍不足以维持所需隐私的情况下，可使用更为传统的围栏。

　　人们对不同类型景观偏好的研究可以追溯到 20 世纪初（Gyllin and Grahn，2005）。研究显示了一种潜在的偏好结构：结构特性，如地形变化、景观尺度和开放性，以及某些属性，如水。然而，最重要的因素似乎还是景观的自然或人造程度（Kaplan and Kaplan，1989；Tenngart Ivarsson and Hagerhall，2008）。　在 20 世纪 80 年代，这些偏好越来越与对人们健康的影响联系起来（Kaplan and Kaplan，1989）。

卡普兰等人的研究对象都患有精神疲劳，表现为以下特点（Kaplan and Kaplan，1989；Kaplan，1990）：

- 不能集中注意力，很容易分心；
- 发现自己很难做决定；
- 时常不耐烦，倾向于随意选择；
- 暴躁易怒，不愿伸出援助之手；
- 制订计划有困难，往往不按计划行事。

在美国密歇根州北部荒野环境中逗留了几周后，所有人都从上述症状中得到明显恢复。

此外，上述研究还介绍了这种恢复性景观的一些特性，应该是对前面讨论的特性有了更高的估计，即远离、范围、迷恋、兼容和安全（Kaplan and Kaplan，1989；Tenngart Ivarsson and Hagerhall，2008）。

- 远离。因为人们身处一个完全不同的环境中，更可能会想到其他事情，所以设计应该是到一个完全不同的地方，在那里人们可以摆脱一切让其处于危机中的东西，进而在精神和身体上从忧虑和枯竭的思想中解脱出来（Kaplan，1990）。
- 范围。许多环境可能会提供一种改变，但在范围和连通性方面仍会有一定的限制。恢复性环境通常被描述为一个提供完全不同世界的地方（Kaplan，1990）。
- 迷恋。恢复性体验取决于兴趣和迷恋（Kaplan，1990），这两种元素都应该出现在治疗环境中。
- 兼容。这一部分涉及环境布局的兼容性、个人的倾向，以及环境所要求的行动。在一个兼容的环境中，一个人想要做的和倾向做的正是环境所需要和支持的事情（Kaplan，1990）。
- 安全。安全绿洲，一个让我们感到安全并能让我们从压力中恢复过来的地方，最好是被草原包围，中间点缀着高大的老树，并能看到水景（Ulrich，1999）。

如前所述，研究发现，在自然或花园中的体验可分为八种类型（Grahn and Stigsdotter，2010）。这些类型特征包括通过视觉、听觉、嗅觉、运动等感知到的以多种形式表达的信息。此外，研究还得出结论，每种类型特征都能满足特殊的需求。因此，我们可以说需求类型和特征类型间的密切关联为我们提供了某种类型的户外生活体验。

人们必须记住，某些特征或感官感知维度在科学上与健康结果和承受压力的人的偏好有关。承受压力的人比不承受压力的人更喜欢某些特征（Ottosson and Grahn，2008；Grahn and Stigsdotter，2010），这可以解释为人们是根据自己的感受来解读周围环境的。一个健康的人以某种方式经历过的事情，一个病人可能会以另一种完全不同的方式经历（Cooper Marcus and Barnes，1999）。研究结果还表明，为了对健康结果产生最积极的影响，应该如何将这些偏好特征结合起来。

在城市环境中，我们必须将这些知识转化为或多或少涉及人造景观的背景，其中一个特别吸引人的地方是花园：世界各地的神话、宗教教义和古老的手稿都把花园描绘成一个封闭和安全的地方，人们可以在这里避难，从悲伤和痛苦中寻求庇护、安慰和解脱（Prest，1988；Gerlach-Spriggs *et al.*，1998；Stigsdotter and Grahn，2002）。然而，重要的是要记住，并不是所有的花园都具有治愈或健康促进的特质。一些旨在改善人类健康的花园实际上已经对客户的福祉产生了负面影响（Cooper Marcus and Barnes，1999）（有关基于自然的治疗环境的案例可参见框图 11.2 和框图 11.3）。

框图 11.2　阿尔纳普的康复花园

大学：瑞典农业科学大学（阿尔纳普）

地点：阿尔纳普校区内，靠近瑞典马尔默

景观设计师：帕特里克·格兰、萨拉·伦德斯特伦（Sara Lundström）、乌尔丽卡·K. 斯蒂格斯多特（Ulrika K. Stigsdotter）、弗雷德里克·陶赫尼茨（Frederik Tauchnitz）

项目负责人：帕特里克·格兰

客户：抑郁和倦怠综合征患者

开始时间：2001 年 7 月

描述：阿尔纳普的康复花园是根据研究结果和以往记录在案的经验设计的。阿尔纳普康复花园有多种用途；提供园艺治疗、研究和教育的场所，同时也是一个示范园。

设计（图 11.2）：

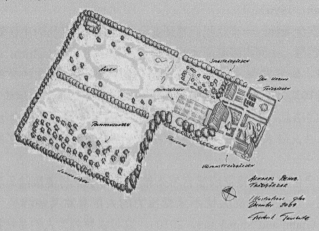

图 11.2　阿尔纳普的康复花园设计。由弗雷德里克·陶赫尼茨绘制

框图11.3　纳卡迪亚森林疗愈花园

大学：哥本哈根大学生命科学学院森林与景观丹麦研究组

地点：丹麦赫斯霍尔姆（Hørsholm）植物园内

景观设计师：乌尔丽卡·K. 斯蒂格斯多特

项目负责人：乌尔丽卡·K. 斯蒂格斯多特博士

客户：患有压力相关疾病的成年人

开工时间：计划于 2010 年秋季

描述：纳卡迪亚森林疗愈花园是根据研究结果和以往记录在案的经验设计的。纳卡迪亚有几个用途；提供园艺治疗、研究和教育的场所，同时作为一个示范园。

设计（图11.3）：

图 11.3　纳卡迪亚森林疗愈花园设计图。由乌尔丽卡·K. 斯蒂格斯多特和若泽·米格尔·埃斯特韦斯·拉梅拉斯（José Miguel Esteves Lameiras）绘制

11.6　当今基于自然的治疗性干预——教育、研究和实践

园艺疗法（horticultural therapy，HT）或社会和治疗园艺（social and therapeutic horticulture，STH）是欧洲最为实用的基于自然治疗的例子。然而，它们在

不同的国家有着不一样的应用。在一些国家如不列颠群岛上的国家，这两种方法是众所周知的，而在其他国家则不太出名。这些方法的侧重点是多方面的，从一些简单的、社会导向的活动到严格复杂的治疗活动。某些基于自然的治疗性干预措施有着很好的声誉：这是因为花园设计得不错，团队成员接受过良好的专业教育，都是熟练的治疗师。然而，在一些进行复杂治疗的环境中似乎有一种模式，即工作人员多为招募的志愿者，通常没有受过任何培训或没有任何保健经验。此外，这些环境可以在没有茂盛林木覆盖和没有进行治疗所需的精心设计的郊区等地找到。因此，开展园艺治疗的相关职业培训甚至学士和硕士学位的高等教育变得非常必要。同时，如何设计园艺治疗场所和如何合理利用自然场所，也是教育面临的迫切需要。在一些国家，如英国、荷兰、丹麦和瑞典，已经开设了一些园艺/自然疗法的大学课程，并且有计划地在斯堪的纳维亚地区开设硕士课程。在英国开设有社会科学和园艺/生态疗法的基础课程和本科课程，威尔士现在设有生态治疗的硕士学位模块，相关课程是作为健康科学学士学位和公共卫生与健康促进硕士学位的一部分讲授的，尽管这些课程作为职业继续教育发展的内容对所有学科都是开放的。不幸的是，尽管采取了这些探索性的措施，似乎仍缺乏足够的为基于自然的治疗环境中从事实践和设计或护理的从业人员而专门准备的学术课程。

高等教育必须建立在健全的研究基础上，相关研究必须包括与治疗环境和临床活动有关的健康结果。同时还需要考虑从业者对掌握更为广泛技能的需求，他们不仅要成为优秀的治疗师，而且还要掌握足够的设计知识，他们还需要得到与其他治疗师和从业者同等的认可和报酬。在北欧国家，瑞典农业大学被认为是唯一一所提供1年期的"自然、健康和花园"硕士课程的大学，该课程是跨学科的，提供给拥有学士学位的人，虽然基于自然的治疗性干预并未作为一门特定的学科来讲授，但该计划中提供了与其密切相关学科的知识。此外，该大学还开设了三门辅助性课程，包括两门园艺治疗课程（为有医学或康复背景的学生讲授的各占半年时间的一门基础课程和一门提高课程）和一门康复花园内容和设计（跨学科）课程。最近，哥本哈根大学也已经开设了针对景观设计学生的健康设计硕士课程和针对专业人士的健康教育和园艺治疗的继续教育课程。

挪威的大学正在开发并提供环境心理学和景观规划课程，重点放在与环境和设计有关的人类健康领域。在芬兰，一些学院正在为卫生保健人员规划园艺疗法教育方案，芬兰的这项工作旨在为斯堪的纳维亚其他学校提供借鉴，北欧部长理事会也支持了一个北欧跨学科小组。

在意大利，除了为从业者准备的课程外，米兰大学也设有以康复花园为基础的研究生硕士学位。

循证健康设计的研究是一个新兴的、仍然具有相当局限性且严重依赖美国的研究领域。许多研究结果会因过于依赖不同环境背景的表述而受到批评，很少有结果可以说有一个可以构成循证医学（evidence-based medicine，EBM）基础的标准，即将最佳研究证据与临床专业知识和客户价值观结合在一起的标准。因此，除了启动旨在达到此类临床标准的研究项目外，我们也不能忽视环境的设计。国际健康设计组织（International Organization of Health Design）希望将循证健康设计与循证医学相结合，并声称循证设计类似于循证医学。循证健康设计力求创建一个治疗性的、支持家庭参与的、员工表现高效的且对人的压力具有恢复性的环境，一个循证设计师可以与一个知识丰富的客户一起根据最佳的研究证据和项目评估作出决定。园艺治疗必须是一个深思熟虑的过程，以最佳的研究证据为基础进行设计决策。要在这一领域取得进展（为循证医学提供支持），一项基础性的工作就是根据既定的理论和假设启动相关的研究项目。

基于自然的治疗是一种久经考验的实践，包括许多不同类型的计划和环境，服务于不同的客户群体。例如，现有的园艺疗法实践涉及多类专业人士，其中包括专业治疗师、研究人员、教育工作者、医学从业者、志愿者和客户。在美国，美国园艺治疗协会（American Horticultural Therapy Association，AHTA）通过同行评审系统对园艺治疗师进行专业注册，旨在提高该领域从业者的基本专业能力。AHTA 是美国唯一一个致力于促进园艺疗法发展的组织，该组织与大学、学院、植物园和各类提供园艺治疗教育和培训的机构合作。AHTA 提供三个级别的专业注册，即助理园艺治疗师（HT）、注册 HT 和 HT 硕士，这些都是建立在学历教育、工作经验和专业培训的基础上的。

AHTA 过去批准和注册了一些其他的国际教育项目，但从 2007 年起，该组织已停止这种做法。现在，AHTA 鼓励世界各地的同行发展和建立自己的专业园艺治疗师教育和注册系统，并为追求这一目标的人士提供建议（AHTA，2007）。鉴于此，居住在美国以外的人们有机会设计、认证和提供 HT 和其他相关课程的专业培训。这对于欧洲国家来说似乎是及时的和必要的，有利于创建适合于确保园艺和其他相关治疗方法的专业性教育计划，从而鼓励更多的从业者将此作为合法的和受尊重的职业。

11.7 未来展望——研究项目的目标建议

11.7.1 一些结论性假设

根据本章所介绍的理论和经验（研究和最佳实践），我们提出以下假设：
● 身处大自然对人类的健康有着积极的影响，现有的所有理论都强烈地支持这一点。能够经常性地离开自己的居所或建筑环境，在自然环境中进行活动或仅仅在一个自然环境里休息，都可以帮助恢复人的精神和/或身体能力，即使从居所

的窗户向外欣赏一个自然环境，也会对人的身心健康产生很大的影响。这一假设
已经得到了一些流行病学和实验研究的支持（如 Hartig，2007；Björk *et al.*，2008；
Grahn *et al.*，2010）；

　　● 自然界中的某些特征会以积极的方式影响健康。注意力恢复理论、审美情
感理论和意义范围/行动范围理论都认为自然界中的某些特质是重要的。一些研
究也支持这样的假设，即自然界中的某些特质会影响大多数人（如 Ulrich，1999，
2001），其他研究则表明，这是一种人与环境间的交易（如 Grahn and Stigsdotter，
2010）；

　　● 某些园艺或与自然有关的活动也会以积极的方式影响健康，这是园艺疗法
的核心，生态疗法在意义范围/作用范围理论中也十分重要（Burls，2007，2008a；
Grahn *et al.*，2010）；

　　● 园艺或与自然相关活动的健康结果取决于周围的环境背景，这是意义范
围/行动范围理论的核心（Ottosson and Grahn，2008；Grahn *et al.*，2010）；

　　● 自然治疗环境对不同人的影响是不同的，有些人会受到强烈的影响，而
另一些人则受到较小程度的影响。这是在意义范围/行动范围理论（Grahn *et al.*，
2010）中明确指出的。

　　这一领域研究的一个长期目标是检验基于自然的治疗性干预（活动和环境）
是否比其他传统治疗更为有效。其他目标则是需要解决治疗环境的质量和活动的
有效性问题。此外，活动与其发生地的环境质量间的关系也需加以关注。

11.7.2　与基于自然的治疗性干预相关的方法和途径

11.7.2.1　随机对照试验

　　如何证明基于自然的干预具有一定的疗效？如何找到受益最大客户群体的信
息？如何评价基于自然的疗法比其他治疗方法更有效？要解决这些问题，获得"最
佳的研究证据"，一个显而易见的策略就是设定一个"基于自然的治疗干预"的干
预组和一个由"传统疗法"组成的"常规治疗"（可能包括职业疗法或认知行为疗
法）的对照组。然后，病人被随机分配到两种治疗方法中的一组，即进行随机对
照试验（randomized controlled trial，RCT）。这是实施该领域的调查研究中最常见
且最受认可的方式。

　　从业者和研究人员应该努力开展这类项目。然而，在欧洲，这一领域的大多
数治疗环境都很小且存在资金问题，因此降低了通过随机对照试验对新方法进行
检验的可能性。他们的主要任务是采用一种公认的基于研究的治疗方法来治疗每
一个被转送到这个环境中的患者。在进行干预前建立等待名单系统，以确定合适
的对照组，将有助于实现这一目标，但由于资金和资源等原因，大多数治疗机构

都不愿意建立等待名单。

11.7.2.2 国家疾病登记

国家卫生委员会通常在全国范围内对常见疾病状况进行登记，包括治疗（药物、疗法等）和健康历程（病假、提前退休、重返工作岗位等）等。在对新疗法（如基于自然的治疗干预）的研究结果进行比较时，这些登记表提供了非常宝贵的信息。因为成本效益和所需人数众多等原因，这些名单未来可能会取代"正常治疗"的对照组。

11.7.2.3 三角互证技术

另一种途径是在每个基于自然的治疗环境中使用三角互证技术，并在几个不同环境中重复开展同一项目。如果大多数结果都朝着同一方向汇集，那么据这种方法的支持者所言，结果可以被认为是更有效且更可靠的。三角互证方法是当前社会科学研究中的首选策略（Yin，1994；Gorard and Taylor，2004），它指的是使用一种以上的研究方法，以提高研究结果的可信度。这意味着要获得一个可靠有效的问题解决方法，必须从不同的角度来说明这个问题。许多研究都是建立在单一研究方法的基础上的，因此常常会受到与方法相关的限制或受到方法特定应用范围的限制（Yin，1994；Webb *et al.*，1966）。采用三角互证方法主要是考虑其有效且可靠的汇集性。此外，如果两组或以上的结果未能收敛，可能会引发新的探索方法，从而导致新的理论或发现。三角互证方法可以应用于理论、跨学科和/或方法学的研究中（Jick，1979；Yin，1994；Gorard and Taylor，2004）。

健康效应涉及医学、心理学、心理治疗、职业治疗、理疗、护理，以及其他护理相关的科学；花园空间本身可能涉及景观设计和园艺，空间内的活动则包括园艺、职业治疗和理疗；生态疗法可能涉及保护和生物多样性领域的生态学家、森林学家、心理治疗学家、社会工作者和城市规划者。因此，在这个领域的项目中采用跨学科的三角互证方法是很自然的事。

三角互证方法涉及在同一项目中采用几种纯定性或定量方法，或采用定性和定量相结合的方法（Jick，1979；Yin，1994；Gorard and Taylor，2004）。其中定性技术包括直接观察、参与性观察、日志和日记条目、重点群体访谈和/或深度访谈，以及行动研究（Kemmis and McTaggart，1988）。定量方法则包括调查、问卷调查、临床或诊断量表等。

11.7.2.4 行动研究

行动研究是一种多阶段的研究类型，首先对一种问题进行研究，随后对其加以改变（环境、活动和治疗团队），再对改变后的问题进行研究，然后再做更多的改变，等等。行动的研究者实际上是治疗团队的成员，其主要任务可以描述为对事件进行概化，包括确定导致与研究问题有关的具体决定和措施出现的相关因素，也包括通过理论测试来促进正在持续发展的环境和治疗的过程。这样，实践就与研究最为贴近，例如，通过跟踪和系统化当前的发展作为研究的一种支持。最突出的是采用一种在行动与批判性反思间交替的过程。因此，一个人正在一个发展的过程中工作，这个过程随着理解的逐步增加而形成，并且逐渐趋于对正在发生的事情及其原因有更好的理解。

11.7.3 定义度量健康结果的工具

为了对基于自然的不同疗法的结果进行比较，有必要找到一套通用的工具来度量所取得的健康结果，目前有很多相关的工具可以使用。我们的目标是探测到最佳的、有效的和可靠的度量工具，解释为什么它们是最好的，并努力使其成为一个国际标准的工具包。康复效果的评估越来越规范地使用三个度量时段，即干预开始前、干预（刚刚）结束时和干预结束后 1 年。

11.7.3.1 重返劳动力市场

这是记录康复结果的一种常用方法，也通常被认为是康复的主要结果，即康复后能够重返工作或学习的客户百分比。一些人声称这是最真实和"客观"的衡量标准。

11.7.3.2 疾病症状

另一个明显的度量标准是说明疾病的程度和严重性是否有所下降，根据《精神障碍诊断与统计手册（第四版）》（DSM-IV）或《国际疾病分类第十次修订本》（ICD-10）等国际分类系统，可以通过医生、职业治疗师、心理学家或理疗师的诊断对症状进行记录。血液样本也可用于整体健康状况（血红蛋白、钾等）和与疾病特定状态相关的度量，如肽、类固醇和激素水平（单胺类、皮质醇、睾酮、催产素）。生理测量，如血压、心率变异性和皮肤电导，以及其他特殊的神经生理方法［脑电图（EEG）、正电子发射断层成像（PET）、功能性磁共振成像（fMRI）和经颅磁刺激（TMS）］也是很有帮助的度量手段。此外，还可以通过症状评估来衡量结果，如结构化临床诊断协议［例如，《精神障碍诊断与统计手册（第四版）》中障碍-结构式临床会谈（SCID-I）］或经过适当验证和可靠性测试的自我评估表。目前可供采用的评估表有多种，如疼痛图（物理治疗师使用）或蒙哥马利-艾森贝格抑郁评定量表（MADRS），医生采用的医院焦虑抑郁量表（hospital anxiety and depression scale，HAD）和 SCI90 自评量表。

11.7.3.3 功能水平

病人康复后的功能水平也很重要，但并不总是包括在内，这可以通过医生、理疗师或职业治疗师根据国际标准［如功能大体评定量表（global assessment of functioning，GAF）或国际功能性分类（international classification of functioning，ICF）］进行的评估来度量。常用方法包括注意力测试，如数字反向重复（digits backward）和数字正向重复（digits forward），或运动能力，此外还有许多经过验证和可靠性测试的自我评估表，其中一些与日常活动有关，如起源于人类职业模型（model of human occupation，MOHO）的职业自我评价表（occupational self assessment，OSA）在国际上已得到了广泛应用，另一些则与应对、有益健康的状况和执行功能有关，例如，自我掌握量表、罗森伯格自尊量表、一般自我效能量表和心理一致感量表。

11.7.3.4 福祉

从社会的角度来看，尤其是从单个雇主的角度来看，重要的是要知道某种形式的康复可以把人们带回到劳动力市场。此外，重要的是要了解疾病的症状可以减轻，功能性水平可以恢复。然而，社会上越来越多的人，包括政治家、公众舆论塑造者和单个雇主已经认识到，了解某种康复是否能提高患者对自己的福祉水平和生活质量的看法是非常重要的。这些维度可以采用一系列有效性和可靠性不同的测试表格记录下来，在欧洲使用最广泛的是 SF-36 健康调查表，其中包括这些维度，并且具有良好的有效性和可靠性。目前经常使用的测试表包括兰开夏生命质量概况表（Lancashire quality of life profile，LQoLP）、总体幸福感量表（general well-being，GWB）、生活质量量表（quality of life inventory，QOLI）或欧洲五维生存质量量表（EQ-5D）等。

11.7.3.5 成本效益

今天，政治家们越来越多地要求对康复结果的评估必须包括成本效益分析。这种类型的分析在健康经济学中可以分解为一些更为具体的分析。最常用的是成本效果分析（cost-effectiveness analysis，CEA），其中替代干预措施的成本和结果用单位健康结果的成本来表示，这是为了确定某种类型康复的技术效用，以成本与已确定的主要结果（如有多少人已返回劳动力市场，或者没有或很少出现疾病症状）进行比较。然而，现在 CEA 常常会与成本-效用分析（cost-utility analysis，CUA）结果进行比较，此时替代干预措施的成本和结果是用生活质量来表示的，有时还会用寿命数来表示，其中的一个度量指标是"质量调整生命年（quality adjusted life year，QALY）"。

健康结果也可以通过定性方法来记录，如日记、深度访谈、重点群体访谈、参与和观察等。研究发展进程（所有相互关系）的另一种方法是行动研究。

11.7.4　建议

为了能够对与环境和活动（治疗方案）有关的健康结果和质量进行研究，我们提出了一种在多个单一环境中采用的多方法多学科的三角互证方法，该方法最好与行动研究人员一起进行，其中多方法是指定量和定性技术。我们将独立的单一环境（如基于自然的治疗性干预）定义为一个单元，其中物理环境与行为有着不可分割的联系。这些环境的结构取决于它们在时空中的位置及其在实体和事件（涉及客户的活动、物体、环境、行为）、过程（声音、阳光、气味等）和结果（对疼痛、疲劳综合征和其他疗愈过程的影响）方面的组成。其边界是可识别的，其组分以功能的方式排列成为整体的一部分。此外，其功能尽可能独立于其他单元，客户是单元的一部分，他们引发的事件也是单元的一部分。

研究表明，环境与由此产生的行为间有着很强的相互依赖性，当通过功能部分的分解来分析人类空间时，这一概念是有用的。因此，人们可以确定具体的单元（即散步、休息和耕作的区域）及其与不同程度身心活动间的关联，这对于理解基于自然的治疗性干预对患者行为、经历和由此产生的健康影响是至关重要的。然而，鉴于人们在不同的环境中有不同的目标，在自然环境中追踪促进健康的体验品质必须包括许多方法。客户与环境间有着不可分割关系的概念可能被视为传统研究设计的障碍，这些传统设计通常关注的是物理空间的属性，而不是用户的行为。景观设计师及其他参与这些跨学科研究项目的研究人员可以采用这种方法为循证设计作出贡献。所有相关的研究人员或从业者试图了解环境对客户和员工的影响所做的努力都会对健康设计产生巨大影响。显然，在疲劳综合征、抑郁和疼痛等疾病的治疗领域，我们有理由采用考虑了个人、人际和机构因素及环境变量的多种研究方法。

参 考 文 献

AHTA (2007). http://ahta.org 2007-10-26

Aldwin C (2007) Stress, coping, and development, 2nd edn. The Guilford Press, New York

Antonovsky A (1987) Unraveling the mystery of health: how people manage stress and stay well.
　　Jossey-Bass, San Francisco, CA

Ayres JA (1974) The development of sensory integrative theory and practice. Kendall/Hunt, Dubuque

Ayres JA (1983) Sensory integration and the child. Western psychological services, Los Angeles, CA

Beard C, Wilson JP (2002) The power of experiential learning. A handbook for trainers and educators.
　　Kogan Page, London

Berger R, McLoed J (2006) Incorporating nature into therapy: A framework for practice. J Syst Ther 25(2):80–94

Björk J, Albin M, Grahn P, Jacobsson H, Ardö J, Wadbro J, Östergren P-O, Skärbäck E (2008) Recreational values of the natural environment in relation to neighbourhood satisfaction, physical activity, obesity, and well-being. J Epidemiol Community Health 62(4):e2

Boldemann C, Blennow M, Dal H, Mårtensson F, Raustorp A, Yuen K, Wester U (2006) Impact of preschool environment upon children's physical activity and sun exposure. Prev Med 42:301–308

Bronfenbrenner U (1979) The ecology of human development – experiments by nature and design. Harvard University Press, Cambridge, MA

Bucci W (2003) Varieties of dissociative experiences. Psychoanal Psychol 20:542–557

Burls A (2005) New landscapes for mental health. Mental Health Rev 10:26–29

Burls A (2007) People and green spaces: promoting public health and mental well-being through ecotherapy. J Public Mental Health 6(3):24–39

Burls A (2008a) Seeking nature: a contemporary therapeutic environment. Int J Ther Communities 29(3), autumn 2008 – International

Burls A (2008b) Meanwhile wildlife gardens, with nature in mind. In: Dawe G, Millward A (eds) Statins and greenspaces: health and the urban environment. Proceedings of conference by UNESCO UK-MAB Urban Forum at University College London (UCL), 27 March 2007

Burls A (2010) Ecotherapy. In: Sempik J, Hine R, Wilcox D (eds) A conceptual framework for green care. A report of the Working Group on the Health Benefits of Green care COST 866, Green care in Agriculture Loughborough University, CCFR

Burls A, Caan W (2004) Social exclusion and embracement: a useful concept? J Prim Health Care Res Dev 5(3)

Burls A, Caan W (2005) Editorial: human health and nature conservation: ecotherapy could be beneficial, but we need more robust evidence. BMJ 331:1221–1222

Burns GW (1998) Nature-guided therapy: brief integrative strategies for health and wellbeing. Brunner/Mazel, New York

Butler CD, Friel S (2006) Time to regenerate: ecosystems and health promotion. PLoS Med 3(10):e394

Cavill N, Kahlmeier S, Racioppi F (eds) (2006) Physical activity and health in Europe: evidence for action. WHO, Geneva

Clinebell H (1996) Ecotherapy: healing ourselves, healing the earth: a guide to ecologically grounded personality theory, spirituality, therapy, and education. Fortress Press, Minneapolis, MN

Coyle K (2005) Environmental literacy in America. The National Environmental Education and Training Foundation, Washington, DC. http://www.neefusa.org/pdf/ELR2005.pdf

Cooper Marcus C, Barnes M (eds) (1999) Healing gardens: therapeutic benefits and design recommendations. John Wiley and Sons, New York

Coss RG, Ruff S, Simms T (2003) All that Glistens II: the effects of reflective surface finishes and the mouthing activity of infants and toddlers. Ecol Psychol 15:197–213

Crawford C, Krebs D (1997) Handbook of evolutionary psychology: ideas, issues and applications. LEA, New York

Dawis RV (ed) (2000) The person-environment tradition in counseling psychology. Lawrence Erlbaum, Mahwah, NJ

de Kloet E, Joëls M, Holsboer F (2005) Stress and the brain: from adaptation to disease. Nat Rev Neurosci 6:463–475

Department of Health (2004) Choosing health: making healthy choices easier. Cm 6374, Public Health White Paper, London

Flagler J, Pincelot R (1994) People-plant relationships: setting research priorities. Haworth Press, New York

Friedman HS, Silver RC (eds) (2007) Foundations of health psychology. Oxford University Press, New York

Frosch J (1990) Psychodynamic psychiatry: theory and practice. International University Press, Madison, WI

Frumkin H (2001) Beyond toxicity: human health and the natural environment. Am J Prev Med 20(3):234–240

Gerlach-Spriggs N, Enoch Kaufman R, Bass Warner S (1998) Restorative gardens. The healing landscape. Yale University Press, New Haven, CT

Gorard S, Taylor C (2004) Combining methods in educational and social research. Open University Press, London

Grahn P (1991) Om parkers betydelse. (diss.) Stad and Land, nr 93, Alnarp

Grahn P (2005) Om trädgårdsterapi och terapeutiska trädgårdar. In: Johansson K (ed) Svensk miljöpsykologi. Studentlitteratur, Lund, pp 245–262

Grahn P (2007) Barnet och naturen. In: Dahlgren LO, Sjölander S, Strid JP, Szczepanski A (eds) Utomhuspedagogik som kunskapskälla. Närmiljö blir lärmiljö. Studentlitteratur, Lund, pp 55–104

Grahn P, Berggren-Bärring A-M (1995) Experiencing parks. Man's basic underlying concepts of qualities and activities and their impact on park design. Ecological Aspects of Green Areas in Urban Environments. IFPRA World Congress Antwerp Flanders Belgium, Chapter 5, pp 97–101, 3–8 September 1995

Grahn P, Mårtensson F, Lindblad B, Nilsson P, Ekman A (2000) Børns udeleg. Betingelser og betydning. Forlaget Børn and Unge, København

Grahn P, Stigsdotter UA (2003) Landscape planning and stress. Urban Forest Urban Green 2:1–18

Grahn P, Stigsdotter UA (2010) The relation between perceived sensory dimensions of urban green space and stress restoration. Landsc Urban Plan 94:264–275

Grahn P, Tenngart Ivarsson C, Stigsdotter UK, Bengtsson I-L (2010) Using affordances as a health-promoting tool in a therapeutic garden. In: Ward Thompson C, Aspinal P, Bell S (eds) Innovative approaches to researching landscape and health. Taylor and Francis, London, Chapter 5, pp 116–154

Gyllin M, Grahn P (2005) A semantic model for assessing the experience of urban biodiversity. Urban Forest Urban Green 3:149–161

Haller R (2004) Creating a sensory garden. Oral presentation. Conference proceeding. AHTA Conference "Securing Our Health and Wellness" in Atlanta, Georgia

Hall J (2004) Conservation therapy programme. Research Report, Nr. 611, Natural England

Hansson LÅ (1996) Psykoneuroimmunologi. Svensk Medicin 52. SPRI, Stockholm

Hartig T (2007) Three steps to understanding restorative environments as health resources. In: Ward TC, Travlou P (eds) Open space: people space. Taylor and Francis, London, pp 163–179

Hartig T, Evans GW, Jamner LD, Davis DS, Gärling T (2003) Tracking restoration in natural and urban field settings. J Environ Psychol 23:109–123

Hartig T, Cooper Marcus C (2006) Healing gardens – places for nature in health care. Lancet 368:S36–S37

Hassan BN, Mattson RH (1993) Family income and experience influence community garden success. J Ther Hortic 7:9–18

Hassink J, van Dijk M (2006) Farming for health: green-care farming across Europe and the United-States of America. Springer, New York

Hedfors P, Grahn P (1998) Soundscapes in urban and rural planning and design. Yearbook Soundsc Stud 1:67–82

Herzog TR (1987) A cognitive analysis of preference for natural environments: mountains, canyons, and deserts. Landsc J 6:140–152

Hewson ML (1994) Horticulture as therapy. Homewood Health Centre, Guelph, ON

Irons W (1998) Adaptively relevant environments versus the environment of evolutionary adaptedness. Evol Anthropol 6:194–204

Janzen JM (2002) The social fabric of health. An introduction to medical anthropology. McGraw-Hill, New York

Jick TD (1979) Mixing qualitative and quantitative methods: triangulation in action. Admin Sci Q 24(4):602–611

Jonsson H (1998) Ernst Westerlund – A Swedish doctor of occupation. Occup Ther Int 5(2):155–171

Kamp D (1996) Design consideration for the development of therapeutic gardens. J Ther Hortic 8:6–10

Kaplan S (1990) Parks for the future – a psychologist view. In: Sorte GJ (ed) Parks for the future. Stad and Land 85. Movium, Alnarp, pp 4–22

Kaplan S (1995) The restorative benefits of nature: toward an integrative framework. J Environ Psychol 15:169–182

Kaplan S (2001) Meditation, restoration, and the management of mental fatigue. Environ Behav 33:480–506

Kaplan R, Kaplan S (1989) The experience of nature. Cambridge University Press, Cambridge

Kavanagh JS, Musiak TA (1993) Selecting design services for therapeutic landscapes. J Ther Hortic 7:19–22

Kellert S, Wilson EO (eds) (1993) The biophilia hypothesis. The Island Press, New York

Kemmis S, McTaggart R (1988) The action research planner, 3rd edn. Deakin University, Geelong

Kielhofner G (1997) Conceptual foundations of occupational therapy, 2nd edn. F. A. Davis, Philadelphia, PA

Knoops KTB, de Groot LCPGM, Kromhout D, Perrin A-E, Moreiras-Varela O, Menotti A, van Staveren WA (2004) Mediterranean diet, lifestyle factors, and10-year mortality in elderly European men and women: The HALE project. JAMA 292:1433–1439

Kuo FE, Sullivan WC (2001) Aggression and violence in the inner city: effects of environment via mental fatigue. Environ Behav 33(4):543–571

Milonis E (2004) Un asino per amico. Onoterapia ovvero attività assistita con l'asino. Lupetti, Roma

Nordh H, Hartig T, Hägerhäll C, Fry G (2009) Components of small urban parks that predict the possibility for restoration. Urban Forest Urban Green 8:225–235

Norman J (ed) (2006) Living for the city – a new agenda for green cities. Think tank of the year 2006/2007. Policy exchange, London

Ottosson J (2001) The importance of nature in coping with a crisis: a photographic essay. Landsc Res 26(2):165–172

Ottosson J, Grahn P (2005) A comparison of leisure time spent in a garden with leisure time spent indoors: on measures of restoration in residents in geriatric care. Landsc Res 30:23–55

Ottosson J, Grahn P (2008) The role of natural settings in crisis rehabilitation. How does the level of crisis influence the response to experiences of nature with regard to measures of rehabilitation? Landsc Res 33:51–70

Oxford dictionary of English (2008). Oxford University Press, Oxford

Prest J (1988) The garden of Eden: the botanic garden and the recreation of paradise. Yale University Press, New Haven, CT

Pretty J, Peacock J, Sellens M, Griffin M (2005) The mental and physical health outcomes of green exercise. Int J Environ Health Res 15(5):319–337

Qvarsell R, Torell U (2001) Humanistisk hälsoforskning. Ett växande forskningsfält. In: Torell Q (eds) Humanistisk hälsoforskning – en forskningsöversikt. Studentlitteratur, Lund, pp 9–22

Relf PD (1992) Human issues in horticulture. Hort Technol 2:159–171

Relf PD (1999) The role of horticulture in human well-being and quality of life. J Ther Hortic 10:10–14

Relf PD, Lohr VI (2003) Human issues in horticulture. HortScience 38(5):984–993

Reynolds V (2002) Well-being comes naturally: an evaluation of the BTCV green gym at portslade, East Sussex, Report 17. Oxford Brookes University, School of Health and Social Care, Oxford

Roszak T, Gomes ME, Kanner AD (eds) (1995) Ecopsychology: restoring the earth healing the mind. Sierra Club Books, San Francisco, CA

Searles HF (1960) The nonhuman environment in normal development and in schizophrenia. International University Press, Madison, CT

Sempik J, Aldridge J, Becker S (2003) Social and therapeutic horticulture: evidence and messages from research. Thrive with the centre for child and family research. Loughborough University, UK

Shoemaker CA (2002) The profession of horticultural therapy compared with other allied therapies. J Ther Hortic 13:74–80

Simson S, Straus MC (1998) Horticulture as therapy: principles and practice. Food Products Press, New York

Söderback I, Söderström M, Schälander E (2004) Horticultural therapy: the 'healing garden' and gardening in rehabilitation measures at Danderyd hospital rehabilitation clinic, Sweden. Pediatr Rehabil 7(4):245–260

Söderström M, Mårtensson F, Grahn P, Blennow M (2004) Utomhusmiljön i förskolan – dess betydelse för barns lek och en möjlig friskfaktor. Ugeskr Laeger 166(36):3089–3092

Spitzform M (2000) The ecological self: metaphor and developmental experience. J Appl Psychoanal Stud 2:265–285

Statens Folkhälsoinstitut (2005) Mål för folkhälsan ska genomsyra hela samhällspolitiken. 2005-10-20. http://www.fhi.se/templates/Page____1464.aspx

Stern D (2000) The interpersonal world of the infant. Basic Books, New York

Stigsdotter UA (2005) Landscape architecture and health: evidence-based health-promoting design and planning. Acta Universitatis agriculturae Sueciae nr 2005:55

Stigsdotter UA, Grahn P (2002) What makes a garden a healing garden? J Ther Hortic 13:60–69

Stigsdotter UA, Grahn P (2003) Experiencing a garden: a healing garden for people suffering from burnout diseases. J Ther Hortic 14:38–49

Tenngart C, Abramsson K (2005) Green rehabilitation. Growthpoint J Soc Ther Hortic Spring 2005(100):25–27

Tenngart Ivarsson C, Hagerhall CM (2008) The perceived restorativeness of gardens – assessing the restorativeness of a mixed built and natural scene type. Urban Forest Urban Green 7:107–118

Tomkins SS (1995) Exploring affect. University Press, Cambridge

Townsend M, Ebden M (2006) Feel blue, touch green. Final Report from the Healthy Parks, Healthy People-project. Deakin University, Australia

Tranel D, Bechara A, Damasio AR (2000) Decision making and the somatic marker hypothesis. In: Gazzaniga MS (ed) The new cognitive neurosciences, Sid 1047-1061. MIT Press, Cambridge, MA

Ulrich RS (1984) View through a window may influence recovery from surgery. Science 224:420–421

Ulrich RS (1993) Biophilia, biophobia and natural landscapes. In: Kellert SR, Wilson EO (eds) The biophilia hypothesis., pp 73–137

Ulrich RS (1999) Effects of gardens on health outcomes, theory and research. In: Cooper Marcus C, Barnes M (eds) Healing gardens: therapeutic benefits and design recommendations. John Wiley and Sons, New York

Ulrich RS (2001) Effects of healthcare environmental design on medical outcomes. In: Dilani A (ed) Design and health. Svensk Byggtjänst, Stockholm, pp 49–59

Ulrich RS, Simons RF, Losito BD, Fiorito E, Miles MA, Zelson M (1991) Stress recovery during exposure to natural and urban environments. J Environ Psychol 11:201–230

Urban parks and open spaces (1983). University of Edinburgh, Tourism and Recreation Research Unit, Edinburgh

van den Berg AE, Hartig T, Staats H (2007) Preference for nature in urbanized societies: stress, restoration, and the pursuit of sustainability. J Soc Issues 63:79–96

Währborg P (2009) Stress och den nya ohälsan. Natur and Kultur, Stockholm

Warner SB Jr (1998) The history. In: Gerlach-Spriggs N, Kaufman RE, Warner SB (eds) Restorative gardens: the healing landscape. Yale University Press, New Haven, CT, pp 7–33

Webb EJ, Campbell DJ, Schwartz RD, Sechrest L (1966) Unobtrusive measures: nonreactive measures in social sciences. Rand McNally, Chicago, IL

WHO (1948) Preamble to the Constitution of the World Health Organization as adopted by the International Health Conference, New York, 19–22 June 1946; signed on 22 July 1946 by the representatives of 61 States (Official Records of the World Health Organization, no. 2, p. 100 and entered into force on 7 April 1948)

WHO (2004) 2004-06-29. www.who.int

WHO (2006) 2006-09-20. Obesity and overweight. Fact sheet No 311, September 2006. http://www.who.int/mediacentre/factsheets/fs311/en/

WHO (2008) 2008-07-16. Programmes and projects. Mental health: depression. http://www.who.int/mental_health/management/depression/definition/en/

Willenbring M (2002) Mutter, Vater, Zappelkind. Die Zusammenarbeit mit Eltern von hyperaktiven

Kindern. Lernchancen 5. Jg. (2002) Heft 30:S. 30–S. 35

Willis J (1999) Ecological psychotherapy. Hogrefe and Huber, Seattle, WA

Wilson EO (1984) Biophilia. Harvard University Press, Cambridge

Wilson FR (2004) Ecological psychotherapy. In: Conyne RK, Cook EP (eds) Ecological counseling: an innovative approach to conceptualizing person-environment interaction. American Counseling Association, Alexandria, VA, pp 143–170

Wong JL (1997) The cultural and social values of plants and landscapes. In: Stoneham J, Kendle D (eds) Plants and human well-being. The Federation for Disabled People, Gillingham

Yin RK (1994) Case study research: design and methods, 2nd edn. Sage, Thousand Oaks, CA

第 12 章　林地和绿地上的户外教育、终身学习和技能发展：与健康和福祉的潜在联系[①]

利兹·奥布莱恩 (Liz O'Brien)，安布拉·伯尔斯 (Ambra Burls)，彼得·本特森 (Peter Bentsen)，英厄·希尔莫 (Inger Hilmo)，卡里·霍尔特 (Kari Holter)，多萝特·哈伯林 (Dorothee Haberling)，亚内兹·皮尔纳特 (Janez Pirnat)，米克·萨尔夫 (Mikk Sarv)，克里斯特尔·维巴斯特 (Kristel Vilbaste)，约翰·麦克洛克林 (John McLoughlin)

摘要：林地和绿地上的正规和非正规教育和学习在促进人们的健康和福祉方面可以发挥重要作用。概述起来有两种机制可以用来解释这一作用：①在进行户外教

---

① 英国王室有权保留任何版权的非排他性、免版税许可

L. O'Brien（✉）

森林与社会经济研究团队，Alice Holt Lodge，法纳姆，萨里，英格兰，e-mail: liz.obrien@forestry.gsi.gov.uk

A. Burls

英国联合国教科文组织人与生物圈（MAB）城市论坛，伦敦，英国，e-mail: a.burls@btopenworld.com

P. Bentsen

哥本哈根大学丹麦森林、景观和规划中心，腓特烈斯贝，丹麦，e-mail: PBE@life.ku.dk

I. Hilmo and K. Holter

奥斯陆大学学院，奥斯陆，挪威，e-mail: inger.hilmo@lui.hio.no; kari.holter@lui.hio.no

D. Haberling

苏黎世市议会自然学校，苏黎世，瑞士，e-mail: Dorothee.haeberling@gsz.stzh.ch

J. Pirnat

卢布尔雅那大学林业系，卢布尔雅那，斯洛文尼亚，e-mail: Janez.Pirnat@bf.uni-lj.si

M. Sarv

爱沙尼亚森林学校协会，维卢西，爱沙尼亚，e-mail: mikk@ilm.ee

K. Vilbaste

塔林大学教育科学研究所，塔林，爱沙尼亚，e-mail: loodusenaine@hot.ee

J. McLoughlin

爱尔兰树木委员会，都柏林，爱尔兰，e-mail: john.mcloughlin@treecouncil.ie

育活动时，与大自然有一般性的接触；②通过户外学习中的积极"动手"与大自然进行密集的和/或广泛的接触。本章介绍了户外学习的概念、内容和相关的三种学习理论，对户外学习与健康间的联系进行了详细探讨，特别是上述两种机制。本章的结论重点强调了人们使用林地和绿地获得学习机会与健康和福祉效果的潜在方式。

12.1　简介

本章主要讨论了自然中的户外教育和学习。我们使用"自然"一词涵盖了从农村地区的环境到人口稠密地区的城市绿地，以及校园内的花园或绿地。我们认为，在自然环境中的户外教育可以通过两种可能的机制给人们带来一系列的健康和福祉。

1. 作为户外教育的一个重要组成部分，一般性地接触大自然并在其中活动会潜在改善人们的身体健康和精神福祉。作为身处大自然中的副产品，健康和福祉可以通过户外学习获得，也可以通过户外娱乐等其他活动获得。

2. 通过户外学习中的积极动手实现与大自然的密集或广泛接触——这会导致态度和行为的改变，获取新的技能和能力，提高自信和自尊，以及人际交往技巧。健康和福祉是通过密集的、亲身参与的和/或长期的户外学习方法获得的（图 12.1）。

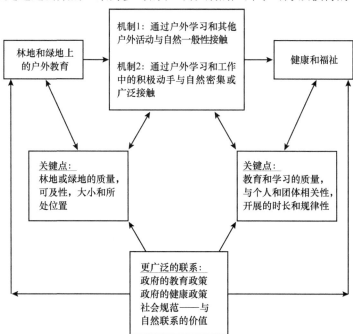

图 12.1　户外教育对健康和福祉产生影响的潜在方式

户外教育所产生的健康和福祉益处将通过不同的教育和学习方法、卫生政策和社会规范、林地和绿地的可及性、对户外教育的文化态度，以及当代社会与自然接触的兴趣及其价值在全球、国家和地方范围内得以调节（Valentine，1996；Kahn，1999；Kahn and Kellert，2002）。诸如自然空间的可及性、质量、大小和位置等都会影响户外学习和机构实践的可能性。与个体相关并对个体产生影响的学习质量是户外教育的关键因素。Nail（2008）认为健康问题与教育密切相关。她建议，解决肥胖、注意力缺陷障碍、抑郁症和心理健康问题的新健康政策可以通过卫生部门与教育部门的密切合作得到部分实施。苏格兰政府在其"卓越课程"（Scottish Government，2004）中已经认识到了成功学习与健康间的紧密联系。

以上内容为我们在本章中关注户外学习提供了理论基础。在第 12.2 节和第 12.3 节中，我们描述了户外学习的概念和内容，对我们认为与户外教育特别相关的学习理论进行了探讨。在第 12.4 节和第 12.5 节中，我们探讨了户外学习与健康和福祉间的联系，重点介绍上述两种机制。在第 12.6 节我们进行了结论性概述，强调了使用林地和绿地提供学习机会和获得健康和福祉效果的潜在方式。这里我们主要关注儿童和年轻人，但终身学习对于所有年龄段的人来说都非常重要，人们可以在一生中培养和获得技能，以迎接新的挑战。

12.2 教育与健康间的联系

在我们继续讨论户外教育之前，我们将概述一些已经明确的健康与教育间的广泛联系。Ross 和 Wu（1995）通过对美国家庭的两次大规模调查对两者间的联系进行了研究，他们发现教育与健康间存在着正相关关系，并为这种关系提供了三种解释：①受过良好教育的受访者比受教育程度低的受访者更有可能找到满意的工作，经济困难更少；②受过良好教育的人对自己的生活和健康有着更强的控制感，社会性支持水平也更高；③受过良好教育的人吸烟可能性较小、锻炼和适度饮酒的可能性大。因此，他们认为受教育程度可以通过工作和健康的生活方式直接或间接地影响人们的健康。加拿大公共卫生协会（Canada Public Health Association，2009）表示，人们越来越意识到教育与个人和社区居民健康间的联系，并认为那些受教育程度低的人比受过良好教育的人预期寿命更短，生病的频率更高。加拿大统计局的报告称，受过 12 年教育的人患高血压、胆固醇或超重的可能性要低于受教育程度较低的人。Culter 和 Lleras-Muney（2007）也指出，"在许多国家采用各种各样的健康措施的时段内，教育与健康间的巨大而持久的联系已经得到了很好的记录"。他们发现，受过良好教育的人发病率较低，这与基本的人口和劳动力市场因素无关。然而，他们认为，教育影响健康的机制是复杂的，可能包括"人口和家庭背景指标的相互关系，儿童健康状况不佳的影响，与较高教育水平相关的更多资源，对良好的健康行为和社交网络重要性的认知等"。

同样，英国经济和社会研究理事会正在资助有关教育是否能改善健康的研究。研究人员在不同国家进行的一些研究发现，与受过良好教育的人相比，受教育程度低的人健康状况更差，残疾率更高，早逝的概率更大。然而，和其他人一样，研究人员也认为，健康与教育间的关系并不明确，对教育的投资并不能自动地确保更好的健康。他们认为教育与健康间的联系途径包括了教育导致的健康行为，如饮食健康、不吸烟等，且较高的受教育水平可以导致更高收入的就业和更健康的生活方式。研究人员建议，不仅可以通过教育进行干预，而且还可以通过关注人们不同生活阶段的工作或生活条件等进行干预。不过，他们认为，早年的投资将产生最大的影响，因此鼓励人们在年轻时保持健康对其晚年生活有着显著影响（Economic and Social Research Council，2007）。这项研究概述了教育与健康间的紧密联系，但并未提到教育发生的地方，大多数可能是在室内环境中。

12.3　户外学习和学习理论

户外学习是一个很宽泛的概念，其范围没有明确的界定，可能涉及各种不同的方法和活动，如表 12.1 所示。户外教育和学习不同于也可以在户外进行的环境教育。户外学习可以涵盖任何学科，不仅仅是关注环境，还可以针对一系列的年龄组进行。

表 12.1　户外学习的方法

方法	实例
学校操场/花园/社区项目	生态学校
户外治疗和学习项目	荒野治疗性干预
户外参观	参观学校/到一个森林教室或绿地旅行
规律的户外学习	森林学校，自然幼儿园，实际的环境志愿工作，以及针对特定残疾人或有社会问题的人的项目
指导下的散步/做事	寻找菌类、自然漫步、观鸟
环境教育	到野外研究中心旅行并留宿的课程
户外游戏，特别是针对幼儿	自然幼儿园，学校操场上自由活动，森林学校
现代学徒	通过特定计划进行培训和技能培养
探险和休闲活动	拓展训练并留宿的课程

表 12.1 并非一个详尽的列表，但突出显示了可以归入户外学习的方法广度。并非所有这些类别都是相互排斥的，例如，户外治疗性学习方法可能基于探险或荒野类型的活动（照片 12.1、照片 12.2）。然而，由于治疗方面的原因，其重点将

不同于年轻人挑战的探险和休闲活动。户外学习可以是正式的，通过学校（照片12.3～照片12.5）、大学或特定课程进行，通常遵循特定的课程安排，并确定特定的学习成果，这些活动由教师、生物学家、自然解说员、讲师、导游和教官来主导。非正式学习是针对广泛感兴趣和令人愉悦的事，或针对健康和社交成果而进行的，可以由父母、向导、治疗师和护林员等人加以推动。

照片 12.1　保持平衡，有点像青少年冒险营（摄影：贾斯珀·斯奇佩林）

照片 12.2　在森林学校为宠物建造一个迷你庇护所（摄影：林业委员会）

照片 12.3　孩子们一起动手建造一个庇护所（摄影：林业委员会）

照片 12.4　森林学校的参与者在讨论迷你庇护所的设计（摄影：林业委员会）

照片 12.5　在俄罗斯圣彼得堡的城市林地露营（摄影：贾斯珀·斯奇佩林）

12.3.1　户外学习包含的内容

　　户外学习的一个关键特征是在室外而不是在建筑环境中进行的。另一个关键特征是户外学习通常涉及一种动觉的学习方式，人们通过"动手"学习（制作或构建物体或识别动植物）来参与活动（照片 12.6～照片 12.9）。例如，人们可能在森林学校积极参与建造一个庇护所（见框图 12.1），或在探险和荒野活动中从地图上发现穿越风景的路线。户外学习可能包含环境教育方法中所包括的识别植物或鸟类，在学校花园中种植作物或在城市绿地中保护野生动物的栖息地。因此，积极地"动手"参与在户外学习中尤为重要，一些方法强调了通过森林学校或自然幼儿园的方法长期规律地参与这种活动的重要性（框图 12.1 和框图 12.2）。

　　户外学习通常包含体验式学习，如通过日常直接体验进行学习。Kolb（1984）借鉴了 Dewey（1938/1997）和 Piaget 和 Inhelder（1962）等教育理论家的成果，提出了一个体验式学习的模式，该模式分为四个阶段，从具体的体验到观察和反思，再到概念的形成，最后到在新的形势下对这些概念的检验（照片 12.7），这使得学习变成了一个积极的解释过程而非一个结果，可以视为终身学习模式。一些户外学习会集中在一周或两周内完成，如探险、荒野或实地考察，往往是将人们带离他们日常所处的环境并住在外面，这会给他们带来生活发生改变的体验。有些学

照片 12.6　英格兰的孩子们在寻找小动物（一）（摄影：林业委员会）

照片 12.7　英格兰的孩子们在寻找小动物（二）（摄影：林业委员会）

照片 12.8　俄罗斯圣彼得堡城市林地中的自然学校（摄影：贾斯珀·斯奇佩林）

照片 12.9　在不被咬的情况下吮吸蚂蚁并不容易（摄影：贾斯珀·斯奇佩林）

框图 12.1　英国的森林学校（照片 12.2～照片 12.4）

目的： 森林学校是一个在林地环境中定期为儿童和成人提供动手学习体验的平台，通过启发灵感的过程来实现培养自信心的目标。

活动： 儿童参与一系列的活动，如创作艺术品，在收集树枝（薪柴）的过程中进行计数练习，通过描述和讨论周围的景物提高语言技能。儿童和年轻人每周或每两周会在森林学校待一个上午或下午，为期 2～12 个月。

结果： 通过几个月的体育活动，参与者的粗大肢体运动技能和耐力提高，林地环境的恢复效益可以对儿童产生镇静作用。

经验： 定期参加森林学校的活动会对老师和家庭产生更广泛的影响，因为儿童会把他们的经历告诉身边的家人和朋友，长期参与可以提高参与者的自尊和自信心。

框图 12.2　挪威的自然幼儿园（Fortet Naturbarnehage）

目的： 为儿童提供丰富多彩的自然体验，通过全年的户外体验增强他们对自然的喜爱，并培养其潜在的保护自然的愿望。

活动： 儿童整天在林地里玩耍，幼儿园通常有长期持续的项目。

结果： 通过持续的活动和游戏进行体育活动，对健康和福祉有积极的贡献。儿童运用他们所有的感官一起合作和玩耍，可以体验到心理上的福祉。

经验： 儿童加深了对自然、保护以及与自然界互动的理解。儿童体验并学习有关动物和植物，以及它们之间的相互依赖性和对食物生产的重要性。良好的自然体验也有助于理解可持续发展的重要性。

习是一次性的，如森林教室一日游，还有些学习是在同一环境中规律地进行一段时间（有时是几年），如森林学校或自然幼儿园。我们对这些长期的学习方法特别感兴趣，而不是非常短暂或一次性的到访。

"治疗性教育"通常侧重于户外活动和与自然的接触，是一种基于 Steiner（1904，1990）建立的人类智慧学教育方法。在这种最早出现于德国的方法中，那些有心理和情感问题或有特殊需要的人被作为社区的一部分进行生活，并获得个人发展的机会。这是一种从人的整体观出发对人有治疗作用的学习和教学形式，包括了照顾、教育、工艺和艺术等活动。

12.3.2　学习理论

有许多关于人们如何学习、吸收信息并对知识作出批判性反应的理论，下面概述的理论与户外教育和学习特别相关，重点强调了根据人们如何学习的想法，可能会采取的不同教育方法。学习理论通常说明了学习是如何在户外自然环境中发生的一些基本假设。法国哲学家和心理学家梅洛-庞蒂（Merleau-Ponty）谈到身体体验与认知学习间的联系时，认为人们是通过身体来了解世界的（Smith，1962）。对于注重实际操作的户外教学来说，这类想法很重要，这也是鼓励孩子们开展亲身体验的一个原因。

12.3.2.1　建构主义

建构学习关注人们通过各种经验构建对周围世界的理解方式（Kahn，1999）。在建构学习中，优先考虑的是人们的精神生活，以及他们建构对世界的理解和如何行动的积极方式，这可以通过解决问题、进行实验和亲身体验来实现。"建构主义的教师努力发现学生的兴趣，然后建立一个课程来支持和扩展这些兴趣。他们会让学生帮助制定课程，并允许他们自由探索、冒险和犯错"（Kahn，1999：214）。知识不是通过感官被动地获得的，而是通过精神活动和主动交流来组织和调整知识交换（Jordet，1998）。在建构主义的方法中，教育的原则将侧重于学习而不是表现，重要的是在教师引导而非指导下让学习者参与实际任务，学习者被视为与教师和同龄人共同进行知识建构的人（Adams，2006）。这种方法远离了教师指导学生并对其进行测试的更为传统的学习方式，前面提到的 Kolb 模式可以让我们更好地理解人们通过与世界的接触而构建知识的过程。

12.3.2.2　多元智能

加德纳（Gardner，1983）将智能定义为一组能力，他最初确定了七种智能，包括言语/语言、逻辑/数学、视觉/空间、身体/动觉、音乐/节奏、人际关系和内省。加德纳建议，学习应该是整体性的，并非集中在传统的语言和数学方法上，而是要包括其他类型的智能和所有感官的使用。这一框架使教育家能够以不同的方式思考有关学习的问题，并认识到如果一个人没有通过传统途径进行学习，那么也可采用其他方法。加德纳把争论从传统的智能测试所认定的智能转变到对智能构成更广泛的看法上来。此后，加德纳（Gardner，1999）在他的理论中增加了第八种智能，即自然主义智能。他发现有些孩子在很小的时候就表现出对自然格局的敏锐意识。自然主义者的智能会处理感知到的自然中各种元素的格局，并与之建立联系。具有自然主义智能的人往往会敏锐地意识到自己所处的环境及其变化，即使这些变化是微不足道的。这源于他们高度发达的感官感知水平，这有助于他们比其他人更迅速地注意到周围环境的相似性、差异性和变化。

拥有这种智能的人通常会对其他物种和环境感兴趣且对外界有着很强的亲和力，这些兴趣通常是从幼年开始的。这种智能对于人类进化为猎人、采集者和农民的过程来说是特别适宜的，现在它可能会使人们成为植物学家或农民。拥有和重视这种智能形式的文化群体有很多，包括土著的美洲部落和土著人民。人们相信，自然主义学习者可以通过身处户外学到更多，这种智能可以通过户外学习和生态治疗活动来培养。

12.3.2.3　社会学习理论

社会学习也被称为观察学习，观察者在看到他们认同的行为模式及其产生的结果后，其行为也会随之发生变化。注意、保持、生产和动力被视为这类学习的重要因素。使用这种学习方法，教师和家长可以对学生认同并采取行动的适宜行为进行建模。Vygotsky（1986）认为语言具有决定性的作用，最好的学习和开发通常会发生在孩子与他人特别是成年人通过交谈和讨论体验来解决问题的时候。因此，在社会环境中学习尤为重要（Vygotsky，1986）。通过个人体验获得的知识和与实际情况相联系的知识被认为是持久的。

12.3.3　欧洲的户外学习

在一些社会中，户外学习根植于一种特定的文化，而在其他社会中户外学习并非是一种传统，出于对风险和安全的担忧，特别是对儿童和年轻人来说，很少会开展大规模的户外学习。就像在斯堪的纳维亚半岛的大部分地区一样，丹麦具有利用户外学习的历史和广泛传播的传统。几十年来，学龄前儿童每天都会把户外作为他们的游乐场。在丹麦语中，friluftsliv（户外的）一词在广义上被理解为户外娱乐和教育，在过去 30 年中不断推广和流行（Andkjær，2005，2006）。在挪威，学校的户外教学和幼儿园中儿童户外活动时间的增加受到了社会的极度重视。斯堪的纳维亚半岛的研究对从小就为儿童提供户外活动机会的重要性给出了几种解释。Fjørtoft 和 Sageie（2000）表明，儿童通过这种方式能发展出更好的身体技能。其他研究则表明，儿童会获得更多的身体和精神能量，变得更自信和更快乐（Kaarby et al.，2004；Hilmo et al.，2006）。在英国，青少年户外学习传统上包括以自然为导向的学习和主要在课余时间进行的冒险活动。然而，目前关于户外学习的论述包含了一个更广义的概念，可以视为通过加强和整合一系列的活动，将人们与环境、社区、社会和他们自己联系起来的一种方法（Dillon et al.，2005）

在斯洛文尼亚，以鲁道夫·施泰纳（Rudolf Steiner）思想为基础的沃尔多夫教育体系已经建立了 15 年，在这段时间里，这种教育方法已经被纳入斯洛文尼亚的公立学校体系。这方面的一个例子是卢布尔雅那的沃尔多夫学校成功地接纳了有特殊需要的儿童，斯洛文尼亚教育和体育部现在将社会包容视为所有学校的一种正确选择（框图 12.3）。在爱沙尼亚，户外学习深深植根于其文化和语言中。Õppima 一词的意思是学习，但也有体验和尝试的意思。学习经常会发生在森林里，主要是通过学校森林运动仔细观察大自然，最近促进户外学习的努力有所增加（框图 12.4）。在瑞士，一名林业工作者根据联邦法律对建立森林学校的想法加以实施，在过去几年中，为幼儿提供户外教育越来越受欢迎，少数幼儿园让幼儿所有时间都待在户外。瑞士正在对这些方法的健康促进功能进行研究（Gugerli-Dolder et al.，2004）。目前，我们可以找到一些国家如何看待户外教育的例子。

框图 12.3　斯洛文尼亚卢布尔雅那的沃尔多夫学校（Waldorf School Ljubljana，Slovenia）

目的：沃尔多夫学校为有特殊需要的儿童提供实用的自然治疗活动，帮助他们培养对学校的兴趣。学校以鲁道夫·施泰纳（Rudolf Steiner）的哲学为基础。

活动：有学习和行为困难的儿童利用学校附近的森林开展各种活动，如帮助孩子们通过亲身体验学习和培养对自然的责任感的实践活动，儿童们会在学习期内在森林里散步、玩耍和观察。

结果：发展粗大肢体运动技能和平衡技能，改善步行技能。在治疗活动中刺激所有的感官。

经验：儿童们做了很多练习，包括触摸不同的树，绕着树转一圈，和他人一起工作，跟随太阳的移动而移动等。他们用绳子在森林里的树木间围出大的几何图形，并沿着它行走，然后在课堂的笔记本上画出来；这对学校的数学教学很有帮助。

框图 12.4　爱沙尼亚户外学习的教师培训项目

目的：通过教师培训促进户外学习，并对其影响进行研究。

活动：选定了 30 所学校和幼儿园，并在国家电视台播放 32 个电视节目，录制在一系列 DVD 上的研究材料发送到爱沙尼亚的 400 所学校，150 名教师接受了户外学习的在职培训。对参与教师的调查表明，利用户外空间进行学习的情况显著增加，许多学校开始在学校周围建立自己的学习森林。

结果：参加活动的儿童认为，户外学习是好的，因为可以呼吸新鲜空气、增加运动和使用社会技能。所有的儿童都喜欢在户外学习。参加 4 天培训的教师压力较小，记忆力提高，在实践中积极运用户外学习。

经验：儿童和教师通过户外不同科目的学习，以综合的方式展示了学习的机会。教师培训和电视广播展示了如何将学习与玩耍相结合。

图 12.2 概述了 DPSEEA（驱动力、压力、状态、接触、影响、行动）模型，该模型可用于展示自然和体育活动/教育的例子。世卫组织使用 DPSEEA 模型在决策环境内设计环境和健康指标。苏格兰政府（Scottish Government，2008）在最近的一份名为"好的场所，更好的健康"的文件中也采用了这一方法，这是一种

将环境与健康从战略上联系起来的新方法。我们制作了图 12.2 所示的简要的填充式模型，该模型适用于西方社会中日益城市化、规避风险、久坐不动、依赖汽车出行、容易获得高脂肪食物和现有绿色发展空间面临压力的一系列国家，该模型概述了提高人们的认识，更多地将绿地和林地用于教育和体育活动时可以采取的一些行动。

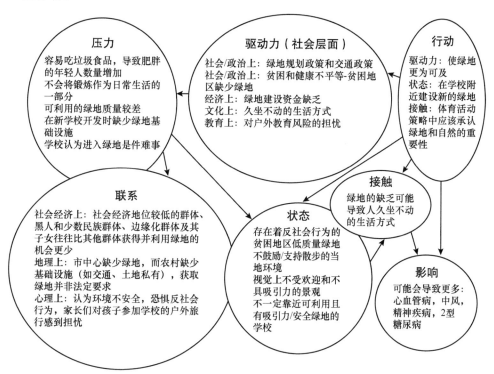

图 12.2　修正的 DPSEEA 模型：自然/绿地和体育活动/教育的例子

12.4　与大自然一般性接触的健康和福祉结果

在过去 30 年中，越来越多的文献、实验和研究概述了与大自然从短暂到长期的接触所带来的一系列健康和福祉（Ulrich et al.，1991；Bird，2004；Pretty et al.，2005）。本书的各个章节中广泛提供了有利于身体和精神健康，以及预防疾病等方面的证据。由 Wilson（1984）提出的亲生物假说强调了人与自然接触的内在欲望，许多人对此进行了讨论（Kellert and Wilson，1993；Kahn，1997）。Chawla（2006）概述了童年时期的自然体验对激发成年后对自然的兴趣和关注的重要性。在这一节中，我们认为人们与大自然接触可以获得身心健康和福祉方面的益处，并可以通过户外学习或其他户外活动（如娱乐）加以体验。

12.4.1　体育锻炼和耐力提高

户外学习通常包括多种形式的体育活动，从轻度到中度再到剧烈。林地和绿地为人们提供了锻炼和活动的机会，如果坚持一段时间的话，可以提高人们的耐力。随着年轻人学会应对林地、山区和荒地崎岖不平的地形，他们的健康或运动控制能力得以改善。O'Brien 和 Murray（2006）在对英格兰森林学校的 24 名儿童进行为期 8 个月的研究后发现，森林学校的领导观察到孩子们的耐力在几个月内不断增强，在森林学校的课程结束时已经变得不那么容易疲劳了。Fjørtoft（2004）研究了挪威的自然环境对儿童游戏和运动发育的影响，研究者对在自然环境中和传统的操场上（对照组）玩耍的儿童进行了观察，结果发现，当给儿童提供一个可以玩耍的自然环境时，他们的运动能力在统计学上有显著提高。Lovell（2009）评估了爱丁堡的森林学校和常规学校的操场上幼童参与体育活动的水平，结果显示，在森林学校中儿童的活动水平显著高于在常规学校操场上儿童的活动水平，且活动水平的性别差异较小。

Kaarby 等（2004）在两所幼儿园对森林中的儿童进行了观察，结果发现儿童们大部分时间都很活跃，这进一步证实了上述的发现。运动游戏是孩子们活动的主要部分，如果有易攀爬的树木、吹落的果实或茂密的灌木丛等元素，儿童们几乎会把它们都包括在游戏中。因此，通过有规律的户外学习，如森林学校和自然幼儿园，儿童和青少年可以开展各种体育锻炼，同时通过其他方法，如冒险和荒野学习，他们可以进行如登山和攀岩等高强度的体育活动，这可能会使他们对这些体育活动产生终身兴趣，从而有助于形成健康的生活方式。

12.4.2　接触自然的恢复性益处

Kaplan（1995）和 Hartig 等（1991）提出了注意力恢复理论和恢复性环境的概念。该理论表明，人们在需要集中精力（如工作）时会使用定向注意力，这会使人感到疲劳，因为此时他们必须集中精力并屏蔽干扰，人们可通过不需任何努力的无意识注意从定向注意力中恢复过来。Kaplan（1995）和 Hartig 等（1991）建议，自然环境特别适合无意识注意，因为环境会让人着迷，在不需要特别努力的情况下让他们远离干扰并刺激他们的感官。本书第 5 章详细介绍了注意力恢复理论和恢复性环境的益处。我们认为，这些恢复性益处可以通过户外学习过程从自然界中获得，但身处自然只是重要的因素，而非必然的学习过程。Berman 等（2008: 1211）最近开展了两项实验，结果显示在自然界中散步或观看自然图片可以改善定向注意力，他们认为这些实验证明了自然"作为一种改善认知功能的工具"具有一定的恢复性价值。如果通过与自然的接触可以改善认知功能，那么对那些试图倡导户外学习重要性的人而言可能具有特别的意义。

　　研究还表明，大自然对那些情绪和行为有困难的人可以起到安抚作用。一项针对注意力缺陷障碍（ADD）儿童的调查询问了家长有关他们的孩子在室内和绿地等多种环境中活动后的注意力状况，结果发现孩子们的游戏区越绿，其注意力缺陷症状就越不严重。这表明与大自然的接触可能会帮助改善 ADD 患儿的注意力功能（Taylor et al.，2001）。有证据表明，罹患 ADD 的儿童数量正在增加，当他们被允许在自然环境中探索、活动并被周围环境所吸引时，其行为问题就会得到改善（Ferrini，2003）。他们的参与会受到植物、树木、动物和天气等恢复性要素的引导。

　　对于许多被排除在学校或社会之外的儿童和成人（即罪犯和被排除在学校之外的学生）来说，户外活动的体验可以给他们带来"平静"和"专注"的效果。这方面的例子可以在"罪犯与自然（O & N）"计划（Carter，2007）中看到，该计划明确应用"生态疗法"来帮助有成瘾问题和/或心理健康问题的人。生态疗法是通过一系列活动（如保护或园艺项目）与自然接触，可以为参与者或患者带来身体、社会和精神上的益处（Burls，2007b，2008）。O & N 项目利用大自然的平静和激励能力，采用小型团队自愿完成一些效果明显的体力劳动，如创建路径和清理灌木丛。全天候地努力工作也能提高身体素质，参与者学会信赖并适应全职工作，这是在监狱、工厂或学校里度过时间的另一种方式。被选中参加这类活动的人可以学习新的技能，这些技能可以使他们中的一些人申请大学课程、学徒或土地管理领域的工作，这是获得长期就业和重建生活的一个特别有用的踏脚石。MIND（英国一家心理健康慈善机构）呼吁为心理健康制定一项绿色议程，因为越来越多的证据表明，生态治疗方法是对现有心理疾病治疗方法的可获得和成本效益的补充（MIND，2007）。

12.4.3　进入自然的生理和心理障碍

　　虽然身体和恢复性的益处可以从身处自然及与自然的一般性接触中获得，但由于人们进入户外环境时的生理和心理问题，使得获得这些益处可能存在障碍。这些障碍在不同的文化中可能是不同的，同时取决于社会对犯罪和安全问题的看法。O'Brien 和 Murray（2007）在研究森林学校对幼儿的影响时发现，儿童和从业者的一些体验起初是负面的。利益相关者指出，一些儿童会对林地环境感到陌生和不安，全天候外出意味着他们有时会被淋湿或感觉到身体不舒服。有些老师不熟悉如何在户外教孩子，对此感到紧张。可能存在一系列阻止或影响人们享受林地和绿地的障碍，如对安全的担忧、对无人管护空间的忧虑、对使用此类空间的不熟悉，以及与特定场所有关的令人不快的神话和故事等（O'Brien and Tabbush，2005；Weldon et al.，2007）。

对风险特别是儿童和青年人的风险认知是许多欧洲国家的重要议题。由于社会规范及在每个特定社会发生的活动和犯罪的差异，不同社会会以不同的方式看待风险。在一项关于风险放大的研究中，Petts 等（2000）建议，人们从各种来源（如媒体）接收、比较和过滤风险信息的方式是复杂的。Louv（2005）提出了这样一种观点：当代社会中，儿童正逐渐脱离与自然的接触，主要是因为户外环境带给人们的危险感，因此，父母和监护人会鼓励自己的孩子不要与自然互动，他称之为"自然缺失障碍"。Norris（2004）提到了"体验消失"的概念，一个由陌生人的危险感、媒体渲染的恐惧、父母没有时间带孩子走路上学等因素所推动的问题（Cooper，2005）。许多儿童目前久坐不动的生活会导致肥胖，并由此带来长期的健康问题。由于这些负面问题的存在，很难不加批判地提倡户外教育和学习对所有人都有利。Milligan 和 Bingley（2007）在有关林地对青年人总体福祉影响的研究中发现，虽然孩提时代进入林地会影响其成年后使用林地的可能性，但他们还发现其他正在作用的机制（如父母的态度和不利的媒体报道）也会影响当时孩子们对林地的积极看法。我们需要更加清楚地认识到进入自然和从与自然接触中获益所面临的障碍。因此，需要研究和探索不同群体和不同年龄的人的体验，而不是假设每个人都会以同样的方式获得益处。

12.5　健康和福祉结果：通过"积极动手"的户外学习与自然进行密集或广泛的接触

上一节概述了通过一系列活动（包括户外学习）与大自然一般性接触获得的潜在健康和福祉结果。在本节中，我们将重点介绍户外学习在自然中的附加值，并探讨由此带来的一些益处。我们认为，积极"动手"的密集和/或长期的户外学习会导致知识和技能、态度和行为，以及自尊和社交技能的变化（MIND，2007；Burls，2007a，b）。这些变化是通过与自然接触整合并强化学习环境，为年轻人提供一种独特或持续的体验。这不仅仅是传递信息，而是唤起年轻人和其他人更深层次的响应，并因此带来健康和福祉。在此，我们参考了一系列文献，但这一领域还需要开展更多的研究，因为对教育的研究往往侧重于教育产出或个人和社会发展，尽管有时会讨论更广泛的福祉，但很少有人明确地将其与健康联系起来。此外，还需要进行更多的研究更详细地探讨不同国家和不同的学习方法对特定人群（女孩、黑人和少数民族）的影响。第 11 章概述了有一系列心理健康和"倦怠"综合征问题的人与自然接触的治疗方法。园艺疗法的治疗方法历史悠久，学习往往是这些治疗方法中的重要组成部分，可以帮助人们改变行为，发展积极的精神生活方式。

12.5.1　新的知识、技能和能力

户外教育所产生的学习成果因不同的学习方法而异，并取决于教育者的目标和所教的科目或技能（Museums，Libraries，Archives Council，2004）。学习成果应该是个人在学习或课程结束时知道、理解或能够做的事情。Grahn（1996）发现，在瑞典，在有绿色空间的日托中心的儿童比没有绿地的儿童注意力更集中。儿童对自然有好奇心，可以通过正式和非正式的学习加以鼓励（Kahn，1999）。户外环境为学习不同类型的技能提供了机会，例如，制作洞穴、识别和采摘非木材森林产品、种植树木或开展养护活动等。Rickinson 等（2004）对 1993～2003 年期间 150 篇关于户外学习的研究（英文版）进行了批判性评述，其中包含了一些户外学习方法，如野外工作和户外访问、户外探险活动和校园/社区项目。大量证据表明，精心计划和传授的野外工作为发展知识和技能提供了重要机会，从而为课堂工作增加了价值。他们还发现，由于户外环境的自然特性及其对年轻人的影响，野外工作可能会对长期记忆产生积极影响。O'Brien 和 Murray（2006，2007）对森林学校中儿童的研究发现，通过户外学习，儿童对林地产生了兴趣并开始尊重环境，他们变得渴望去发现事物，并有了学习的动力（Bredekamp et al.，1992）。在这项研究中，家长和老师确认孩子们能够将他们获得的技能应用到其他环境中。例如，通过学习植物的名字和对周围事物的描述，他们在词汇和描述性语言上都有了变化。

Hilmo 和 Holter（2004）的一项研究探讨了教师如何记住他们教学计划中的户外教育要素，以及如何在自己的教学实践中使用这些要素。他们对教学期间强调与户外自然接触重要性的学前教育教师进行了调查，这些教师根据自己的经验建议：①有许多活动可以在自然中开展；②儿童在自然空间中经常会体验到胜任的感觉；③孩子们互相帮助，这与社交能力有关。

无论是学生还是教师，所有参与者都强调了接触大自然的重要性。在从事教学工作几年后，教师们更为明确地强调了将身处自然作为儿童全面健康发展和特定技能培养的一种方法的重要性。他们指出在自然环境中既有同样的体验，也有大量多样性的体验，这为儿童的语言表达和个人发展奠定了坚实的基础。

12.5.2　自尊和社交技能

缺乏自尊可能是抑郁和人格障碍的前兆（Marmot，2003；Mruk，2006）。Rickinson 等（2004）所做的文献综述发现，大量证据表明，探险项目和校园/社区项目对青年人看待独立性、自尊和自信、控制力、自我效能和应对策略等的态度、信念和感知产生积极影响，在校园/社区项目中，年轻人从户外学习中获得了责任感和归属感。

　　Burls（2007a）在伦敦的一个治疗性学习项目中发现，患有心理健康问题的成年人在自尊方面也有类似的发展模式（框图12.5）。从当前实践中的许多例子和与绿地相关的活动项目中都可以看出这一点。参与者可以学到：①与独立解决问题、合作、沟通有关的技能；②面对自我的挑战和变化；③承担个人责任；④更准确地评估自己，并对自己所处环境保持更高程度的控制。

框图12.5　英国的一个生态治疗型公共绿地

　　目的：野生动植物花园（Meanwhile Wildlife Garden）是一个治疗性的花园，是一个更大的公共绿地的一部分。这是一个位于伦敦市一个建成区内的线性公园。该项目旨在为野生动物创造栖息地，促进市中心地区的生物多样性，同时，它也是一个改善公众心理健康的资源。

　　活动：该项目主要针对有心理健康问题的成年人，所开展的活动对参与者有着预先确定的结果，自然空间既是一个治疗环境，也是一个重要的生态区域。生态教育和技能发展是各类活动的中心目标。参与者不仅是自然资源的"管理者"，而且他们还为自己和公众提供"自然健康服务"，同时学习新的技能。

　　结果：参与者开发出一种利用所有感官并关注个人整体的自我意识，他们通过为社区提供服务而成为其中的一员。其他益处包括通过体育活动提高参与者的运动技能和耐力、读写能力，以及社交技能并最终为他们提供新的就业机会。

　　经验：通过经验学习和引导反思的自我评价将治疗性输入贯穿其中，最终导致人们的身体、社会和心理健康的恢复，以及城市绿地的生态健康，从而实现社会的生态健康（Butler and Friel，2006）。

　　Dillon等（2005）发现，从事户外学习体验的教师和学生都意识到了参与所带来的个人和社会发展，如增强自信和自尊。Culter和Lleras-Muney（2007）通过对美国国家健康访谈调查结果的分析，检视了教育与健康间的关系，他们的一个发现是，受过教育的人患焦虑和抑郁的概率更小，对男人和女人来说情况相似。

　　很多户外学习都要求参与者作为团队的一部分与其他人一起工作。O'Brien和Murray（2007）对森林学校的研究发现，社交技能全面发展的特点是儿童更清楚地认识到自己的行为对他人的影响，例如，当一个孩子拨开一根树枝时，可能会打到另一个孩子的脸上。在一项有关年轻人通过户外学习与自然遗产间互动的研究中，Mannion等（2006）发现，年轻人很重视有趣但不压抑的户外学习，他们特别重视社交（与他人相处和工作）、活动与户外位置间的相互关系。Putnam（1995）定义的社会资本关注的是具有价值的、相互信任及互相帮助（称为互惠规范）的社会网络。有人假设，社会资本可能会影响健康行为，因此对体育活动等行为应采取健康的规范。Nicol等（2007）在研究苏格兰年轻人、教师、专业供应商和地方当局代表的观点时发现，年轻人特别重视能够让他们做一些新鲜事情、进行各种感官活动、亲近自然、进行"动手"实践活动，以及身处各种天气状况影响下的体验。Bond（2009）利用一系列研究概述了人们的行为是如何受到他人影响的，表明社会规范是通过朋友间相互传播的。Watts（2004）认为，在当地或小团体中灌输某些观念，如健康行为，可以使这些观念产生更为广泛的影响。这可能是通过户外学习的方式来实现的，在这种方式下，个人会受到群体、指导者和教师的社会规范的影响。

12.5.3　态度和行为

态度和行为的改变可以通过户外学习来实现。Rickinson 等（2004）在对户外学习的文献综述中发现，有一些户外项目的例子，如探险/荒野项目，可以促进积极的行为，改善身体自我形象和健康状况，可能为年轻人带来更健康的生活方式。Dillon 等（2005）在关于农村户外课堂的报告中指出，户外学习的结果包括了态度和情感、价值观和信仰，以及活动或行为的变化。

通过户外学习，儿童可能会变得依附于特定的空间，并对环境产生特定的兴趣。肖普韦尔林地健康项目（Chopwell Wood Health Project，CWHP）让英格兰北部 4 所学校的儿童每人 4 次到访林地，参加体育活动，并学习营养、健康饮食和减压的知识（O'Brien，2007）。对老师和家长的调查结果显示，孩子们开始询问他们的午餐是否有足够的水果和蔬菜，参加过这个项目和森林学校的孩子们对森林的热情促使他们的父母在周末会带一家人去森林休闲。场所感包括物理环境和人的体验，这个词经常用来指让一个地方变得特别或独特以培养人类依附感和归属感的特征。场所感源于当地居民和游客的强烈认知及其深深感受到的个性特征。自然环境会影响人们赋予某一场所的意义范围，同时人们也会将其特定的社会和文化经历融入到新场所的价值和意义中（Kahn and Kellert，2002；O'Brien，2007）。Peacock（2006）发现，学生们对他们在学校参与的国家信托网站项目有着持续的依恋，在该项目结束后，甚至在他们离开学校之后，他们仍会访问这些网站。培养一种场所感可以直接影响一种强烈的自我意识的建立。

户外教育活动可以满足不同文化群体观念和态度改变的需要，或者将不同种族的人聚集在一起。这可以改变自然空间的氛围，鼓励目标群体和主流群体的成员间建立健康的社会关系，并促进弱势群体和被社会排斥的人加入进来。在少数族裔中可能存在着潜在的知识和技能，例如，某些来自在日常生活中利用植物的社区群体，具有培育和保护自然环境方面的实际技能，可以与更广泛的社区分享。利用环境进行学习和治疗，可以从跨文化方法中受益匪浅，同时这种方法还可以促进技能、传统和知识的交流。

Nicol 等（2007）发现越来越多的证据表明，自然环境中的户外活动可以促进

健康和福祉，但他们认为，与健康和体育活动有关的问题尚未通过户外教育方法
得到充分发展。户外学习与健康本源学的概念密切相关（Antonovsky，1996），充
分强调了让儿童养成在大自然中活动的习惯和热爱大自然的重要性。

12.6　讨论和结论

　　在本章中，我们论证了户外自然学习可以带给人们健康和福祉的益处和结果
的两种潜在机制：①与自然的一般性接触，②在自然中积极"动手"的学习方法。
我们认为，不同国家、不同年龄组和不同类型的人都可以从中受益。然而，任何
健康和福祉的积累都将取决于各种因素，如户外学习的参与时间、人们的体验强
度、所教/所学内容，以及户外所学内容与人们生活其他领域间的联系等。

　　户外学习是室内教学的补充，目的是通过与自然环境、文化和社会的接触来
激发人们终身参与学习。户外学习是一个有潜力的值得支持和研究的领域，同时，
来自不同领域的批评也是十分重要的。有时会有这样一种假设：身处户外的学习
可以自然而然地获益，其目的并非贬低室内学习的重要性，而是主张户外学习是
室内学习的重要补充。本章提出的论点强调了户外学习的重要性，这反过来会对
从业者、政策制定者和研究人员产生了影响。有人认为，户外教育和学习可以成
为终身学习、健康和福祉，以及建设生态可持续社会的重要激励因素。

　　随着政府、个人和非政府组织对自然和绿地教育的兴趣日益增加，相关的研
究需求也随之增加，因此，提高户外教育和学习的质量和数量至关重要（Rickinson
et al.，2004）。使户外教学成为教师教育的一个必修部分，是利用自然、林地和绿
地进行户外学习并确保学习质量的一种有效途径。户外教学往往与教师个体密切
相关（Limstrand，2003）。来自挪威和瑞典的研究表明，开展户外教育（udeskole）
的教师（框图12.6）通常是具有户外休闲经验的忠实爱好者（Ericsson，1999；
Lunde，2000；Limstrand，2001）。Dahlgren和Szczepanski（1998）认为，户外教
育是一种将经验、概念和理论知识结合起来，让课程的意图变得更加生动的重要
工具。然而，不同国家对其重要性的认识程度不同，往往取决于某一国家的文化
中人们从小与自然的接触程度。

　　另一种办法是为公民、学校和教师建立支撑结构，地方当局提供支撑的政治
意愿被视为提供户外学习的一个重要因素。在大自然中度过时光并不总是现代西
方文化中显而易见的一部分，但人们可以感受到激励他们去户外活动的各种措施，
更重要的是，社会为所有人创造了这种机会，包括残疾人、老年人、少数族裔和
久坐不动的人。Ward Thompson等（2008）的研究强调了儿童时期使用绿地的重
要性，他们发现儿童时期频繁到访绿地与成年后使用绿地的可能性间存在着密切
的关系。以儿童和年轻人为重点的户外教育方法可能会培养人们对进入这些空间

框图 12.6　丹麦的户外教育

目的： 户外教育（udeskole）采用以学生为中心的教学法，强调直接经验、体验式学习和基于问题的学习（Jordet，2007）。udeskole 的定义是："户外学校是一种把日常学校生活中的一部分转移到附近的户外环境中的教学方式，户外学校让学生们有可能运用他们所有的感官，产生与自然接触的个人体验。户外学校为活动、自发式发展和玩耍提供了空间"。

活动： 一系列以实践和直接体验为重点的活动。

结果： 虽然 udeskole 主要集中在教育和学习上，但这些户外活动对健康和福祉有着特殊的益处。丹麦的一个用加速计测量身体活动水平的案例研究表明，如果将室内和室外学习环境结合使用，体育活动的水平会显著增加。与正常的教学日相比，户外教学使学生的平均活动水平提高了一倍多。

经验： 提供了大量的学习机会。

进行终身活动的兴趣。

明确户外教学的个人和组织障碍也是十分重要的。改善自然的可及性为开展教学提供了重要的机会。学校、教师与地方政府及绿地管理者间的合作是解决自然可及性问题的一种方式。

景观规划人员和管理者的作用也不应被低估。绿色部门可以支持和协助社会、教育和卫生部门，因此，这些部门间的合作可以解决诸多与户外学习有关的挑战。本章中给出的示例显示了利用身边的自然资源的潜力。

我们有必要对户外学习进行更多的研究。尽管老师、父母和指导者从一些证据中了解了户外活动对学习、健康和福祉的影响，但纵向的研究项目目前还不多见。尽管人们对户外学习越来越感兴趣，相关的知识体系也不断涌现，但仍有一些领域需要做更深入的调查研究。本章的总体结论是，户外学习可以对社会、一系列有不同需求的人的健康和福祉，以及生态系统的可持续性产生重要影响。

总之，以下几个方面对于推进户外教育和学习尤为重要。

12.6.1　实践

● 培训是很重要的，通过培训户外教育经验很少的教师就可以更好地适应教学和组织户外活动；

● 重建校园和游乐区的自然环境；

● 通过一系列欧洲和国际项目（如生态学校），增强亲近自然的感觉和对可持续发展概念的理解；

● 推广户外学习的益处，其中包括许多关键要素，如体育活动、精神福祉和社会联系。

12.6.2　政策

- 尽可能确保每个人都有户外学习的机会；
- 改善学校、教育机构与参与户外学习的机构间的联系；
- 承认需要提供支撑，因为促进户外学习并为所有儿童（不论文化、族裔和是否残疾）提供机会是一项挑战；
- 政策应将户外学习及其对更广泛的政策议程（包括健康）的重要性准确传达出来；
- 制定政策，明确附近森林和绿地对户外教育和学习，以及健康和福祉的重要性。

12.6.3　研究

- 需要关注不同的户外活动对学习的影响方式是不同的；
- 需要关注能够对健康和福祉产生影响的户外教育和学习活动的类型；
- 开发评估数据，以探索长期以来人们对自然环境的态度和价值观的形成或变化；
- 更好地了解如何将户外学习与学校课程相整合，包括准备工作，以及户外活动的后续工作；
- 由于缺乏对学习成果、个人和社会发展成果，以及健康和福祉成果的评估，这个行业处于弱势地位，无法充分说明户外教育的益处。因此，需要进行良好的评估和纵向研究，以探索各种益处随时间的变化；
- 需要进行行动研究，将学习和良好实践融入日常的方法中。

参 考 文 献

Adams P (2006) Exploring social constructivism: theories and practicalities. Education 3–13(34):243–257

Andkjær S (ed) (2005) Friluftsliv under forandring – en antologi om fremtidens friluftsliv. (Friluftslive in change – an anthology about the friluftslive of the future). Bavnebanke, Gerlev

Andkjær S (2006) Outdoor education in Denmark – different practices, different pedagogical methods and different values. Book of abstracts. Widening Horizons, Diversity in Theoretical and Critical Views of Outdoor Education

Antonovsky A (1996) The salutogenic model as a theory to guide health promotion. Health Promotion International 11:11–18

Berman M, Jonides J, Kaplan S (2008) The cognitive benefits of interacting with nature. Psychol Sci 19:1207–1212

Bird W (2004) Natural fit: can green space and biodiversity increase levels of physical activity. Report for the Royal Society for the Protection of Birds, Bedfordshire

Bond M (2009) Three degrees of contagion. New Scientist, 3rd January, pp 24–27

Bredekamp S, Knuth RA, Knuesh LG, Shulman DD (1992) What does research say about early childhood education. NCREL, Oak Brook

Butler CD, Friel S (2006) Time to regenerate: ecosystems and health promotion. PloS Medicine 3(10):394

Burls A (2007a) People and green spaces: promoting public health and mental well-being through ecotherapy. J Pub Ment Hlth 6(3):24–39

Burls A (2007b) With nature in mind. Mind Publications, London

Burls A (2008) Seeking nature: a contemporary therapeutic environment. Therapeut Commun 29(autumn 2008)

Canada Public Health Association (2009) The link between education and health. http://www.cpha.ca/en/about/provincialassociations/saskatchewan/skarticles/skart0.aspx. Accessed on 13 Jan 2009

Carter C (2007) Offenders and nature: helping people-helping nature. Report to the Forestry Commission, Edinburgh

Chawla L (2006) Learning to love the natural world enough to protect it. Barn 2:57–77

Cooper G (2005) Disconnected children. ECOS 26(1):26–31

Culter DM, Lleras-Muney A (2007) National policy centre's brief 9: education and health. University of Michigan, Ann Arbor

Dahlgren LO, Szczepanski A (1998) Outdoor education – literary education and sensory experience. An attempt at defining the identity of outdoor education. Linkopings Universitet, Linkoping, Skapande Vetande

Dewey J (1938/1997) Experience and education. Macmillian, New York

Dillon J, Morris M, O'Donnell L, Reid A, Rickinson M, Scott W (2005) Engaging and learning with the outdoors – the final report of the outdoor classroom in a rural context action research project. National Foundation for Education Research, Berkshire

Economic and Social Research Council (2007) Does better education mean better health? http://www.esrc.ac.uk/ESRCInfoCentre/about/CI/CP/the_edge/issue18/better_education.aspx?ComponentId=7980andSourcePageId=8076 Accessed on 13 Jan 2009

Ericsson G (1999) Why do some teachers in Sweden use outdoor education? M.A. Thesis in Education, University of Greenwich

Ferrini F (2003) Horticultural therapy and its effect on people's health. Adv Hortic Sci 2:77–87

Fjørtoft I (2004) Landscape as playscape: the effects of natural environments on children's play and motor development. Child Youth Environ 14:23–44

Fjørtoft I, Sageie J (2000) The natural environment as a playground for children: landscape description and analyses of a natural playscape. Landscape and Urban Planning 48:83–97

Gardner H (1983) Frames of mind: the theory of multiple intelligences. Basic Books, New York

Gardner H (1999) Intelligence reframed. Multiple intelligences for the 21st century. Basic Books, New York

Grahn P (1996) Wild nature makes children healthy. Swed Build Res 4:16–18

Gugerli-Dolder B, Hüttenmoser M, Lindenmann-Matthies P (2004) What makes children move. Verlag Pestalozzianum, Zürich

Hartig T, Mang M, Evans GW (1991) Restorative effects of natural environment experiences. Environ Behav 23:3–26

Hilmo I, Holter K (2004) På jakt etter skogens kongle. (How to find the cones in the wood). Report from Oslo University College No. 31

Hilmo I, Holter K, Langholm G (2006) Naturfagsnikksnakk. Barnehagefolk No. 4

Jordet AN (1998) Nærmiljøet som klasserom. Uteskole i teori og praksis. (Local community as classroom: Uteskole in theory and practice). Cappelen, Oslo

Jordet AN (2007) "Nærmiljøet som klasserom" En undersøkelse om uteskolens didaktikk i et dannelsesteoretisk og erfaringspedagofisk perspektiv. (Nearby areas as classroom: an investigation of the didactics of outdoor education). Ph.D. Thesis, Faculty of education, University of Oslo

Kaarby KM, Eid NE, Ronny L (2004) Hvordan påvirker naturen barns lek. (Children's play in nature). Barnehagefolk No. 4

Kahn P (1997) Development psychology and the biophilia hypothesis: children's affliation with nature. Dev Rev 17:1–61

Kahn P (1999) The human relationship with nature: development and culture. The MIT Press, Cambridge, MA

Kahn P, Kellert S (eds) (2002) Children and nature: psychological, socio-cultural and evolutionary investigations. The MIT Press, Cambridge, MA, pp 29–64

Kaplan S (1995) The restorative benefits of nature: toward an integrative framework. J Environ Psychol 15:169–182

Kellert S, Wilson E (1993) The biophilia hypothesis. Island Press, Washington, DC

Kolb DA (1984) Experiential learning. Prentice-Hall, Englewood Cliffs, NJ

Limstrand T (2001) Uteaktivitet i grunnskolen. Realiteter og udfordringer. Master Thesis, University of Oslo

Limstrand T (2003) Tarzan eller sytpeis. En undersøkelse om fysisk aktivitet på ungdomsskoletrinnet. Forskningsrapport i forbindelse med projektet Ut er In-ung

Lovell R (2009) An evaluation of physical activity at Forest School. Research Note for Forestry

Commission Scotland, Edinburgh

Louv R (2005) Last child in the woods. Saving our children from nature-deficit disorder. Algonquin Books, New York

Lunde GA (2000) Uteskole – fra ide til praksis. Master Thesis, University of Oslo

Mannion G, Sankey K, Doyle L, Mattu L (2006) Young people's interaction with natural heritage through outdoor learning. Scottish Natural Heritage, Report No. 255, Edinburgh

Marmot M (2003) Self esteem and health: autonomy, self esteem and health are linked together. Brit Med J 327:574–575

Milligan C, Bingley A (2007) Restorative places or scary spaces? The impact of woodland on the mental well-being of young adults. Health Place 13:799–811

MIND (2007) Ecotherapy – the green agenda for mental health. http://www.mind.org.uk/ mindweek2007/report/. Accessed 13 Jan 2009

Mruk C (2006) Self esteem research theory and practice: towards a positive psychology of selfesteem. Springer, New York

Museums, Libraries, Archives Council (2004) What are learning outcomes? http://www. inspiringlearningforall.gov.uk/measuring_learning/learning_outcomes/default.aspx. Accessed 17 Jan 2009

Nail S (2008) Forest policies and social change in England. Springer, New York

Nicol R, Higgins P, Ross H, Mannion G (2007) Outdoor education in Scotland: a summary of recent research. Scottish Natural Heritage and Learning and Teaching Scotland, Edinburgh

Norris S (2004) The extinction of experience. Conserver Spring

O'Brien L, Snowdon H (2007) Health and well-being in woodlands: a case study of the Chopwell Wood Health Project. Arboricult J 30:45–60

O'Brien L, Tabbush P (2005) Accessibility of woodlands and natural spaces: addressing crime and safety issues. Forest Res, Farnham

O'Brien L, Murray R (2006) A marvellous opportunity for children to learn. A participatory evaluation of Forest School in England and Wales. Forest Research, Surrey

O'Brien L, Murray R (2007) Forest School and its impacts on young children: case studies in Britain. Urban Forest Urban Green 6:249–265

Peacock A (2006) Changing minds: the lasting impact of school trips. University of Exeter, Exeter

Petts J, Horlick-Jones T, Murdock G, Hargreaves D, McLachlan S, Loftstedt R (2000) Social amplification of risk: the media and the public. Report of workshop. University of Birmingham. Health and Safety Executive, Suffolk

Piaget J, Inhelder B (1962) The psychology of the child. Basic Books, New York

Pretty J, Griffin M, Peacock J, Hine R, Sellens M, South N (2005) A countryside for health and well-being: the physical and mental health benefits of green exercise. Report for the Countryside Recreation Network, Sheffield

Putnam R (1995) Bowling alone: America's declining social capital. J Democracy 6:65–75

Rickinson M, Dillon J, Teamey K, Morris M, Choi M, Sanders K, Benefield P (2004) A review of research on outdoor learning. Field Studies, Shrewsbury

Ross CE, Wu C (1995) The links between education and health. Am Sociol Rev 60:719–745

Scottish Government (2004) A curriculum for evidence: the curriculum review group. Scottish Government, Edinburgh

Scottish Government (2008) Good places, better health: a new approach to environment and health in Scotland. Scottish Government, Edinburgh

Smith C (1962) Translation of the phenomenology of perception by Mercleau-Ponty 1945. Humanities Press, New York

Steiner R (1904) Theosophy an introduction to the supersensible knowledge of the world and the destination of man. Anthroposophic Press, Virginia

Steiner R (1990) Study of man. Rudolf Steiner Press, London

Taylor Faber A, Kuo FE, Sullivan WC (2001) Coping with ADD: the surprising connection to green play settings. Environ Behav 33:54–77

Ulrich RS, Simons RT, Losito BD, Fiorito E, Miles MA, Zelson M (1991) Stress recovery during exposure to natural and urban environments. J Environ Psychol 11:201–230

Valentine G (1996) Angels and devils: moral landscapes of childhood. Environ Plan D Soc Space 14:581–599

Vygotsky L (1986) Thought and Language. The MIT Press, Cambridge, MA/London

Ward Thompson C, Aspinall P, Montarzino A (2008) The childhood factor: adult visits to green places and the significance of childhood experience. Environ Behav 40:111–143

Watts D (2004) The new science of networks. Ann Rev Sociol 30:243–270

Weldon S, Bailey C, O'Brien L (2007) New pathways for health and well-being: research to understand and overcome barriers to accessing woodland. Report to Forestry Commission Scotland, Edinburgh

Wilson E (1984) Biophilia: the human bond with other species. Harvard University Press, Harvard

第五部分

森林与健康的政策经济学

第 13 章　从经济学角度衡量绿地的健康效益 [①]

肯·威利斯（Ken Willis），鲍勃·克拉布特里（Bob Crabtree）

摘要：绿地对健康的益处包括增加体育锻炼导致的冠心病、脑血管病（中风）和结肠癌发病率的降低，压力减轻的心理益处，以及改善空气质量导致的呼吸系统疾病的减少。本章量化了体育锻炼的增加导致的死亡率和发病率的降低；概述了评估可预防死亡和疾病的各种经济学方法，估计了减少 1% 久坐不动人口所产生的健康效益的经济价值，以及树木减少空气污染对健康的益处。估计经济效益的一个主要问题是将绿地与那些需要体育锻炼以改善健康的人的锻炼量的增加联系起来。此外，本章还对绿地的选址问题进行了分析，得出了一些有益健康的政策性结论。

13.1　简介

本章作为对 CJC 咨询公司（Consulting CJC，2005）早期更详细研究的进一步扩展，从经济学角度评估了与绿地相关的健康效益的量化范围。健康的益处可能包括增加体育活动的机会，减轻心理压力，同时改善心理健康，减少与空气污染有关的健康问题等。我们对这些效益分别进行量化，以便与这些效益的提供成本进行比较。在此，提供成本包括通过植树或创建开放空间拓展资源所需的投资，以及提高现有绿地的可及性和使用率（包括有组织的健康项目）的投资。

这种系统的经济学方法与以往大量基于关联效应的研究形成了对比。例如，Mitchell 和 Popham（2008）分析了英格兰的死亡率与绿地接触间的关系。在消除收入差异后，他们发现，与绿地接触的人群中各种原因的死亡率和患循环系统疾病的死亡率都很低，也就是说，较高的绿化率（尤其是在住宅区），与各种原因导

---

①K. Willis（✉）

泰恩河畔纽卡斯尔大学建筑、规划和景观学院，泰恩河畔纽卡斯尔，伦敦，e-mail: ken.willis@newcastle.ac.uk

B. Crabtree

CJC 咨询公司，南沼路 45 号，牛津，伦敦，e-mail: rcrabtree@cjcconsulting.co.uk

致的患循环系统疾病的死亡率较低有关。Ellaway 等（2005）发现，居住环境中较高的绿化水平和较少的涂鸦和垃圾分布与居民的体育锻炼状况有关，与他们的超重和肥胖无关。高"绿色"环境中的居民经常进行体育锻炼的概率是低"绿色"环境中居民的 3.3 倍。相比之下，Sugiyama 等（2007）发现，与绿色为邻的感知与心理健康的关系比与身体健康的关系更为密切。

然而，这些研究仍具有一定的局限性，因为它们没有对发现的关联效应加以解释，并且受到绿地"质量"和不同地区人口社会和经济特征变化的复杂影响（例如，Nielsen and Hansen，2007），也没能为绿地的额外投资提供决策依据。

13.2　体育锻炼的益处

英国卫生署（Department of Health，2004b）在其报告中提供了有关体育活动及其对健康影响的证据。据估计，英格兰每年因体育活动量不足导致的健康成本为 82 亿英镑，肥胖症中的运动不足因素导致的额外成本为 25 亿英镑。《公共健康白皮书》将"减少肥胖"、"增加锻炼"和"改善心理健康"列入六个首要优先事项中（Department of Health，2004a），并制定了一项体育活动行动计划（Department of Health，2005）。卫生署（Department of Health，2004b）将重点放在体育锻炼的预防作用上，并得出结论：对于总体健康状况而言，每周五天或五天以上每天至少 30 分钟的中等强度体育锻炼可降低心血管疾病和某些癌症导致的过早死亡的风险。据估计，目前在英国只有约 37% 的男性和 25% 的女性可以达到这一运动水平（Joint Health Survey Unit，1999），23% 的男性和 26% 的女性久坐不动（每周中等强度运动的时间少于 30 分钟）（POST，2001）。公众可及的绿地（如林地）可以增加人们开展体育活动的机会。

研究表明，增加运动量主要会降低以下疾病的发病率。

● 冠心病：不运动的人患冠心病的风险几乎是运动的人的两倍，说服久坐不动的人进行规律的轻度运动（如散步）可以将冠心病的死亡率降低 14%。

● 脑血管疾病（中风）：增加体育运动可以将中风病人的数量降低 25% 左右，尽管现有的数据尚不能确定体育运动与中风间的关系（National Centre for Chronic Disease Prevention and Health Promotion，1999）。

● 癌症：体育运动可以降低患某些类型癌症的风险，久坐不动的人患结肠癌的风险是运动最积极的人的三倍。

Bender 等（1999）记录了肥胖对不同年龄组标准化死亡率（standardized mortality ratio，SMR）的影响。对于 50~74 岁年龄组，体重指数（body mass index，BMI）大于等于 25 但小于 32 时与死亡率无关。但在高 BMI 人群中，SMR 确实会显著增加。因此，在降低死亡率方面的健康益处将主要流向那些进行额外体育活动的中度或重度肥胖者，以及那些除了进行体育锻炼之外采用其他方法减肥的人。

13.3　健康效益的经济学分析方法

绿地的健康效益可以用以下方法进行量化。

● 成本效果分析（cost effectiveness analysis，CEA）：评估与以物理术语衡量的健康影响（如避免死亡的人数和避免疾病发作的次数）有关的成本。

● 成本效用分析（cost utility analysis，CUA）：评估与效用（而非效益的货币估量）有关的成本。健康改善的效用（0=死亡到 1=完美健康）通常采用标准参照博弈法（standard reference gamble，SRG）或质量调整生命年（quality adjusted life years，QALY）来估计。QALY 是将健康状况不佳的一年换算成健康状况良好的一段时间（参见 Sox *et al.*，1988；Drummond *et al.*，2005）。

● 成本效益分析（cost benefit analysis，CBA）：从经济或货币角度评估健康改善的方法。

本章主要介绍 CBA。早期的 CBA 研究采用了"人力资本"方法来度量健康效益。针对可避免的疾病和死亡价值的人力资本方法是基于这样一个概念，即发病率和过早死亡导致个体的经济产出损失。这种机会成本的方法可以很容易地评估从事经济活动的人因健康状况不佳和过早死亡而造成的产出损失。但很明显，在这种方法中，不从事经济活动的人（如儿童、家庭主妇和退休人员）的可预防死亡不会造成产出损失，因为其死亡不会减少统计到的国内生产总值。然而，非劳动人口也提供了一些经济效益，如儿童保育、家务劳动等，但这些利益并未在市场上得到计量。此外，这些人也愿意花钱以避免疾病和过早死亡的风险。这些缺陷使得人力资本方法在理论上缺乏吸引力，因此，已被基于个人支付意愿（willingness-to-pay，WTP）以避免死亡或受伤风险的方法所取代，这可以采用如下方法加以度量。

● 保险：人们愿意为某项风险支付的保险费（Freeman and Kunreuther，1997）。

● 享乐主义工资模型：估计额外风险的工资溢价（Marin and Psacharopoulos，1982；Viscusi and Aldy，2003；Black and Kniesner，2003）。

● 条件估值：要求人们说明他们愿意为减少或避免风险支付的费用，或者反过来说，他们愿意为改善健康支付的费用（Krupnick *et al.*，2002；Van Houtven *et al.*，2006）。

● 选择实验：人们在各种健康收益与成本间进行权衡（Ryan and Skåtun 2004；Cameron *et al.*，2008）。

最近的研究大多使用条件估值法和选择实验来评估人们在降低各种疾病导致

的死亡和疾病风险方面的支付意愿，以及评估人们对健康改善的支付意愿。

13.4　量化体育活动对健康的益处

体育活动增加对健康的影响可以用消除疾病的人口占总人口的比例来估计。

13.4.1　死亡人数的降低

体育活动增加的影响研究总是使用人群归因分数（population attributable fraction，PAF）或疾病负担的其他度量标准来估计由特定危险因素引起的死亡比例，PAF 表示如果移除人们的暴露风险，疾病消除人数所占的比例。PAF 是某一疾病的实际死亡人数，减去如果所有人都经常参加体育活动的情况下某一疾病的死亡人数，再除以该疾病的实际死亡人数。

体育活动对死亡和避免入院的影响取决于久坐不动人口的比例。斯韦尔斯（Swales，2001）估计了北爱尔兰体育锻炼增加对健康的影响。他假设 20% 的人是久坐不动的（这增加了早死或冠心病、中风和结肠癌的风险），在对缺乏体育活动的人患冠心病、中风和结肠癌的相对风险进行假设的基础上，他估计由于缺乏体育活动导致这三类疾病的额外死亡人数为冠心病 1271 人，中风 709 人和结肠癌 82 人，总计 2062 人；如果久坐率为 15%，则相应的额外死亡人数将为 1031 人、600 人和 65 人，总计 1696 人。由于北爱尔兰受益于体育活动政策（与英国其他地方一样的政策）的人口比例不得而知，斯韦尔斯假设在北爱尔兰的体育活动策略会使久坐人口比例减少 5%，即从人口的 20% 减少到 15%，那么结果将会减少 366 例死亡（=2062–1696）。

额外死亡的计算需要估计 PAF 和每种疾病的相对风险（relative risk，RR）。相对风险具有不确定性：不同的研究对某类疾病会给出不同的估计值。此外，相对风险取决于"有-无"的判断，即参与体育锻炼的与不参与体育锻炼的对比。例如，对于结肠癌，美国卫生和公众服务部（U.S. Department of Health and Human Services，1996）发现取决于不同比较标准的相对风险均值通常具有相当宽的置信区间（CI）：相对于工作和休闲时活动最多的人群，活动最少的人群的 RR=3.6（95%CI：1.3～9.8）；相对活动量（工作和休闲）高的人群，活动量低的人群的 RR=1.8（95%CI：1.0～3.4）；相对活动的人群，久坐的人群中男性的为 RR=1.6（95% CI：1.1～2.4），女性的 RR=2.00（95% CI：1.2～3.3）。一些研究对年龄、性别、BMI（体重指数）、吸烟、饮食（各种因素，如能量摄入、纤维、蛋白质、脂肪等）等一个或多个混杂因素进行调整后计算 RR，而另一些研究则未做调整，因此结果也有很宽的统计置信区间（CI），可见冠心病、中风和结肠癌的相对风险率存在着一些不确定性。

我们假设唯一受益的人群是久坐不动的人；与活动人群相比，久坐不动者患结肠癌的相对风险值为 1.6（考虑到受益人群实际上不可能变得积极地参与活动，而只会变得不规律地参与活动），这一值略低于 Swales（2001）给出的结肠癌相对风险值 1.8，但比美国一些研究中采用的值要高。Walker 和 Colman（2004）在新斯科舍省哈利法克斯的一项研究中使用的结肠癌的相对风险值为 1.4。Swales（2001）给出的冠心病和中风的相对风险值分别为 2.0 和 3.0，我们对冠心病的相对风险值也采用 2.0，但对于中风则采用 1.4。国家慢性病预防和健康促进中心（National Centre for Chronic Disease Prevention and Health Promotion，1999）得出结论，由于病理生理的不同，体育活动可能不会以相同的方式影响缺血性和出血性中风。因此，报告指出，现有的数据并未明确支持体育活动与中风风险间的关联，而一些研究则认为体育活动与中风间存在着负相关关系。Walker 和 Colman（2004）使用的中风相对风险值也为 1.4，而 Bricker 等（2001）对不活动人群使用的中风相对风险值为 1.6。目前没有按年龄组划分的相对风险数据，因此，按照 Swales（2001）的研究，对每种疾病而言，对缺乏体育活动的每个年龄组研究者都采用了同样的相对风险值。

根据上述冠心病、中风和结肠癌的相对风险值，我们采用久坐率 23%（男性）和 26%（女性）来计算 PAF。通过每种与缺少运动有关的疾病引起的死亡数乘以该疾病的 PAF，估算出因缺少运动引起的可避免的死亡人数。

这项对整个英国的分析表明，由于缺少体育锻炼，每年因冠心病的额外死亡数为男性 12 055 人，女性 10 931 人，总计为 22 992 人（表 13.1）。请注意，额外死亡数随着年龄的增长而增加，因此在老年群体中，额外死亡的比例会更高。

表 13.1　英国因冠心病死亡的男性与女性人数统计

	所有年龄	<35	35~44	45~54	55~64	65~74	75+
男性							
人口数	28 581 233	13 420 047	4 334 429	3 854 688	3 061 093	2 300 533	1 610 443
死亡数	64 473	131	950	3 376	8 035	16 426	35 555
额外死亡数	12 055	24	178	631	1 502	3 072	6 648
女性							
人口数	30 207 961	13 255 941	4 442 961	3 921 713	3 157 716	2 635 541	2 794 089
死亡数	53 003	45	191	735	2 406	8 035	41 591
额外死亡数	10 937	9	39	152	496	1 658	8 582

注：英国国家统计署（National Statistics，2002）《2001 年人口普查：英格兰和威尔士第一次人口调查结果》。伦敦（英国）国家文书出版署（人口）。英国心脏基金会（British Heart Foundation，2004）统计数据库。www.heartstats.org（按死因、年龄和性别分列的死亡人数）[国家统计署 2003 年的报告数据（Office for National Statistics，2003）]。按原因和居住地登记的死亡人数（个人通讯）；苏格兰注册总局（Scotland General Register Office，2003），北爱尔兰注册总局（Northern Ireland General Register Office，2003）

对脑血管疾病（中风）和结肠癌进行的类似计算表明：除了 22 992 例因体育活动量不足而导致的患冠心病的额外死亡人数外，由于缺少体育运动，每年因中风的额外死亡人数为 6093 人，结肠癌 2069 人。

13.4.2　可避免的死亡人数

通过提供绿地而增加体育活动可避免的死亡人数取决于绿地诱导久坐人口开展体育活动的程度。遗憾的是，在能够可靠地估计久坐人口比例减少的效果前，必须扩展和加强对提供绿地所导致的锻炼概率的研究（例如，Ellaway *et al.*，2005）。如果增加绿地将男性久坐人口比例从 23% 降低到 22%，女性从 26% 降低到 25%，那么整个英国每年将会拯救 1063 条因冠心病、中风和结肠癌而丧失的生命（表 13.2）。

表 13.2　英国通过增加绿地降低久坐人口比例（男性从 23% 降低到 22%，女性从 26% 降低到 25%）进而避免的死亡人数统计

	所有年龄	<35	35~44	45~54	55~64	65~74	75+
冠心病							
避免死亡的男性	429	1	6	22	54	109	237
避免死亡的女性	336	0	1	5	15	51	264
中风							
避免死亡的男性	85	0	1	2	5	16	61
避免死亡的女性	138	0	1	2	4	13	118
结肠癌							
避免死亡的男性	41	0	1	2	7	12	19
避免死亡的女性	34	0	0	1	4	8	21
合计	1063	1	10	34	89	209	720

然而，75 岁以上的人不太可能有同样数量的人有能力或被诱导每周进行五次推荐量的体育锻炼。因此，根据 Swales（2001）的研究，我们可能要人为地排除体育锻炼对这些老年人的潜在益处。如果这样做的话，久坐人口比例每减少 1%，就只能挽救 343 条冠心病、中风和结肠癌病人的生命。然而，鼓励 75 岁以上的久坐老人增加体力活动也是可能的。Brown 等（2000）对不同年龄段女性的体育活动水平进行的一项研究表明，低至中等水平的体育运动对所有年龄段的女性都有一系列的健康益处。Munro 等（1997）也从现有的证据得出结论，65 岁以上老人参加体育活动对英国国家医疗服务体系（National Health Service，NHS）来说是具有成本效益的。

13.4.3 发病人数的降低

英国国家统计署（Office for National Statistics，2000）对英格兰和威尔士 211 名全科医生和按年龄和性别分列出的 140 万名冠心病和中风发病患者（占人口的 2.6%）进行了抽样调查，将各年龄组的冠心病和中风人数应用于英国人口年龄分布，得出了整个英国的估计数（表 13.3）。

表 13.3　按年龄和性别统计的冠心病发病情况（英国）

年龄	0~34	35~44	45~54	55~64	65~74	75~84	85+	CR	ASR
冠心病男性									
比率/1 000 人	0.1	4.9	30.2	94.5	184.0	230.5	233.8	42.0	37.2
病例数	1 342	21 239	116 412	289 273	423 298	299 744	72 486		1 223 794
额外发病数	9	142	776	1 928	2 821	1 997	483		8 155
冠心病女性									
比率/1 000 人	0.1	1.7	13.0	49.3	111.5	166.6	180.0	32.4	21.9
病例数	1 325	7 553	50 982	155 675	293 863	329 879	146 524		985 802
额外发病数	8	48	324	988	1 866	2 094	930		6 259
中风男性									
比率/1 000 人	0.2	0.5	1.2	3.5	8.1	16.3	20.5	2.3	2.0
病例数	2 684	2 167	4 626	10 714	18 634	21 197	6 356		66 377
额外发病数	9	7	16	36	63	71	21		223
中风女性									
比率/1 000 人	0.2	0.4	0.9	2.0	5.4	11.3	20.4	2.2	1.4
病例数	2 651	1 777	3 530	6 315	14 232	22 375	16 606		67 486
额外发病数	9	6	12	21	47	74	55		222

注：比率来自国家统计署（Office for National Statistics，2000）；年龄统计来自 2001 人口普查；CR（crude rate）=粗略率（所有年龄）；ASR（age standardised rate）=年龄标准化率（所有年龄）；病例数和额外发病数均为估计值

我们可采用同样的方法来估算额外发病人数，并据此计算额外死亡人数。假设相对风险、发病率或风险相同，适用于死亡率的久坐不动人口比例的变化同样适用于发病率，据此计算得出额外发病病例数（excess morbidity cases，EMC）（表 13.3）。如果绿地使久坐的人口中男性和女性所占比例各下降了 1%，那么将使英国的冠心病发病人数减少 14 414 例，中风发病人数减少 445 例。同样，如果将 75 岁以上的老年人排除在计算之外的话，冠心病和中风发病人数的减少值分别为 8910 例和 224 例。一项类似的分析结果表明，久坐不动人口减少 1%，结肠癌发病人数将减少 137 例。

13.5　死亡人数和发病人数降低的价值评估

13.5.1　死亡人数降低

可避免的疾病和死亡给社会带来的利益和成本包括避免疾病和死亡的效用损失或 WTP，加上通过避免痛苦给家庭成员和朋友带来的非金钱的利益和成本。英国和其他国家已经建立了一些所挽救的统计寿命的价值（value of a statistical life，VOSL），即可预防死亡的价值（value of a preventable fatality，VPF）的 WTP 估计方法及发病率降低的价值估计方法。

VPF 最初于 20 世纪 80 年代中期在英国建立，当时人力资本方法已被 WTP 方法取代用来评估避免死亡的风险。Jones-Lee 等（1985）采用条件估值（contingent valuation，CV）方法对小幅度降低（已经很低）的交通事故概率和死亡率时人们的支付意愿（WTP）进行了评估，评估中有相当数量的 WTP 响应与风险变化的大小不一致或保持不变，WTP 平均值的标准离差非常大。自这项研究以来，CV 方法学有了很大的进步（见 Bateman *et al.*，2002；Haab and McConnell，2002），其应用将提高任何新研究的准确性和稳健性。然而，政府接受了避免死亡风险的方法和相应的 WTP 值，并从那时起［根据国内生产总值（GDP）的增长加以更新］一直用于评估交通运输方面可预防的死亡人数，而且在适当调整后也用于其他经济领域（Treasury，2009）。

政府用于交通事故死亡的 VPF 为 131.2 万英镑（2003 年第三季度价格），这包括人力成本、产出损失和医疗成本（表 13.4），这些值可以使用英国 GDP 平减指数更新为当前价格（见 http://www.hm-treasury.gov.uk/data_gdp_index.htm）。

这些值是在交通事故背景下得出的。VPF 的值适用于其他情况下避免死亡的价值，例如，被健康和安全执行局（Health and Safety Executive，HSE）用于与工作相关的死亡。道路交通事故的 VPF 值经过加权，以反映对不同死亡类型的认知性心理厌恶，这些死亡类型与风险的自愿性、风险的即时性、专家知识和个人控制、风险的新奇性、后果的长期灾难性、共同的恐惧和严重性相关。然而，对于如何调整基本的 VPF 值来反映对不同死亡类型的认知心理厌恶尚未达成一致。健康和安全执行局、环境部、食品和农村事务部、交通运输部、内政部和英国财政部联合委托 Chilton 等（2002）进行研究，以评估 VPF 的估计值是否会受到不同风险维度的影响，包括数量（在单次事件中死亡的数量）、个人控制（人们对风险的个人控制程度）、自愿性（人们在面对风险时有多少选择）、媒体关注度（风险受到多少媒体的关注）、专家知识（专家对风险的了解程度）、不安（人们对风险的不安程度）、每年死亡人数（每年因各种风险而死亡的人数）、受影响的年龄组（受影响人的年龄），以及家庭益处（安全计划对受访者及其家庭的益处）。研究表明，在不同的风险背景中预防死亡之间的权衡远没有人们想象的那么明显（VFP 在不同背景中的变化不足 20%）（见 Chilton *et al.*，2002）。

那么，表 13.4 中的数值是否可以用来估算额外死亡和通过更多的体育活动减少疾病的值？这些值可能会因恐惧（针对特定风险或死亡类型）、自愿性和上述其他因素而有所不同。恐惧效果因死亡原因而存在着很大差异。对预期效用最大化者而言，Chilton 等（2006）将恐惧效果值（相对于步行）确定为步行事故 1.0、家中事故 0.81、汽车驾驶员/乘客事故 1.67、铁路事故 8.65 和公共场所火灾 5.80。然而，这些恐惧效果的负效用会被这些事故较低的基线风险所抵消（行人为 5000 万分之 800、铁路事故为 5000 万分之 40、公共场所火灾为 5000 万分之 30）。遗憾的是，这些恐惧效果针对的是事故而不是疾病造成的死亡。

表 13.4　可预防的死亡、事故和疾病的估值

	描述	估值（2003 年第三季度价格）/英镑
死亡		1 312 260
伤害：		
永久丧失行为能力	中度至重度疼痛持续 1～4 周，此后有些疼痛会逐渐减轻，但在参加某些活动时可能会复发，对休闲和可能的工作活动产生了一些永久性的限制	207 200
严重	轻度至中度疼痛持续 2～7 天，此后数周内会出现一些疼痛或不适。数周或数月内工作和/或休闲活动受到一些限制。3～4 个月后，恢复正常，无永久性残疾	20 500
轻微	包括轻微割伤和擦伤，可以迅速且完全地得以恢复	300
疾病：		
永久丧失行为能力的疾病	和伤害一样	193 100
其他病因	缺勤超过 1 周，未产生永久的健康后果	2 300+180（缺勤 1 天的值）
小毛病	最多缺勤 1 周，未产生永久的健康后果	530

注：交通运输部（Department of Transport，2004）；健康和安全执行局（Health and Safety Executive，2004）。所有值均为平均数，包括人力成本、产出损失和医疗成本。永久丧失行为能力的损伤和永久丧失行为能力的疾病间的差值说明了由于损伤的短期影响而导致的巨大人力成本。致命性的"人力成本"（即 WTP）为 860 380 英镑。根据发病率，这些成本可能会有所不同

Cameron 等（2008）使用了一项选择实验调查了美国个人对健康风险的 WTP 如何随健康威胁的类型发生变化。他们估计了统计疾病概况的价值（value of a statistical illness profile，VSIP），即与收入边际效用相关的一系列健康状况（潜伏期、患病年数和寿命损失年数）的边际效用。心脏病发病风险降低百万分之一的VSIP 远高于类似交通事故猝死风险的 VSIP，降低脑血管疾病（中风）的 WTP 仅为心脏病的四分之三；对于年收入为 42 000 美元的人来说，降低结肠癌风险的WTP 仅为心脏病风险的一半。所有这些疾病风险降低的 WTP 值随疾病潜伏期、患病时间和（WTP 降低的）年龄的变化而变化。

　　一项针对加拿大安大略省和美国居民的 WTP 研究为年龄和基线健康对死亡风险的个人支付意愿的影响提供了更多的证据。Alberini 等（2004）的研究发现，WTP 随年龄增长而下降的观点得到了一些支持（如 Cameron *et al.*，2008），但只适用于年龄非常大的居民。风险降低千分之五导致 70 岁以上的人 WTP 降低了25%。他们发现没有人支持这样一种观点，即患有慢性心脏病、肺病或癌症的人比未患这些疾病的人有更少的支付意愿来降低死亡风险。生存机会越低，寿命效用的贴现值越大，WTP 应该越高。患有慢性病的老年人生存的机会较低（因此 WTP增加），但期望的寿命数（寿命效用值）较少（因此 WTP 降低），最终结果取决于哪种效应占主导地位。因此，关于年龄对 WTP 的影响存在一些争议，这意味着应根据使用者的年龄特征来评估绿地对健康的影响。

13.5.2　发病人数降低

　　冠心病（coronary heart disease，CHD）的经济成本较高。Liu 等（2002）和英国心脏基金会（British Heart Foundation，2005）按 1999 年的价格估算每年 CHD的成本为 70.55 亿英镑，包括 17.3 亿英镑的医疗费用和 53.25 亿英镑的生产损失和/或非正式保健费用。然而，其中 7.012 亿英镑是由于死亡造成的生产损失，一些医疗费用也将发生在随后无法生存的患者身上。两项最大的医疗费用项目为住院医疗费 9.172 亿英镑和药物 5.824 亿英镑，医疗费用总额（17.3 亿英镑）除以冠心病发生次数（2 209 596 次），得出每名冠心病患者 783 英镑。因此，如果绿地导致久坐人口减少 1%，每年将节省 1128 万英镑与冠心病相关的医疗费用；如果 75岁以上的人被排除在外的话，则为 697 万英镑（=8910×783 英镑）。

　　增加体育活动还将减少因发病造成的生产损失（按 1999 年的价格估计为每年22.07 亿英镑）和非正规护理费用（按 1999 年的价格估计为 24.16 亿英镑），这相当于每个冠心病患者平均约为 2903 英镑。如果假设绿地减少了 14 414 起冠心病患者发病，那么生产损失和非正规护理费用每年可减少约 4184.5 万英镑；如果不包括 75 岁以上的人，则为 2586.6 万英镑（=8910×2903 英镑）。

　　由于体育锻炼而改善健康的福利价值可能比上述估计值还要大，上述估计是基于冠心病引起的费用，而不是人们避免患冠心病的 WTP。通过绘制人们避免不同程度冠心病的 WTP 值，可以更准确地估计降低冠心病发病的益处。

在英国，中风的直接医疗费用估计为 16.55 亿英镑（British Heart Foundation，2005），将这些医疗费用除以中风发生次数（133 863 次），得出每位中风患者的费用为 12 363 英镑，这大概反映了中风患者的护理治疗时间更长。中风的生产力成本和非正规护理成本没有估计，但与冠心病成本相比，每个患者的成本也可能是非常可观的。因此，如果减少 1% 的久坐人口，每年与中风相关的医疗费用将节省 550 万英镑（=12 363×445 英镑），如果不包括 75 岁以上的人，则为 276.9 万英镑（=224×12 363 英镑）。

据估计，每位结肠癌患者的住院费用为 3000 英镑（Health First Europe，2005），加上全科医生提供医疗服务所产生的额外费用，可能会使每位患者的费用再增加 650 英镑。如果是这样的话，将意味着降低结肠癌发病率，可节省约 50 万英镑的医疗费用。

增加体育活动对冠心病、中风和结肠癌的益处是增加了当下存活的可能性。与绿地降低空气污染不同的是，体育锻炼对冠心病、中风和结肠癌的影响，并非简单地在一个人生命的最后岁月增加 1 个、2 个或 3 个月，它影响的是患者当下的生存概率。因此，评估方法与道路事故造成的死亡和发病的评估方法类似。

表 13.5 总结了提供绿地在降低死亡和发病方面可能带来的益处，假设绿地引发的体育锻炼使久坐男性和女性的比例下降了 1%（男性从 23% 降至 22%，女性从 26% 到 25%）。

表 13.5　英国久坐人口下降 1% 的健康效益年值

	死亡		发病		合计	总计[b]
	病例数（人）	成本（百万英镑）	病例数（人）	成本（百万英镑）	成本（百万英镑）	
冠心病	766	1 005.19	14 414	41.85	1 047.04	372.31
中风	223	292.63	445	5.50[a]	298.13	60.51
结肠癌	74	97.12	137	0.50[a]	97.62	46.18
合计	1 063		14 996		1 442.79	479.00

[a] 表示成本仅为初始医疗成本，不包括长期治疗成本，更重要的是，由于部分或全部丧失工作能力而造成的产出（工资）损失并未包括在内；[b] 不包括 75 岁以上的冠心病和中风患者，以及 70 岁以上的结肠癌患者

从表上可以看出，每年的健康效益值从 4.79 亿英镑到 14.42 亿英镑不等，这取决于老年人（75 岁以上）是被排除在外还是被纳入其中。这个范围可以看作是一组最小值，原因有二。首先，对于中风和结肠癌发病而言，健康价值仅为节省的医疗费用，不包括其他效益，如工作时间减少的损失（如工资）；其次，发病效益应以人们避免感染这些疾病的 WTP 为基础。通常这种估值方法比简单计算节省的医疗费用和损失的工资产生更高的效益估计值。遗憾的是，由于缺乏关于冠心

病、中风和结肠癌发病在人群中的严重程度分布的信息，以及人们避免这些不同程度严重性的 WTP 信息，目前还不可能采用这种方法。

增加体育活动的这些益处比伦敦政府策略组（Government Strategy Unit，2002）估计的要大。这项"游戏计划"估计，英格兰每年体育活动不足导致的总成本为 18.9 亿英镑，包括基于体育活动不足造成的直接医疗保健费用、因病缺勤造成的收入损失，以及因过早死亡造成的收入损失。与这些效益相对应的是每年 9.96 亿英镑的运动损伤费用，因此，在英格兰消除不参加体育活动的影响每年带来的净效益约为 5 亿英镑。"游戏计划"的估计值与本报告中的估计值间的差值部分可以通过所采用的方法（本报告中的估计值基于避免死亡和疾病风险的 WTP，并且这些估计值将显著大于收入损失）和所估计的地理覆盖范围（本报告中的英国与"游戏计划"中的英格兰相比）不同来解释。请注意，我们并未根据使用绿地相关的伤害成本调整我们对效益的估计，由于主要的活动是步行，预计这类成本会相对较小。

13.6　心理益处

第 5 章详细讨论了绿地对心理健康的益处。在此，我们简要地对文献进行评述，以评估可以进行经济分析的范围。

心理益处可能与体育活动有关（先前的分析中未包括）或与绿地的视觉影响有关。它包括治疗抑郁症等重大心理疾病的益处，以及在活力、一般性精神状态和社会包容体验方面更细微的收益，就像美国住房项目研究所发现的那样（Kuo and Sullivan，2001a）。Kaplan 和 Kaplan（1989）也发展了一种理论，认为绿地对许多人有"恢复性"的心理益处，这解释了许多人亲近自然的偏好。

van den Berg 等（2003）在荷兰进行了一项更严谨的研究，采用一个情绪量表来评定参与者的抑郁、紧张和愤怒状态。研究向 114 名参与者播放了四次步行（沿着有运河的街道、没有运河的街道、没有水的林地和有水的林地）的录像带，然后要求他们对四种环境进行评分，并对他们进行精神专注度测试。压力越大的参与者对自然环境的偏好越高，对建筑环境的偏好越低；自然环境则与更积极的情绪状态变化和更专注的表现有关。Hartig 等（2003）在美国加利福尼亚州的自然和城市户外环境中重复测量了 112 名随机分配的年轻人的动态血压、情绪和注意力，分析了他们的心理生理应激恢复和定向注意力恢复，结果表明坐在有树景的房间里比坐在没有树景的房间里能更快地降低舒张压，在自然保护区散步比在城市环境中散步更能减轻压力。

Pretty 等（2007）让 263 名参与者进行散步、骑自行车、自然保育志愿者、骑马、划船、林地活动和钓鱼中的一项活动，收集参与者的六种情绪（愤怒、困惑、抑郁、疲劳、紧张和活力）的测量数据，并计算出情绪障碍（total mood disturbance，TMD）总分，进而评估绿色运动对心理健康的影响。结果表明，绿色锻炼活动在降低 TMD 和提高自尊方面更为有效。然而，参与绿色活动后，无论是否发生在森林中，十个案例研究中 TMD 得分的降低都是相似的。

在城市环境中，对伦敦格林尼治两个住宅区的研究提供了很好的证据（Guite et al.，2006），研究表明进入开阔绿地的程度对心理健康和活力的程度（以打分的方法表示）有显著影响。对街区周围绿地的不满（尤其是没有树木）是当地环境中影响心理健康的几个因素之一。其中一个研究区域在 20 世纪 80 年代建成时曾获得设计奖，但很少有居民喜欢，部分原因是缺乏有吸引力的绿地。

众所周知，树木在提高医疗康复率（Ulrich，1984）和减少犯罪（Kuo and Sullivan，2001b）方面具有一定的心理益处。也有一些证据表明，林地可以缓解焦虑和压力。Milligan 和 Bingley（2007）对 16～21 岁的年轻人使用定性和心理治疗技术来促进他们的记忆、幻想和回忆等多感官意识，根据收集到的证据确定了林地对年轻人有治疗作用，但也发现某些类型的林地（特别是那些封闭的、黑暗的和茂密的林地）会令人产生恐惧。

观看林地和绿色植物似乎会给人带来一种幸福感，从而有助于提高医疗恢复率和注意力水平，即积极的心理益处。有证据表明，人们居住地方附近的空间质量对他们的精神健康十分重要。因此，无论是从精神健康问题中恢复，还是作为预防措施，都有积极的效应。唯一的负面影响是在一些林地研究中得出的负面心理影响的证据（例如，Bullock，2008）。

然而，目前还没有数据可以对绿地的心理效益进行经济分析。无论是公众对降低心理疾病风险的支付意愿，还是对提高心理健康问题恢复概率的支付意愿，都是未知的。我们也不知道绿地可及性是如何影响这些可能性的。然而，如果绿地确实提供了"恢复性"的心理益处，但这些益处目前还无法定价的话，那么我们只能得出一个经济性的结论，即现有的绿地为治疗和预防某些心理状况提供了社会效益，而这些心理状况的治疗和预防成本可以忽略不计。如果额外绿地的可及或提供并非免费，那么我们目前不可能量化其收益，以便对社会的成本和收益进行比较。

13.7　提供绿地的成本和收益

为了进一步进行成本方面的经济分析，有必要区分绿地的自主使用（除非增加空间供给，否则是免费的）和通过增加绿地可及性或健康促进计划所促成的使用（需要投资）。

13.7.1   自主使用

能够产生健康效益的自主使用需要绿地具有规则的可及性，这显然会因绿地临近人口中心而得以最大化，但绿地的特征对于确定人们积极健康行为的可能性也是十分重要的。

关于林地和绿地对进行足够时间（每周 5 天每天 30 分钟）和强度（如快走）的体育锻炼的概率影响的研究还很有限。理想情况下，估计这种影响需要考虑替代性活动（城区可提供的替代性体育锻炼机会——见 Townshend and Lake，2009）、到林地或绿地的距离、林地相对于替代性活动的吸引力，以及对安全的任何担忧（在有别于郊区街道的林地中行走）。混淆体育活动与绿地间关系的因素包括人口的社会经济构成和自我选择。更富有且受教育程度更高的人愿意进行更多的锻炼，他们通常居住在有更多绿地的地区，或者会到林地里进行更多的休闲活动。愿意锻炼的人可能会选择住在可以提供更多锻炼机会的社区。在评估绿地和林地对体育活动的影响时，这些因素都需要标准化。

Humpel 等（2002）对 19 项研究进行了评估并得出结论，物理环境因素（可及性、机会和美学属性）与体育活动间存在显著关联。一些研究者（Giles-Corti and Donovan，2002；Giles-Corti *et al.*，2005）使用直接行为研究评估了公共开放空间的吸引力和可及性对西澳大利亚州珀斯市 408km^2 范围内体育活动的影响，通过对 1803 名 18～59 岁的成年人进行了有关公共开放空间和体育活动的访谈，调查了距离、吸引力和公共开放空间大小的影响。结果表明，28.2% 的受访者表示会使用公共开放空间进行体育活动，那些能够很好地进入面积大且有吸引力的开放空间的人，进行高水平步行的可能性要高出 50%。影响用于步行的吸引力特征包括树木、水景、鸟类及其大小，以及专用的运动场地。

在美国，Cohen 等（2006）从 6 个郊野场地区域中的 6 所中学随机抽取了1556 名 6 年级女生，让她们佩戴了 6 天的加速计，以测量中等到剧烈强度体育活动的加权代谢当量，这是一种有效测量活动量和强度的方法。对青春期女孩来说，在距离居所半英里范围内的公园中开展校外中等或剧烈体育活动的量每 6 天会增加 2.8%（17 分钟）；在距离居所超过半英里的公园中开展中度或剧烈体育活动的量每 6 天会增加 1.1%（6.7 分钟）；对距离居所 1 英里范围内平均有 3.5 个公园的普通女孩来说，开展校外中等或剧烈体育活动的量每 6 天会增加 36.5 分钟，约占校外中等/剧烈体育活动的 6%。

上述结果，以及 Ellaway 等（2005）和 Wang 等（2004）的结果强烈建议，有吸引力的、无障碍的绿地将被用来增加体育活动，从而有可能为使用者提供健康益处。但并非所有的研究都得出了这样的结论。Maas 等（2008）调查了体育活动（闲暇时间散步和骑自行车，以及通勤、体育和园艺）是否与绿地数量有关，以及与自我健康感间是否存在关系。该研究包括 4899 人，计算了每个人在邮政编码坐标周围 1km 和 3km 半径范围内的绿地数量。多变量分析发现，居住环境中的绿地数量与人们是否符合荷兰公共健康建议的体育活动没有关系。事实上，居住环境中有更多绿地的人走路和骑自行车的次数更少，休闲时间也更少；尽管拥有更多绿地的人会花更多的时间在园艺上。

Bullock（2008）对城市绿地的个体属性进行了详尽的评估。他使用选择模型来确定都柏林家庭现有和新建（假设）绿地的价值。受访者的偏好是有良好设施（小路、座位、小径、操场等）且维护良好的区域。人们对混合开放区域和树木有着一致的偏好，但通常不喜欢"树木较多的区域"，除非这些区域是他们熟悉的区域。这项研究有力地支持了在混合开放区域中分散的树木带来的益处，但对新建的城市和近郊林地的益处有较少的支持。

上述研究表明，改善物质环境的质量和可及性可以提高体育活动水平，尽管数量可能很小。然而，林地和绿地的健康效益取决于其在多大程度上导致久坐的人增加他们的体育活动水平。这不能简单地通过观察有多少人使用绿地来评估，因为有些使用者可能不需要额外的锻炼，或者他们可能已经用绿地活动代替了其他地方的活动。我们需要一个控制系统来监控体育活动的位置、持续时间和强度。当然，这种对照试验也可能会受到霍桑效应的影响（McCartney et al.，2007）。

13.7.2　健康计划和增加绿地可及性促成的使用

近年来，英国和其他国家制定了大量计划，鼓励人们（尤其是久坐的人）变得更加积极参与活动。有些计划，但不是全部，与医生的锻炼处方密切相关，户外活动计划大多集中在步行上。自然英格兰（Natural England，2008）与英国心脏基金会有一个大规模的计划，鼓励人们在英国各地开展步行活动（走健康之路）。在苏格兰，林业委员会根据对公共地产的成本效益审查（Consulting CJC，2004）创立了一个城镇内及周围林地（woods in and around towns，WIAT）倡议，以扩展当地林地的可及性（Forestry Commission，2010），这是一个有利于健康的关键目标。

一个由当地医疗驱动计划的例子是英格兰北部的肖普韦尔林地健康项目（Powell，2005）。该项目的总体目标是通过利用当地林地改善社区的健康和福利，主要的健康要素是为病人提供一个医生推荐计划（包含在所提供的资料袋中），让他们从更多的体育活动（骑自行车、散步、打太极拳或进行自然保护工作）中受益。有证据表明，6 个月后干预组的参与者体育活动增加的概率几乎是对照组（不鼓励进行体育锻炼）的两倍，12 个月后收到该项目资料袋的干预组中有 25% 的人会经常参与体育活动（Mutrie et al.，2002）。假设每 1000 人中有 2～6 人从体育活动中获救，那么完成该项目的第一批 12 名参与者的预期可预防死亡人数在

0.024～0.072 人间。按每挽救一条生命 130 万英镑的价格计算，该项目通过降低死亡率的预期健康价值（货币化）将在 31 200～93 600 英镑之间。此外还会节省一些预期的医疗费用，包括发病率降低和因项目参与者减少缺勤而避免的生产损失，这些预期净效益可能会超过主要依赖于当地现有绿地自主使用的低成本健康项目的效益。

然而，利用绿地的健康计划很难从成本效益的角度进行评估，因为它们很少能提供足够的信息，而且也没有建立起适宜的调控过程。这些计划中的许多参与者可能已经进行了足够程度的体育活动，或可能只是用有组织的计划取代以前的自主使用。此外，他们可能不会长期坚持某个计划，边际的健康效益将会减少。许多计划的坊间证据表明，参与者感到有福祉方面的益处，但其中一部分可能反映了增加社会接触所带来的社会和心理的益处（Maas *et al.*，2008）。

尽管一个成本效益框架可用于对新建或改建绿地的投资进行评估，但一个久坐的人每周 5 天或以上使用绿地进行至少 30 分钟的中等体育活动的概率并没有很好的数据记录。表 13.5 显示，英国久坐人口单位变动率为 1% 时，每年可获得 14.4279 亿英镑的收益，即平均每人 2423 英镑（如果不包括年龄最大的群体，将降低到 804.4 英镑）。基于一个人从久坐状态转变为活动状态所获得的每年 2423 英镑的社会收益，每年投资绿地和任何相关健康计划获得的净收益（B，英镑）可用下式计算：

$$B = R(p_1 + p_2) \times 2423 - (c_p + c_h)$$

式中，R 为目标久坐人口数，p_1 为达到指导方针的绿地自主使用概率，p_2 为达到指导方针的健康计划（促成）的绿地使用概率，c_p 为新绿地的供给成本（英镑/年），c_h 为健康计划的成本（英镑/年）。

这项收益估计不包括任何心理健康的收益，部分原因是从参与绿地使用的人对绿地可及性的支付意愿上（WTP）反映出有巨大的收益，而这些收益并不包括在上述估计范围内。

就该方程而言，供给成本的估算相对简单，但量化久坐的人通过绿地投资达到积极参与状态的概率是比较难的。这在很大程度上取决于绿地的大小、位置、对步行的吸引力，以及绿地是否与其他区域相连以提供更长的直线步行路径（Giles-Corti *et al.*，2005）。久坐人口减少 1%（隐含概率为 0.038～0.043，表 13.2）并不容易实现，需要新建更多的绿地。这一领域显然需要更仔细的对比研究，以便为不同的情况提供指导性的估计值。

绿地使用概率的数据缺失限制了 NICE（2006）对户外健康（步行和骑自行车）项目的成本效益评估，研究得出了"社区步行和骑自行车项目在增加体育活动方面的有效性证据尚不明确"的结论。但是，研究确实发现在初级保健和运动转诊方面（如在健身房锻炼）的其他短期干预项目具有一定的成本效益。然而，研究中采用的所有案例都是那些参与者将增加锻炼作为治疗疾病一部分的案例。

改善对现有绿地的使用可能比新建绿地的成本要低得多。对林地而言，新栽植的植被需要很多年后才能充分实现其效益，将重点放在改善现有林地的可及性和吸引力上显然是一种更好的选择。在那些政府已将以前私有土地的使用权转让给公众的地方，如英格兰开阔的土地和海岸线，成本效益分析为之前的评估提供了基础（Entec UK，1999；Asken，2007）。这类研究发现，很难将改善现有绿地的使用带来的健康益处纳入评估中，因为目前尚不清楚这种使用将在多大程度上增加久坐人口的体育活动水平。

13.8　降低空气污染的效益

树木、林地和其他类型的绿地降低了空气污染，从而减少了由空气传播的污染物对疾病发生的加剧作用。本节仅评估树木的影响，因为迄今为止树木是绿地中吸收空气污染物的最重要元素。树木可以通过如下作用改善空气质量：

- 吸收气体污染物，如二氧化氮（NO_2）、二氧化硫（SO_2）和臭氧（O_3）；
- 截留颗粒物（PM），如灰尘、花粉和烟尘；
- 通过光合作用释放氧气（O_2）；
- 蒸腾水分和遮阴，从而降低局部空气温度，进而降低 O_3 水平（McPherson et al.，1999；Vargas et al.，2007）。

单位面积的树木对城市空气质量的改善作用明显高于农村地区，因为城市地区的树木更接近空气污染源，而且由于林地面积更小更零散，林地边缘的树木比林地内部的树木能捕获更多的污染物，因此边缘效应更大。在合理种植的情况下，城市树木可以通过提供遮阴减少夏季电力消耗，相应降低了碳排放（Donovan and Butry，2009）。

13.8.1　树木对大气污染物的吸附作用

树木能有效地去除空气中的 NO_2、SO_2、O_3 和各种颗粒物（如 PM_{10}），同时也能清除大气中的二氧化碳（CO_2）。由于 CO_2 是一种主要的温室气体，清除 CO_2 的非市场效益主要体现在固碳在降低全球变暖方面的价值。树冠的层状结构已经进化为最大限度地进行光合作用和吸收 CO_2，叶片表面积比冠层所覆盖的陆地面积大 2～12 倍（Broadmeadow and Freer-Smith，1996）。

大气中的颗粒物通过沉积在树叶和树皮表面而被捕获，这是主要的干吸附途径。干沉积过程是复杂的，取决于树木的类型，沉积的变化取决于叶片密度、叶型、树间距及其表面形貌。当气流通过空气动力学中粗糙的植物表面时会受到干扰，所含的微粒继续沿直线运动并通过直接拦截或静电吸引撞击到障碍物时，就会发生微粒捕获，粗糙、短柔毛、潮湿和/或黏性表面有助于颗粒物的截留。Beckett 等（1998）发现，表面黏性的增加特别有助于捕获较粗的颗粒，而表面粗糙度则对较细颗粒的吸收影响更大。一些微粒可能被吸收到树体内，但绝大部分会保留在植物表面，其中一些颗粒物将会重新悬浮，而另一些颗粒物则会被雨水冲刷掉（尤其是可溶性颗粒物），或随树叶或树枝一起掉落。细颗粒物再悬浮的可能性较小，因为它们更容易嵌入叶片的边界层中（Beckett *et al.*，2000b）。

　　不同类型的树木捕获空气污染物的能力各不相同。Beckett 等（2000b）发现，针叶树种比阔叶树种能捕获更多空气传播的颗粒物，松树捕获的物质明显多于柏树。他们还发现，位于繁忙道路附近的树木比位于乡村地点的树木捕获的粒径最大的颗粒物要多得多。然而，Beckett 等（2000a）发现城市（位于布赖顿的公园）和农村地区（位于南部丘陵地区的布赖顿郊区）树木吸附的粒径最小的两组颗粒物（即对人体健康危害最大的颗粒物）的重量差别很小。Cavanagh 和 Clemons（2006）指出，由于松树的叶表面积通常较大（例如，$1m^2$ 地表面积对应的松树树叶重 479g，而栎树树叶重 106g）。因此，理论上针叶林地的颗粒物沉积量会更大。Dochinger（1980）发现针叶林比落叶林能更有效地去除颗粒物。每平方米树皮捕获的颗粒物比树叶多，然而，树木的叶面积远大于树皮的表面积（$1m^2$ 地表面积对应的叶面积为 $6m^2$，而树皮表面积为 $1.7m^2$）。

　　有些树木会排放出挥发性有机化合物（VOC），其排放率取决于树种。这些VOC 可促进臭氧（O_3）和过氧乙酰硝酸盐（PAN）等次生污染物的形成，同时在阳光下与硝酸盐氧化物反应后生成一些次生颗粒。城市树木空气质量得分（urban tree air quality scores，UTAQS）可用 O_3、NO_2、HNO_3、NO 和 PAN 的正负变化来计算。Stewart 等（2002）用 O_3 来代表所有空气污染物，结果发现改善空气质量能力最大的树木有白蜡、桤木、栓皮槭、落叶松、挪威槭、欧洲赤松和银桦，相比之下，爆竹柳、英国橡树、杨树、无梗花栎和白柳树都可能是导致空气质量恶化的树木。随后的一项包括更多污染物（O_3、NO_2、HNO_3、NO 和 PAN）的研究结果证实了这一点，松树（欧洲黑松、科西嘉黑松和海岸松）、落叶松、银桦和挪威槭改善空气质量的潜力最大，而英国橡树、白柳树、爆竹柳、欧洲山杨（*Populus tremula*）、无梗花栎和红栎如果大量栽植可能会造成下风向的空气质量恶化（Donovan *et al.*，2005）。在英格兰西米德兰兹郡都市区进行的模拟研究中，假设在现有林地覆盖率的基础上每种树种增加 20%，结果发现在空气不流动的夏季条件下，某些物种（栎树、柳树和杨树）可能会对空气质量产生不利影响，而最有可能改善空气质量的树种包括桤木、栓皮槭、山楂、落叶松、桂树、美国扁柏、挪威槭、松树和银桦。

13.8.2　流行病学影响

空气中的污染物，主要是小于等于 $10\mu m$ 的颗粒物（PM_{10}）、NO_2、SO_2 和 O_3，会影响肺部，加重呼吸系统疾病和心脏疾病。PM_{10} 可能会将致癌的化合物带入肺部，以往的研究主要集中在 PM_{10} 上，但 $PM_{2.5}$ 和 $PM_{1.0}$ 等更细小的颗粒物对健康的影响正逐渐被认识到。微粒被带入肺部，在那里会引起炎症，并加剧心脏病和肺病患者的病情。中等含量的 SO_2 会导致肺功能下降，尤其是哮喘患者；较高含量的 SO_2 水平会导致胸闷和咳嗽，需要就医和/或入院。臭氧会刺激肺部的气道，加剧哮喘和肺部疾病患者的症状。当 SO_2、PM_{10} 和其他空气污染物含量都很高时，其健康影响可能会变得更加复杂。

细颗粒 $PM_{2.5}$（直径在 $2.5\sim 10\mu m$ 之间）主要来源于燃料燃烧，其粒径非常小且在空气中停留的时间很长。由于汽车引起的风扰动和建筑物周围形成的涡流增加，城市空气中的 PM_{10} 浓度会更高。PM_{10} 会在点源附近散落，而 $PM_{2.5}$ 则多保持空气传播。因此，城市附近的树木往往捕获的是 PM_{10}，而非 $PM_{2.5}$，因为 $PM_{2.5}$ 比 PM_{10} 更容易扩散，所以树木在捕获这类颗粒物方面的效果较差（相对于降雨）。例如，在一项对奥克维尔（加拿大）树木的研究中，有 190 万棵树木的城市森林过滤了当地所有工业和商业排放的颗粒物（PM_{10}），但仅过滤了 7% 的 $PM_{2.5}$ 颗粒。然而，由于 $PM_{2.5}$ 颗粒体积较小能够穿透下肺，因此，其流行病学效应是十分危险的。

树木对空气污染物的吸收对流行病学的影响很难估计，要求将暴露在空气污染中与空气污染引起的发病和死亡影响相匹配，估计时通常采用横断面研究方法将空气质量的空间变化与呼吸系统疾病的发病和死亡影响联系起来。但两者关系间的滞后效应、气象条件的变化、不同污染物间存在的实质性耦合使我们很难将任何一种污染物的影响单独分离出来，人们一生中暴露在空气污染中的差异，以及不同的遗传和行为模式等都会对估计结果产生影响。

然而，据估计，小于 $10\mu m$（$<PM_{10}$）的微小颗粒物、SO_2 和 O_3 等对死亡人数和呼吸系统疾病住院人数的增量贡献最大。卫生署（Department of Health，1999）估计了空气污染物对死亡和呼吸系统疾病住院人数的影响。结果表明 PM_{10} 每提高 $10\mu g/m^3$（24 小时平均值），死亡人数增加 0.75%，呼吸系统疾病住院人数增加 0.80%，SO_2 含量每提高 $10mg/m^3$（24 小时平均值），两类人数分别增加 0.60% 和 0.50%；O_3 含量每提高 $10\mu g/m^3$（8 小时平均值），两类人数分别增加 0.60% 和 0.70%。死亡人数和呼吸系统住院人数随着人口年龄的增长而增加。

13.8.3　健康益处

空气污染状况的改善对健康的益处包括死亡和发病人数的降低，以及医疗费用的减少。医疗费用是最容易度量的，而死亡和发病人数降低的益处则更难以度量，原因有很多。首先，空气污染的降低主要会延迟呼吸系统疾病患者的死亡，空气污染降低将在多大程度上延长患者的寿命是相当不确定的；第二，可预防死亡（VPF，见上文）的值是基于人们的 WTP，只是稍微降低了已经很小的死亡概率。然而，该值是针对"普通公民"而言的，一场不可预见的事故会使他们的寿命平均缩短许多年，相比之下，死于空气污染的往往是寿命缩短几个月的老年人。因此，一个较低的寿命值往往被用来解释这种差异。

此外，就发病而言，有人认为，空气污染的降低可能只会略微改善呼吸系统疾病重症患者的生活质量，这再次表明对这种改善的 WTP 值会较低。此外，避免某类风险的 WTP 可能会因风险而异，例如，健康效果的类型（持续或突然）、风险背景（自愿或非自愿）和对风险的态度（年轻人对风险的厌恶程度较低）等。因此，卫生署（Department of Health，1999）将这些因素考虑在内对交通运输部的 VPF 进行了修正，他们将 847 580 英镑的道路 VPF（1996 年价格）调整为空气污染风险背景下的 200 万英镑，然后根据年龄、健康受损状态、潜伏期等其他因素对该值进行了修正。卫生署（Department of Health，1999）估计，每年死亡风险小幅降低的 WTP 上限为 140 万英镑，下限为 32 000～110 000 英镑，空气污染死亡概率延迟 1 个月的 WTP 为 2600～9200 英镑。

降低发病的益处包括降低公共成本，例如 NHS 支付的卫生保健费用、药品等家庭私人成本、因身体不好而不能工作的产出减少，以及福利成本（反映疾病带来的痛苦和不适）。卫生署（Department of Health，1999）估计，NHS 支付的一个呼吸系统患者住院费用为 1400～2500 英镑；心血管疾病住院费为 1500～1700 英镑，但并未提供私人支出和产出损失的估计值。对于那些 65 岁以上退休的人来说，产出损失将会很小，确切地说甚至是零。然而，卫生署（Department of Health，1999）的报告并未提到，由于这些人的疾病，会有一些"黑市经济"产出的损失（失去临时兼职工作、无法从事自家的装修工作，无法照顾孙辈等服务），这可能相当于一个人就业期间获得工资的 10%。

英国卫生署（Department of Health，1999）假设一名患者平均住院 11 天，其福祉质量（quality of well-being，QWB）评分从 0.6 变为 0.47（1 分为正常，0 分为死亡），这会产生 170～735 英镑的费用（按 1996 年的价格计算），或避免一次住院的估计成本约为 530 英镑（更新至 2002 年）。根据这些数据，Powe 和 Willis（2004）估算了英国一块林地（>2hm^2）对空气污染物的吸收每年可减少 5～7 人的提前死亡和 4～6 人的住院，这表明这块林地吸收空气污染物的效益约为每年 90 万英镑。然而，未包括在这项研究中的面积较小的林地（<2hm^2）吸收空气污染物对健康的益处可能会更大，许多小块森林和树木靠近城市人口和污染源，具有较大的边缘效应，单位面积的空气污染物的捕获效应要比远离城市地区的大片

森林的空气污染物生物捕获效应更大。

关于潜伏期和受损健康状态降低风险 WTP 的降低程度存在一些争论。在意大利最近一项关于降低因心血管和呼吸系统原因死亡的风险（热浪和空气污染期间过早死亡的最重要原因）的 WTP 条件估值研究中，Alberini 和 Chiabai（2007）发现，与年轻人相比，老年人愿意为特定风险的降低支付更少的费用：60～69 岁和70 岁以上的人的 WTP 分别为 30～59 岁人的 58% 和 41%。他们还发现，在其他条件相同的情况下，心血管疾病患者愿意支付的费用大约比健康状况较好的人多出 45%，后一项发现与卫生署（Department of Health，1999）估计中使用 QALY方法的结果相悖，因为后者低估了因空气质量改善而使健康状况不佳的人获救的价值和延长寿命的价值。因此，林地和绿地的健康益处可能远远大于卫生署估计空气质量改善对健康益处的方法得出的结果。

13.8.4　林地及绿地的位置

靠近污染源的森林比距离污染源较远的森林捕获的污染物更多，森林和林地边缘的树木比内部的树木捕获的污染物更多。因此，以单行、团簇状和小块林地为特征的城市树木布局可非常有效地捕获空气中的污染物。

城市地区林地和绿地捕获空气污染物的估计值更高。Stewart 等（2002）估计，将英国西米德兰兹工业区的树木数量增加一倍，每年可减少因微粒造成的额外死亡人数高达 140 人。西米德兰兹空气污染吸收模型（McDonald et al.，2007）表明，如果将西米德兰兹地区的总树木覆盖率从 3.7% 增加到 16.5%，可将 PM_{10} 的平均含量降低 10%，从 $2.3mg/m^3$ 降至 $2.1mg/m^3$，在格拉斯哥，将树木覆盖率从 3.6%增加到 8%，PM_{10} 含量可降低 2%。

遗憾的是，McDonald 等（2007）的研究并未估计出哪些替代措施可以将 PM_{10}值降低到与在西米德兰兹和格拉斯哥植树所能达到的同等水平。一个有趣的研究项目是比较通过林地种植减少 PM_{10} 的成本与通过一些替代手段（例如，限制在这些城区使用车辆）达到等量减少的经济成本。

Powe 和 Willis（2004），以及 McDonald 等（2007）的研究结果间似乎存在冲突。前者（可能在很大程度上）低估了空气污染减少而避免的额外死亡，因为研究中只包括了 $1km^2$ 街区范围内的 $2hm^2$ 林地，后者使用了城市中更详细的小于 $2hm^2$ 的树木群的信息，但他们估计额外死亡人数的方法不够精确，因此可能高估了影响。

13.9　结论

对久坐不动的人而言，增加体育活动给他们带来的健康益处可以用经济学的方法来度量。据估计，英国久坐人口每减少 1%，发病率和死亡人数下降所节约的年均费用为 14.4 亿英镑（每增加一名积极参加体育活动的人每年平均节约 2423 英镑），如果将老年人排除在外的话，节约的费用将减少为 4.79 亿英镑。其中 70% 的益处与冠心病死亡人数降低有关。

　　有证据表明，体育活动对精神疾病的恢复和预防都具有心理益处，但由于缺乏量化的信息，我们无法对这些影响进行经济分析。

　　提供额外的绿地或在现有的绿地上增加体育活动项目的净效益取决于供给的成本和长期改变人们久坐行为的成功率。

　　当绿地的空间位置适宜时，可以通过吸收污染物来提供健康效益。然而，相关的研究成果在这种效益的大小上存在着一定的分歧，尚需进行更为深入细致的研究。

参 考 文 献

Alberini A, Cropper M, Krupnick A, Simon NB (2004) Does the value of statistical life vary with age and health status? Evidence from the US and Canada. J Environ Econ Manage 48:769–792

Alberini A, Chiabai A (2007) Urban environmental health and sensitive populations: how much are Italians willing to pay to reduce their risks? Reg Sci Urban Econ 37:239–258

Asken (2007) Appraisal of options to improve access to the English Coast. Report to Defra, London

Bateman IJ, Carson RT, Day B, Hanemann M, Hanley N, Hett T, Jones-Lee M, Loomes G, Mourato S, Ozdemiroglu E, Pearce DW, Sugden R, Swanson J (2002) Economic valuation with stated preference techniques: a manual. Edward Elgar, Cheltenham

Beckett PK, Freer-Smith P, Taylor G (1998) Urban woodlands: their role in reducing the effects of particulate pollution. Environ Poll 99:347–360

Beckett PK, Freer-Smith P, Taylor G (2000a) Effective tree species for local air-quality management. J Arboricul 26(1):12–19

Beckett PK, Freer-Smith P, Taylor G (2000b) The capture of particulate pollution by trees at five contrasting urban sites. Arboricultural J 24:209–230

Bender R, Jockel KH, Trautner C, Spraul M, Berger M (1999) Effect of age on excess mortality in obesity. J Am Med Assoc 281(16):1498–1504

Black DA, Kniesner TJ (2003) On the measurement of job risk in hedonic wages models. J Risk Uncertain 27(3):205–220

Bricker SK, Powell KE, Parashar U, Rowe AK, Troy KG, Seim KM, Eidson PL, Wilson PS, Pilgrim VC, Smith EM (2001) How active are Georgians? Georgian physical activity report. Georgia Department of Human Resources, Atlanta, Georgia

British Heart Foundation (2004) Statistics Database. www.heartstats.org

British Heart Foundation (2005) Economic costs web page. http://www.heartstats.org/homepage.asp

Broadmeadow MSJ, Freer-Smith PH (1996) Urban woodland and the benefits for local air quality. Department of Environment, HMSO, London

Brown WJ, Mishra G, Lee C, Bauman A (2000) Leisure time physical activity in Australian women: relationship with well being and symptoms. Res Quart Exerc Sport 71(3):206–216

Bullock CH (2008) Valuing urban green space: hypothetical alternatives and the status quo. J Environ Plan Manage 51:15–35

Cameron TA, DeShazo JR, Johnson EH (2008) Willingness to pay for health risk reductions: differences by type of illness. Working Paper. Department of Economics, University of Oregon, Eugene

Cavanagh J-AE, Clemons J (2006) Do urban forests enhance air quality? Austral J Environ Manage 13:120–130

Chilton S, Covey J, Hopkins L, Jones-Lee M, Loomes G, Pidgeon N, Spencer A (2002) Public perceptions of risk and risk based values of safety. J Risk Uncertain 25(3):211–232

Chilton S, Jones-Lee M, Kiraly F, Metcalf H, Pang W (2006) Dread risks. J Risk Uncertain 33:165–182

Consulting CJC (2004) Economic analysis of the contribution of the forest estate managed by forestry commission Scotland. Forest Comm, Edinburgh

Consulting CJC (2005) Economic benefits of accessible green spaces for physical and mental health: scoping study. Forest Comm, Edinburgh

Cohen DA, Ashwood JS, Scott MM, Overton A, Evenson KR, Staten LK, Porter D, McKenzie TL, Catellier D (2006) Public parks and physical activity among adolescent girls. Pediatrics 118(5):e1381–e1389

Department of Health (2004a). *Choosing Health: making healthy choices easier*. Department of Health, London

Department of Health (2004b). *At Least Five a Week: evidence on the impact of physical activity and its relationship with health*. Department of Health, London

Department of Health (2005). *Choosing Activity: a physical activity action plan*. Department of Health, London

Department of Health (1999) Economic appraisal of the health effects of air pollution, Ad-Hoc group on the economic appraisal of the health effects of air pollution. The Stationery Office, London

Department for Transport (2004) 2003 valuation of benefits of prevention of road accidents and casualties. Highways Economics Note No.1. DfT, London

Dochinger LS (1980) Interception of air borne particles by tree plantings. J Environ Qual 9:265–268

Donovan RG, Stewart HE, Owen SM, MacKenzie AR, Hewitt CN (2005) Development and application of an urban tree air quality score for photochemical pollution episodes using the Birmingham, United Kingdom, area as a case study. Environ Sci Technol 39:6730–6738

Donovan GH, Butry DT (2009) The value of shade: estimating the effect of urban trees on summertime electricity use. Energ Build 41:662–668

Drummond MF, Sculpher MJ, Torrance GW, O'Brian BJ, Stoddard GL (2005) Methods for the economic evaluation of health care programs, 3rd edn. Oxford University Press, Oxford

Ellaway A, MacIntyre S, Bonnefoy X (2005) Graffiti, greenery, and obesity in adults: secondary analysis of European cross sectional survey. BMJ 326:611–612

Entec UK (1999) Appraisal of options on access to the open countryside of England and Wales. Final report for the Department for Environment, Transport and the Regions. Defra, London

Forestry Commission (2010) Woodlands in and around towns programme (WIAT). http://www.forestry.gov.uk/wiat

Freeman PK, Kunreuther H (1997) Managing environmental risk through insurance. Kluwer, Dordrecht

Giles-Corti B, Broomhall MH, Knuiman M, Collins C, Douglas K, Ng K, Lange A, Donovan RJ (2005) Increasing walking: how important is distance to, attractiveness, and size of public open space. Am J Prev Med 28(2S2):169–176

Giles-Corti B, Donovan RJ (2002) The relative influence of individual, social and physical environment determinants of physical activity. Soc Sci Med 54(12):1793–1812

Government Strategy Unit (2002) Game plan: a strategy for delivering government's sport and physical exercise objectives. Government Strategy Unit, London. http://www.number-10.gov.uk/su/sport/report/sum.htm

Guite HF, Clark C, Ackrill G (2006) The impact of the physical and urban environment on mental well-being. Public Health 120:1117–1126

Haab TC, McConnell KE (2002) Valuing environmental and natural resources: the econometrics of non-market valuation. Edward Elgar, Cheltenham

Hartig T, Evans GW, Jamner LD, Davis DS, Gärling T (2003) Tracking restoration in natural and urban field settings. J of Environmental Psychology 23:109–123

Health and Safety Executive (2004) HMRI specific cost benefit analysis (CBA) checklist. HSE, London

Health First Europe (2005) Medical technology leads to staggering reductions in care. http://www.healthfirsteurope.org/

Treasury HM (2009) The green book: appraisal and evaluation in central government. HM Treasury, London. http://www.hm-treasury.gov.uk/data_greenbook_index.htm

Humpel N, Owen N, Leslie E (2002) Environmental factors associated with adults' participation in physical activity: a review. Am J Prev Med 22(3):188–199

Joint Health Survey Unit (1999) Health Survey for England: cardiovascular disease 1998. The Stationery Office, London

Jones-Lee MW, Hammerton M, Philips PR (1985) The value of safety: results of a national sample survey. Econ J 95:49–72

Kaplan R, Kaplan S (1989) The experience of nature: a psychological perspective. Cambridge University Press, Cambridge

Krupnick A, Alberini A, Cropper M, Somon N, O'Brian B, Goeree R, Heintzelman M (2002) Age, health and the willingness to pay for mortality risk reductions: a contingent valuation survey of Ontario residents. J Risk Uncertain 24(2):161–186

Kuo FE, Sullivan WC (2001a) Environment and crime in the inner city: does vegetation reduce crime? Environ Behav 33(3):343–367

Kuo FE, Sullivan WC (2001b) Aggression and violence in the inner city: effects of environment via mental fatigue. Environ Behav 33(4):543–571

Liu JLY, Maniadakis N, Gray A, Raynor M (2002) The economic burden of coronary heart disease in the UK. Heart 88:597–603

McCartney R, Warner J, Iliffe S, van Haselen R, Griffin M, Fisher P (2007) The Hawthorne effect: a randomised controlled trial. BMC Med Res Methodol 7:30. doi:10.1186/1471-2288-7-30

McDonald AG, Bealey WJ, Fowler D, Dragosits U, Skiba U, Simth RI, Donovan RG, Brett HE, Hewitt CN, Nemitz E (2007) Quantifying the effect of urban tree planning on concentrations and depositions of PM_{10} in two UK conurbations. Atmos Environ 41:8455–8467

McPherson EG, Simpson JR, Peper PJ, Xiao Q (1999) Tree guidelines for San Joaquin Valley communities. Centre for Urban Forest Research, USDA Forest Service, Pacific Southwest Research Station, Department for Environmental Horticulture, University of California, Davis

Maas J, Verheij RA, Spreeuwenberg P, Groenewegen PP (2008) Physical activity as a possible mechanism behind the relationship between green space and health: a multilevel analysis. BMC Pub Health 8:206. doi:10.1186/1471-2458-8-206

Marin A, Psacharopoulos G (1982) The reward for risk in the labour market: evidence from the United Kingdom and a reconcilation with other studies. J Pol Econ 90(4):827–853

Milligan C, Bingley A (2007) Restorative places or scary places? The impact of woodland on the mental well-being of young adults. Health Place 13:799–811

Mitchell R, Popham F (2008) Effect of exposure to natural environment on health inequalities: an observational population study. The Lancet 372:1655–1660

Munro J, Brazier J, Davey R, Nicoll J (1997) Physical activity for the over-65s: could it be a costeffective exercise for the NHS? J Pub Health Med 19:397–402

Mutrie N, Carney C, Blamey A, Crawford F, Aitchison T, Whitelaw A (2002) "Walk in to Work Out": a randomized controlled trial of self help intervention to promote active commuting. J Epidemiol Community Health 56:407–412

National Statistics (2002) Census 2001: First results on population for England and Wales. The Stationery Office, London

Natural England (2008) Walking the way to health. http://www.whi.org.uk/

National Centre for Chronic Disease Prevention and Health Promotion (1999) Physical activity and health: a report of the Surgeon General. NCCDPHP, United States Department of Health and Human Services, Washington DC

NICE (2006) Modeling the cost-effectiveness of physical activity interventions. Matrix Research and Consultancy Report to National Institute for Clinical excellence

Nielsen TS, Hansen KB (2007) Do green areas affect health? Results from a Danish survey on the use of green area and health indicators. Health Place 13:839–850

Northern Ireland General Register Office (2003) Health Statistics for Northern Ireland. NIGRO, Belfast

Office for National Statistics (2000) Key health Statistics from General Practice 1998: analyses of morbidity and treatment data, including time trends England and Wales. The Stationery Office, London

Office for National Statistics (2003) Deaths registered by cause and area of residence. ONS, London

Powe NA, Willis KG (2004) Mortality and morbidity benefits of air pollution (SO_2 and PM_{10}) absorption attributable to woodland in Britain. J Environ Manage 70(2):119–128

POST (2001) Health benefits of physical activity. Postnote Number 162. Parliamentary Office of Science and Technology House of Commons, London

Powell N (2005) The Chopwell wood health pilot project. Countryside Recreation 13:8–12

Pretty J, Peacock J, Hine R, Sellens M, South N, Griffin M (2007) Green exercise in the UK countryside: effects on health and psychological well-being and implications for policy and planning. J Environ Plan Manage 50(2):211–231

Ryan M, Skåtun D (2004) Modeling non-demanders in choice experiments. Health Econ 13:397–402

Scotland General Register Office (2003) Scottish health statistics 2000. Scottish Executive, Edinburgh

Sox HC, Blatt MA, Higgins MC, Marton KI (1988) Medical decision making. Butterworths, Boston, MA

Stewart H, Owen S, Donovan R, MacKenzie R, Hewitt N (2002) Trees and sustainable urban air quality. Centre for Ecology and Hydrology, Lancaster University

Sugiyama T, Leslie E, Giles-Corti B, Owen N (2007) Associations of neighborhood greenness with physical and mental health: do walking, social coherence and local social interaction explain the relationships? J Epidemiol Commun Health 62:e9

Swales C (2001) A health economics model: the cost benefits of the physical activity strategy for Northern Ireland – a summary of key findings. Economics Branch, Department of Health. Social Services and Public Safety for the Northern Ireland Physical Activity Strategy Implementation Group. Belfast

Townshend T, Lake AA (2009) Obeseogenic urban form: theory, policy and practice. Health Place 15:909–916

Ulrich RS (1984) View through a window may influence recovery from surgery. Science 224:420–421

U.S. Department of Health and Human Services (1996) Physical activity and health: a report of the Surgeon General. Atlanta, GA: U.S. Department of Health and Human Services, Center for Disease Control and Prevention, National Center for Chronic Disease Prevention and Health Promotion, 1996. http://www.cdc.gov/nccdphp/sgr/chap4.htm

van den Berg AE, Koole SL, van der Wulp NY (2003) Environmental preferences and restoration: (how) are they related? J Environ Psychol 23:135–146

Van Houtven G, Powers J, Jessup A, Yang J-C (2006) Valuing avoided morbidity using metaregression analysis: what can health status measures and QALYs tell us about WTP? Health Econ 15:775–795

Vargas KE, McPherson G, Simpson JR, Peper PJ, Gardner SL, Xiao Q (2007) Temperate interior west community tree guide: benefits, costs, and strategic planting. USDA Forest Service, Pacific Southwest Research Station, General Technical Report. PSW-GTR-206. Albany, California

Viscusi WK, Aldy JE (2003) The value of statistical life: a critical review of market estimates throughout the world. J Risk Uncertain 27(1):5–76

Walker S, Colman R (2004) The cost of physical inactivity in Halifax regional municipality. General progress index for Atlantic Canada: measuring Sustainable Development. Halifax, Nova Scotia

Wang G, Macera CA, Scudder-Soucie B, Schmid T, Pratt M, Buchner D (2004) Cost effectiveness of a bicycle/pedestrian trail development in health promotion. Prev Med 38(2):237–242

第 14 章 后记：景观和健康是文化多样性的表现 [①]

克劳斯·西兰德（Klaus Seeland）

14.1 简介

    文化通过其在景观和自然感知上的不同表现得以反映。根据城市和农村地区的社会需求和偏好，将景观塑造为空间上的感知和接受程度，是长期居住在这些空间的人们的身份认同、健康和福祉的重要方面。无论人类生活在哪里，他们都会将自然视为一种文化（Seeland，1997），也就是说，他们在发展自己的文化过程中不可避免地会塑造景观。这是一个实践性和象征性的过程，这些感知、信念和价值观在规划某些元素偏好（如森林、公园或开放景观）时有其物质和非物质的表现。在将文化编码并加密到景观，以及在使用和管理的新理念和新要求下不时对其进行重新建模的过程中，为了理解这些文化的关键概念，我们必须对其进行解读和诠释。景观是整个生命世界的表现，每种文化观点都显示出只有通过解读自然环境所表现的社会本质，才能真正理解自然环境。因此，我们需要找到阅读和理解世界上各种文化景观的方法。

    景观是指处于连续塑造和再塑造状态下的自然、社会和建筑环境中的现象，作为一个政治权力和经济发展愿望至关重要的工作空间，景观是许多利益集团和行动者的动态组合。例如，将原始自然用地变成农业用地和因快速城市化扩大了建筑环境使耕地变成建筑用地等，都是各自景观中社会文化变化的表现。这发生在一系列文化和生物多样性，以及一个气候限制的特定地理区域范围内。

    景观也反映了一个地区的政治历史和物质文化，代表了当地居民的经济潜力和文化特征、幽默感、审美情趣和喜欢的生活方式。将这些要素作为景观规划的核心主题进行评估，对于满足未来社会各文化群体和阶层的期望至关重要。

---

①K. Seeland（✉）

瑞士苏黎世联邦理工学院（ETH），环境决策研究所，苏黎世，瑞士，e-mail: klaus.seeland@env.ethz.ch

14.2 景观与现代生活方式的挑战

景观美学代表了一个地区的居民在某一时期的文化价值及其经济和政治体制（Sheppard and Harshaw，2000）。这通常取决于人们如何积极地与特定的景观进行互动，他们的社交活动是否融入了各自的景观，反之亦然。将感知的景观视为区域和民族认同的文化象征意味着湖泊、山脉、森林和城市等形成了一种独特的相互交融。高标准的公众欣赏的美景代表了景观中可见的高标准的情感和文化依恋。

Plachter（1995）认为，一个特定景观对个人意味着什么并没有共同的理解基础。正是出于同样的原因，景观始终是一些不可掌握的不透明的东西，因为在更大的空间里可以找到多种文化和文化遗产，一种景观反映了某一普通空间中的整体社会多样性。社会和独特的文化价值观和美学在具有内在品质的地标中显现出来，这些地标反映在景观的意境及其对人们的影响中，在这些地标中，普遍接受并具有当地特色的社会规范形成了一个可见的整体。因此，任何景观都具有一种社会文化的含义，是一种将各种景观现象与特定人类生活方式的现象联系起来的过程，一种将这些现象视为自然现象的行为准则。

14.3 作为文化建构的近自然景观

景观是对自然的社会和文化诠释，是人类思维的建构，据此确定了人类的地位及以此为目标的社会制度。从这个意义上讲，一种景观总是指景观与居民间的社会关系。例如，农民在谈论景观时，通常心里有"自己的景观"，生态学家和绿色活动家可能会对景观的过去和未来有一个想象：景观是对周围环境的体验，其在物理学上可能是相同的，但不同的人感知的方式是不同的。每种景观都有短期和长期两个方面，在三代或四代人共同生活的同一时代里，它们或多或少都会发生变化。

在大规模工业化生产代替小农经济和手工业生产的地方，城市生活方式成为一种普遍的现象，现代文明传播到的地方，自然就会受到威胁甚至消失。技术进步总是与环境的非自然化现象相伴而行，这一观点几乎被认为是理所当然的。生活水平提高得越多，自然界的污染就越严重，生物多样性就越差，这也早已成为一个常识性的概念。

在这种情况下，文化建构意味着什么？与标志着持续不断的社会行动和发展整体的社会变革类似，文化建构是指所有参与公共日常生活的人对通常所称的文化现实的确认，被视为他们文化的代表。自然美学和文化遗产保护等规范已在法律法规中达成一致，涉及传统和社会习俗，这些规范是建立在假设和被视为理所当然的隐含含义基础上的。因此，在当今经济发达的社会中，人们普遍认为亲近自然是世界上几乎所有现代工业社会的共同价值观，而任何远离自然的事物都是不可取的。无论是生产性景观还是保护性景观，也无论是管理性景观还是非管理性景观，它们都必须看起来更像是自然景观。

14.4　文化、休闲、健康和福祉

强劲且仍在增长的城市化趋势面临着一个挑战，即如何将城市中上层阶级认为适合自己的生活方式模式与具有各种体育设施和娱乐公园及乡村餐厅等高价值的城郊休闲区的便利设施联系起来。良好的健康和美丽是一个人身心间的重要纽带，温泉景观反映了这一点，并承诺为游客提供这些价值。这些价值观在同一或类似社会阶层的同龄人群体中广泛传播，是衡量一个人社会自尊的重要标准，也是衡量其在社会中地位的指标。

地域认同和社区联系也源于景观特征，这些特征为居住在那里的人提供宜人的条件（即更多的晴天、更美的景色、更少的噪音、更少的烟雾等），同时也会引来居住在不受大众喜爱地区的人的羡慕。与其他景观相比，某些景观的突出地位是一种高价值的生活质量标准，一个与社会相关的景观质量排名的事实突显了景观规划中与景观质量相关的感知重要性和文化偏好。对于社会中的中低阶层来说，他们买不起以绿色为主的郊区或城市周边地区的住房，景观的文化多样性对他们的健康和休闲至关重要。因此，休闲景观对整个社会是一项宏观经济效益，因为它有助于维持人口的良好健康状况，从而降低健康部门的投入。

14.5　景观与多样性

景观的主要特点表现在文化多样性、生物多样性（动植物的气味、光强和声音）及其独特的配置上，相似的景观看起来一样，但它们从来都不一样。在全球化时代，国际技术标准和消费者品味往往占主导地位，多样性已成为一种罕见的品质，而独特性本身就是一种价值。文化多样性是一种独特的文化形态，有目的地被设计成与处于其他位置的文化有所区别（Benedict，1989），由于地理位置不同，文化也是不同的。然而，文化的同化和适应过程始终都在发生着。在一个全球化的世界里，保持文化多样性是一项比以前生活在孤立地区文化间很少或偶尔交流的时代更加微妙的任务。文化认同是与其他文化模式的区别，也是对独特场所或生境条件的一种反应。当多种文化处于同一生境，但以不同的文化方式对生境作出反应时，问题就出现了，如果这个生境并非这些文化的生境，那么是什么导致文化差异的存在？在环境科学中已经有好几代人对这个问题进行了讨论和争论（Milton，1996，第 106 页），在环境和文化决定论间摇摆并最终把这两种方法结合在一起，关于什么在适应什么的论述从来没有真正成功地解决过这个理论问题。对这个问题最有说服力的回答是，文化会以不同的方式感知、解释和理解一种景观。如果一种景观的物理特征保持不变，那么根据其所反映的文化背景，人们对其意义和情感品质的感知会有所不同。

14.6　文化多样性与健康景观

景观无处不在，世界上没有任何一个地方没有景观。与此类似，在世界任何地方健康也一直是人类普遍存在的需求。随着全球城市化进程的加快，无论在何种文化背景下，城市环境中的绿色和健康环境都将变得越来越稀缺，普通的城市民众消费不起。由于大都市和特大城市更多的是城市景观，与城市中心相连的健康环境已成为一种奢侈的产品，人们很难到达那些促进健康但偏远的自然景观来满足自己的福祉。以室内为导向躲进电子媒体和网络构建的虚拟世界的生活方式迟早会主导技术先进的社会。

城市居民在周末或节假日都会去游览大城市以外的风景，而乡村生活对他们而言是一种象征着浪漫但并不真实的生活方式，他们会去参观露天博物馆或疗养院一类的风景，但他们并未从中获取到更多的知识和才智，更不用说了解那些在一定时期内已经成为或真正具有异域特色的景观所蕴含的象征性文化价值了。自然和景观教育，即学习如何"阅读"和诠释景观，有一天也会走环境教育的路线吗？后工业社会与自然和景观及其（比健康效益和休闲）更为广泛内涵的偏离，将成为对文化本身的一种威胁。一个不再理解自身景观意义的社会已经失去了文化遗产，也没有向子孙后代传达这方面的信息。当社会已经不再积极使用景观并赖以生存时，景观就会成为一个记忆中的事物而保存在某一时代的某一阶段。届时，景观将成为自然资源保护主义者的一个领地，要么将其变成一片规划中的荒野，要么投入大量资金将其作为一个社会的"花园"进行维护。在此，管理者们维护着景观过去的美学意象，而不是像过去那样将其作为一个主要的初级生产部门。

在园林规划和治疗研究中，人们发现景观和花园具有许多健康特性，可以有效地用于各种形式的治疗（Burnett，1997；Gerlach-Spriggs *et al.*，1998；Sachs，2003；Tyson，1998；Ulrich，1979，1986）。然而，迄今为止，科学家和管理者都很少关注景观和花园内在的文化层面的品质，但在景观设计和规划时又不得不明确评估文化的作用。植物、动物与人类间的相互联系是所有文化发展中的一个组成部分，也是对抗疗法出现前乃至出现后医学史的一部分。

根据最近的研究，同样的现象也适用于景观的治愈特性，这些特性与人们对景观固有的压力治愈潜力的文化感知和解释有关（Grahn and Stigsdotter，2003），特别是对阿尔茨海默病、疲劳综合征、痴呆症、残疾人和一般性老年人而言。比较流行病学表明，疾病的传播范围存在着地理上的差异，且在很大程度上受社会发展状况的影响。在人们与自然生活方式和初级生产产生了显著距离的后工业社会，过去几十年中景观和花园疗法变得越来越重要，为那些从景观中寻求休闲、摆脱日常琐事和疾病中康复的人提供了服务，无论使用者的文化背景如何。景观的使用者或旁观者，甚至可以说，景观的消费者可以感受和体验景观中的文化内容，即使他们无法察觉和解读景观的历史和意义。因此，景观的文化多样性意味着外来游客可以更多地感知其他文化如何在所处环境中表达自己，这是一个跨越个人文化边界体验动植物和人类世界的全新机会（Selin，2003）。在景观中遇到的不寻常的新鲜事物（例如，任何的文化碰撞），特别是如果人们期望通过参观它来获得健康效果，可能会对景观消费者产生不可预测的后果。一幅风景画是否能向一个人展示它的疗愈特性，很大程度上取决于景观特征与个人接受能力（表现为对一种文化的开放度及吸收不同景观中加密信息的能力）间的相互反应。通过阅读、诠释和理解这些加密的景观来揭示它们，可以被视为恢复的一个重要因素，即使其本身并非治愈的过程。

14.7　结论

从任何景观的角度来看，由于上述原因人们会自然而然地面对文化多样性。景观的各种价值维度，无论是通过转化赋予的还是实现的，都促成了这样一个事实，即最突出的景观已经被宣布且目前仍是世界文化遗产。所有这些都代表了多样性欣赏这一总体概念下的独特性。自古以来，人们对景观中文化的关注，一部分是无意识的，另一部分则是由文化兴衰所驱动的有意识的。现代化中的文化动力已经导致世界各地城市建筑环境塑造的标准化。因此，乡村景观已成为比以往任何时候都更重要的文化认同和民族特征的标志。

现代生活方式对公民身心健康的挑战伴随着经济发展而来，是对后工业社会未来的普遍危害。为了营造一个健康的环境，适当的景观设计不得不考虑成为过去岁月里偏僻地区的一个自然景观的复制品。

参 考 文 献

Benedict R (1989) Patterns of culture. Houghton Mifflin, Boston, MA

Burnett JD (1997) Therapeutic effects of landscape architecture. In: Marberry SO (ed) Healthcare design. Wiley, New York, pp 255–274

Gerlach-Spriggs N, Kaufman RE, Warner SB jr (1998) Restorative gardens: the healing landscape. Yale University Press, New Haven

Grahn P, Stigsdotter UA (2003) Landscape planning and stress. Urban Forest Urban Green 2:1–18

Milton K (1996) Environmentalism and cultural theory. Exploring the role of anthropology in environmental discourse. Routledge, London

Plachter H (1995) Functional criteria for the assessment of cultural landscapes. In: van Droste B, Plachter H, Rössler M (eds) Cultural landscapes of universal value. components of a global trategy. G. Fischer, Jena, pp 393–404

Sachs N (2003) Healing landscapes. ArcCA 03(4):36–39/51

Seeland K (ed) (1997) Nature is culture. Indigenous knowledge and socio-cultural aspects of trees and forests in non-european cultures. Intermediate Technology Publications, London

Selin H (ed) (2003) Nature across cultures. Views of nature and the environment in non-western cultures. Kluwer, Dordrecht

Sheppard SRJ, Harshaw HW (eds) (2000) Forests and landscapes. Linking ecology, Sustainability and Aesthetics. CABI, Wallingford

Tyson MM (1998) The healing landscape: therapeutic outdoor environments. McGraw-Hill, New York

Ulrich RS (1979). Visual landscapes and psychological well-being. Landscape Res 4/1:17–23

Ulrich RS (1986) Human responses to vegetation and landscapes. Landscape Urban Plan 13:29–44